数理物理学の方法
ノイマン・コレクション

J. フォン・ノイマン

伊東恵一 編訳

筑摩書房

目　次

量子力学の数学的基礎づけ ……………………………… 7
量子力学におけるエルゴード定理と H–定理の証明 ‥ 105
星のランダムな分布から生じる重力場の統計 I ……… 181
星のランダムな分布から生じる重力場の統計 II ……… 275
最近の乱流理論 …………………………………………… 335
解　説 ……………………………………………………… 415

数理物理学の方法
ノイマン・コレクション

量子力学の数学的基礎づけ

新井朝雄訳

序　文

I. ハイゼンベルク，ディラック，ボルン，シュレーディンガー，ヨルダン[1]によって与えられた，"量子力学"の定式化は，多くのまったく新たな種類の概念形成と問題提起を投げかけた．このことについて，以下の事柄を強調したい：

α. 原子系の振る舞いは，何らかの仕方で，ある固有値問題と関連していることが示された（この定式化については，後に，第 XII 項で触れる）．特に系を記述する特徴的な量の値は固有値そのものである．

β. これによって，長い間探求されてきた，（古典力学的）連続体と原子の世界における（量子化された）非連続体との融合が満足のいく仕方で達成された．すなわち，固有値スペクトルは，非連続的部分のみならず，連続的部分も有することが可能なのである．

γ. さらに，新しい量子力学の兆しとその方向性において，自然法則（あるいは少なくとも我々に知られた量子法則）は原子的事象を一意的－因果的に決定しないことが明らかにされた．それどころか，基礎的諸法則は単に確率的配分を告げるだけである．ただ，例外的な場合においてのみ，それらは因果的な鋭い形へと変性する．

---

[1] *Ann. der Physik, Zeitschr. für Physik, Proc. of the Royal Soc.* (1926/27) に掲載されている数篇の論文.

δ. 固有値問題は様々な現象形式の中に登場する．たとえば，無限行列の固有値問題[2]（すなわち，無限行列の対

---

2) ［訳注］**無限行列**とは，可算無限個の複素数 $A_{\mu\nu}$ （$\mu, \nu \in \mathbb{N}$）の組 $A := \{A_{\mu\nu}\}$ である（一言で言えば，A は $\mathbb{N}$ の直積集合 $\mathbb{N} \times \mathbb{N} = \{(\mu, \nu) | \mu, \nu \in \mathbb{N}\}$ から $\mathbb{C}$ への写像である：$\mathbb{N} \times \mathbb{N} \ni (\mu, \nu) \mapsto A_{\mu\nu} \in \mathbb{C}$）．$A_{\mu\nu}$ を A の (μ, ν) 成分と呼ぶ．

二つの無限行列 A, B の**和** $A + B$ は $(A+B)_{\mu\nu} := A_{\mu\nu} + B_{\mu\nu}$ によって，**スカラー倍** aA （a は複素数）は $(aA)_{\mu\nu} := aA_{\mu\nu}$ によって（$\mu, \nu \in \mathbb{N}$）定義される．

積 AB は $(AB)_{\mu\nu} := \sum_{\rho=1}^{\infty} A_{\mu\rho} B_{\rho\nu}$ によって定義される（ただし，右辺の級数がすべての $\mu, \nu \in \mathbb{N}$ に対して収束する場合にのみ）．

複素数列 $x := \{x_1, x_2, \cdots\} = \{x_\mu\}_{\mu=1}^{\infty}$ （$x_\mu \in \mathbb{C}, \mu \in \mathbb{N}$）に対する，$A$ の作用 Ax （これは再び複素数列）の第 μ 成分（第 μ 項）は $(Ax)_\mu := \sum_{\nu=1}^{\infty} A_{\mu\nu} x_\nu$ によって定義される（ただし，すべての $\mu \in \mathbb{N}$ に対して，右辺の級数が収束する場合のみ）．

無限行列 $H := \{h_{\mu\nu}\}$ の固有値問題は，有限次数の正方行列に関する通常の固有値問題の無限次元版であり，複素数列 $x = \{x_\mu\}_{\mu=1}^{\infty} \neq 0$ （少なくとも一つの x_μ は零でない）と複素数 w で $Hx = wx$ ——成分ごとに書くと $\sum_{\nu=1}^{\infty} h_{\mu\nu} x_\nu = w x_\mu, \mu \in \mathbb{N}$ ——を満たすものを見出す問題である（ただし，左辺が収束するような x でなければならない）．そのような w と x が存在する場合，w を H の**固有値**，x を（w に属するあるいは対応する）H の**固有ベクトル**という．

より厳密に言えば，いま言及した収束性の問題も込めて，数列 x が属する集合（H の定義域）を指定して初めて固有値問題は意味をもつ．

本論文において後に示されるように，ハイゼンベルクによる行列形式の量子力学においては，$\sum_{\mu=1}^{\infty} |x_\mu|^2$ が有限となる複素数列 x の集合が措定される．この集合は，現代的には，通常，ℓ^2 という記号で表される：

角化）や微分方程式の固有値問題として現れる．だが，両者の定式化は互いに同等である．というのは，（線形変換として見られた）行列は，微分作用素——"波動関数"に作用し，その結果，微分方程式の左辺が生み出される[3]——から，次のようにして生じるからである："波動関数"を完全正規直交系で展開し，"波動関数"からその展開係数の組に移る[4]．このとき，微分作用素は，展開係数の組を変換する行列として表される．

ε．双方の扱い方はそれぞれ困難を有する．行列による方法では，本来，ほとんどつねに，ある解き得ない問題に直面する．すなわち，エネルギー行列を対角形へと変換することである．これは，連続スペクトルがない場合にのみ可能である[5]．すなわち，取り扱い方が一面的なのである

$$\ell^2 := \left\{ \{x_n\}_{n=1}^{\infty} \,\middle|\, x_n \in \mathbb{C}, n \geq 1, \sum_{n=1}^{\infty} |x_n|^2 < \infty \right\}.$$

なお，本論文で用いられる概念の名称や術語で現在用いられているものと異なるものについては，以下の訳注において，可能な限り，指摘したい．現代的なヒルベルト空間論については，拙著『ヒルベルト空間と量子力学』（共立出版，1997）や新井朝雄・江沢洋『量子力学の数学的構造 I, II』（朝倉書店，1999）等を参照されたい．

3) 量子力学の典型的微分方程式（シュレーディンガー方程式）は
$$H\phi = \lambda\phi$$
という形をもつ．ただし，H は微分作用素，λ は固有値パラメーター，ϕ は"波動関数"である．波動関数には，固有値問題に淵源する正則性（なめらかさ）や境界条件が課される．

4) Schrödinger, *Ann. der Physik*, Bd. 79/8, S. 734(1926).

5) Hellinger, 学位論文 §4（ゲッティンゲン，1907）．この条件

(仮に古典力学と反対の意味においてであっても)：非連続的なもの(量子化されたもの)のみが扱われ得るにすぎない．(それゆえ，連続スペクトルも有する[6]水素原子を正しく取り扱うことはできない)．もちろん，"連続的行列"を使用すること[7]は助けになり得る．だが，そうであっても，この処方(本来，行列と積分方程式核の同時操作)は，おそらく非常に困難な仕方で数学的に厳密に遂行され得るだけであろう：しかし，その場合，無限に大きい行列要素や無限に近く隣り合う対角的要素のような概念形成を導入しなければならない．

ζ. 微分方程式の方法による取り扱いにおいては，行列法の確率的命題は，さしあたって無かった(これについては，以下で，さらに詳しく述べる)．これは，ボルンによって，そして後にパウリとヨルダンによってあとから追加されたものである．それにもかかわらず，ヨルダンによって，完結した体系に仕上げられたような[8]まとまった取り扱いにおいても難しい数学的考察は放置されたままであった．す

の必要性は直接的に明白である：スペクトルは変換のもとで不変であり，対角行列は非連続的スペクトルだけを有する(対角成分がその固有値)．

6) Schrödinger, *Ann. der Physik*, Bd. 79/4, S. 367(1926)．
7) 主に，Dirac, *Proc. of the Royal Soc.*, Bd. 113, S. 621 (1927) を参照．
8) *Zeitschr. für Physik*, Bd. 40, 11/12, S. 809 (1927)．やがて *Math. Ann.* に掲載される予定の，ヒルベルト，ノルトハイムおよび筆者による論文も参照．

なわち，いわゆる擬似固有関数の導入を避けることができないのである（第 IX 項を参照）．たとえば，ディラックによって初めて使用された関数 $\delta(x)$ はそのような擬似固有関数の例であり，次の特性を持つとされる：

$$x \neq 0 \text{ ならば } \delta(x) = 0,$$
$$\int_{-\infty}^{\infty} \delta(x) dx = 1.$$

ヨルダンの場合，変換する作用素（その積分核は"確率振幅"）のみならず，変換がなされる変数領域（すなわち，固有値スペクトル）も計算しなければならないという点に特別な困難がある．

θ．しかし，これらの方法のすべてに共通する欠点は，原理的に観測し得ない，物理的に意味のない要素を計算の中に持ち込んでいるということである．固有関数は——ノルムによる規格化に際して，絶対値 1 の定数（"位相" $e^{\varphi i}$）は不定のままであり，κ 重に縮退している場合（すなわち，多重度 κ の固有値の場合）には，κ 次元の直交変換[9]によ

---

9) ここでいう直交性は，変換行列 $\{\alpha_{\mu\nu}\}$ に関する複素的直交性である：

$$\sum_{\rho=1}^{\kappa} \alpha_{\mu\rho} \overline{\alpha_{\nu\rho}} = \begin{cases} 1; & \mu = \nu \\ 0; & \mu \neq \nu \end{cases}.$$

これは"エルミート統一形式"

$$\sum_{\rho=1}^{\kappa} x_\rho \overline{y_\rho}$$

を不変にする．数学の文献では，この意味での直交性に対して"ユニタリ"という名称が使用される．

る相互変換の不定性が残るが——，ともかくも，計算されるに違いない．最終結果として現れる確率的な量は確かに不変である．だが，なぜ，観測不可能なものや不変でないものによる回り道が必要なのか，その理由は不満足なものであり，明確でない．——

この論文では，これらの欠陥を取り除く方法を示すことが試みられる．それは，我々が信ずるように，今日見られる，量子力学における統計的観点を統一的かつ首尾一貫した仕方で統合する方法なのである．

計算が事の本質に属さない所では，純粋に数学的な問題に立ち入ることは避けた．それでも，我々の詳論は，その本質において，数学的に厳密であると見なされねばならない．この論文の大部分を，後に応用される形式的な概念構築の解説と基礎づけに割くことは避けられなかった．

それに応じて，第 II–XI 項は，準備的な性格を有し，もともと目的とした事柄は，第 XII–XIV 項においてようやく扱われる．

ヒルベルト空間

II. 第 I 項の δ で見たように，量子力学の固有値問題は，主に二つの装いで現れる．すなわち，無限行列（あるいは，同じことであるが，双線形形式）の固有値問題および微分方程式の固有値問題としてである．

両者の外的形式をそれ自体で考察し，共通の特徴をはっ

きりさせたい．その際，数学的にはずっと前から知られているような事実に余すところなく立ち入らなければならない．だが，物理的に新しいものは何も示されない．というのは，それらは，脚注（4）で引用したシュレーディンガーの論文やディラックによる数篇の論文において，本質的には現れているからである．それでもやはり，ひょっとしたら，あらゆる事柄がその関連の中で展開されることになるであろうし，これらの議論を前もって行うことは，また，以下の諸節における抽象的概念構築を動機づけるために，目的に適っているのである．

まず，行列による定式化を考察しよう．一つの無限行列（それはエネルギーを表す．どのようにして，それにいたるかは後に議論する）があるとする．問題はそれを対角形へと変換することである（というのは，そのとき，対角要素はエネルギー準位[10]を与えるからである）．それがうまく行く（すなわち，点スペクトルだけが存在する場合；第I項の ε と脚注（5）を参照）と仮定しよう．

エネルギー行列を
$$H = \{h_{\mu\nu}\} \quad (\mu, \nu = 1, 2, \cdots)$$
と記し，H はエルミート的であると仮定する．すなわち
$$h_{\mu\nu} = \overline{h_{\nu\mu}}$$
が成立するとする．探求されるべきは，変換行列
$$S = \{s_{\mu\nu}\} \quad (\mu, \nu = 1, 2, \cdots)$$

---

10) たとえば，Born, *Probleme der Atomdynamik*, S. 86 (Berlin, 1926) を参照．

で直交性の条件，すなわち
$$\sum_{\rho=1}^{\infty} s_{\mu\rho}\overline{s_{\nu\rho}} = \begin{cases} 1; & \mu = \nu \\ 0; & \mu \neq \nu \end{cases}$$
を満たし，$S^{-1}HS$ が対角形となるものである．

$W = S^{-1}HS$ とし，W の対角要素を $w_1, w_2, \cdots$ とする．このとき，次の式が成立しなければならない：
$$HS = SW,$$
$$\sum_{\rho=1}^{\infty} h_{\mu\rho} s_{\rho\nu} = s_{\mu\nu} w_\nu.$$

すなわち，S の ν 列 $s_{1\nu}, s_{2\nu}, \cdots$，は H によって，その w_ν 倍に変換される．ゆえに，S の各列は固有値問題の解である．ここで，固有値問題とは，複素数列 $x_1, x_2, \cdots$ で H によって，自らの定数倍（たとえば，w 倍）へと変換されるものを見出すことの意である（このとき，$x_1, x_2, \cdots$ は固有数列の一つであり，その比例定数 w は固有値である；もちろん，自明な解 $0, 0, \cdots$ は除外する．それゆえ，$s_{1\nu}, s_{2\nu}, \cdots$ に属する固有値は w_ν である）．

これは本質的に唯一の解であることが示され得る．より正確に言えば次のようになる：$w_1, w_2, \cdots$ と異なる固有値は存在せず，w が固有値の一つならば，その固有数列は，$w = w_\nu$ となるすべての列 $s_{1\nu}, s_{2\nu}, \cdots$ の一次結合である（付録の（1）を参照）．

したがって，行列 S の決定は，上に定式化されたような仕方で，固有値問題が完全に解かれるやいなや，本質的に遂行される．——

微分方程式による定式化の場合,状況はもっと明瞭である.すなわち,最初から,固有値問題が与えられるのである.微分作用素 H(たとえば,回転子,振動子,水素原子の場合,それぞれ

$$\frac{1}{\sin\theta}\frac{\partial}{\partial\theta}\left(\sin\theta\frac{\partial}{\partial\theta}\right)+\frac{1}{\sin^2\theta}\frac{\partial^2}{\partial\varphi^2},$$

$$\frac{d^2}{dq^2}-\frac{16\pi^4}{h^2}\nu_0^2 m^2 q^2,$$

$$\frac{\partial^2}{\partial x^2}+\frac{\partial^2}{\partial y^2}+\frac{\partial^2}{\partial z^2}+\frac{8\pi^2 me^2}{h^2}\frac{1}{\sqrt{x^2+y^2+z^2}}\Big)$$

があり,関数 ϕ(上の例の場合,ϕ はそれぞれ,$\theta,\varphi ; q ; x,y,z$ の関数として考察される)で

$$H\phi = w\phi$$

を満たすもの,すなわち,H によって,自らの何倍かに変換される関数を求めるのである(固有値 w は,因子 $\dfrac{8\pi^2 m}{h^2}$ を除いて,再びエネルギー準位を与える).もちろん,ϕ はある正則性条件を満たさなければならないし,恒等的に零ではない[11].——

これらの場合に共通する特徴は何か.次のことは明らかである:どちらの場合も,ある量からなる多様体(Mannigfaltigkeit)(すなわち,それぞれの場合について,すべての数列 $x_1, x_2, \cdots$ の全体,二つの角 θ, φ の関数全体,座

---

[11] Schrödinger, *Ann. der Physik*, Bd. 79/4, S. 361 および 6, S. 489 (1926).

標 q の関数全体，三つの座標 x, y, z の関数全体）と，この多様体における線形作用素 H が与えられる．どちらの場合も，H に属する固有値問題のすべての解が探求される．すなわち，この多様体の零でない要素 f で

$$Hf = wf$$

を満たすものが存在するようなすべての（実）数 w を求めることが要求されるのである．その場合，固有値 w はエネルギー準位を表す．

さて，我々の課題は，この統一的定式化から統一的な問題へと至ることである．これを実行し，それによって，たった今挙げられた多様体（ならびに，量子力学に関する今日的な通常の問題提起によって導かれ得るほとんどあらゆる事柄）は本質において互いに同等であることを証明する．すなわち，それらはすべて，ある唯一の多様体（以下の諸節で記述される）から，単に名称を変えることによって，獲得され得るのである．

しかし，この目的のためには，上にあげた多様体において，どのような数列あるいは関数が採用されるべきかをもっと正確に述べなければならない．すなわち，固有値問題において決定的な重要性を有する正則性条件と境界条件を示さなければならない．

III. 数列 $x_1, x_2, \ldots$ からなる多様体から始めよう．ここで，2 乗の和 $\sum_{n=1}^{\infty} |x_n|^2$ の有限性を要求することがまず考えられる．実際，これは，固有値問題（点スペクトルだけに関する限り）の解——行列 S の第 ν 列 $s_{1\nu}, s_{2\nu}, \ldots$

（第II項を参照）——に対して成り立つ．すなわち，そこでは

$$\sum_{\rho=1}^{\infty} s_{\mu\rho}\overline{s_{\mu\rho}} = \sum_{\rho=1}^{\infty} |s_{\mu\rho}|^2 = 1$$

という条件が課された．（連続スペクトルが存在するならば，固有値問題は，同じ多様体の内において，$\sum_{n=1}^{\infty}|x_n|^2$ が有限であるような数列 $x_1, x_2, \cdots$ によっては，もはや解かれ得ない．それにもかかわらず，我々の設定は連続スペクトルついて欠けるところのない取り扱いをも可能にする．このことは以下において示される．）

また最も単純な線形変換 H（すなわち，行列 $\{h_{\mu\nu}\}, \mu, \nu = 1, 2, \cdots$）は，勝手な $\sum_{n=1}^{\infty}|x_n|^2$ をもつ列 $x_1, x_2, \cdots$ に対して，すでにうまくいかない．なぜなら，級数 $\sum_{\nu=1}^{\infty} h_{\mu\nu}x_\nu$ が収束するとは限らないからである．（後にはっきりすることであるが，量子力学のすべての行列は，列に関する2乗和 $\sum_{\nu=1}^{\infty}|h_{\mu\nu}|^2$ がすべて有限であるようになっている．この場合，$\sum_{\nu=1}^{\infty}|x_\nu|^2$ の有限性から $\sum_{\nu=1}^{\infty} h_{\mu\nu}x_\nu$ の収束性[12]も導かれる．）

結局のところ，$x_1, x_2, \cdots$ の動く範囲について，無限行列の理論（量子力学の数学的構成はこの理論とその一般化に基づく）において，最良のものとして示されたのはまさ

---

[12] 不等式

$$|h_{\mu\nu}x_\nu| \leq \frac{1}{2}|h_{\mu\nu}|^2 + \frac{1}{2}|x_\nu|^2$$

により，級数 $\sum_{\nu=1}^{\infty} h_{\mu\nu}x_\nu$ は絶対収束さえする．

にこの領域なのである[13]。

こうして，この場合には，次の多様体の定義へと動機づけられる．すなわち，複素数列 $x_1, x_2, \cdots$ で $\sum_{n=1}^{\infty} |x_n|^2$ が有限であるようなものの全体である．これに対して，通常，(複素)ヒルベルト空間という名称が付される．——

さて，第 II 項で言及した関数多様体へと移ろう．ここでは，副次的条件（すなわち，正則性条件と境界条件）と関連して，事態はより錯綜している．たいていの場合，通常，2 回微分可能性が要求される．さらに一価性ならびに無限遠や定義域の境界で零になることおよびこれらに類似の条件が課される．ここにおいて，いかにしたら統一的な観点へ至ることができるであろうか．

問題となる関数の定義域（我々の例では，(θ, φ) 空間す

---

[13] 無限行列ならびに双線形形式の理論は，いわゆる完全連続双線形形式と（それを超える）有界双線形形式の重要なクラスにおける諸関係（特に，固有値問題の解）の完全な解明を通して，本質的に，ヒルベルトによって基礎づけられた（*Gött. Nachrichten, Math.-Phys. Klasse* (1906), S. 159–227 を参照）．

量子力学の数学的な不明瞭さと困難の大きな部分は，量子力学の根底にある最も単純な作用素（行列 – 双線形形式）でさえ，ヒルベルトによって扱われた，有界作用素のクラスに属さないことに由来する．

筆者は，最近，任意の，したがって，非有界作用素の固有値問題がどのように一意的に解かれ得るかを示した（じきに *Math. Annalen* に掲載される予定）．もちろん，目下の論文においても，非有界作用素の固有値問題の定式化を正確に研究しなければならないであろう．

なわち球面；q 空間すなわち直線；(x, y, z) 空間すなわち通常の空間）を Ω としよう。当然のことながら，Ω において定義された一価関数 ϕ で作用素 H が作用し得るものだけが問題となる。それゆえ，たとえば，H が 2 階の微分作用素ならば（量子力学の諸問題においては，実際，このような場合が多い），関数 ϕ は 2 回微分可能でなければならない。

もちろん，H の作用を事実上可能にする，Ω 内の場所においてだけである。たとえば，H の係数が特異性を持つ場所（水素原子の場合，$x = y = z = 0$）では，このことは必要でない[14]。確かに，よく知られているように，たいていの固有値問題では，まさにそれが関わる場所において正則な振る舞いを指定することが前提とされる。しかし，それを本質的により弱い条件によって強いて取り換えることは可能である（そして，そうしなければならない）。

それゆえ，我々は，$\int_{\Omega} |\phi|^2 dv$（$dv$ は，Ω の形態に応じて，それぞれ，線素，面素，体積要素を表す）が有限であることを要求するであろう。これは，H の特異点におけるあまりにも強い無限性を除外するとともに，境界条件の一部，すなわち，無限遠で零になる条件も保証する。我々の

---

[14] たとえば，水素原子の場合の基底状態解（シュレーディンガーの用語では，$n = 1, l = 0$）

$$\phi(x, y, z) = e^{-\sqrt{x^2+y^2+z^2}}$$

は，それゆえ，$x = y = z = 0$ において，円錐状の尖端を持つ。

選択は正しいものであることが結果によって示されるであろう.

しかしながら,ある境界条件(有限の定義域の境界で零になること)は,それだけでは,捉えられない.その役割を明確に据え置くためには,以下の事柄をありありと思い浮かべるべきである:

一般に固有値問題が可能であるために,行列 H の場合にはエルミート対称性
$$H = \{h_{\mu\nu}\}, \quad h_{\mu\nu} = \overline{h_{\nu\mu}}$$
を要求しなければならなかった.そして,微分方程式の場合には,自己共役性の条件が必要とされる:積分領域の境界で零になるすべての関数 ϕ_1, ϕ_2 に対して
$$\int_\Omega \{\phi_1 \cdot \overline{H\phi_2} - H\phi_1 \cdot \overline{\phi_2}\} dv$$
が零になることを要求するのである(すなわち,$\{\phi_1 \cdot \overline{H\phi_2} - H\phi_1 \cdot \overline{\phi_2}\} dv$ は,$\phi_1, \overline{\phi_2}$ とその導関数からつくられる或る対象の微分).その際,場合によっては,境界条件がまさしく重要である.そこで,たとえば,Ω が区間 $[0, 1]$ で H が作用素 $i\dfrac{d}{dx}$ であるとしよう.このとき

$$\int_\Omega \{\phi_1 \cdot \overline{H\phi_2} - H\phi_1 \cdot \overline{\phi_2}\} dv$$
$$= \int_0^1 \{\phi_1(x) \cdot [-i\overline{\phi_2'(x)}] - i\phi_1'(x)\overline{\phi_2(x)}\} dv$$
$$= -i \int_0^1 \{\phi_1(x)\overline{\phi_2'(x)} + \phi_1'(x)\overline{\phi_2(x)}\} dv$$

$$= -i\left[\phi_1(x)\overline{\phi_2(x)}\right]_0^1.$$

これは,確かに,ϕ_1, ϕ_2 が Ω の端で零になるならば,零になる.だが,ϕ_1, ϕ_2 に対する何らかの境界条件がなければ,それが零にならないことは頻繁に起こり得る.

それゆえ,我々は,さらに,次のことを要求する(そして,この要求において,おのずと明らかになるように,境界条件にまつわる最後の本質的な残余の要素が取りこまれる):ϕ は,H の自己共役性が保たれるように選ばれるべきである.

まとめると我々は以下のことを要求した:ϕ は,Ω 上の一価関数で H が自己共役的に作用できるものであり,かつ

$$\int_\Omega |\phi|^2 dv$$

が有限となるものである.唯一の非自明な条件(固有値問題を成立させる"正則性の要求")は,見てとれるように,最後の条件である.

(この要求は連続スペクトルへの道を断つ——連続スペクトルの固有関数は決して 2 乗可積分ではないので——,という異議が出されることは容易に推測される.類似の制限は,行列の場合にも据えられた.だが,まさにこの制限こそ連続スペクトルに関して格別実りある——そして数学的に完全に厳密な——理解を許すことが明らかになるであろう.この理解により,固有関数を擬似的造形物として持ち出すことなく,連続スペクトルの物理的意味が完全に正当に評価されることになろう.第 X 項を参照.)——

要約しよう：

ある空間 $\mathfrak{H}$（行列法による場合は，$\sum_{n=1}^{\infty}|x_n|^2$ が有限となるすべての数列 $x_1, x_2, \cdots$ の全体，微分方程式による場合には，Ω で定義された関数 ϕ で $\int_{\Omega}|\phi|^2 dv$ が有限となるすべての関数の全体．ただし，Ω は任意の多次元的平面——境界付きまたは境界無し，有限または無限——であり得る）がある．統一性を持たせるために，その元（要素）を $f, g, \cdots$ という記号で表したい．さらに，線形作用素 H（すなわち，ある一定の範囲にある各元 f に対して，H によって，$\mathfrak{H}$ の別の元 Hf が関係づけられ

$$H(af) = aHf \quad (a \text{ は複素定数}),$$
$$H(f+g) = Hf + Hg$$

が成立する）で，それぞれ（行列，微分方程式）の場合に，エルミート，自己共役であるものが与えられたとする．最後の条件もまた統一的に定式化が可能である．なぜなら，$Q(f,g)$ でもって，それぞれの場合に

$$\sum_{n=1}^{\infty} x_n \overline{y_n}, \quad \int_{\Omega} \varphi \overline{\phi} dv$$

（行列の場合には，$f = x_1, x_2, \cdots, g = y_1, y_2, \cdots$ であり，微分方程式の場合には $f = \varphi, g = \phi$）を表すことにすれば，それは，単に，許されるすべての f, g に対して

$$Q(f, Hg) = Q(Hf, g)$$

を意味するからである．さて，この作用素 H に対して固有値問題

$$Hf = wf \quad (f \neq 0, \ w \text{ は実定数})$$

の解を求める．その結果，もちろん，まず，点スペクトルだけが得られる．だが，このようにして獲得されつつある一般的な理解は，後に，連続スペクトルを把握することも可能にするであろう．見てとれるように，この定式化は，ただ根底にある空間 $\mathfrak{H}$ においてのみ区別される．これもまた何らかの仕方で統一的に解釈できないものであろうか．

IV. 一つのわかりやすいやり方は，$\sum_{n=1}^{\infty} |x_n|^2$ と $\int_{\Omega} |\varphi|^2 dv$，あるいは $\sum_{n=1}^{\infty} x_n \overline{y_n}$ と $\int_{\Omega} \varphi \overline{\psi} dv$ といった対象の類似物の構成を利用しつつ，次のように言うことであろう：離散的または連続的な空間 R が与えられたとし（"空間"は $1, 2, \cdots$ または Ω），R 上の関数の全体を考察する（それぞれに応じて，すべての数列 $x_1, x_2, \cdots$，Ω 上のすべての関数 φ）．"R 上の積分"（それぞれに応じて，$\sum_{n=1}^{\infty} x_n$，$\int_{\Omega} \phi dv$）が存在する．（もちろん，場合によっては，R は混合型であり得る．したがって，たとえば，離散的な点と区間を含む，等々．）

このやり方は，本質的に，ディラックによって，量子力学のための基礎となる数篇の論文[15]において，大きな結果と疑義のない成果をもって，始められた．それにも関わらず，ほかの解法を探すならば，その根拠は，数学的厳密さの通常の尺度を保持する限り，上にスケッチしたアナロジー

---

15) *Proc. of the Royal Soc.*, 1926/27 の中の数篇の論文．

はまさしく表面的なものにとどまるという点にある．

たとえば，R が"空間" $1, 2, \cdots$ の場合には，$\mathfrak{H}$ は数列 $x_1, x_2, \cdots$ を含み，すべての線形作用素 H は行列 $\{h_{\mu\nu}\}$ によって表される：

$$H(x_1, x_2, \cdots) = (y_1, y_2, \cdots),$$
$$y_\mu = \sum_{\nu=1}^{\infty} h_{\mu\nu} x_\nu.$$

Ω が区間 $[0, 1]$ の場合において（したがって，$\mathfrak{H}$ はそこで定義される関数すべてを含む）このアナロジーを考えるとするならば，任意の線形作用素 H はある積分核 $\varphi(x, y)$ によって表されるべきであることが要求されなければならない：

$$H\varphi(x) = \int_0^1 \Phi(x, y) \varphi(y) dy.$$

これは，しかし，最も単純な作用素たちに対してさえ成立しない（たとえば，各 φ を自らに移す"単位作用素"に対して）．それにもかかわらず，この誤った命題の正当性を装いたいならば，ディラックがするように，"擬似的な"積分核を考察しなければならない．等々．──

我々は別の道をとる．それは，主たる点において，すでにシュレーディンガーの"等価法"（すなわち，行列法と微分方程式の方法の等価性）の基礎となっているものであり，ずっと以前から知られているある数学的事実から派生するものである．それを記述するためには，いくつかの準備が必要である．

再び，Ω をある平面（1次元，2次元，…，境界付きまたは境界無し，有限または無限）とし，dv を Ω 上の積分の微分要素としよう．Ω 上の（複素数値）関数 $f, g, \ldots$ で $\int_\Omega |f|^2 dv$ が有限であるものの全体を考え，"空間" $\mathfrak{H}$ はこれらの関数からつくられるとする．$\int_\Omega f \bar{g} dv$（Ω 上の積分は，以下においては，この形でのみ使われる）を $Q(f, g)$ と記す．$Q(f, f)$ を $Q(f)$ と書く（$Q(f)$ の有限性が $\mathfrak{H}$ を記述する！）．

$\mathfrak{H}$ の二つの元 f, g は
$$Q(f, g) = 0$$
を満たすとき，直交するという．そして
$$Q(f_\mu, f_\nu) = \begin{cases} 1; & \mu = \nu \\ 0; & \mu \neq \nu \end{cases}$$
を満たす系 $f_1, f_2, \ldots$ を正規直交系と呼ぶ．最後に，正規直交系で，これに新たな元 f を付け加えて正規直交系とすることができないようなものを完全正規直交系という（これは，すべての f_μ と直交する f は 0 以外に存在しない，ということと同じであることが明らかになる）．

$\mathfrak{H}$ には完全正規直交系が存在することを示すことができる（この事実や以下で証明が与えられていないすべての主張に関しては，第 V 項を参照せよ．ここでは，それらがより正確に論じられている）．その一つを $\varphi_1, \varphi_2, \ldots$ とする．

f が $\mathfrak{H}$ に属する関数であるとき
$$c_\mu = Q(f, \varphi_\mu)$$

を（$\varphi_1, \varphi_2, \cdots$ に関する）f の展開係数という．和 $\sum_{\mu=1}^{\infty} |c_\mu|^2$ はつねに有限であり（実際，それは $Q(f)$ に等しい；いわゆるパーセヴァルの等式である）かつ $\sum_{\mu=1}^{\infty} c_\mu \varphi_\mu$ はある意味において f に収束する．それは，つまり，確かに，Ω の各点で収束する必要はない．しかし，Ω にわたる，第 N 部分和の f からのずれ（すなわち，$\sum_{\mu=1}^{N} c_\mu \varphi - f$）を追跡し，この全体的経過を絶対値の 2 乗の積分によって特徴づけるならば（$Q(\sum_{\mu=1}^{N} c_\mu \varphi_\mu - f)$ が小さくなればなるほど，$\sum_{\mu=1}^{N} c_\mu \varphi_\mu$ は Ω 全体において——Ω のどこか特別の点においてではなく——いっそうよく f に近づく），この積分は，$N \to \infty$ のとき，0 に収束する（すなわち

$$\lim_{N \to \infty} Q\left(\sum_{\mu=0}^{N} c_\mu \varphi_\mu - f \right) = 0$$

である）．（この種の収束は平均収束と呼ばれている；それは，"各点"収束に関してはほとんど何も意味しない．だが，直交展開の場合には，目的に適った概念構成なのである．）

だが，この逆も成立する（フィッシャーとリース[16]による定理）：

複素数列 $c_1, c_2, \cdots$ について，$\sum_{\mu=1}^{\infty} |c_\mu|^2$ が有限ならば，（関数）和 $\sum_{\mu=1}^{\infty} c_\mu \varphi_\mu$ は平均収束し（すなわち，ある f が $\mathfrak{H}$ の中に存在し，$Q(f - \sum_{\mu=1}^{N} c_\mu \varphi_\mu)$ が $N \to \infty$ のとき 0 に収束）かつその和 f の展開係数は $c_1, c_2, \cdots$ である．

それゆえ，$\mathfrak{H}$ に属する f と $\sum_{\mu=1}^{\infty} |c_\mu|^2$ が有限となる

---

16) *Gött. Nachrichten, Math.-Phys. Klasse* (1907), S. 116–122.

数列 $c_1, c_2, \cdots$ との間に 1 対 1 の対応が存在する．この場合，この対応が線形であることは明らかである．すなわち，f に $c_1, c_2, \cdots$ が対応するならば，af（a は複素数）には，$ac_1, ac_2, \cdots$ が対応し，f, g にそれぞれ，$c_1, c_2, \cdots, d_1, d_2, \cdots$ が対応するならば，$f+g$ には，$c_1+d_1, c_2+d_2, \cdots$ が対応する[17]．さらに，$Q(f,g)$ は $\sum_{\mu=1}^{\infty} c_\mu \overline{d_\mu}$ に等しい（これは，一般的なパーセヴァルの公式である：

$$c_\mu = Q(f, \varphi_\mu), \quad d_\mu = Q(g, \varphi_\mu) \quad (\mu = 1, 2, \cdots)$$
$$Q(f, g) = \sum_{\mu=1}^{\infty} c_\mu \overline{d_\mu}.$$

これは，次の項でも考究されるであろう）．

しかし，$x_1, x_2, \cdots$ の空間においては，まさに $\sum_{\mu=1}^{\infty} x_\mu \overline{y_\mu}$ は $Q(x, y)$（$x_1, x_2, \cdots$ を x, $y_1, y_2, \cdots$ を y とする）であったので，これは次の事を意味する：$\mathfrak{H}$ は，$\sum_{\mu=1}^{\infty} |x_\mu|^2$ が有限となるすべての数列 $x_1, x_2, \cdots$ からなる空間の上へ，次のような仕方で，1 対 1 に写される：演算 af（a は複素定数），$f+g$, $Q(f,g)$──すなわち，これまで，量子力学の記述の際に使用したすべての演算──は，同じ演算

---

[17] $\sum_{\mu=1}^{\infty} |c_\mu|^2, \sum_{\mu=1}^{\infty} |d_\mu|^2$ の有限性ならびに $\int_\Omega |f|^2 dv$, $\int_\Omega |g|^2 dv$ の有限性からそれぞれ，$\sum_{\mu=1}^{\infty} |c_\mu + d_\mu|^2$, $\int_\Omega |f+g|^2 dv$ の有限性 (したがって，$Q(f), Q(g)$ の有限性からの $Q(f+g)$ の有限性) が出る．これは，関係式
$$|u+v|^2 \leq |u+v|^2 + |u-v|^2 = 2|u|^2 + 2|v|^2$$
から直ちに導かれる．

（すなわち，言及された空間における類似の演算）に対応する．それゆえ，すべての（種々の Ω に属する）空間 $\mathfrak{H}$ は，$\sum_{\mu=1}^{\infty}|x_\mu|^2$ が有限となる数列の空間と，単に元と演算の名称においてのみ区別されるだけである．これに対して，あらゆる特性においては，それらは，完全に一致しなければならない．

すなわち：''連続的行列''や''擬似的構成物''を導入しなくても，量子力学の根底に横たわる様々な数列空間や関数空間は——絶対的な数学的厳密さを要求する場合でも——本質的に同じものなのである．

V. 複素数列 $x_1, x_2, \cdots$ で $\sum_{\mu=1}^{\infty}|x_\mu|^2$ が有限であるものすべてからなる空間は無限次元複素ユークリッド空間あるいは複素ヒルベルト空間と呼ばれる．これを $\mathfrak{H}_0$ で表す．

前項で見たように，すべての関数空間 $\mathfrak{H}$ は，$\mathfrak{H}_0$ と互いに一致する形式上の特性をもつ．異なるのは，ただ，元の表示法と意味だけである．そこで，これらの空間のすべてを，それらが共通に有する特性によって特徴づけることがただちに考えられる．そして，そのような特性をすべてもつ空間を抽象ヒルベルト空間と呼ぶ．このとき，特殊な数列空間や関数空間はすべて，抽象ヒルベルト空間の元に或る名称を付すことによって生じるものと考えることができるであろう（元を数列 $x_1, x_2, \cdots$ または或る平面 Ω 上の関数と解釈することにより）．これは，相対性理論において，計量的に均質の 4 次元''世界''から，そこに特別な座標系を置くこと（したがって，世界点を四つの数の組として指

定すること）により特殊な時空的解釈を得ることができるのと何となく似ている．

かくして，抽象ヒルベルト空間を，その"内的"特性——すなわち，数列あるいは関数として定式化され得る元の解釈とは無関係な特性——に基づいて記述することが我々の課題となる．我々は五つの特性を挙げることにより，この課題を解決するであろう．実際，示されるように，それらの特性から，他のすべての性質が導かれる．これらの五つの特性は，元 $f, g, \cdots$ を有する"抽象ヒルベルト空間 $\mathfrak{H}$"と関連している．この空間では，演算 af（a は複素定数），$f + g$，$Q(f, g)$ が定義されている（$af, f+g$ は再び $\mathfrak{H}$ の元であり，$Q(f, g)$ は複素数）．しかし，今度は，これら（特に $Q(f, g)$）は，第 III 項の定義とは独立したものとみなされるべきである．空間 $\mathfrak{H}$ については，提示される五つの公理のみを仮定するのである．

もちろん，$\mathfrak{H}$ を，"非連続的実現" $\mathfrak{H}_0$（$\sum_{n=1}^{\infty} |x_n|^2$ が有限となるすべての数列 $x_1, x_2, \cdots$ の空間，$Q(x, y) = \sum_{n=1}^{\infty} x_n \overline{y_n}$）あるいは"連続的実現" $\mathfrak{H}$（Ω で定義された関数 ϕ で $\int_\Omega |\phi|^2 dv$ が有限であるものすべてからなる空間，$Q(\varphi, \phi) = \int_\Omega \varphi \overline{\phi} dv$）で置き換えるならば，これらと同じ特性が満たされる（付録の (2) を参照）．それゆえ，我々の条件の場合，もし，その具体的な意味をありありと思い浮かべたいならば，抽象的な $\mathfrak{H}$ をいま言及した特別な実現によって置き換えてもよい．

さて，抽象ヒルベルト空間 $\bar{\mathfrak{H}}$ の言及された特徴的な性質 A–E を列挙しよう．そのいずれにも，ただちに最も単純な帰結が結び付けられる；終わりに，これらの性質は，$\bar{\mathfrak{H}}$ を実際に完全に決定することの証明が導かれる．この導出は，$\bar{\mathfrak{H}}$ が——演算 $af, f+g, Q(f,g)$ の不変性のもとで——一意的に $\mathfrak{H}_0$ の上に写され得ることを示すことによってなされる（証明のアイディアは，すでに第 IV 項において，関数空間 $\mathfrak{H}$ に関して素描した）．空間 $\mathfrak{H}_0, \mathfrak{H}$ が実際に $\bar{\mathfrak{H}}$ とみなされること（すなわち，性質 A–E を有すること）は付録の (2) で論じられる．

抽象（複素）ヒルベルト空間 $\bar{\mathfrak{H}}$ に対する五つの公理 A–E は次の通りである：

A. $\bar{\mathfrak{H}}$ は線形空間である．

すなわち，$\bar{\mathfrak{H}}$ には，和 $f+g$ と掛け算 af が存在し（f, g は $\bar{\mathfrak{H}}$ の元，a は複素定数で，$f+g, af$ は $\bar{\mathfrak{H}}$ に属する），これらは，ベクトルの場合の類似した演算に関してよく知られた諸法則を満たす（より厳密に言えば，0 の存在，和の交換則と結合則，掛け算の分配則と結合則）．

公理 A だけに基づいてうち立てられる基礎概念の一つは線形独立性の概念である：$\bar{\mathfrak{H}}$ の元 $f_1, f_2, \cdots, f_k$ について
$$a_1 f_1 + a_2 f_2 + \cdots + a_k f_k = 0$$
ならば $a_1 = a_2 = \cdots = a_k = 0$ が導かれるとき，$f_1, f_2, \cdots, f_k$ は線形独立または一次独立であるという．さらに $\bar{\mathfrak{H}}$ の部

分集合 $\mathfrak{M}$ によって張られる線形多様体の概念がある[18]. すなわち, $a_1 f_1 + a_2 f_2 + \cdots + a_k f_k$ という形の元すべてからなる集合である. ただし, $a_1, \cdots, a_k$ は任意の複素数であり, $f_1, \cdots, f_k$ は $\mathfrak{M}$ の任意の元である[19].

B. $\overline{\mathfrak{H}}$ は距離空間である. より厳密に言えば, その距離は, 一つのエルミート-対称双線形形式 $Q(f, g)$ から派生する.

すなわち, ($\overline{\mathfrak{H}}$ の各元 f, g に対して定義され, 複素数に値をとる) 関数 $Q(f, g)$ で次の性質を満たすものが存在する:

1. $Q(af, g) = aQ(f, g)$ (a は複素定数).
2. $Q(f_1 + f_2, g) = Q(f_1, g) + Q(f_2, g)$.
3. $Q(f, g) = \overline{Q(g, f)}$.

(1, 2, 3 から次の 1′, 2′ が出る:

1′. $Q(f, ag) = \bar{a} Q(f, g)$.
2′. $Q(f, g_1 + g_2) = Q(f, g_1) + Q(f, g_2)$.

1, 2, 1′, 2′ は Q のエルミート双線形性を, 3 は対称性を表す). 3 によれば, $Q(f, f)$ はつねに実数である. さらに次の条件を要求しよう ($Q(f, f)$ を再び, $Q(f)$ と書く):

4. $Q(f) \geqq 0$ かつ $Q(f) = 0$ となるのは $f = 0$ のとき

---

18) [訳注]「線形多様体」は, 現代風に言えば, **線形部分空間**または**部分空間**のことである. また「張られる」は「生成される」ともいう.

19) [訳注] k も任意の自然数を動く.

に限る[20]．

1-4 から
$$|Q(f,g)| \leq \sqrt{Q(f)\cdot Q(g)}$$
と
$$\sqrt{Q(af)} = |a|\sqrt{Q(f)},$$
$$\sqrt{Q(f+g)} \leq \sqrt{Q(f)} + \sqrt{Q(g)}$$
を結論することは難しくない[21][22]．最後の二つの関係式は，$\sqrt{Q(f)}$ を f の絶対的な値とみなし，$\sqrt{Q(f-g)}$ を f

---

[20] ［訳注］性質 1-4 を満たす写像 $Q: \overline{\mathfrak{H}} \times \overline{\mathfrak{H}} \to \mathbb{C}; \overline{\mathfrak{H}} \times \overline{\mathfrak{H}} \ni (f,g) \mapsto Q(f,g) \in \mathbb{C}$ は，現代風に言えば，**内積**であり，通常，(f,g) または $\langle f,g \rangle$ という記号が用いられる：
$$\langle f,g \rangle := Q(f,g).$$
また，$\sqrt{Q(f)}$ は f の**ノルム**と呼ばれ，現代的には，$\|f\|$ と書かれる場合が多い：
$$\|f\| := \sqrt{Q(f)}.$$

[21] 容易に計算されるように（a,b は実定数）
$$Q(af+bg) = a^2 Q(f) + ab[Q(f,g)+Q(g,f)] + b^2 Q(g)$$
$$= a^2 Q(f) + 2ab\Re Q(f,g) + b^2 Q(g)$$
（複素数 z に対して，$\Re z, \Im z$ はそれぞれ，z の実部，虚部を表す）．左辺はつねに ≥ 0 であり，右辺は a,b の 2 次式である．したがって，その判別式は ≤ 0：
$$[\Re Q(f,g)]^2 - Q(f)Q(g) \leq 0,$$
$$|\Re Q(f,g)| \leq \sqrt{Q(f)\cdot Q(g)}.$$
ここで，f を $e^{i\varphi}f$（φ は実定数）で置き換える．このとき，右辺は変わらず，他方，左辺は
$$|\Re\{e^{i\varphi}Q(f,g)\}| = |(\cos\varphi)\Re Q(f,g) - (\sin\varphi)\Im Q(f,g)|$$
となる．この式の最大値は
$$\sqrt{[\Re Q(f,g)]^2 + [\Im Q(f,g)]^2} = |Q(f,g)|$$

と g の距離とみなすことを動機づける[23].

こうして, Q は, 実際に, 空間 $\overline{\mathfrak{H}}$ に対して, 一つの距離, すなわち, 離れ具合の概念を定める. これによって, "連続的", "有界", "任意の近傍" のような言い方が $\overline{\mathfrak{H}}$ に

であるので, 実際
$$|Q(f,g)| \leq \sqrt{Q(f) \cdot Q(g)}$$
が成り立つ.

さらに
$$Q(af) = a\bar{a}Q(f) = |a|^2 Q(f), \quad \sqrt{Q(af)} = |a|\sqrt{Q(f)}$$
であり
$$\begin{aligned}
Q(f+g) &= Q(f) + Q(f,g) + Q(g,f) + Q(g) \\
&= Q(f) + 2\Re Q(f,g) + Q(g) \\
&\leq Q(f) + 2\sqrt{Q(f) \cdot Q(g)} + Q(g) \\
&= (\sqrt{Q(f)} + \sqrt{Q(g)})^2,
\end{aligned}$$
$$\sqrt{Q(f+g)} \leq \sqrt{Q(f)} + \sqrt{Q(g)}.$$

22) [訳注] $|Q(f,g)| \leq \sqrt{Q(f) \cdot Q(g)}$, i.e.(すなわち), $|\langle f,g \rangle| \leq \|f\| \|g\|$ は**シュヴァルツの不等式**と呼ばれる.

一方, $\sqrt{Q(f+g)} \leq \sqrt{Q(f)} + \sqrt{Q(g)}$, i.e. $\|f+g\| \leq \|f\| + \|g\|$ は**三角不等式**と呼ばれる.

23) 最後に言及された関係から, 任意の距離に対する基本公理
$$(f,h) \text{ の距離} \leq (f,g) \text{ の距離} + (g,h) \text{ の距離}$$
が出る. 我々の距離 $\sqrt{Q(f-g)}$ は, $\mathfrak{H}_0$ と $\mathfrak{H}$ (この空間で Q を知っている) においてそれぞれ
$$\sqrt{\sum_{n=1}^{\infty} |x_n - y_n|^2}, \quad \sqrt{\int_{\Omega} |f-g|^2 dv}$$
であり, したがって, 通常のユークリッド空間の距離のある意味での一般化である.

おいても意味をもつ.

C. $\overline{\mathfrak{H}}$ は無限次元である.

すなわち，いくらでも多くの（有限個の）線形独立な元が $\overline{\mathfrak{H}}$ の中に存在する[24].

D. $\overline{\mathfrak{H}}$ においていたるところ稠密な列が存在する[25].

すなわち，$\overline{\mathfrak{H}}$ の元の列 $f_1, f_2, \cdots$ で，$\overline{\mathfrak{H}}$ の各元の任意の近傍の中にこの列の要素がある[26]，という性質をもつものが存在する.

E. $\overline{\mathfrak{H}}$ において，コーシーの条件が成立する[27].

すなわち，コーシーの条件を満たす，$\overline{\mathfrak{H}}$ の元の任意の列 $f_1, f_2, \cdots$（任意の $\varepsilon > 0$ の対して，$N = N(\varepsilon)$ が存在して，$N \leq m \leq n$ ならば $\sqrt{Q(f_m - f_n)} \leq \varepsilon$ となる列[28]）は収束する（任意の $\varepsilon > 0$ に対して，$N = N(\varepsilon)$ が存在し，$N \leq m$ ならば $\sqrt{Q(f_m - f)} \leq \varepsilon$ を満たす，$\overline{\mathfrak{H}}$ の元 f が存在する）.

$\mathfrak{H}_0$ や $\mathfrak{H}$ がこれらの条件を満足するか否かという問いに関する考究は付録2にまわし，A–E からすぐに導かれる結果を引き出すことにとりかかる．その最後の方で，くり

---

[24] ［訳注］任意の自然数 n に対して，n 個の線形独立なベクトルが $\overline{\mathfrak{H}}$ の中に存在するということ.

[25] ［訳注］これは**可分性**と呼ばれる.

[26] ［訳注］各 $f \in \overline{\mathfrak{H}}$ と任意の $\varepsilon > 0$ に対して，$\sqrt{Q(f_n - f)} = \|f_n - f\| < \varepsilon$ を満たす f_n が存在するということ.

[27] ［訳注］**完備性**と呼ばれる性質である.

[28] ［訳注］このような列は**コーシー列**または**基本列**と呼ばれる.

返し言及された，$\overline{\mathfrak{H}}$ の $\mathfrak{H}_0$ 上への写像可能性が示される．この過程において，$\overline{\mathfrak{H}}$ の正規直交系の構造へのある視点が獲得される．それは，我々の後の注意深い考察の基礎となるものである．

我々は，これらの注意深い考察を，よく知られた数学的推論法に基づきながら，次の節で（完全さを期して）欠けるところのないように詳述するであろう．これらについては，主要結果に注意を払うだけで，飛ばしてもよい．

VI．まず第一に，一般的な性質を有するいくつかの簡単な定義を述べなければならない．

$\overline{\mathfrak{H}}$ の点 f の任意の近傍（脚注（23）を参照）の中に，$\overline{\mathfrak{H}}$ の部分集合 $\mathfrak{M}$ の点が存在するとき，f を $\mathfrak{M}$ の集積点という．$\overline{\mathfrak{H}}$ の部分集合 $\mathfrak{M}$ のすべての集積点が $\mathfrak{M}$ に属するとき，$\mathfrak{M}$ は閉であるという．$\overline{\mathfrak{H}}$ のどの点 f も $\mathfrak{M}$ の集積点であるとき，$\mathfrak{M}$ はいたるところ稠密であるという．$\mathfrak{M}$ が $\mathfrak{R}$ の部分集合であり，$\mathfrak{R}$ の任意の点が $\mathfrak{M}$ の集積点であるとき，$\mathfrak{M}$ は $\mathfrak{R}$ で稠密であるという．

自らを線形多様体として張る集合 $\mathfrak{M}$，すなわち，$f_1, \cdots, f_k$ が $\mathfrak{M}$ に属するならば，任意の複素数 $a_1, \cdots, a_k$ に対して，$a_1 f_1 + a_2 f_2 + \cdots + a_k f_k$ も $\mathfrak{M}$ に属するような集合 $\mathfrak{M}$ を線形多様体という．

二つの f, g は，$Q(f, g) = 0$ であるとき，直交しているという．次の条件を満たす $\mathfrak{M}$ を正規直交系という：

$$Q(f, g) = \begin{cases} 1; & f = g \\ 0; & f \neq g \end{cases}$$

正規直交系 $\mathfrak{M}$ に，正規直交性が保たれるように元 f を追加することがもはやできないとき，$\mathfrak{M}$ は完全であるという．これは，明らかに，$\mathfrak{M}$ のすべての元 g と直交する元 f は 0 以外に存在しない，ということと同じである．

さて，予告しておいた諸定理の導出に移ろう．——

定理 1. 各正規直交系は有限か無限列である．各完全正規直交系は無限列である．

証明. $\mathfrak{M}$ を正規直交系とし，$f_1, f_2, \cdots$ を $\overline{\mathfrak{H}}$ でいたるところ稠密な列であるとする．任意の二つの $f, g \in \mathfrak{M}$ ($f \neq g$) に対して
$$Q(f-g) = Q(f) - 2\Re Q(f, g) + Q(g)$$
$$= 1 - 0 + 1 = 2$$
が成り立つ．したがって，それらの距離は $\sqrt{2}$ である．$\mathfrak{M}$ の各 f に対して，列 $f_1, f_2, \cdots$ の元で f との距離が $\sqrt{2}/2$ よりも小さいものが存在する[29]．$\mathfrak{M}$ の相異なる二つの f に関する上述の性質により，$\mathfrak{M}$ の各元に対して，これとの距離が $\sqrt{2}/2$ よりも小さい，列の元が存在する．したがって，$\mathfrak{M}$ は，高々，列と同じほど多くの元をもつ[30]．——それに対して，$\mathfrak{M}$ が完全ならば，$\mathfrak{M}$ は有限ではあり得ないこと，すなわち，有限に多くの $\varphi_1, \cdots, \varphi_k$ に対して，直交する元 $\neq 0$ があることを示さなければならない．$\varphi_1, \cdots, \varphi_k$

---

29) ［訳注］$\sqrt{Q(f-f_k)} = \|f - f_k\| < \sqrt{2}/2$ となる f_k が存在するということ（これは $f_1, f_2, \cdots$ の稠密性による）．

30) ［訳注］これで定理の前半の言明の証明が終わる．

によって張られる線形多様体の中には，$(k+1)$ 個の線形独立な元は存在しない．したがって，$\overline{\mathfrak{H}}$ は，この線形多様体の外に，元 f をもつ．したがって
$$f - c_1\varphi_1 - \cdots - c_k\varphi_k$$
は決して 0 ではない．だが，$c_n = Q(f, \varphi_n)$ $(n=1, 2, \cdots, k)$ に対しては，それは，すべての $\varphi_1, \cdots, \varphi_k$ と直交する．

定理 2. $\varphi_1, \varphi_2, \cdots$ を正規直交系とする．このとき，各級数[31)]
$$\sum_{n=1}^{\infty} Q(f, \varphi_n) \overline{Q(g, \varphi_n)}$$
は絶対収束する．特に $\sum_{n=1}^{\infty} |Q(f, \varphi_n)|^2 \leq Q(f)$ が成り立つ[32)].

証明. よく知られているように，$c_n = Q(f, \varphi_n)$ $(n=1, 2, \cdots)$ に対して次が成り立つ：

$$Q\left(\sum_{n=1}^{N} c_n \varphi_n - f\right)$$
$$= Q(f) - \sum_{n=1}^{N} 2\Re Q(f, c_n \varphi_n) + \sum_{m,n=1}^{N} Q(c_m \varphi_m, c_n \varphi_n)$$
$$= Q(f) - \sum_{n=1}^{N} 2\Re \bar{c}_n Q(f, \varphi_n) + \sum_{m,n=1}^{N} c_m \bar{c}_n Q(\varphi_m, \varphi_n)$$
$$= Q(f) - 2\sum_{n=1}^{N} |c_n|^2 + \sum_{n=1}^{N} |c_n|^2 = Q(f) - \sum_{n=1}^{N} |c_n|^2.$$

---

31) [訳注] f, g は $\overline{\mathfrak{H}}$ の任意の元．
32) [訳注] この不等式はベッセルの不等式と呼ばれる．

左辺はつねに ≥ 0 であるので
$$\sum_{n=1}^{N} |c_n|^2 \leq Q(f)$$
がしたがう．したがって，級数
$$\sum_{n=1}^{\infty} |c_n|^2 = \sum_{n=1}^{\infty} |Q(f, \varphi_n)|^2$$
の収束ならびにこれが $\leq Q(f)$ であること（第二の主張）も証明されたことになる．

最初の主張は，次の明らかな関係式からしたがう：
$$\Re Q(f, \varphi_n)\overline{Q(g, \varphi_n)}$$
$$= \left|Q\Big(\frac{f+g}{2}, \varphi_n\Big)\right|^2 - \left|Q\Big(\frac{f-g}{2}, \varphi_n\Big)\right|^2,$$
$$\Im Q(f, \varphi_n)\overline{Q(g, \varphi_n)}$$
$$= \left|Q\Big(\frac{f+ig}{2}, \varphi_n\Big)\right|^2 - \left|Q\Big(\frac{f-ig}{2}, \varphi_n\Big)\right|^2.$$
なぜなら，右辺の和は絶対収束するからである．

定理3． $\varphi_1, \varphi_2, \cdots$ を正規直交系としよう．このとき，級数 $\sum_{n=1}^{\infty} c_n \varphi_n$ は $\sum_{n=1}^{\infty} |c_n|^2$ が有限かつこのときに限り，収束する[33]．

証明． E にしたがって，$\sum_{n=1}^{\infty} c_n \varphi_n$ の収束は次のこと

---

[33] この収束は，$\overline{\mathfrak{H}}$ におけるそれであることに注意！したがって，たとえば，$\overline{\mathfrak{H}}$ の連続体実現 $\mathfrak{H}$（Ω で定義された関数 f で $\int_{\Omega} |f|^2 dv$ が有限であるものすべてからなる空間）を考察するのであれば，この収束は，各点収束ではなく，平均収束である！

を意味する：各 $\varepsilon > 0$ に対して $N = N(\varepsilon)$ が存在して，$N \leq m \leq n$ ならば

$$\sqrt{Q\Bigl(\sum_{p=1}^{n} c_p \varphi_p - \sum_{p=1}^{m} c_p \varphi_p\Bigr)} \leq \varepsilon$$

が成立する．しかし

$$Q\Bigl(\sum_{p=1}^{n} c_p \varphi_p - \sum_{p=1}^{m} c_p \varphi_p\Bigr)$$
$$= Q\Bigl(\sum_{p=m+1}^{n} c_p \varphi_p\Bigr) = \sum_{p,q=m+1}^{n} c_p \bar{c}_q Q(\varphi_p, \varphi_q)$$
$$= \sum_{p=m+1}^{n} |c_p|^2 = \sum_{p=1}^{n} |c_p|^2 - \sum_{p=1}^{m} |c_p|^2.$$

したがって，まさに $\sum_{p=1}^{\infty} |c_p|^2$ に対する収束条件が得られる．

補遺． この f に対して[34]，$Q(f, \varphi_p) = c_p$．

証明． $N \geq p$ ならばつねに

$$Q\Bigl(\sum_{n=1}^{N} c_n \varphi_n, \varphi_p\Bigr) = \sum_{n=1}^{N} c_n Q(\varphi_n, \varphi_p) = c_p.$$

さて

$$|Q(f', g')| \leq \sqrt{Q(f')Q(g')}$$

と双線形性により，Q は f', g' に関して連続である[35]．し

---

34) ［訳注］$f = \sum_{n=1}^{\infty} c_n \varphi_n$ のこと．
35) ［訳注］f'_n が f' に，g'_n が g' にそれぞれ収束するならば，$\lim_{n\to\infty} Q(f'_n, g'_n) = Q(f', g')$ が成り立つということ

たがって，$N \to \infty$ とすれば，上式は $Q(f, \varphi_p) = c_p$ となる．

定理4． $\varphi_1, \varphi_2, \cdots$ を正規直交系としよう．任意の f に対して，級数
$$f' = \sum_{n=1}^{\infty} c_n \varphi_n, \quad c_n = Q(f, \varphi_n)$$
は収束する．そして，$f - f'$ はすべての $\varphi_1, \varphi_2, \cdots$ と直交する．

証明． 定理2と定理3からただちにしたがう．

定理5． 以下の条件のそれぞれは，正規直交系 $\varphi_1, \varphi_2, \cdots$ が完全であるための必要十分条件である：

$\alpha.$ $\varphi_1, \varphi_2, \cdots$ によって張られる線形多様体はいたるところ稠密である．

$\beta.$ すべての f に対して
$$f = \sum_{n=1}^{\infty} c_n \varphi_n, \quad c_n = Q(f, \varphi_n)$$
が成立する．

$\gamma.$ すべての f, g に対して
$$Q(f, g) = \sum_{n=1}^{\infty} Q(f, \varphi_n) \overline{Q(g, \varphi_n)}$$

($\because |Q(f'_n, g'_n) - Q(f', g')| = |Q(f'_n - f', g'_n - g') + Q(f'_n - f', g') + Q(f', g'_n - g')| \leq |Q(f'_n - f', g'_n - g')| + |Q(f'_n - f', g')| + |Q(f', g'_n - g')| \leq \sqrt{Q(f'_n - f')Q(g'_n - g')} + \sqrt{Q(f'_n - f')Q(g')} + \sqrt{Q(f')Q(g'_n - g')}$).

が成り立つ.

証明. まず, 完全性から β が出る. なぜなら, 定理4によって, $f-f'$ は 0 でなければならないからである. 第二に, β から α が出る. なぜなら, f は $\sum_{p=1}^{N} c_p \varphi_p$ ――これは $\varphi_1, \varphi_2, \ldots$ によって張られる線形多様体に属する――の集積点だからである. 第三に, β から γ が出る. これは次の理由による:

$$Q\left(\sum_{n=1}^{N} c_n \varphi_n - f\right) = Q(f) - \sum_{n=1}^{N} |c_n|^2$$

であり, ($Q(f)$ は, 上に注意したように, 連続であるので) $N \to \infty$ のとき, 左辺は 0 に収束する. したがって

$$\sum_{n=1}^{\infty} |c_n|^2 = Q(f), \quad \sum_{n=1}^{\infty} |Q(f, \varphi_n)|^2 = Q(f)$$

となる. ここで, f のところに, $\dfrac{f+g}{2}, \dfrac{f-g}{2}$ および $\dfrac{f+ig}{2}, \dfrac{f-ig}{2}$ を代入し, 両辺を引けば, 定理2の場合と同様にして, 主張が導かれる. 第四に, α から完全性がしたがう: f がすべての $\varphi_1, \varphi_2, \ldots$ と直交するならば, それは, $\varphi_1, \varphi_2, \ldots$ によって張られる線形多様体のすべての元とも直交する. そして, この線形多様体はいたるところ稠密であるので, f は自らとも直交する. すなわち, $Q(f) = 0, f = 0$ である. 第五に, γ から完全性がしたがう: f がすべての $\varphi_1, \varphi_2, \ldots$ と直交するならば, γ は $Q(f) = 0, f = 0$ を与える.

こうして, 次の論理図式が得られる.

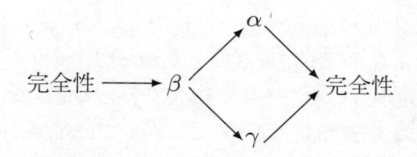

$$完全性 \longrightarrow \beta \begin{array}{c} \nearrow \alpha \\ \searrow \gamma \end{array} 完全性$$

したがって，これらの四つの言明は同等である．

定理6． 任意の列 $f_1, f_2, \cdots$ に対して，正規直交系 $\varphi_1, \varphi_2, \cdots$ で同一の線形多様体を張るものが存在する（両方の列は，有限で切れてもよい）．

証明． $f_1, f_2, \cdots$ のうちで0でない最初のものを g_1 とする．$f_1, f_2, \cdots$ のうちで $a_1 g_1$ に等しくない最初のものを g_2 とする．$f_1, f_2, \cdots$ のうちで，$a_1 g_1 + a_2 g_2$ に等しくない最初のものを g_3 とする．以下，同様．$g_1, g_2, \cdots$ は明らかに線形独立であり，$f_1, f_2, \cdots$ が張るのと同じ線形多様体を張る．よく知られた"直交化"の方法[36]により，$g_1, g_2, \cdots$ から一つの正規直交系がつくられる[37]．

補遺． 完全正規直交系は存在する．

証明． Dにしたがって，いたるところ稠密な列 $f_1, f_2, \cdots$ を選び，定理6によって，これから正規直交系をつくる．定理5の α によって，この正規直交系は完全である．——

さて，完全正規直交系 $\varphi_1, \varphi_2, \cdots$ をとり，$\overline{\mathfrak{H}}$ の各元 f に

---

36) ［訳注］**グラム-シュミットの直交化法のこと．**
37) 次のようにすればよい：

044

対して，数列 $c_1, c_2, \cdots$ ($c_n = Q(f, \varphi_n), n = 1, 2, \cdots$) を対応させるならば，定理 2 にしたがって，$c_1, c_2, \cdots$ は $\mathfrak{H}_0$ に属し，定理 5 の β にしたがって，f を決定する．$\overline{\mathfrak{H}}$ からのこの一対一写像は定理 3 にしたがって，$\mathfrak{H}_0$ 全体を覆う．これに関して，演算 $+$ と $a\cdot$（スカラー倍）の不変性は自明であり，Q の不変性は，定理 5 の γ からしたがう．

こうして，A–E の性質をもつ空間 $\overline{\mathfrak{H}}$ はどれも，そのあらゆる特性に関して，通常のヒルベルト空間 $\mathfrak{H}_0$ と一致しなければならないことが実際に示される[38]．（$\overline{\mathfrak{H}}$ から $\mathfrak{H}_0$ へ

$$\gamma_1 = g_1, \quad \varphi_1 = \frac{1}{\sqrt{Q(\gamma_1)}} \gamma_1,$$

$$\gamma_2 = g_2 - Q(g_2, \varphi_1)\varphi_1, \quad \varphi_2 = \frac{1}{\sqrt{Q(\gamma_2)}} \gamma_2,$$

$$\gamma_3 = g_3 - Q(g_3, \varphi_1)\varphi_1 - Q(g_3, \varphi_2)\varphi_2, \quad \varphi_3 = \frac{1}{\sqrt{Q(\gamma_3)}} \gamma_3,$$

$\cdots\cdots\cdots\cdots$

$\varphi_1, \varphi_2, \cdots$ は，明らかに，$g_1, g_2, \cdots$ が張るのと同じ線形多様体を張り，正規直交系である．

[38] ［訳注］現代風に言えば，可分な無限次元ヒルベルト空間 $\overline{\mathfrak{H}}$ は $\mathfrak{H}_0 = \ell^2$（訳注 (2) を参照）に同型であるということ．

二つのヒルベルト空間 $\overline{\mathfrak{H}}, \overline{\mathfrak{H}}'$ が**同型**であるとは線形写像（線形作用素）$U : \overline{\mathfrak{H}} \to \overline{\mathfrak{H}}'$（i.e. $U(af + bg) = aU(f) + bU(g), f, g \in \overline{\mathfrak{H}}, a, b \in \mathbb{C}$）で内積を保存し（i.e. $\langle U(f), U(g) \rangle = \langle f, g \rangle, f, g \in \overline{\mathfrak{H}}$）——これから U が一対一（単射）であること（i.e. $f \neq g \Longrightarrow U(f) \neq U(g)$）が出る——かつ全射（i.e. その値域 $\mathrm{Ran}(U) = \{U(f) | f \in \overline{\mathfrak{H}}\} = \overline{\mathfrak{H}}'$）であるものが存在するときをいう．この場合，このような U は**ユニタリ変換**または**ユニタリ作用素**と呼ばれる．本文の場合，$\overline{\mathfrak{H}}' = \mathfrak{H}_0, U(f) = \{Q(f, \varphi_n)\}_{n=1}^{\infty}, f \in \overline{\mathfrak{H}}$ である．

のこの写像は，もちろん，第 V 項でスケッチした，$\mathfrak{H}$ から $\mathfrak{H}_0$ への写像の類似物である．）

作用素論

VII. 以前の諸節の熟考にしたがって，抽象的（複素）ヒルベルト空間を我々のさらなる研究の基礎として使用できる．その様々な実現（離散的なもの並びに種々の連続的なもの；第 V 項の始めを参照）に頼ることは，まずは（第 VII 項から第 XI, XIII 項において）必ずしも必要ではないことが示される：我々のあらゆる展開はそれとは独立である．物理学への応用の際に初めて，それらは気にかけられねばならない．

$\overline{\mathfrak{H}}$ において展開しなければならない最初のものは，きちんとした作用素論である：それが量子力学にとっていかなる基礎的意味をもつかを我々は確かに知っている（第 II 項の終わりを参照）．——

作用素とは，$\overline{\mathfrak{H}}$ のある点集合（場合によっては $\overline{\mathfrak{H}}$ のすべての点）で定義され，値を $\overline{\mathfrak{H}}$ の点にとる関数のことである．作用素 T は，第一に，ある線形多様体（閉である必要はない）で定義され，かつ第二につねに
$T(a_1 f_1 + a_2 f_2 + \cdots + a_k f_k) = a_1 T f_1 + a_2 T f_2 + \cdots + a_k T f_k$
（$a_1, a_2, \cdots, a_k$ は複素定数）が成り立つとき，線形である

という[39]．

すでに第V項で注意したように，"連続的"や"原点を中心とする半径1の球の中で有界"という表現は作用素にとって意味をもつ．線形作用素の場合，それらは明らかに同じことを意味する[40]．これに対して，通常，ヒルベルト的表現"有界"が使われる[41]．

非連続的な実現 $\mathfrak{H}_0$ を考察するならば，各有界線形作用

---

[39] ［訳注］T が定義される線形多様体（部分空間）を T の**定義域**といい，今日では，これを $D(T)$ または $\mathrm{dom}(T), \mathrm{Dom}(T)$ のように記す．T による像の全体 $\mathrm{Ran}(T) := \{Tf | f \in D(T)\}$ を T の**値域**という．

二つの線形作用素 T, S は，$D(T) = D(S)$（定義域が等しい）かつ $Tf = Sf, \forall f \in D(T)$ $[= D(S)]$（作用が等しい）を満たすとき，**相等しい**といい，このことを $T = S$ と表す（線形作用素の相等の定義）．

$D(S) \subset D(T)$ かつ $Sf = Tf, \forall f \in D(S)$ が成り立つとき，T を S の**拡大**といい，このことを $S \subset T$ と表す．この場合，S を T の**制限（縮小）**という．

したがって，$T = S$ と「$T \subset S$ かつ $S \subset T$」は同値である．

[40] 第二の条件は次のことを意味する：$Q(f) \leqq 1$ ならば $Q(Tf) \leqq C$（C は定数）．$T(af) = aTf$ であるので，これは，結果として
$$Q(Tf) \leqq CQ(f),$$
$$Q(Tf - Tg) \leqq CQ(f - g)$$
すなわち，連続性を導く．逆に，連続な T に対して，ある $\varepsilon > 0$ が存在して，$Q(f) \leqq \varepsilon$ ならば $Q(Tf) \leqq 1$ である．これから，$Q(f) \leqq 1$ ならば $Q(Tf) \leqq \dfrac{1}{\varepsilon}$ を導くのは容易である．

[41] ［訳注］現代的な記号（訳注 (20) を参照）で表すと，ある定数 C があって $\|Tf\| \leqq C \|f\|, \forall f \in D(T)$ が成り立つとき，作用素 T は**有界**であるという．

素に対して，ある無限行列が対応し，同伴する双線形形式（無限に多くの変数）は，ヒルベルトが固有値問題を完全に解いた有界双線形形式のクラスに属する（脚注 (13) を参照）．だが，量子力学にとって興味のある作用素はこの型には属さない（同箇所を参照）．

連続的実現 $\mathfrak{H}$ では，確かに，一定のクラスの有界作用素に対して，行列に類似の積分核表示

$$Tf(P) = \int_\Omega \varphi(P,Q)f(Q)dv_Q$$

（Q について積分する）が存在する．とはいえ，最も単純な場合，たとえば，"単位作用素"（f を f に移す）の場合にそれは存在しない．我々の考察は，実際に，行列や積分核表示に頼ることなく実行されるであろう．——

いくつかの単純な作用素の定義と作用素の計算規則を思い出しておくことが必要である．それは

$$0f = 0, \quad 1f = f$$

である（0 は，したがって，三つの形で現れる：数として，空間 $\overline{\mathfrak{H}}$ の点として，そして零作用素として；おそらく混乱の危険性はないであろう）．さらに[42]

$$(aT)f = aTf \quad (a \text{ は複素定数}),$$
$$(R+T)f = Rf + Tf,$$

---

[42] ［訳注］厳密に言えば，$D(aT) := D(T), D(R+T) := D(R) \cap D(T), D(RT) := \{f \in D(T) | Tf \in D(R)\}$ であり，ここでの三つの式の f はそれぞれ順に $D(aT), D(R+T), D(RT)$ に属する任意の元である．

$$(RT)f = R(Tf).$$

一般に次のことが知られる：作用素の和は可換的で結合的である．積は分配的で結合的であるが，一般には可換的ではない．0,1 は零と単位の役割を有する．

最後に，次のことに注意する：T が線形作用素であるとき，$\overline{\mathfrak{H}}$ のある f に対して元 f^* が存在して，(Tg が意味をもつ場合）つねに

$$Q(f^*, g) = Q(f, Tg)$$

が成り立つ．この f^* を T^*f と記す[43]．もし，Tg が意味をもつ g がいたるところ稠密に存在している[44]ならば，それは一意的に決定される：というのは，f_1^*, f_2^* がそのような特性を持つとすれば，いたるところ稠密な集合に属する任意の g, したがって，すべての g 対して

$$Q(f_1^*, g) = Q(f_2^*, g), \quad Q(f_1^* - f_2^*, g) = 0$$

が成り立ち，ゆえに

$$Q(f_1^* - f_2^*) = 0, \quad f_1^* = f_2^*$$

となるからである．いまから，考察されるすべての作用素に対して，この条件（いたるところ稠密に存在する g に対して意味を持つこと）を仮定する；これは我々にとって興

---

[43] ［訳注］T^* は T の共役作用素と呼ばれる．その定義域 $D(T^*)$ をきちんと書けば次のようになる：

$$D(T^*) := \{f \in \overline{\mathfrak{H}} |\ \text{ある}\ f^* \in \overline{\mathfrak{H}}\ \text{があって}$$
$$\langle f, Tg \rangle = \langle f^*, g \rangle, \forall g \in D(T)\}.$$

[44] ［訳注］$D(T)$ が稠密であること．このような作用素 T は**稠密に定義されている**という．

味のあるすべての場合に実際に満たされるであろう[45].

ただちにわかるように,T^*もまた線形作用素である(この作用素についても,それがいたるところ稠密なfに対して意味をもつと仮定する).その定義から方程式

$$Q(f, Tg) = Q(T^*f, g)$$

が成り立つ[46].Qの特性(第V項のB)に基づいて,次の関係式を証明するのは容易である(有意味性に関する必要な仮定のもとで[47]):

---

[45] 次の二つの例において,この意味が明らかにされる:Ωを区間$[0, 1]$とし,Tを微分作用素としよう.Tfはつねに意味をもつとは限らない(すべてのfが微分可能とは限らない).だが,そのようなfはいたるところ稠密に存在している:各関数はすでに多項式(微分可能な関数として!)によって,いくらでも精密に近似される(平均収束の意味で).

Ωが区間$(-\infty, +\infty)$でTがxによる掛け算であるとしよう.Tfはつねに意味をもつとは限らない($\int_{-\infty}^{\infty}|f(x)|^2 dx$は,$\int_{-\infty}^{\infty} x^2|f(x)|^2 dx$が有限でなくても,有限であり得る).しかし,これらのfはいたるところ稠密に存在している:(任意に大きな,しかし有限の)区間の外で恒等的に0となる関数のすべてはそのような関数に属する.

[46] [訳注]これは,$f \in D(T^*), g \in D(T)$に対して成立する式である.

[47] [訳注]厳密には,第二式,第三式,第四式は(作用素の等式——訳注(39)を参照——ではなく)それぞれ,$D(R^* + T^*), D(T^*R^*), D(T)$の元への作用が等しいという意味で成り立つ.訳注(39)で導入した記号を用いるならば,$R^* + T^* \subset (R+T)^*, T^*R^* \subset (RT)^*, T \subset T^{**}$ということである.ただし,$R, T$が$\mathfrak{H}$全体を定義域とする有界線形作用素の場合,それらは,作用素の等式として成立する.

$$(aT)^* = \bar{a}T^*,$$
$$(R+T)^* = R^* + T^*,$$
$$(RT)^* = T^*R^*,$$
$$T^{**} = T.$$

$T=T^*$ である線形作用素 T は対称(本来的には,複素エルミート対称)であるという[48]. 上式の助けにより,次の言明は難なく検証される:T が対称であるとき,aT が対称であるのは,a が実数であるとき,かつこのときに限る. R,T が対称ならば,$R+T$ も対称である. これに対して,RT は R と T が交換可能($RT=TR$)のとき,かつこのときに限り,対称である[49].

0,1 はともに対称である.

VIII. これらの一般的詳論の次に,ある重要な特別な

---

48) [訳注]今日の術語では,$T=T^*$(作用素の等式)を満たす線形作用素は**自己共役**であるといい,$T \subset T^*$ を満たす線形作用素を**対称作用素**または**エルミート作用素**と呼ぶ.

エルミート作用素の定義は,文献によって異なる場合がある.すなわち,定義域が稠密であるか否かに関わらず,すべての $\phi, \varphi \in D(T)$ に対して $\langle \varphi, T\phi \rangle = \langle T\varphi, \phi \rangle$ を満たす線形作用素をエルミート作用素と呼ぶ場合がある.この場合は,作用素の集合について,次の包含関係が成り立つことになる:

{自己共役作用素} ⊂ {対称作用素} ⊂ {エルミート作用素}.

49) [訳注]$R+T$ と RT に関するここでの言明は一般には正しくない.ただし,R,T がともに $\mathfrak{H}$ 全体で定義された対称作用素ならば,それらは成立する.また,対称作用素の定義を今日のもの(前訳注を参照)に置き換えれば問題はない(ただし,$D(R+T), D(RT)$ は稠密であるとする).

種類の作用素，すなわち，単一作用素（Einzeloperator）[50]の考察へ移ろう．それらは次のように定義される：

（いたるところ定義された）対称作用素 E が $E^2 = E$ を満たすならば，E を単一作用素（E. Op. と略す[51]）という．$0, 1$ が E. Op. であることはただちにわかる．さらに，E とともに，$1-E$ もつねに E. Op. である．なぜなら

$$(1-E)^2 = 1 - 2E + E^2 = 1 - 2E + E = 1 - E$$

となるからである．

さて，E. Op. に関していくつかの定理を導きたい．たとえ以下の事柄のすべてが必要ではないとしても，それらは，基礎的概念構築の本性を正しい光の中に置くことに適している．この場合，主に，次の二つの事実が重要である：

E. Op. は，ある f を f に，他の元を 0 に移す[52]．前者はその内部を形成し，後者はその外部を形成する[53]．$\overline{\mathfrak{H}}$ の任意の f は，E の内部の元 g と外部の元 h を用いて，ある仕方で $g+h$ と分解され得る[54]：この場合，Ef は，f

---

50) この言葉は，ヒルベルトが類似の双線形形式に対して"単一形式（Einzelform）"と呼んだものの模写である．

51) ［訳注］今日的用語では，正射影作用素のことである．

52) ［訳注］E を E. Op. とするとき，$\overline{\mathfrak{H}}$ の任意の元 u に対して $f := Eu$ とすれば，$Ef = f$ である（$\because Ef = E^2 u = Eu = f$）．また，$f' := (1-E)u$ とすれば，$Ef' = 0$ である（$\because Ef' = E(1-E)u = Eu - E^2 u = Eu - Eu = 0$）．

53) ［訳注］前訳注（52）により，内部 $= \mathrm{Ran}(E)$，外部 $= \mathrm{Ran}(1-E)$ である．

54) ［訳注］恒等式 $f = g + h$ に注意．ただし，$g := Ef, h := (1-E)f$．前訳注（53）により，g は内部に属し，h は外部に属

から，"外部成分" h を落とすことにより，生じる．

E. Op. たちの間にはある大きさの順序が存在する：すなわち，その内部の範囲の大きさ（あるいは，逆に，その外部の範囲の大きさ）によるそれである．

これらの結果に注意を払うことにより，以下の論究を飛ばすことも可能である．

（たった今与えられた，E の内部と外部に関する定義はそこにおいて使用されるであろう．）——

次は明らかである：
$$Q(Ef, Eg) \begin{cases} = Q(f, E^*Eg) = Q(f, E^2g) = Q(f, Eg) \\ = Q(E^*Ef, g) = Q(E^2f, g) = Q(Ef, g) \end{cases}.$$
したがって，特に
$$Q(f, Ef) = Q(Ef).$$
これから次の定理がしたがう．

定理 1. つねに $0 \leqq Q(Ef) \leqq Q(f)$．

証明． 第一の不等式は自明である．$1-E$ も E. Op. であるので
$$Q(f, Ef) = Q(f) - Q(f, (1-E)f),$$
$$Q(Ef) = Q(f) - Q((1-E)f) \leqq Q(f).$$
したがって，第二の不等式も成立する．——

ゆえに，すべての E. Op. は連続である．それどころか，

する．

すべての E. Op. は 一様連続でさえある[55]．

定理2．E, F が E. Op. ならば，次が成り立つ．

EF は，それらが可換（$EF = FE$）であるとき，かつこのときに限り，E. Op. である．

$E + F$ は，$EF = 0$（あるいは $FE = 0$）のとき，かつこのときに限り，E. Op. である．

$F - E$ は，$EF = E$（あるいは $FE = E$）のとき，かつこのときに限り，E. Op. である．

証明．EF の場合，$EF = FE$ は，EF の対称性にとってすでに必要十分である．しかし，これから

$$(EF)^2 = EFEF = EEFF = E^2 F^2 = EF$$

がしたがうので，いまの場合の主張が示される．

$E + F$ と $F - E$ の場合，対称性はつねに成立する．関係式 $T^2 = T$ だけを調べればよい．

まず，$E + F$ を取り上げよう．もし，$E + F$ が E. Op. ならば

$$Q(f, Ef) + Q(f, Ff) = Q(f, (E+F)f),$$
$$Q(Ef) + Q(Ff) = Q((E+F)f) \leqq Q(f).$$

---

55) ［訳注］ヒルベルト空間 $\overline{\mathfrak{H}}$ 全体を定義域とする線形作用素 T について，任意の $\varepsilon > 0$ に対して，正数 δ_ε が存在して，$Q(f-g) < \delta_\varepsilon, f, g \in \overline{\mathfrak{H}}$ ならばつねに $Q(Tf - Tg) < \varepsilon$ が成り立つとき，T は**一様連続**であるという．E. Op. E の場合，定理1により，$Q(f - g) < \varepsilon$ ならば，$Q(Ef - Eg) < \varepsilon$ である．したがって，E は一様連続である．

したがって，$Ef=f$ に対して
$$Q(Ff) \leq 0, \quad Ff=0.$$
さて，つねに $EEg=Eg$. したがって，$FEg=0$. ゆえに $FE=0$. 逆に，$FE=0$ ならば，$EF=0$ でもある（FE は E. Op. であるので，F と E は可換）. したがって $(E+F)^2=E^2+EF+FE+F^2=E+0+0+F=E+F$. したがって，$E+F$ は E. Op. である. すなわち，$FE=0$ は必要十分である. そして，E と F の役割は完全に対称的であるので，同じことが $EF=0$ についても成立する.

さて，$F-E$ をとろう. これは，$1-(F-E)=E+(1-F)$ が E. Op. のとき，かつこのときに限り，E. Op. である. これに対して，しかし（$E, 1-F$ は E. Op. であるので）
$$E(1-F)=0, \quad E=EF$$
および
$$(1-F)E=0, \quad E=FE$$
のそれぞれが必要十分である. ——

次の言い方を導入する：$E+F$ が E. Op. のとき，E と F は独立であるという. $F-E$ が E. Op. のとき，$E \leq F$ と記す.（定理2は，したがって，両者に対する単純な必要十分条件を提供する.）ただちに次のことがわかる：$\leq$ は E. Op. に対する順序関係である. すなわち，$E \leq E$；$E \leq F, F \leq E$ から $E=F$ が出る；$E \leq F, F \leq G$ から $E \leq G$ が出る. 0 はすべての E の前にあり，1 はすべ

ての E の後にある.$E \leqq F$ は E と $1-F$ が独立であることと同値である.あるいは $1-F \leqq 1-E$ ともそうである.

さて,E の内部と外部それぞれを詳しく調べるべきである.両者が閉線形多様体であることは,E の線形性と連続性からしたがう.さらに,次のことがただちにわかる:それらは,E から $1-E$ への移行の際に単純に交代する.1 の内部と 0 の外部は $\overline{\mathfrak{H}}$ のすべての元を含む;これに対して,1 の外部と 0 の内部は 0 だけを含む.

定理 3. E の内部にある元 f は Eg(g は任意)と同一視され,E の外部にある元は $(1-E)g$ と同一視される.

証明. 二番目の主張は最初のそれから出る.というのは,E の代わりに $1-E$ で置き換えればよいからである.そこで,最初の主張を証明しよう:f が E の内部にあるとき,それは Ef に等しい.したがって,f は望まれる形を持つ.もし,$f = Eg$ ならば
$$Ef = EEg = Eg = f.$$
すなわち,f は E の内部にある.

定理 4. f は $Q(Ef) = Q(f)$($Q(Ef) = 0$)かつこのときにのみ内部(外部)にある[56].

証明. 二番目の主張は自明である($Q(Ef) = 0$ は $Ef = 0$

---

56) [訳注]前の括弧の内容には後の括弧の内容を対応させて読む.

を意味する）．最初の主張は，E と $1-E$ の取り換えからしたがう．

定理5. 各 f は E の内部の元 g と外部の元 h を用いて一意的に $g+h$ と分解され得る．実際，この分解は $Ef+(1-E)f$ である．

証明. $Ef+(1-E)f$ が望まれる分解になっていることは明らかである．それは一意的である．なぜなら，E の内部と外部は線形多様体であるので，0 以外に共通点をもたないからである．

定理6. E の内部（外部）は，$\overline{\mathfrak{H}}$ の元で外部（内部）の任意の元と直交するものの全体である．

証明. f, g をそれぞれ，E の内部，外部の元とすれば，これらは直交する：
$$Q(f, g) = Q(Ef, g) = Q(f, Eg) = Q(f, 0) = 0.$$
これと定理5から，明らかに，我々の主張がしたがう．

定理7. E と F が独立であるのは，E の内部の任意の元が F の外部にあるとき，かつこのときに限る．

証明. この条件は必要十分である．なぜなら，それは次のことを意味するからである：E のすべての元 f に対して，$Ff=0$．すなわち，$FEg=0$，つまり，$FE=0$．したがって，E と F は独立である．

量子力学の数学的基礎づけ

定理8. $E \leq F$ は，E の内部が F の内部の部分集合であること（または，F の外部が E の外部の部分集合であること）と同値である．

証明. $E \leq F$ は E と $1-F$ が独立であることを意味する．そこで，定理7を $E, 1-F$ および $1-F, E$ に応用すればよい．

定理9. $E \leq F$ は，すべての f に対して $Q(Ef) \leq Q(Ff)$ と同値である．

証明. この条件の十分性は次のことからしたがう：f が F の外部にあるならば
$$Q(Ef) \leq Q(Ff) = 0, \quad Ef = 0.$$
すなわち，f が E の外部になる．したがって，$E \leq F$．条件の必要性は，$E \leq F$ から
$$Q(Ef) = Q(FEf) \leq Q(Ff)$$
による．

我々は今や一般の対称作用素の固有値問題を E. Op. の助けを借りて定式化する位置にある．そして，確かに，この場合，第 III 項とは対照的に，連続スペクトルも有効になるのである．

固有値問題

IX. すでに言及されたように，固有値問題に関する次

の定式化は我々にとって満足のゆくものではない．それはこうである：

T を対称線形作用素とし
$$Tf = lf$$
を満たすすべての（実）数 l と $\mathfrak{H}$ に属するすべての $f \neq 0$ を求めよ．（このような l が固有値であり，f はその固有関数である．）

この定式化は，実際，二つの本質的な欠陥をもつ：

まず，固有関数 f は，たとえ，$Q(f) = 1$ と規格化するとしても，一意的に決まらない対象であるということ．すなわち，絶対値が 1 の因子の不定性が残り，多重固有値（すなわち，多くの一次独立な固有関数を有する固有値 l）の場合には，固有関数たちの間の直交変換の任意性さえ残るのである（第 I 項の θ）．

第二に，この定式化は，連続スペクトルに関しては機能しない．実現 $\mathfrak{H}_0, \mathfrak{H}$ を振り返ってみると，次のことがわかる：実際，場合によっては，固有数列 $x_1, x_2, \ldots$ や固有関数 $f(P)$ でそれぞれ，$\mathfrak{H}_0, \mathfrak{H}$ に属さないもの，すなわち
$$\sum_{n=1}^{\infty} |x_n|^2, \quad \int_{\Omega} |f(P)|^2 dv$$
が無限であるものが存在するのである[57]．

[57) これは次の異論を抱かせる：$\mathfrak{H}_0$ や $\mathfrak{H}$（したがって，$\overline{\mathfrak{H}}$）を限定する際に，取り入れる元があまりにも少なかったのではなかろうか．$\mathfrak{H}$ の場合には，$\int_{\Omega} |f(P)|^2 dv$ が無限となる関数も入れてやら

ねばならなかったであろう．だが，この異議は，我々の考えでは，根拠がしっかりしたものではない．量子力学にとっては，固有関数ではなく連続スペクトルの全く他の特性が重要であることを我々は示すであろう．この特性の記述のためには，まさに，我々の $\overline{\mathfrak{H}}$ が最も適した枠組みを提供するのである．その上，すべての関数 $f(P)$ を含めるというだけではまだ十分ではないであろう．このことは，今や，二つの例で明らかにされるべきである．そのうちの一つでは，いわゆる関数空間の拡大が助けになるが，もう一つの場合はそうではない．

第一のもの：Ω を数直線 $(-\infty,\infty)$ とし，T を量子力学でよく知られた対称作用素

$$p = \frac{h}{2\pi i}\frac{d}{dx}$$

としよう[58)]．ただちにわかるように，そのスペクトルは全区間 $(-\infty,\infty)$ であり，固有値 l には，固有関数 $e^{\frac{2\pi i l}{h}x}$ が属する．

$$\int_{-\infty}^{\infty}\left|e^{2\pi i\frac{l}{h}x}\right|^2 dx = \int_{-\infty}^{\infty}dx = \infty$$

であるので，それは $\mathfrak{H}$ に属さない．

第二のもの：Ω は先ほどのものとし，T は，p と同じく，たいへん重要な対称作用素

$$q = x$$

とする[59)]．次のことがわかる（第 X 項で厳密に基礎付けられる）：再び，$-\infty$ から ∞ の中の任意の l は固有値であり，その固有関数は，$x \neq l$ に対して 0 でなければならないであろう．そのような関数は，任意の積分において，関数 0 のように機能するので，それは 0 とみなされなければならない．すなわち，固有関数は存在しない．（なるほど，ディラックの関数 $\delta(x-l)$――第 I 項の ζ を参照――を固有関数とみなすことは可能である．だが，それは"擬似的"なものである．）

こうして次のことがわかる：さらなるものなしには，連続スペクトルを直接的に扱い得る関数領域を数学的に異論なく定立することはできない．

したがって, 我々は, 他の定式化を探求しなければならない. ——

$\overline{\mathfrak{H}}$ を既知の構造を有する空間によって近似することを試みよう！この目的のために, 非連続的実現 $\mathfrak{H}_0$ をとる. すなわち, 数列 $x_1, x_2, \cdots$ で $\sum_{n=1}^{\infty} |x_n|^2$ が有限であるものすべてからなる空間である. それは, 1 次元（複素）ユークリッド空間, 2 次元（複素）ユークリッド空間, 3 次元（複素）ユークリッド空間, …, において, 次元数がすべての限界を超えて増大するときの極限的場合と見ることができる.

そこで, $\mathfrak{R}^{(k)}$ を k 次元（複素）ユークリッド空間, すなわち, 数の組 $x_1, x_2, \cdots, x_k$ のすべてからなる空間としよう. $\mathfrak{R}^{(k)}$ において $Q(x, y)$ を $\sum_{n=1}^{k} x_n \bar{y}_n$（すなわち, ベクトル x, y の内積）として定義することがまず考えられる. このとき, $\mathfrak{R}^{(k)}$ における任意の線形作用素 A はある行列 $\{a_{\mu\nu}\}$ によって記述される（これによって, A はベクトル x をベクトル y に

$$y_\nu = \sum_{\mu=1}^{k} a_{\mu\nu} x_\mu \quad (\nu = 1, 2, \cdots, k)$$

という形で移す). そして, 対称性は

$$a_{\mu\nu} = \overline{a_{\nu\mu}}$$

---

58) ［訳注］p は**運動量作用素**と呼ばれる.
59) ［訳注］作用素 q は関数 x を掛ける作用素：$(qf)(x) := xf(x)$. $D(q) := \left\{ f \,\middle|\, \int_\Omega |f(x)|^2 dx < \infty, \int_\Omega |xf(x)|^2 dx < \infty \right\}$. q は**位置作用素**と呼ばれる.

と同値である．

よく知られているように，A に属するエルミート形式

$$A(x|y) = Q(\mathsf{A}x|y) = Q(x|\mathsf{A}y) = \sum_{\mu,\nu=1}^{k} a_{\mu\nu} x_\mu \bar{y}_\nu$$

はつねに"主軸形式"にもたらされる：

$$A(x|y) = \sum_{p=1}^{k} l_p (\alpha_{p1}x_1 + \cdots + \alpha_{pk}x_k)\overline{(\alpha_{p1}y_1 + \cdots + \alpha_{pk}y_k)}.$$

ただし，行列 $\{\alpha_{\mu\nu}\}$ は直交（ユニタリ）行列である．すなわち，"単形式"

$$Q(x|y) = \sum_{n=1}^{k} x_n \bar{y}_n$$

それ自体は次の形へ移行する：

$$\sum_{n=1}^{k} x_n \bar{y}_n = \sum_{p=1}^{k} (\alpha_{p1}x_1 + \cdots + \alpha_{pk}x_k)\overline{(\alpha_{p1}y_1 + \cdots + \alpha_{pk}y_k)}.$$

"固有値" $l_1, l_2, \cdots, l_k$ は，順序を除いて，一意的に決定されることはよく知られている．だが，"固有ベクトル" $\alpha_{1\nu}, \alpha_{2\nu}, \cdots, \alpha_{k\nu}$ $(\nu = 1, 2, \cdots, k))$ はそうではない：そのどれについても絶対値が 1 の因子（"位相"）は不定のままである．そして，多数の固有値が重なるならば（"縮退"），これに属する固有ベクトルたちの間の直交（ユニタリ）変換の任意性がある．

それにもかかわらず，$A(x|y)$ に対する一意的な標準形

を獲得することは容易である：

$l_1, l_2, \cdots, l_k$ のうち互いに異なるものを $L_1, L_2, \cdots, L_q$ ($q \leq k$) とし，これらを大きさの順にしたがって並べる．さらに

$$\mathsf{E}(l;x|y) = \sum_{l_p \leq l} (\alpha_{p1}x_1 + \cdots + \alpha_{pk}x_k)\overline{(\alpha_{p1}y_1 + \cdots + \alpha_{pk}y_k)}.$$

とおく．容易に確かめられるように，L_p と $\mathsf{E}(l;x|y)$ は，l_p と $\alpha_{\mu\nu}$ に関する上述の非決定性にもかかわらず，一意的に定まる．$\mathsf{E}(l;x|y)$ に属する行列を

$$\mathsf{E}(l) = \{e_{\mu\nu}(l)\}$$

とする．

明らかに

$$\mathsf{A}(x|y) = \sum_{p=1}^{q} L_p \{\mathsf{E}(L_p;x|y) - \mathsf{E}(L_{p-1};x|y)\}$$

である（L_0 は L_1 より小さい何らかの数を意味する[60]）．l の関数として考察される $\mathsf{E}(l;x|y)$ は，区間

$$l < L_1, \quad L_{p-1} \leq l < L_p \ (p=2, \cdots, q), \quad L_p \leq l$$

においては定数であるので，次のように書くことができる：

$$\mathsf{A}(x|y) = \int_{-\infty}^{\infty} l\, d\mathsf{E}(l;x|y),$$

$$Q(x|\mathsf{A}y) = \int_{-\infty}^{\infty} l\, dQ(x|\mathsf{E}(l)y).$$

---

60) ［訳注］$\mathsf{E}(L_0;x|y) = 0$ である．

(積分 $\int_{-\infty}^{\infty}$ はいわゆるスティルチェス積分である.これについては付録の(3)の詳述を参照.)

その上,$\mathsf{E}(l;x|y)$ はいわゆる単一形式である.すなわち,対称的 ($e_{\mu\nu}(l) = \overline{e_{\nu\mu}(l)}$) かつ行列 $\mathsf{E}(l)$ に対して
$$\mathsf{E}(l)^2 = \mathsf{E}(l)$$
が成り立つ[61].これに属する作用素
$$\mathsf{E}(l)x = y,$$
$$y_\nu = \sum_{\mu=1}^{k} e_{\mu\nu}(l) x_\mu$$

---

[61] $\mathsf{E}(l;x|y)$ が単一形式であることは,それが
$$\sum_L L(x)\overline{L(y)}$$
という形をもつことから,直接計算によって難なく証明される.ここで $L(x)$ は $x_1, x_2, \cdots, x_k$ の線形汎関数であり,異なる L どうしは直交する[62].

[62] [訳注]この意味は,単位ベクトル $z_L \in \mathfrak{R}^{(k)}$ が存在して,$L(x) = Q(x, z_L), \forall x \in \mathfrak{R}^{(k)}$ と表され,かつ z_L と $z_{L'}$ ($L \neq L'$) は直交するということである.$Q(Tx, y) := \sum_L L(x)\overline{L(y)}$ (T は双線形形式 $\sum_L L(x)\overline{L(y)}$ に同伴する線形作用素;その標準的行列表示と同一視する)とすれば,$Q(Tx, y) = Q(x, Ty)$,したがって,T が対称であることは容易にわかる.また
$$Q(T^2 x, y) = \sum_L L(Tx)\overline{L(y)}.$$
一方,$L(Tx) = Q(Tx, z_L) = \sum_{L'} L'(x)\overline{(z_L, z_{L'})} = \sum_{L'} L'(x)\delta_{LL'} = L(x)$.したがって,$Q(T^2 x, y) = Q(Tx, y)$ となるので,$T^2 = T$ が出る.この一般的事実を $\mathsf{E}(l;x|y)$ に応用するには,$L^{(p)}(x) := Q(x, z_p)$, $z_p := (\alpha_{p1}, \alpha_{p2}, \cdots, \alpha_{pk})$ とおけば,$\mathsf{E}(l;x|y) = \sum_{l_p \leq l} L^{(p)}(x)\overline{L^{(p)}(y)}$ と書けることに注意すればよい.

は，したがって，$\mathfrak{R}^{(k)}$ における E. Op. とみなされる．

さらに，次のことがただちにわかる：$l < L_1$ と $l \geqq L_q$ のそれぞれに対して

$$\mathsf{E}(l;x|y) = 0, \quad \mathsf{E}(l;x|y) = \sum_{n=1}^{k} x_n \overline{y_n}.$$

すなわち，それぞれの場合について，$\mathsf{E}(l)$ は零作用素，単位作用素である．そして，$l \leqq l'$ から

$$\mathsf{E}(l;x|x) \leqq \mathsf{E}(l';x|x)$$

がしたがう．

行列 $\mathsf{E}(l)$ は，それゆえ，固有値以外の点を除いて，いたるところ一定であり，固有値のところでは，非連続的に飛躍する．同じことが $\mathsf{E}(l;x|x)$ に当てはまる．後者の場合は，加えて，単調非減少である．——

この定式化は，空間 $\mathfrak{H}_0$ についても難なく直接的になされる．したがって，$\overline{\mathfrak{H}}$ 自体に移される．我々は，そこにおいて，対称線形作用素 T に対して，E. Op. $E(l)$ の族でつねに

$$Q(f, Tg) = \int_{-\infty}^{\infty} l \, dQ(f, E(l)g)$$

が成り立つものを求める．この事実を手短に

$$Tg = \int_{-\infty}^{\infty} l \, d(E(l)g), \quad T = \int_{-\infty}^{\infty} l \, dE(l)$$

と表す．

その場合，$l \leqq l'$ に対して，つねに $Q(E(l)f) \leqq Q(E(l')f)$，すなわち，$E(l) \leqq E(l')$ である（$\mathsf{E}(l;x|x)$ の単調性に対

応！）．E(l) は高々 k 個の飛躍点を持った．だが，k は無限にならねばならないであろうから——これでもって，$\mathfrak{R}^{(k)}$ は $\mathfrak{H}_0$ を近似する——，我々は，E(l) に対して，類似の性質を要求できない．これに対して，E(l) は 0 として始まり（小さい l)，単位作用素として終わる（大きな l）という事実は，意味上同じように次のように解釈される：$l \to +\infty, -\infty$ のそれぞれに対して，$E(l)f \to f, 0$．

最後に，E(l) の飛躍はつねに飛躍が行われる位置の左側からである（すなわち，それは右半連続である．すなわち，$\sum_{L_p < l}$ ではなく，和 $\sum_{L_p \leqq l}$）．これに対応する $E(l)$ の性質を次のように要求する：$l' > l$, $l' \to l$ ならば，つねに，$E(l')f \to E(l)f$．

我々の条件をまとめよう：

$\overline{\mathfrak{H}}$ における対称線形作用素 T について，以下の条件を満たす E. Op. の族 $E(l)$ が見出されるならば，T は固有値形式に表示されるという[63]：

1. $Q(f, Tg) = \int_{-\infty}^{\infty} l\, dQ(f, E(l)g)$.

あるいは手短に

$$Tg = \int_{-\infty}^{\infty} l\, d\{E(l)g\}, \quad T = \int_{-\infty}^{\infty} l\, dE(l).$$

2a. $l \leqq l'$ ならば $E(l) \leqq E(l')$．

---

[63] ［訳注］現代的用語を使えば，自己共役作用素 T に対する**スペクトル表示**または**スペクトル分解**のことである．$\{E(l)\}_{l \in \mathbb{R}}$ は T の**スペクトル族**とも呼ばれる．

2b. $l \to +\infty, -\infty$ のそれぞれに対して,$E(l)f \to f, 0$.
2c. $l' > l, l' \to l$ に対して,$E(l')f \to E(l)f$.
$E(l)$ を T に属する単位の分解ともいう[64].

X. たった今与えられた,対称線形作用素の固有値表示の定義は,もちろん,なおもある批判的考察を要する.

まず,どの対称線形作用素も固有値表示を許すかどうか,そしてそれが一意的に決まるかどうかは直接的には明らかでない.有界作用素に対しては,ヒルベルトの諸定理にしたがって,つねに一つの,そしてただ一つのそのような表示が存在する(脚注 (13) を参照).非有界作用素に対しては,少なくともその一意性は確立される[65].

---

64) 本質的にこの形において,有界双線形形式の固有値問題はヒルベルトによって解決された.もちろん,我々は,首尾一貫して,文献において通常なされている,連続スペクトルと点スペクトルの分離を無視する.

ついでに言えば,もちろん

$$T = \int_{-\infty}^{\infty} l\, dE(l)$$

はつねに意味をもつとは限らない.Tf が($\mathfrak{H}$ において)存在するのは,数

$$\int_{-\infty}^{\infty} l^2\, dQ(E(l)f)$$

が有限のとき,かつこのときに限ることを示すことができる.

65) 実対称作用素の場合に対しては,つねに一つの,そしてただ一つの解が存在することを筆者は示すことができた.複素(エルミート)対称作用素に対しても同じことが推測される.だが,その証明に対してはある困難が立ちはだかる.脚注 (13) で言及した,*Math. Annalen* に掲載予定の論文を参照せよ.

さらに，E. Op. $E(l)$ を直接的に解釈することがたぶん望まれる．

この目的のために，T が点スペクトルをもつ，単純な場合を考察しよう：固有値を $l_1, l_2, \cdots$ とし，これに属する固有関数を $\varphi_1, \varphi_2, \cdots$ とする．

$\varphi_1, \varphi_2, \cdots$ が完全正規直交系を形成することはよく知られている（たとえば，連続的実現において，したがってまた $\mathfrak{H}$ において）．したがって

$$f = \sum_{n=1}^{\infty} Q(f, \varphi_n) \varphi_n$$

であり，それらは固有関数であるので

$$Tf = \sum_{n=1}^{\infty} Q(f, \varphi_n) l_n \varphi_n$$

が成り立つ．（単なる暫定的な方向性だけが問題であるので，収束性の問題については厳密には調べない．）これから，さらに

$$Tf = \int_{-\infty}^{\infty} l \, d\left[\sum_{l_n \leq l} Q(f, \varphi_n) \varphi_n \right]$$

が出る．だが，これは

$$E(l) f = \sum_{l_n \leq l} Q(f, \varphi_n) \varphi_n$$

の場合の固有値表示である．$E(l)$ は明らかに第 IX 項の特性 1, 2 を有する．

それゆえ，作用素 $E(l)$ は次のような仕方で生じる：T の固有関数 $(\varphi_1, \varphi_2, \cdots)$ で f を展開し，l より大きい固有

値に属するすべての要素を切り捨てる．したがって，$E(l)$ の内部は，その展開において，l 以下の固有値に属する固有関数だけが現れるような関数 f すべてからなる．すなわち，l 以下の固有値に属する固有関数の一次結合全体からなる集合である．——

さて，これは連続スペクトルがある場合の $E(l)$ の意味でもある：$E(l)$ の内部（そして，これは，第 VI 項にしたがって，$E(l)$ を決定する）は，l 以下の固有値に属する，T のすべての固有関数の一次結合（連続スペクトルの場合には，積分もあり得る）の全体からなる[66]．

もちろん，これは正確ではない．だが，多くの場合，$E(l)$ を捜し当てるための指針がある（というのは，連続スペクトルの固有関数もまた知られるか推測されるからである）．第 IX 項の終わりでなされた正確な定義によって，そのようにして得られる $E(l)$ が正しいものであるかどうかの証明が与えられる．——

---

[66] $\mathfrak{H}$ に属さない固有関数たち（すなわち，$\int_\Omega |\varphi|^2 dv$ が無限）から，$\mathfrak{H}$ に属する一次結合がいかに生じるかは，脚注 (57) の最初の例によって示される：

固有関数 $e^{2\pi i \frac{l}{h} x}$ は 2 乗可積分ではない．だが，たとえば，一次結合

$$\int_{l_1}^{l_2} e^{2\pi i \frac{l}{h} x} dl = \frac{h}{2\pi i l} \left(e^{2\pi i \frac{l_2}{h} x} - e^{2\pi i \frac{l_1}{h} x} \right) \cdot \frac{1}{x}$$

は 2 乗可積分である．ここで，最後の因子 $\frac{1}{x}$ が 2 乗可積分性を与える．

この後者の事象に対して，二つの例を与えたい．連続的な実現を考察し，Ω を区間 $(-\infty, \infty)$ としよう．脚注 (57) のように，T は作用素

$$p = \frac{h}{2\pi i}\frac{d}{dx}, \quad q = x$$

の各々とする．

第一の場合には，固有関数 $e^{2\pi ilx/h}$ が存在する．関数 f の固有関数展開は，したがって，フーリエ積分

$$f(x) = \frac{1}{h}\int_{-\infty}^{\infty}\left[\int_{-\infty}^{\infty} e^{-2\pi ilz/h}f(z)dz\right]e^{2\pi ilx/h}dl$$

である．$E(l)$ は"残りの切断"として作用する：

$$E(l)f(x) = \frac{1}{h}\int_{-\infty}^{l}\left[\int_{-\infty}^{\infty} e^{-2\pi il'z/h}f(z)dz\right]e^{2\pi il'x/h}dl'.$$

実際

$$\int_{-\infty}^{\infty} l\,d\{E(l)f(x)\}$$
$$= \int_{-\infty}^{\infty} l\,d\left\{\frac{1}{h}\int_{-\infty}^{l}\left[\int_{-\infty}^{\infty} e^{-2\pi il'z/h}f(z)dz\right]\right.$$
$$\left.\times e^{2\pi il'x/h}dl'\right\}$$
$$= \int_{-\infty}^{\infty}\frac{l}{h}\left[\int_{-\infty}^{\infty} e^{-2\pi ilz/h}f(z)dz\right]e^{2\pi ilx/h}dl$$
$$= \frac{h}{2\pi i}f'(x).$$

第二の場合は，$x = l$ だけに対して 0 でないような関数

が固有関数であるべきであるが，それは不可能である．だが，それにもかかわらず，l 以下の固有値に属する固有関数すべての一次結合は，$x \leq l$ に対してのみ 0 でない単関数であることが予想され得る．すなわち，$E(l)$ は次のように定義される：

$$E(l)f(x) = \begin{cases} f(x), & x \leq l \text{ のとき} \\ 0, & x > l \text{ のとき．} \end{cases}$$

まったく容易に

$$\int_{-\infty}^{\infty} l\, d\{E(l)f(x)\} = xf(x)$$

が証明される．――

終わりに，固有値表示のもう一つの特性を考察しよう．それは，T の冪乗に対して正に簡単な表示を許す．すなわち

$$T^n = \int_{-\infty}^{\infty} l^n dE(l)$$

が成り立つ．$n=0$ に対しては，これは自明である（$T^0 = 1$）．$n=1$ に対しては，定義そのものである．$n=2$ に対して証明しよう．他の n に対しては，同様に証明される（すなわち，n から $n+1$ への推論は，1 から 2 への推論とまったく同様である）．

$$Q(f, T^2 g) = Q(Tf, Tg) = \int_{-\infty}^{\infty} l\, dQ(Tf, E(l)g)$$
$$= \int_{-\infty}^{\infty} l\, d\left[\int_{-\infty}^{\infty} l'\, dQ(E(l')f, E(l)g)\right]$$

$$= \int_{-\infty}^{\infty} ld\Big[\int_{-\infty}^{\infty} l'dQ(f, E(l')E(l)g)\Big]$$
$$= \int_{-\infty}^{\infty} ld\Big[\int_{-\infty}^{\infty} l'dQ(f, E(\mathrm{Min}\, l, l')g)\Big].$$

$l' > l$ に対しては，$\mathrm{Min}\, l', l$ は定数 $(= l)$ である．したがって，内部の積分は $(-\infty, l]$ にわたるものとして十分である：

$$Q(f, T^2 g) = \int_{-\infty}^{\infty} ld\Big[\int_{-\infty}^{l} l'dQ(f, E(\mathrm{Min}\, l, l')g)\Big]$$
$$= {}^{67)}\int_{-\infty}^{\infty} l \cdot ldQ(f, E(l)g)$$
$$= \int_{-\infty}^{\infty} l^2 dQ(f, E(l)g).$$

あるいは，我々の簡略化された記法で書くならば

$$T^2 = \int_{-\infty}^{\infty} l^2 dE(l)$$

である．

さらに，次の記法を導入する：$l \leq l'$ に対して，$E(l) \leq E(l')$．したがって，$E(l') - E(l)$ は E. Op. である．I が

---

67) スティルチェス積分に対して関係式
$$\int_A^B u(l)d\Big[\int_A^l v(l')dw(l')\Big] = \int_A^B u(l)v(l)dw(l)$$
が成り立つ．これは通常の積分の場合における関係式
$$\int_A^B u(l)\frac{d}{dl}\Big[\int_A^l v(l')dl'\Big]dl = \int_A^B u(l)v(l)dl$$
に対応する．

区間 $(l, l']$ であるとき，この作用素を $E(l, l') = E(I)$ と表す．

作用素の絶対値

XI. 物理的応用へ移る前に，後に使用される，概念構築のもう一つの範疇を最後に展開しなければならない．

A を線形作用素とする（A^* と同様に，$\mathfrak{H}$ のいたるところ稠密な部分集合で意味を持つとする；第 VII 項を参照）．二つの完全正規直交系 $\varphi_1, \varphi_2, \dots, \phi_1, \phi_2, \dots$ で $A\phi_\nu$ が意味を持つものをとり[68]，

$$[A; \varphi_\mu, \phi_\nu] = \sum_{\mu, \nu = 1}^{\infty} |Q(\varphi_\mu, A\phi_\nu)|^2$$

とおく（この和は有限または無限である．だが，それはつねに意味をもつ．なぜなら，非負の項だけが現れるからである）．

このとき

$$\sum_{\mu=1}^{\infty} |Q(\varphi_\mu, A\phi_\nu)|^2 = Q(A\phi_\nu),$$

$$[A; \varphi_\mu, \phi_\nu] = \sum_{\nu=1}^{\infty} Q(A\phi_\nu).$$

すなわち，$[A; \varphi_\mu, \phi_\nu]$ の φ_μ に関する依存性は単にみか

---

68) Af が意味を持つ，いたるところ稠密な集合から，いたるところ稠密な列 $f_1, f_2, \dots$ を選び，第 VI 項の定理 6 を応用することにより，望まれる完全正規直交系 $\phi_1, \phi_2, \dots$ が生み出される．

けにすぎない．だが，
$$\sum_{\mu=1}^{\infty} |Q(\varphi_\mu, A\phi_\nu)|^2 = \sum_{\mu=1}^{\infty} |Q(A^*\varphi_\mu, \phi_\nu)|^2$$
$$= \sum_{\mu=1}^{\infty} |Q(\phi_\nu, A^*\varphi_\mu)|^2,$$
$$[A; \varphi_\mu, \phi_\nu] = [A^*; \phi_\mu, \varphi_\nu]$$

(すべての $A^*\varphi_\mu$ が意味をもつとき；脚注 (68) を参照) であるので，同じことが ϕ_ν に対しても言える．したがって，$[A; \varphi_\mu, \phi_\nu]$ は A だけに依存する：
$$[A; \varphi_\mu, \phi_\nu] = [A].$$
この最後の式は，したがって，
$$[A] = [A^*]$$
という結果を有する．

量 $\sqrt{[A]}$ を作用素 A の絶対値と呼ぶ[69]．これを次にや

---

[69] ［訳注］厳密に言えば，この定義が意味をもつためには，$D(A)$ と $D(A^*)$ はすべての完全正規直交系を部分集合として含まなければならないから，実は，$D(A) = D(A^*) = \mathfrak{H}$ でなければならない．この場合，$\sum_{\nu=1}^{\infty} Q(A\phi_\nu) < \infty$ を満たす線形作用素 A は有界でありヒルベルト－シュミット作用素と呼ばれる．$\sqrt{[A]}$ を A のヒルベルト－シュミットノルムといい，今日では，$\|A\|_2$ または $\|A\|_{\mathrm{HS}}$ という記号で表されるのが普通である．

現代では，線形作用素 A の絶対値——記号的に $|A|$ と記される——は，ヒルベルト空間 $\mathcal{H}$ からヒルベルト空間 $\mathcal{K}$ への閉線形作用素 A で稠密な定義域をもつものに対して，次のように定義される：$|A|$ は $\mathcal{H}$ 上の非負の線形作用素で (i.e., $\langle \cdot, \cdot \rangle$ を $\mathcal{H}$ の内積とすれば $\langle \phi, |A|\phi \rangle \geq 0, \forall \phi \in D(|A|)$)，$|A|^2 = A^*A$ を満たす (このような $|A|$ は一意的に定まる).

や詳しく調べたい. ——

非連続的実現 $\mathfrak{H}_0$ においては,A は行列
$$\{a_{\mu\nu}\}, \quad a_{\mu\nu} = \overline{a_{\nu\mu}} \quad (\mu, \nu = 1, 2, \cdots)$$
によって表現される.容易にわかるように,点
$$1, 0, 0, \cdots, \quad 0, 1, 0, \cdots, \quad 0, 0, 1, \cdots, \quad \cdots$$
は完全正規直交系を形成する.A はそれらをそれぞれ
$$a_{11}, a_{21}, a_{31}, \cdots, \quad a_{12}, a_{22}, a_{32}, \quad \cdots,$$
$$a_{13}, a_{23}, a_{33}, \cdots, \quad \cdots$$
に移す.いま言及した完全正規直交系を $\phi_1, \phi_2, \cdots$ とすることによって
$$[A] = \sum_{\nu=1}^{\infty} Q(A\phi_\nu) = \sum_{\nu=1}^{\infty}\left[\sum_{\mu=1}^{\infty}|a_{\mu\nu}|^2\right] = \sum_{\mu,\nu=1}^{\infty}|a_{\mu\nu}|^2$$
となる.それゆえ,$[A]$ はすべての行列要素の絶対値の2乗の総和である.

連続的実現 $\mathfrak{H}$ では,$[A]$ は,作用素 A が積分核 φ によって
$$Af(P) = \int_\Omega \varphi(P, Q) f(Q) dv_Q$$
と表されるという仮定のもとでのみ計算されるであろう.この場合
$$[A] = \sum_{\nu=1}^{\infty} Q(A\phi_\nu)$$
$$= \sum_{\nu=1}^{\infty}\int_\Omega |A\phi_\nu(P)|^2 dv_P$$

$$= \sum_{\nu=1}^{\infty} \int_{\Omega} \left| \int_{\Omega} \varphi(P,Q) \phi_{\nu}(Q) dv_Q \right|^2 dv_P$$

$$= \int_{\Omega} \left[\sum_{\nu=1}^{\infty} \left| \int_{\Omega} \varphi(P,Q) \phi_{\nu}(Q) dv_Q \right|^2 \right] dv_P$$

$$= \int_{\Omega} \left[\int_{\Omega} |\varphi(P,Q)|^2 dv_Q \right] dv_P$$

$$= \int_{\Omega} \int_{\Omega} |\varphi(P,Q)|^2 dv_P dv_Q.$$

したがって，$[A]$ は積分核の絶対値の2乗の積分である．

―――

第二に，$[A]$ の最も重要な特性を導こう．

定理1． つねに $[A] \geqq 0$. $A = 0$ のときのみ $[A] = 0$ である．（したがって，同じことが $\sqrt{[A]}$ に対して成立する．）

証明． $[A] \geqq 0$ は明らかである．$[A] = 0$ から

$$\sum_{\nu=1}^{\infty} Q(A\phi_{\nu}) = 0, \quad Q(A\phi_1) \leqq 0, \quad A\phi_1 = 0$$

がしたがう．f を，Af が意味をもつ，$\mathfrak{H}$ の任意の元とすれば，$f = 0, Af = 0$ または $f \neq 0$ である．後者の場合，$\varphi = \dfrac{1}{\sqrt{Q(f)}} f$, $Q(\varphi) = 1$ であるので，$\varphi = \phi_1$ はある完全正規直交系 $\phi_1, \phi_2, \cdots$（すべての $A\phi_{\nu}$ は意味をもつ！）へと拡大され得る．ゆえに，$A\varphi = 0, Af = 0$.

したがって，$A = 0$ でなければならない．

定理2. つねに次が成り立つ:
$$\sqrt{[aA]} = |a|\sqrt{[A]}$$
$$\sqrt{[A+B]} \leq \sqrt{[A]} + \sqrt{[B]}$$
$$\sqrt{[AB]} \leq \sqrt{[A]}\sqrt{[B]}.$$

証明. 最初の公式は自明である. 二番目は次のようにして導かれる:

$$Q((A+B)\phi_\nu) - Q(A\phi_\nu) - Q(B\phi_\nu)$$
$$= 2\Re Q(A\phi_\nu, B\phi_\nu)$$
$$\leq 2\sqrt{Q(A\phi_\nu)Q(B\phi_\nu)}.$$

和 $\sum_{\nu=1}^{\infty}$ をとれば

$$[A+B] - [A] - [B] \leq 2\sum_{\nu=1}^{\infty}\sqrt{Q(A\phi_\nu)Q(B\phi_\nu)}$$
$$\leq^{70)} 2\sqrt{\sum_{\nu=1}^{\infty}Q(A\phi_\nu)\sum_{\nu=1}^{\infty}Q(B\phi_\nu)}$$
$$= 2\sqrt{[A][B]},$$

$[A+B] \leq [A] + [B] + 2\sqrt{[A][B]} = (\sqrt{[A]} + \sqrt{[B]})^2,$
$\sqrt{[A+B]} \leq \sqrt{[A]} + \sqrt{[B]}.$

そして, 第三の式は次のようにして証明される:

---

70) すべての非負の実数 a_n, b_n に対して, 不等式
$$\sqrt{a_1b_1} + \cdots + \sqrt{a_nb_n} \leq \sqrt{(a_1+\cdots+a_n)(b_1+\cdots+b_n)}$$
が成り立つことが知られる.

$$[AB] = \sum_{\mu,\nu=1}^{\infty} |Q(\varphi_\mu, AB\phi_\nu)|^2$$

$$= \sum_{\mu,\nu=1}^{\infty} |Q(A^*\varphi_\mu, B\phi_\nu)|^2$$

$$\leq \sum_{\mu,\nu=1}^{\infty} Q(A^*\varphi_\mu) Q(B\phi_\nu)$$

$$= \sum_{\mu=1}^{\infty} Q(A^*\varphi_\mu) \cdot \sum_{\nu=1}^{\infty} Q(B\phi_\nu)$$

$$= [A^*][B] = [A][B],$$

$$\sqrt{[AB]} \leq \sqrt{[A]}\sqrt{[B]}.$$

定理3. 次の四個の等式

$$AB^* = 0, \quad A^*B = 0, \quad BA^* = 0, \quad B^*A = 0$$

の一つが満たされるならば，等式

$$[A+B] = [A] + [B]$$

が成り立つ．

証明． $A^*B = 0$ に対しては

$$Q((A+B)\phi_\nu) - Q(A\phi_\nu) - Q(\phi_\nu)$$
$$= 2\Re Q(A\phi_\nu, B\phi_\nu))$$
$$= 2\Re Q(\phi_\nu, A^*B\phi_\nu) = 0.$$

和 $\sum_{\nu=1}^{\infty}$ をとれば

$$[A+B] - [A] - [B] = 0, \quad [A+B] = [A] + [B].$$

A, B を A^*, B^* で置き換えることができる．この場合，$A^*B = 0$ から，$A^{**}B^* = AB^* = 0$ が出る．さらに，A と

B を交換することができ,この場合,$B^*A = 0$ と $BA^* = 0$ が派生する. ——

明らかに
$$\sum_{\mu,\nu=1}^{\infty} |Q(A\varphi_\mu, B\phi_\nu)|^2 = \sum_{\mu,\nu=1}^{\infty} |Q(\varphi_\mu, A^*B\phi_\nu)|^2 = [A^*B].$$
左辺に存在する項(明らかに,A, B, φ, ϕ に依る)の総和は,したがって,A^*B だけに依存する.それは,後に,ある重要な役割を演じるであろう.そこで,それに対して独立した記号 $[A, B]$ を導入する.したがって
$$[A, B] = [A^*B]$$
が成り立つ.$(A^*B)^* = B^*A^{**} = B^*A$ から,特に
$$[A, B] = [B, A]$$
がしたがう.定理2から
$$[aA, bB] = |ab|^2 [A, B]$$
がしたがう.定理3によれば,次の四個の条件
$$A^*B(A^*C)^* = A^*BC^*A = 0,$$
$$(A^*B)^*A^*C = B^*AA^*C = 0,$$
$$A^*C(A^*B)^* = A^*CB^*A = 0,$$
$$(A^*C)^*A^*B = C^*AA^*B = 0$$
の一つが満たされるならば,どの場合でも
$$[A, B+C] = [A, B] + [A, C]$$
が成り立つ.したがって,いずれにせよ,$BC^* = 0$ または $CB^* = 0$ ならば十分である.

我々は，主に，E, F が E. Op. のときの表示 $[E, F]$ を扱わなければならないであろう．E, F が可換ならば，EF も E. Op. である．この場合，$[E, F]$ はある単純な幾何学的意味を有する．

それは，すなわち
$$[E, F] = [E^* F] = [EF].$$
したがって，E が E. Op. である場合の $[E]$ が問題となる．もっぱら E の内部または外部にある ϕ_ν からなる完全正規直交系を与えることは容易である[71]．このとき

$$\begin{aligned}
[E] &= \sum_{\nu=1}^{\infty} Q(E\phi_\nu) \\
&= \sum_{E \text{ の内部の } \phi_\nu} Q(\phi_\nu) + \sum_{E \text{ の外部の } \phi_\nu} Q(0) \\
&= \sum_{E \text{ の内部の } \phi_\nu} 1 = E \text{ の内部にある } \phi_\nu \text{ の個数}.
\end{aligned}$$

これは，しかし，明らかに，E の内部の次元の数である．したがって，たとえば，$[1] = \infty$（1 の内部は $\mathfrak{H}$ 全体であるから）であり，$[0] = 0$ である．——

定理 1 と定理 2 は，$\sqrt{[A]}$ が実際に作用素の絶対値として把握され得ることを示す．それにもかかわらず，それは，

---

[71] $f_1, f_2, \cdots$ と $g_1, g_2, \cdots$ をそれぞれ，E の内部と外部においていたるところ稠密な列であるとしよう．第 VI 項の定理 6 の応用により，それらから，正規直交系 $\rho_1, \rho_2, \cdots, \sigma_1, \sigma_2, \cdots$ が生成される．第 VIII 項の定理 6 によって，$\rho_1, \sigma_1, \rho_2, \sigma_2, \cdots$ も正規直交系であり，第 VIII 項の定理 5 によって，それは，いたるところ稠密な線形多様体を張る．すなわち，それは完全である．

0 の小近傍においてのみ有用であり得る：$\sqrt{[1]}$ はすでに無限大である．

量子力学の統計的命題

XII. いまや我々は，本来のプログラム，すなわち，統計的量子力学の数学的に異論の余地のない統一化に着手できる位置にある．この目的のために，まず，あいまいでない既存の結果に関して，可能な限り単純な場合を考察し，(よく知られている) 結果を我々の表現方法へ翻訳したい．これは，一般化への道に対する指針を与えるであろう．

この目的のために，連続的実現の可能な限り簡単な場合を考察しよう．

Ω を k 次元ユークリッド空間とし，そのシュレーディンガー方程式（第 II 項を参照）が

$$H\phi - l\phi = 0$$

である量子力学系に関わるとしよう．よく知られているように[72]，対称線形作用素 H は次のような仕方で生じる：座標 $q_1, q_2, \cdots, q_k$ と運動量 $p_1, p_2, \cdots, p_k$ の関数としてのエネルギーの古典力学的表示をとり，各 q_μ を作用素 q_μ．[73] によって，そして各 p_μ を作用素 $\dfrac{h}{2\pi i}\dfrac{\partial}{\partial q_\mu}$ によって置き換えるのである．（この場合，ある曖昧さがある．という

---

72) たとえば，脚注 (4) を参照．
73) [訳注] 関数 q_μ を掛ける作用素．

のは，通常の数としての q_μ, p_μ は——積に関して——可換であるが，作用素 $q_\mu \cdot$ と $\dfrac{h}{2\pi i} \dfrac{\partial}{\partial q_\mu}$ はそうではないからである．H に対する確実な制限は，もちろん，それが対称でなければならないことである．とはいえ，このことは，その一意的決定に対して十分ではない．ここに，量子力学の本質的な不備の一つがある．）

さて，もっぱら縮退していない（すなわち，単純固有値だけからなる）点スペクトルだけが存在すると仮定しよう．固有値を $l_1, l_2, \cdots$ と記し，これらに属する（規格化された）固有関数を $\varphi_1, \varphi_2, \cdots$ とする．

我々は，この H に属する単位の分解 $E(l)$ をすでに第X項で決定した．それは

$$E(l)f = \sum_{l_n \leq l} Q(f, \varphi_n) \varphi_n$$

である．

さらに，我々は，作用素 $q_\mu \cdot$ に属する単位の分解 $F_\mu(l)$ を必要とする．これは，第X項で考察した最後の例（$k=1$ のみの場合）の容易な一般化である．それは，すなわち

$$F_\mu(l)f(q_1, \cdots, q_k) = \begin{cases} f(q_1, \cdots, q_k), & q_\mu \leq l \text{ のとき} \\ 0, & q_\mu > l \text{ のとき} \end{cases}.$$

（これは，そこでの考察とまったく同様な定性的考察によって明らかである．そして，再び，決定的な式

$$q_\mu f(q_1, \cdots, q_k) = \int_{-\infty}^{\infty} l\, d\{F_\mu(l) f(q_1, \cdots, q_k)\}$$

が難なく証明され得る.)

この場合に対して有効な, パウリとディラックの確率的命題はいまや次のようになる[74]: 系が n 番目の量子状態 (l_n, φ_n) にあるとき, 位置 $q = (q_1, \cdots, q_k)$ が k 次元直方体 K の中にある確率は ($dq_1 \cdots dq_k$ を dq と書く)

$$\int_K |\varphi_n(q)|^2 dq$$

である. この命題は, なおやや一般化され得る. 我々が単にエネルギーが区間 I にあることを知るとき, この確率は

$$\sum_{I \text{ に属する } l_n} \int_K |\varphi_n(q)|^2 dq$$

である (規格化因子は除外している). 実際, ある固有値だけが I の中にあるとき, これは以前の主張から出てくる. そして, 多数の固有値がそこにあるときは, いまの事実と個々の (縮退していない) 量子状態を (通常, 一般的に, そうするように) 先験的に同程度に起こりそうなものとみなすことからしたがう.

さて, しかしながら, この表現は, K および I がそれぞれ, 不等式

$$q_1' < q_1 \leqq q_1'', \quad q_2' \leqq q_2 \leqq q_2'', \quad \cdots, \quad q_k' < q_k \leqq q_k'',$$
$$l' < l \leqq l''$$

によって定義されているとき, 次のようにも書ける:

---

74) たとえば, 脚注 (8) で引用した, ヨルダンの仕事を参照.

$$\sum_{I \text{ に属する } l_n} \int_K |\varphi_n(q)|^2 dq$$

$$= \sum_{I \text{ に属する } l_n} \int_{q_1'}^{q_1''} \cdots \int_{q_k'}^{q_k''} |\varphi_n(q_1, \cdots, q_k)|^2 dq_1 \cdots dq_k$$

$$= \sum_{I \text{ に属する } l_n} \int_{-\infty}^{\infty} \cdots \int_{-\infty}^{\infty} |F_1(q_1', q_1'') \cdots$$
$$\times F_k(q_k', q_k'') \varphi_n(q_1, \cdots, q_k)|^2 dq_1 \cdots dq_k$$

$$= \sum_{I \text{ に属する } l_n} \int_{\Omega} |F_1(q_1', q_1'') \cdots F_k(q_k', q_k'') \varphi_n(q)|^2 dq$$

$$= \sum_{n=1}^{\infty} \int_{\Omega} |F_1(q_1', q_1'') \cdots F_k(q_k', q_k'') E(l', l'') \varphi_n(q)|^2 dq$$

$$= \sum_{n=1}^{\infty} Q(F_1(q_1', q_1'') \cdots F_k(q_k', q_k'') E(l', l'') \varphi_n(q))$$

$$= [F_1(q_1', q_1'') \cdots F_k(q_k', q_k'') E(l', l'')].$$

さて,容易に確かめられるように,$F_\mu(q_\mu', q_\mu'')$ はすべて互いに可換である.このことから,さらに次の事実が導かれる:

$$= [(F_1(q_1', q_1'') \cdots F_k(q_k', q_k''))^*, E(l', l'')]$$
$$= [F_k(q_k', q_k'') \cdots F_1(q_1', q_1''), E(l', l'')]$$
$$= [F_1(q_1', q_1'') \cdots F_k(q_k', q_k''), E(l', l'')].$$

すなわち,エネルギーが I の中にあるとき,q_1 が J_1 の中に,$\cdots$,q_k が J_k の中にある(相対)確率は

$$[E(I), F_1(J_1) \cdots F_k(J_k)]$$

である.

だが,ヨルダンの命題によれば,これとは反対に,量

$$\sum_{I \text{ に属する } l_n} \int_K |\varphi_n(q)|^2 dq$$

は，q が K（すなわち，q_1 が J_1, …, q_k が J_k）の中にあるとき，l_n，すなわち，エネルギーが I の中にある（相対）確率とみなされる．すなわち，より正確に言えば，パウリとヨルダンの主張は無限に小さい K（この場合，比例因子である"K の体積"での割り算によって，確率

$$\sum_{I \text{ に属する } l_n} |\varphi_n(q)|^2$$

が残る）という極限状況に関わる．なにはともあれ，これとは対照的な極限状況 $K = \Omega$（これは全空間である）において正しい結果が出される：

$$\sum_{I \text{ に属する } l_n} \int_\Omega |\varphi_n(q)|^2 dq$$
$$= \sum_{I \text{ に属する } l_n} 1$$
$$= I \text{ に属する } l_n \text{ の個数}.$$

すなわち，すべての量子（非退化）状態は先験的に等確率であり，非量子化状態は不可能である（両方とも，まさに量子論の根本仮定に属する）．

こうして，ここで次のことが明らかになる：q_1 が J_1, …, q_k が J_k の中にあるとき，l_n（エネルギー）が I の中にある（相対）確率は前述の式と同じ表示式である．いまやそれを

$$[F_1(J_1)\cdots F_k(J_k), E(I)]$$

と書きたい．

XIII. たった今得られた結果は次の命題を抱かせる：

$R_1, R_2, \cdots, R_i$ と $S_1, S_2, \cdots, S_j$ を $(i+j)$ 個の対称作用素とし，それらは，何らかの物理的に意味のある量を表すとする．（"量を作用素によって表す"という概念——今日の量子力学では真に根源的である——が正確には何を意味するかについて，ここでは，さらに詳しく考究することはできない．古典力学のハミルトン関数と"エネルギー作用素"の関係に関する，前項始めの叙述を参照されたい．）R_μ, S_ν に属する単位の分解をそれぞれ，$E_\mu(l), F_\nu(l)$ とする．

すべての $E_\mu(l)$ は可換であり，すべての $F_\nu(l)$ も同様であると仮定する．これをそれぞれ，$R_1, R_2, \cdots, R_i$ の完全可換性，$S_1, S_2, \cdots, S_j$ の完全可換性という[75]．（二つの作用素 T', T'' の完全可換性にとって，容易に示されるように，通常の可換性——$T'T''=T''T'$——はつねに必要である．それは，二つのうち少なくとも一つが有界ならば十分でもある．両方とも非有界ならば，形式的性質のある困難が現れる．ここでは，それについては立ち入らないことにする．量子力学において現れるすべての作用素の場合，両者は同じである[76]．）

---

75) [訳注] 完全可換性は，現代的には，**強可換性**と呼ばれる．非有界作用素については，通常の意味で可換であっても完全可換であるとは限らない．

76) [訳注] これは一般には正しい主張ではない（量子力学のモデルに依存し得る）．

さて，次の物理的な仮定をおく：

$R_1, R_2, \cdots, R_i$ によって表される量が，それぞれ，区間 $I_1, \cdots, I_i$ の中に値をとるとき，$S_1, \cdots, S_j$ によって表される量がそれぞれ，区間 $J_1, \cdots, J_j$ の中の値をとる（相対）確率は

$$[E_1(I_1)\cdots E_i(I_i), F_1(J_1)\cdots F_j(J_j)]$$
$$= [E_1(I_1)\cdots E_i(I_i) F_1(J_1)\cdots F_j(J_j)]$$

に等しい．（$E(I_\mu)$ はすべて可換であるので，等式が成立する．）

さて，この仮定の有用性を示すために，そこからいくつかの帰結が引き出されるべきである．——

α．仮定 $(R_1, \cdots, R_i)$ ならびに主張 $(S_1, \cdots, S_j)$ は，［そこに提示された］確率の割り当てを変えることなく，それぞれ，任意に互いに交換され得る[77]．これは，それぞれ，$E_\mu(l)$ の可換性，$F_\nu(l)$ の可換性，したがって，$E_\mu(I_\mu)$ どうしの差の可換性，$F_\nu(J_\nu)$ どうしの差の可換性から出る．

β．すべての仮定とすべての主張との交換は何も変えない．（すなわち，上述の確率配分は，それがあたかも先験的確率から生じるかのようである．）これは，一般に成立する公式 $[A, B] = [B, A]$ からしたがう．

γ．言うまでもない仮定や主張は任意に付加または省略

---

[77] ［訳注］σ を $1, \cdots, i$ の任意の置換，τ を $1, \cdots, j$ の任意の置換とするとき，$(R_1, \cdots, R_i)$ を $(R_{\sigma(1)}, \cdots, R_{\sigma(i)})$ によって，$(S_1, \cdots, S_j)$ を $(S_{\tau(1)}, \cdots, S_{\tau(j)})$ によって置き換えても，上の仮定の結論が成り立つということ．

され得る（すなわち，区間が $(-\infty, \infty)$ である場合のもの）．というのは，それは，ただ

$$E_\mu(-\infty, \infty) \quad \text{または} \quad F_\nu(-\infty, \infty) = 1 - 0 = 1$$

という因子が現れるか落ちるかという条件にすぎないからである．

δ. 確率の積法則は一般には成立しない（多分，ヨルダンの場合の確率振幅の合成——脚注（8）を参照——に対応する，より弱い法則は成立する．これについては，ここでは詳しく立ち入らない）．これは，それほど驚くべきことではない．というのは，我々の確率の従属関係は任意に複雑にすることができるからである．その上，我々は，もちろん，相対確率に関わらなければならないのである．

ε. 確率の加法性は成立する．（これは，もちろん，従属関係を顧慮することのない通常の確率計算においても成立する．）我々は，$J'_j + J''_j = J_j$ から

$$[E_1(I_1) \cdots E_i(I_i) \cdots F_1(J_1) \cdots F_j(J'_j)]$$
$$+ [E_1(I_1) \cdots E_i(I_i) \cdots F_1(J_1) \cdots F_j(J''_j)]$$
$$= [E_1(I_1) \cdots E_i(I_i) \cdots F_1(J_1) \cdots F_j(J_j)]$$

を示さなければならない．（α と β によって，最後の区間 J_j が分解される場合だけを考えれば十分である．）この式は

$$[AF_j(J'_j)] + [AF_j(J''_j)] = [AF_j(J_j)]$$

と書くことができる．これは，第 XI 項の定理 3 によって

$$AF_j(J'_j) + AF_j(J''_j) = AF_j(J_j),$$
$$AF_j(J'_j)(AF_j(J''_j))^* = AF_j(J'_j)F_j(J''_j)A^* = 0$$

であるならば，確かに成立する．$F_j(J'_j) + F_j(J''_j) = F_j(J_j)$

から第一の式がしたがう．だが，$F_j(J_j')$ と $F_j(J_j'')$ は独立である（第VIII項の定理2を参照）ので，第二の式も導かれる．これは，しかし，明らかである．なぜなら，J_j', J_j'', J_j が区間 $(l', l''], (l'', l'''], (l', l''']$ ならば

$$F_j(J_j') = F_j(l'') - F_j(l'),$$
$$F_j(J_j'') = F_j(l''') - F_j(l''),$$
$$F_j(J_j) = F_j(l''') - F_j(l')$$

だからである．

θ．我々の確率表示は正準変換に関して不変である．ここで，正準変換は次のものを意味する（脚注 (8) の引用文献を参照）：

U は線形作用素で

$$UU^* = U^*U = 1$$

という性質をもつものとする．このとき，U は直交的であるという[78]．正準変換とは，任意の線形作用素 R を URU^* に移す変換のことである．

この変換に関して，算法 $aR, R+S, RS, R^*$ は明らかに不変である．したがって，対称性や E. Op. であることの性質も不変である．そして，E. Op. の間の関係 $\leqq$ と独立性も不変である．さらに，Q は不変である：

$$Q(Uf, Ug) = Q(U^*Uf, g) = Q(f, g).$$

したがって，$\varphi_1, \varphi_2, \cdots$ に関して，$U\varphi_1, U\varphi_2, \cdots$ も完全正規直交系である．このことから，$[A]$ の不変性がしたがう．

---

78) ［訳注］現代的に言えば，**ユニタリ**ということ．

さらに、固有値表示（第 IX 項）も不変であることは明らかである．

こうして，我々が使用した諸概念はどれも不変であるので，その上に基礎づけられた（相対）確率についても同じことが成立する．

応　用

XIV. さて，いくつかの物理的応用を考察する．

まず，シュレーディンガー方程式の場合である．この場合は，すでに，第 XII 項において，縮退の無い系に対して論じられた．そして，縮退がある場合，すなわち，多重固有値を許す場合も，そこでの結果は何も変わらない．たとえば，個々のエネルギー準位の先験的確率は（第 XII 項の特徴づけを参照）

$[F_1(-\infty, \infty) \cdots F_k(-\infty, \infty), E(I)]$
$= [1, E(I)] = E[I] = E(I)$の内部にある $f(q)$ の次元数である．しかし，すでに知っているように，$E(I)$ の内部は，あらゆる一次結合

$$a_1 \varphi_{\nu_1}(q) + a_2 \varphi_{\nu_2}(q) + \cdots$$

からなる．ただし，$l_{\nu_1}, l_{\nu_2}, \cdots$ は H の固有値で I の中にあるものであり（多重固有値はその多重度を数える），$\varphi_{\nu_1}, \varphi_{\nu_2}, \cdots$ はそれらに属する固有関数である．したがって，いわゆる次元数は，I の中にある固有値の個数である．

この結果は，したがって，次のことを意味する：ある量

子化された状態の先験的確率は，そこにある固有値の多重度である．そして，量子化されない状態は不可能である．

———

次に，鋭い，因果的依存性の場合を考察する．$i=1, j=1$ とおく．ある量が与えられたとし，もう一方の量は，その関数として求められる——すなわち，与えられた量によって因果的に決定される——と仮定する．それらに属する作用素をそれぞれ，R, $S = f(R)$ とする．ただし，$f(x)$ はある実関数である．$f(x)$ は単調増加であると仮定する．

($i = 1, j = 1$ という制限は，$f(x)$ の単調性が必ずしも必要ではないように，単に——方向付けに仕える——計算を簡単にするためのものである．)

R に属する単位の分解を $E(l)$ とする：

$$R = \int_{-\infty}^{\infty} l \, dE(l).$$

このとき，第 X 項で示したように

$$R^n = \int_{-\infty}^{\infty} l^n \, dE(l).$$

したがって，g が f の逆関数ならば

$$S = f(R) = \int_{-\infty}^{\infty} f(l) dE(l) = \int_{-\infty}^{\infty} l' dE(g(l')).$$

これは，$E(g(l))$ が S に属する単位の分解であることを示す．

J が区間 $(l', l'']$ であるとき，$g(J)$ は区間 $(g(l'), g(l'')]$ を意味するものとする．それゆえ

$$F(J) = E(g(J)).$$
したがって
$$[E(I), F(J)] = [E(I)F(J)] = [E(I)E(g(J))]$$
$$= [E(I \cdot g(J))].$$
($I \cdot g(J)$ は区間 I と $g(J)$ の共通部分を意味する．関係式 $E(I) \cdot E(J') = E(I \cdot J')$ がつねに成り立つことを証明することは容易である．)

区間 I と $g(J)$ が共通部分を持たないならば，これは 0 である．だが，I の中の任意の x に対して，$f(x)$ が J に属さないならば，$I \cdot g(J)$ は空である．ゆえに，因果的結合に矛盾する事態は現れない．

$I \cdot g(J)$ が空でないとき，それは，I に属する x で $f(x)$ が $g(J)$ の中にあるものすべてからなる区間 I' である．すなわち，これは，因果的結合の意味で問題になる．したがって，[R の値が I にあるとき，S の値が J にある] 確率は

$$[E(I')] = E(I') の内部にある f の次元数$$

あるいは，すでに知っているように

$$= I' にある，R の固有値の個数$$

である．

すなわち，R が量子化されているとき，因果的結合の内部において，通常の量子論的結果が明らかになる．(ついでに言えば，R が連続スペクトルを有し，それが I' の中に入り込んでいる場合は，この確率は，明らかに，∞ に等しい．)

これらの二つの例でもって，統計的量子力学は，その確

率論的性格にもかかわらず, 鋭くかつ厳密な言明を提示することーー非常にしばしば, このための機会がある：たとえば, 絶対的に鋭い量子的禁止と因果的結合の場合においてーーに関して非常に優れた能力を有することが示されたと信じる.

最後に, 第三に, ボルンによって与えられた, 時間に依存する系[79]の取り扱いを考察する.

系のハミルトン関数は時間に陽に依存する. 同様にそれに属する作用素 $H(t)$ もそうである (時間は, "量" として, すなわち, 作用素としてではなく, 数として扱われる). 縮退はないものとし, 時刻 t_0 での固有関数を

$$\varphi_1^{(0)}, \varphi_2^{(0)}, \cdots$$

とし, 時刻 t でのそれを

$$\varphi_1^{(t)}, \varphi_2^{(t)}, \cdots$$

とする.

このとき, ボルン[80]によれば, 系が時刻 t_0 で μ 番目の状態にあったとき, 時刻 t における系が ν 番目の状態にある確率は $|c_{\mu,\nu}(t)|^2$ である. ただし, $c_{\mu,\nu}(t)$ は, $\varphi_\nu^{(t)}$ の $\varphi_1^{(0)}, \varphi_2^{(0)}, \cdots$ による μ 番目の展開係数である：

$$\varphi_\nu^{(t)} = \sum_{\mu=1}^{\infty} c_{\mu,\nu}(t) \varphi_\mu^{(0)}.$$

$H(t_0)$ に属する単位の分解を $E_0(l)$ とし, $H(t)$ に属する単位の分解を $E_t(l)$ とする. 第 X 項で見たように,

---

[79] この例は, L. ノルトハイム氏の注意に負うものである.
[80] *Zeitschr. für Physik*, **38**, 803; **40**, 167 (1926).

$E_0(l)$ の内部と $E_t(l)$ の内部は，それぞれ，固有値が l 以下の $\varphi_\mu^{(0)}, \varphi_\nu^{(t)}$ の一次結合の全体である．したがって，$E_0(I), E_t(I)$ の内部はそれぞれ，固有値が I の中にある，$\varphi_\mu^{(0)}, \varphi_\nu^{(t)}$ の一次結合の全体である．

さて，I_μ は $H(t_0)$ のある固有値をただ一つ含むとし，これを μ 番目の固有値とする．そして，J_ν は $H(t)$ のある固有値をただ一つ含むとし，これを ν 番目の固有値とする．このとき，$E_0(I_\mu), E_t(J_\nu)$ はそれぞれ，$\varphi_\mu^{(0)}, \varphi_\nu^{(t)}$ の定数倍からなる．すなわち

$$E_0(I_\mu)f = Q(f, \varphi_\mu^{(0)})\varphi_\mu^{(0)},$$
$$E_t(J_\nu)f = Q(f, \varphi_\nu^{(t)})\varphi_\nu^{(t)}.$$

完全正規直交系として，$\varphi_1^{(0)}, \varphi_2^{(0)}, \ldots$ を用いることにより，$[E_0(I_\mu), E_t(J_\nu)]$ を計算する：

$$[E_0(I_\mu), E_t(J_\nu)]$$
$$= [E_t(J_\nu)E_0(I_\mu)] = \sum_{\rho=1}^\infty Q(E_t(J_\nu)E_0(I_\mu)\varphi_\rho^{(0)})$$
$$= Q(E_t(J_\nu)\varphi_\mu^{(0)}) = Q(Q(\varphi_\mu^{(0)}, \varphi_\nu^{(t)})\varphi_\nu^{(t)})$$
$$= |Q(\varphi_\mu^{(0)}, \varphi_\nu^{(t)})|^2.$$

これは，まさにボルンの表示である（なぜなら

$$c_{\mu,\nu}(t) = Q(\varphi_\nu^{(t)}, \varphi_\mu^{(0)}) = \overline{Q(\varphi_\mu^{(0)}, \varphi_\nu^{(t)})}$$

であるので）．

要　約

XV. 次のことがわかる：事象の二重性（連続的－非連続的）に関する我々の命題は，各量とそれに対応する対称作用素に対して，単位 1 の分解が E. Op. $E(l', l'') = E(l'') - E(l')$ $(l' \leq l'')$ の形に秩序づけられるという事実によって，正当化される．

関数 $E(l)$ は（E. Op. の意味で）単調非減少であり，この単調性は，原子について知られるあらゆる特性を示すことができる：その（$l = -\infty$ に対する）0 から（$l = \infty$ に対する）1 までの増大は，個々の飛躍（量子化された状態）において，または連続的に（非量子化状態）生じ得る．そして，その間に，一定となる区間（禁止された状態）が横たわる．"R に属する量が，区間 $l' < x \leq l''$ の中に値を持つ"という言明は，我々の計算図式では E. Op. $E(l', l'')$ を通して表される．

量 $R_1, R_2, \cdots, R_i$ の値が区間 $I_1, I_2, \cdots, I_i$ の中にあり，量 $S_1, S_2, \cdots, S_j$ の値が区間 $J_1, J_2, \cdots, J_j$ の中にあるという複数の言明がなされるならば，積
$$E_1(I_1) \cdots E_i(I_i) F_1(J_1) \cdots F_j(J_j)$$
が形成されねばならない（この拡張の仕方においては，確率の積法則は有効である！）．その絶対値の 2 乗
$$[E_1(I_1) \cdots E_i(I_i) F_1(J_1) \cdots F_j(J_j)]$$
$$= [E_1(I_1) \cdots E_i(I_i), F_1(J_1) \cdots F_j(J_j)]$$

は，このとき，同時事象の（相対）確率である．この図式では，原因－結果の分離は先験的にまったく必要でないことに気づく．それは，交換可能性によって，あとから，おのずともたらされる：一方では，すべての $E_\mu(I_\mu)$ が，他方ではすべての $F_\nu(J_\nu)$ が互いに交換可能である．したがって，上の積は，自動的に二つのグループに分かれる．それぞれのグループの内部では，因子の並び方は重要でない（第XIII項の α）．同様に，二つのグループ――すなわち，原因として特徴づけたものと結果として特徴づけたもの――の並び方は全体として重要でない（第XIII項の β）．

もちろん，交換可能性は，原因－結果の決定を一意的に確立しない：たとえば，ある E_ρ がすべての E_μ ならびにすべての F_ν と交換可能ならば，それを任意に一方または他方のグループに数えいれることができる．

しかし，他方，交換可能性は，［原因－結果に関する］ある区分を除外する：（古典力学の振る舞いにしたがって）すべての座標とその共役運動量を観測し，それらを一つ残らず"原因"ならしめること，すなわち，R_μ によって表すことを通して，交換可能な量の場合にはきまって存在する絶対的に鋭い因果関係（第XIV項の二番目の例を参照）をすべての場合へと強要することは不可能である．（ディラックが初めて指摘したように，この経過の非許容性に基づく．）なぜなら，座標とその共役運動量の作用素 $\left(q_\mu \cdot と \dfrac{h}{2\pi i} \dfrac{\partial}{\partial q_\mu} \right)$ は，よく知られているように，非可換だからで

ある：これらは，したがって，つねに自動的にバラバラである：あるものは原因であり，あるものは結果でなければならない．同様に，あるものは観測されたものであり，あるものはあらかじめ設定されたものでなければならない．たとえすべてが観測されたとしても，それは無益である：量子力学（そして，それは，今日，我々が原子について正確に知る事柄のほとんどすべてを含む）は，この問題に立ち入ることはない！

最後に，上述の内容では，我々の方法の応用可能性はまだ十分には尽くされていないことにふれておきたい．この点ならびにここで片付いていない，残された形式的－数学的諸問題については，他の機会に譲りたい．

付　　録

1) w を固有値，$x_1, x_2, \cdots$ を，H によって，その w 倍に変換される数列としよう．S^{-1} の作用によって，それは $y_1, y_2, \cdots$ に移るとする．このとき，我々の条件は，$S^{-1}HS$ が $y_1, y_2, \cdots$ をその w 倍に変換することと同値である．

さて，$S^{-1}HS = W$ は $y_1, y_2, \cdots$ を $w_1 y_1, w_2 y_2, \cdots$ に移す．したがって，$w_\mu = w$ でないならば，$y_\mu = 0$ でなければならない．すなわち，w があらゆる $w_1, w_2, \cdots$ と異なるならば，すべての y_μ はそのようであり，これによって，すべての x_μ も 0 である．すなわち，w は固有値ではない．これとは逆に，w がある w_μ，たとえば，$w_{\mu'}, w_{\mu''}, \cdots$ に等

しいならば，$y_{\mu'}, y_{\mu''}, \cdots$ は任意でよい（他のすべての y_μ は 0 である）．$x_1, x_2, \cdots$ は，$y_1, y_2, \cdots$ から S に関する変換によって生じる．したがって

$$x_\mu = \sum_{\nu=1}^{\infty} s_{\mu\nu} y_\nu = s_{\mu\mu'} y_{\mu'} + s_{\mu\mu''} y_{\mu''} + \cdots.$$

すなわち，$x_1, x_2, \cdots$ は，実際，列 [ベクトル] $s_{1\mu'}, s_{2\mu'}, \cdots, s_{1\mu''}, s_{2\mu''}, \cdots$ の一次結合であり，他のものではない．

2）（Ω を l 次元空間の中の k 次元曲面，P を Ω 上の任意の点，dv を Ω 上の微分要素とし）Ω で定義された関数 $f(P)$ で $\int_\Omega |f(P)|^2 dv$ が有限なものすべてからなる空間 $\mathfrak{H}$ が第 V 項の条件 A–E を満たすことを示したい．通常のヒルベルト空間 $\mathfrak{H}_0$（数列 $x_1, x_2, \cdots$ で $\sum_{n=1}^\infty |x_n|^2$ が有限なものの全体）に対しては，証明は要らない．なぜなら，第 V 項によって，特性 A–E を有するどの空間も $\mathfrak{H}_0$ の特性をもち，したがって，$\mathfrak{H}_0$ は A–E の特性をもつからである．

演算 af と $f+g$ の定義は明白である．f に関して，af が $\mathfrak{H}$ に属することは明らかである．f, g に関して，脚注(17) の不等式によって，$f+g$ は $\mathfrak{H}$ に属する．第 III 項で動機づけられたように，$\int_\Omega f(P)\overline{g(P)} dv$ として定義される $Q(f, g)$ が存在する．それは，すべての f, g に対して，有限の数である．なぜなら

$$|f(P)\overline{g(P)}| \leq \frac{1}{2}|f(P)|^2 + \frac{1}{2}|g(P)|^2$$

であり, $\int_\Omega |f(P)|^2 dv$, $\int_\Omega |g(P)|^2 dv$ が有限だからである.

さて, 条件 A–E を調べよう!

A, B: 明らかに満たされる.

C: Ω 上の k 個の領域 $\mathfrak{M}_1, \mathfrak{M}_2, \cdots, \mathfrak{M}_k$ を共有点がないように選ぶ. P が $\mathfrak{M}_p$ に属する場合は $f_p(P)=1$, そうでない場合は $f_p(P)=0$ とする $(p=1, 2, \cdots, k)$. これらの f_p $(p=1, 2, \cdots, k)$ は一次独立である: なぜなら

$$a_1 f_1 + \cdots + a_k f_k = 0$$

ならば, 特に, $\mathfrak{M}_p$ において, つねに

$$a_1 f_1(P) + \cdots + a_k f_k(P) = 0.$$

すなわち, $a_p = 0$ $(p=1, 2, \cdots, k)$.

D: この特性の一般的証明は, 一般曲面およびいわゆるルベーグ測度[81]の正確な概念に立ち入ることなしには, すべての曲面に対してきっちり行うことはできない. ここでは, そうすることはふさわしくない. そこで, 二つの特徴的な曲面においてのみ, $\mathfrak{H}$ においていたるところ稠密な列 $f_1, f_2, \cdots$ を与えたい.

まず, Ω が

$$0 \leq x_\nu \leq 1 \quad (\nu = 1, 2, \cdots, n)$$

を満たすすべての点 $x_1, x_2, \cdots, x_n$ からなる "n 次元立方体" であるとしよう. このとき, $\mathfrak{H}$ は, Ω で定義された (複素) 関数 f でその絶対値の 2 乗の積分が有限であるもの

---

81) たとえば, Carathéodory, *Vorlesungen über reelle Funktionen* (Berlin-Leipzig, 1918), 第 V–IX 章を参照.

すべてからなる空間である．したがって，そのような関数 $f(P) = f(x_1, x_2, \cdots, x_n)$ はフーリエ展開され得る：

$$f(x_1, x_2, \cdots, x_n) = \sum_{r_1, r_2, \cdots, r_n = -\infty}^{\infty} c_{r_1, r_2, \cdots, r_n} e^{2\pi i (r_1 x_1 + r_2 x_2 + \cdots + r_n x_n)}.$$

さて，部分和

$$\sum_{r_1, r_2, \cdots, r_n = -N}^{N} c_{r_1, r_2, \cdots, r_n} e^{2\pi i (r_1 x_1 + r_2 x_2 + \cdots + r_n x_n)}$$

は，$N \to \infty$ のとき，f に平均収束する[82]．

したがって，$\mathfrak{H}$ の各 f の任意の近傍において

$$\sum_{r_1, r_2, \cdots, r_n = -N}^{N} c_{r_1, r_2, \cdots, r_n} e^{2\pi i (r_1 x_1 + r_2 x_2 + \cdots + r_n x_n)}$$

という形の関数が存在する．したがって，また，そのような関数で $c_{r_1, r_2, \cdots, r_n}$ が有理数であるものが存在する．これらは，よく知られているように，ある列の形に書かれ得る[83]．

第二に，Ω がまったくすべての点 $x_1, x_2, \cdots, x_n$ からなる"n 次元（実）空間"とし，$\mathfrak{H}$ をこれに対応するヒルベルト空間とする．区間 $(0, 1)$ を区間 $(-\infty, \infty)$ に写す（微分可能な）関数 $\varphi(x)$ を考え，その逆関数を $\phi(y)$ とする（たとえば，$\ln \dfrac{x}{1-x}$ と $\dfrac{e^y}{e^y + 1}$）．

---

[82] 脚注 (13) で言及した，私の仕事において，$\mathfrak{H}$ でいたるところ稠密な列の一般的かつ直接的構成が与えられるであろう．

[83] 有限に多くの複素有理数のすべては（そして，これがここでの話題である），よく知られているように，一つの列の形に書かれ得る．

このとき，一般に
$$\int_{-\infty}^{\infty}\cdots\int_{-\infty}^{\infty}f(x_1,\cdots,x_n)dx_1\cdots dx_n$$
$$=\int_0^1\cdots\int_0^1 f(\varphi(u_1),\cdots,\varphi(u_n))$$
$$\times\varphi'(u_1)\cdots\varphi'(u_n)du_1\cdots du_n$$
が成り立つ．したがって，最初の例の $\mathfrak{H}$ でいたるところ稠密に存在する $f_1, f_2, \cdots$ を選びさえすればよい．この場合
$$g_\mu(x_1, x_2, \cdots, x_n) = \frac{f_\mu(\phi(x_1), \cdots, \phi(x_n))}{\varphi'(\phi(x_1))\cdots\varphi'(\phi(x_n))}$$
によって定義される $g_1, g_2, \cdots$ は，明らかに，目下の例においていたるところ稠密である．

E：$f_1, f_2, \cdots$ を $\mathfrak{H}$ における関数列とし，各 $\varepsilon > 0$ に対して，ある $N = N(\varepsilon)$ があって $N \leq m \leq n$ ならば
$$\int_\Omega |f_m(P) - f_n(P)|^2 dv \leq \varepsilon$$
が成り立つとする．

単調増加列 $N_1, N_2, \cdots$ を
$$N_\nu \geq N\left(\frac{1}{8^\nu}\right)$$
となるように選ぶ．このとき
$$\int_\Omega |f_{N_{\nu+1}}(P) - f_{N_\nu}(P)|^2 dv \leq \frac{1}{8^\nu}.$$
したがって

$$|f_{N_{\nu+1}}(P) - f_{N_\nu}(P)| \geqq \frac{1}{2^\nu}$$

であるような点 P は，測度（体積[84]）が $\dfrac{1}{2^\nu}$ 以下の部分集合を形成する．

ゆえに

$$|f_{N_{\nu+1}}(P) - f_{N_\nu}(P)| \leqq \frac{1}{2^\nu},$$
$$|f_{N_{\nu+2}}(P) - f_{N_{\nu+1}}(P)| \leqq \frac{1}{2^{\nu+1}},$$
$$|f_{N_{\nu+3}}(P) - f_{N_{\nu+2}}(P)| \leqq \frac{1}{2^{\nu+2}},$$
$$\cdots\cdots\cdots\cdots\cdots$$

が成立しない点の測度は

$$\frac{1}{2^\nu} + \frac{1}{2^{\nu+1}} + \frac{1}{2^{\nu+2}} + \cdots = \frac{1}{2^{\nu-1}}$$

以下である．しかし，上の不等式が成立する点のいたるところで，列 $f_{N_1}(P), f_{N_2}(P), \cdots$ が収束することは明らかである．そうでない点は，したがって，測度が $\dfrac{1}{2^{\nu-1}}$ 以下の部分集合を形成する．これは，すべての ν に対して成立する．したがって，この集合の測度は 0 である．

ゆえに，$f_{N_\nu}(P)$ の極限は存在する（高々測度 0 の集合を除いて）．これを $f(P)$ とする．

$m \geqq N = N(\varepsilon)$ ならば，$N_\nu \geqq m$ に対して，すなわち，

---

[84] 体積は，本来，ルベーグ測度であると理解されるべきである（脚注 (81) を参照）．

高々有限個の N_ν を除くすべての N_ν に対して

$$\int_\Omega |f_m(P) - f_{N_\nu}(P)|^2 dv \leq \varepsilon$$

が成り立つ．したがって，$\nu \to \infty$ として

$$\int_\Omega |f_m(P) - f(P)|^2 dv \leq \varepsilon.$$

すなわち，f は $\mathfrak{H}$ に属し，列 $f_1, f_2, \cdots$ は f に収束する．

3) $[a,b]$ が有限または無限区間であり，$f(x)$ がこの区間で（また，a,b においても！）連続な関数であり，$\varphi(x)$ が単調非減少（$[a,b]$ においても有限）——またはそのような二つの関数の差（有界変動関数）であるとき，スティルチェス積分

$$\int_a^b f(x) d\varphi(x)$$

が定義される．それは，リーマン積分の類似物であり，区間 $[a,b]$ の任意の細分 $x_0, x_1, \cdots, x_n$ ($a = x_0 \leq x'_1 \leq x_1 \leq x'_2 \leq x_2 \leq \cdots \leq x_{N-1} \leq x'_N \leq x_N = b$) のもとでの表示

$$\sum_{n=1}^N f(x'_n)(\varphi(x_n) - \varphi(x_{n-1}))$$

の極限値として定義される[85]．

---

[85] Stieltjes, Recherches sur les fractions continues, *Annales de la Faculté des sciences de Toulouse* (1894/95), 第 VI 章．短い叙述が，たとえば，Carlemann, *Sur les équations intégrales singulières à noyau réel et symétrique* (Upsala, 1923), p. 7–9 にある．

ここでは詳細に立ち入ることなしに，（単調な φ に対して）次の幾何学的図解を示そう：

x–y 平面において，曲線
$$x = \varphi(u),$$
$$y = f(u) \quad (a \leq u \leq b),$$
を描く（x が裂け目に落ちるときは，$\varphi(u)$ がそれを非連続的に飛び超えるので，隣の $f(u)$ を水平的につなぐ）．このとき
$$\int_a^b f(u)d\varphi(u)$$
は，この曲線と x 軸および直線 $x = \varphi(a)$, $x = \varphi(b)$ によって囲まれた部分の面積である（図 a–c を参照）．

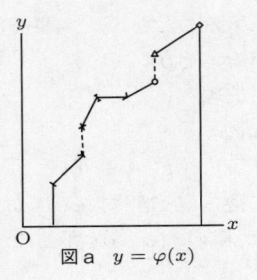

図a $y = \varphi(x)$

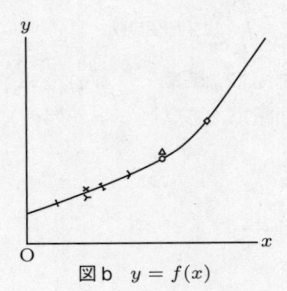

図b $y = f(x)$

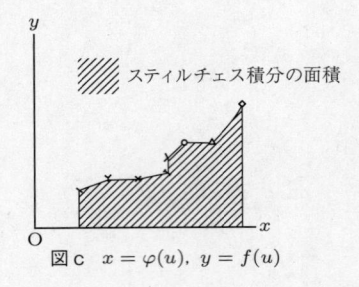

図c $x = \varphi(u),\ y = f(u)$

スティルチェス積分の面積

量子力学におけるエルゴード定理と
H–定理の証明

―― 一瀬孝・伊東恵一訳

概　　要

相空間における巨視的アプローチと不確定性関係の成立の間の，見かけ上の矛盾を如何に解決するかが示される．そのあと統計力学の主要な概念が量子力学的に新たに解釈しなおされ，さらにエルゴード定理と H–定理が定式化され（無秩序的という仮定なしに）証明される．さらに，これらの定理が成立する条件を特徴づける，数学的条件の物理的意味が議論される．

はじめに

1. この論文の目的は複雑な系の巨視（マクロ）的な視点と微視（ミクロ）的な視点の間の関係を明確にすることである，すなわち既知の統計力学的方法が完全には知られていない（たとえば巨視的にのみ知られている）システムを，なぜほとんどの時間に渡って正しく記述しているかという問の議論である．特に，第一に，見かけ上非可逆なエントロピーの振る舞いが生じる奇妙さ，第二に，なぜ（仮想的な）ミクロ・カノニカルなアンサンブルが，不完全にしか知られていない（実際の）系から帰結するのかということである[1]．そし

---

1) 我々は閉じた孤立した系を考えている．大きな熱浴と接した系に対しては，いわゆるカノニカル・アンサンブルが適当である．しかしながらこの系は統計力学的処方によって，熱浴を系に取り込

てこれらの問は量子力学を通して論じられる.

古典力学の場合には，これらの問は入念に作られた二つの理論体系の進歩に導かれた：すなわちボルツマン統計力学とギブズ統計力学である．しかし前者は最終的な満足のいく解答を与えられなかった，というのはそれはいわゆる無秩序（Unordnung）の仮定を本質的に使うからであり，まさにこの無秩序こそが真の問題だからである[2]．後者は，このアプローチに対して基本的に適切であろう：しかしこれは数学的な準エルゴード問題という，今までずっと克服できなかった問題に導くのである．この対応する数学的問題が解けたときのみ，ギブズの理論は成功するのである．

しかしながら原理上の一般的な問として，新しい量子力学は古典力学に比べて際立って単純である[3]という点において異なる．それは量子力学においては，もしギブズの方法に従えば，比較的単純な数学的手段でゴールにたどり着くことができるからである．しかしそれらについて詳しく話す前に，量子力学における巨視性の概念について少し述べなければならない．

2. 量子力学的にギブズの理論を再構成する主な困難さは，相空間の道具，すなわち自由度 f の系に対して f 個の座標 $q_1, \cdots, q_f$ と f 個の運動量 $p_1, \cdots, p_f$ で記述される

むことで，前者に還元できる.
2) この問題の批判的議論（および引き続いての注意）に関して文献 [5], [6] を見よ.
3) 多くの特殊な問題については，もちろんこの逆である.

$2f$ 次元の空間なしには進まないということである．この相空間（Phasenraum）の上にすべての重要な概念（エネルギー面，相細胞（Phasenzelle，相空間の小単位），ミクロ・カノニカルそしてカノニカル・アンサンブル，など）が定義されるのである．しかし相空間は量子力学では構成できない，というのは座標 q_k とそれに対応する運動量 p_k は同時に測定できないからである：代わりにそれらの確率的誤差（広がり，分散）Δq_k と Δp_k との間はいつも不確定性関係 $\Delta q_k \Delta p_k \geqq \hbar/2$ が成立している[4]．さらにそのような系の状態に対しては，q_k が I に属し，p_k が J に属すような区間 I と J を取ることすら（たとえそれらの長さの積が $\hbar/2$ より大変大きくても）不可能である[5]．かくして連続的な相空間のみならず，離散的な相細胞への分割も無意味である．しかるに巨視的測定においては，座標と運動量を同時に測れることは明らかに事実として正しい．実際そのことは巨視的測定の不正確さを通して成立するわけで，その大きさのゆえに不確定性関係との矛盾を恐れる

---

[4] 文献 [9] および [1] を見よ．極限 $\hbar/2$ については，たとえば文献 [23]，p. 272 を見よ．

[5] すなわち，波動関数 $\varphi(q_1,\cdots,q_f)$ がある有限区間 I の外でゼロになれば

$$\varphi(q_1,\cdots,q_f)$$
$$= \int_{-\infty}^{\infty}\cdots\int_{-\infty}^{\infty} c(p_1,\cdots,p_f) e^{\frac{i}{\hbar}(p_1 q_1+\cdots+p_f q_f)} dp_1\cdots dp_f$$

を展開してフーリエ係数 $c(p_1,\cdots,p_f)$ は任意の大きな p_i で $\neq 0$ が成り立たなければならない．

必要はないのである．いかにしてこの二つの矛盾は解決されるのであろうか．

我々は以下の解釈が正しいと信じている：座標と運動量（あるいは量子力学で同時に測定可能でない二つの量）の巨視的測定においては，二つの量は同時に正確に測定される．しかしそれらは正確には座標と運動量ではない．それらはたとえば写真乾板[6]の上の二つの指示器の針の方向であったり二つの感光した点の写真であったりする．そしてこれらを同時に，しかも任意の正確さで計測するのに何の不自由も無い．ただ本当にほしい物理量（q_k と p_k）との関係は幾分か曖昧で，すなわち自然法則によって要求されるこの関係の不確実性は，不確定性関係に対応する（脚注(4)を見よ）．

数学的に定式化すると，量子力学はよく知られた作用素 $\mathsf{Q}_k = q_k, \cdots$ と $\mathsf{P}_k = \dfrac{\hbar}{i}\dfrac{\partial}{\partial q_k}, \cdots$ を q_k と p_k に対応させることに帰する．この二つは交換可能ではなく（$\mathsf{P}_k\mathsf{Q}_k \neq \mathsf{Q}_k\mathsf{P}_k$, この差はよく知られているように，$\dfrac{\hbar}{i}1$ である），この可換性の欠如はこれらの量の同時測定不可能性に結びつく．さ

---

[6] たとえば以下のように測定された，脚注（4）で述べた粒子の位置と運動量を考えればよい：一方（座標）では粒子が近似的な位置に焦点を合わされた光束で照らされ，他方（運動量）では波長を決定するためプリズムを通過した単色の平面波束をあててその反射光を写真に撮る．もちろんこの正確さは不確定性原理を満たさなくてはならない．このようにして二つの写真乾板の二つのスポットで位置と運動量が上記の正確さで測定できる．

て今ほかの二つの可換な作用素 Q'_k, P'_k が存在し,それらの Q_k(または P_k)との差が大変小さく,その大きさが数 ΔQ_k, ΔP_k で表され,その積は不確定性関係から要求される値 $\hbar/2$ を大きく超えないとしよう.(もちろんこの値はこれより小さくはできない,というのは $Q_k P_k - P_k Q_k = \dfrac{\hbar}{2i} 1$ で $Q'_k P'_k - P'_k Q'_k = 0$ なので.)同様なことが以下のような少し異なった定式化でなされる:可換な作用素 Q'_k, P'_k は共通の完全な固有関数系を持たなければいけない.いまそれらを $\varphi_1, \varphi_2, \ldots$ としておく.我々はすべての状態 φ_n において Q_k と P_k の広がりは ΔQ_k と ΔP_k を超えないものとする(ここで $\Delta Q_k \Delta P_k \sim \hbar/2$).このとき,共通の固有関数 φ_n[7] に導く Q'_k と P'_k の同時の測定は実際 Q_k と P_k の同時の情報を与える.ところで,直交系 $\varphi_1, \varphi_2, \ldots$ は今述べたように選べばよく,この場合 Q'_k と P'_k は容易に定められる.つまり,状態 $\varphi_n, n = 1, 2, \ldots$ における Q'_k, P'_k 各々の固有値を決めればよいのであって,そうすれば Q_k と P_k の状態 φ_n での期待値として取ることができるのである[8].

---

[7] 単純のため,実際に測られた量 Q'_k, P'_k はただ点スペクトルのみを持つとする.これは系が有限体積であれば可能である.このとき同時固有関数系の存在は普通の(有限次元)行列に対するのと同様にできる.

[8] すなわち

$$\int_{-\infty}^{\infty} q_k |\varphi_n(q_1, \cdots, q_n)|^2 dq_1 \cdots dq_f$$

および

このもっともな仮定は数学的に確かめられる．任意の二つの正数 ε, η で $\varepsilon\eta = C\hbar/2$ （ここで C は定数である，脚注 (9) を見よ）,完全直交系 $\varphi_1, \varphi_2, \cdots$ で各状態 φ_n で $\mathsf{Q}_k, \mathsf{P}_k$ の広がりが ε と η より小さいものが存在する[9]．このような φ_n を決めてその性質を証明することは幾分込み入った計算を必要とするが[10]，重要な側面は今の議論から十分に

$$(\hbar/i)\int_{-\infty}^{\infty} \varphi'_{q_k}(q_1,\cdots,q_n)\varphi^*(q_1,\cdots,q_n)dq_1\cdots dq_f.$$

9) $C \sim 1$ が理想的な評価である（不確定性関係で残されるすべての可能性を考慮して）．著者は $C < 3.6$ で計算に成功した［英訳者注：3年後彼の著作の中で，フォン・ノイマンは同様の主張を $C \sim 60$ でなしている．それで $C < 3.6$ は間違って計算されたのかも知れない］．しかし $\hbar/2$ は実際のマクロ的な単位（センチメートル・グラム・秒）では 10^{-28} なのでこの差は重要ではない．［和訳者注："3.600" は原論文では "3,600" とピリオドの代わりにコンマで書かれている．ドイツ語ではコンマのあとの数字は1より小さい数を表す決まりなので，この訳では数字の英米式記法で "3.600" とした．この論文の3年後に出た *Mathematische Grundlagen der Quantenmechanik* (Springer, Berlin, 1932) の p.217（邦訳：井上健・広重徹・恒藤敏彦訳『量子力学の数学的基礎』，みすず書房，1957, p.324）において，ノイマンは同様の主張を $C \sim 60$ で行っている．そこで英訳者は，$C < 3.600$ は間違って計算されたのかも知れない，と述べているが，ノイマン自身は "3600" のつもりだったかも知れない.］

10) ハイゼンベルクによって用いられた波束 $\exp(-q^2/4\Theta^2 + (a/2\Theta^2 + (i/\hbar)b)q)$ を利用する．ここで q_k の代わりに q を用い他の $q_1, \cdots, q_f$ は無視する．それで $\mathsf{Q} = q$ と $\mathsf{P} = (\hbar/i)\dfrac{\partial}{\partial q}$ は平均 a と b を持ち，広がりの2乗は Θ^2 と $(\hbar/2\Theta)^2$ である．ここで $a = \sqrt{4\pi/C\varepsilon i},\ b = $

明らかなので，その計算をここで再現しないことにする．

かくして我々は，同時に測定できる量（互いに交換可能な作用素）だけが測定でき，これらの量は同時に測定できない物理量（座標，運動量，等々）とは不確定性関係で許される範囲の正確さで結合しているという巨視的測定に関する仮定をおく．これをいかに遂行するかはこの論文の中で論じられる．

3. 一般的な量子力学の定式化については我々は以下のように述べることにする．系の状態は，いわゆる波動関数といわれる，f 変数 $q_1, \cdots, q_f$ で表される f 次元の配位空間で定義される複素数値関数 $\varphi = \varphi(q_1, \cdots, q_f)$ で特徴づけられることが知られている．物理量はエルミート作用素 $A, B, \cdots$ で特徴づけられる[11]．もっとも重要な波動関数の操作は内積

$$(\varphi, \phi) = \int \cdots \int \varphi(q_1, \cdots, q_f) \times \phi(q_1, \cdots, q_f)^* dq_1 \cdots dq_f \tag{1}$$

（$*$ は複素共役を意味する）およびノルム[12]

$\sqrt{4\pi/C}\eta j = \sqrt{\pi/C}(\hbar/\varepsilon)j$, $\Theta = \varepsilon/\sqrt{C}$ さらに $i, j = 1, 2, \cdots$ である．このようにして定義された関数は数列としては任意の順番にかかれシュミットの直交化法で直交化できる．このようにして要求される $\varphi_1, \varphi_2, \cdots$ が得られる．

11) 以下用語と記法は文献 [19] に従う．今の目的に必要なことはやがて次で用意されるであろう．

12) これらの計算は文献 [18] で概説される．

$$\|\varphi\| = \sqrt{(\varphi, \varphi)}$$
$$= \sqrt{\int \cdots \int |\varphi(q_1, \cdots, q_f)|^2 dq_1 \cdots dq_f} \quad (2)$$

である．波動関数 φ による状態のもっとも単純な記述は以下のようである：量 A の状態 φ での期待値は $(A\varphi, \varphi)$ に等しい．すべての期待値が決まれば，それはすべての冪の期待値（いわゆる確率分布の高次モーメント）を含むので，すべての量の全確率分布が得られ，かくして系の完全な統計的特徴づけが与えられる（文献 [3]，[19]）．

我々はまた，各々の確率が $w_1, w_2, \cdots$ で与えられるいくつかの状態 $\varphi_1, \varphi_2, \cdots$ の混合で与えられる状態に遭遇するであろう．このときには A の期待値は明らかに $\sum w_n (A\varphi_n, \varphi_n)$ に等しい．これはもっと分かりやすく別の記法で書かれる．任意の完全直交系で行列 A を行列 $a_{\mu\nu}$ で，各 φ_n をベクトル x_μ^n $(\mu, \nu = 1, 2, \cdots)$ で表す（文献 [18]）．このとき

$$\sum_n w_n (A\varphi_n, \varphi_n) = \sum_n w_n \sum_{\mu, \nu} a_{\mu\nu} x_\mu^{n*} x_\nu^n$$
$$= \sum_{\mu, \nu} a_{\mu\nu} \left[\sum_n w_n x_\nu^n x_\mu^{n*} \right]. \quad (3)$$

ゆえに，U を行列 $\sum_n w_n x_\nu^n x_\mu^{n*}$ で表せる作用素とすればこれは，AU のトレースである[13]．かくしていくつかの状

---

[13] 文献 [19]，[4] を見よ．トレース（跡）は行列の対角成分の和である：トレースはユニタリ変換に対して不変なので，完全直交系

態の混合の統計的性質はこの規則の下で作用素 U によって特徴づけられる. すなわち A の期待値は tr(AU) である. 我々は U を混合の統計作用素ということにする. U は混合状態を記述するのに十分であり, それが構成される個々の状態を決めることは不要であることがわかる.

ところで記号 P_φ を導入するのが便利である. これは波動関数 φ のベクトルを x_μ で表すとして行列 $x_\mu x_\nu^*$ に対応するもので, 任意の波動関数 f に対して $\mathsf{P}_\varphi f = (f, \varphi)\varphi$ を満たすものと言ってもよい. ゆえに $\mathsf{U} = \sum_n w_n \mathsf{P}_{\varphi_n}$ となり, P_φ は状態 φ 自身の統計作用素である.

4. さて（量子力学的）エルゴード理論の定式化に入ろう. 実際の問題を解かないにしろ, 状況を見通しのよいものにすると信じられる二つのアプローチを議論することから始めよう.

エルゴード定理（もっと正確には準エルゴード定理）の古典的定式化は以下を主張する：システムの相の点は（運動の微分方程式で決定される）運動の発展に従って, 等エネルギー面の任意の点にいくらでも近づく. 実際後者の任意の領域で粒子が過ごす時間は長い時間の平均で, その領域の面積に比例する[14]. かくして与えられた状態で, 時間

を決めないでも, 作用素のトレースを議論することができる.

14) よく知られているように, 考えられるべき測度はエネルギー面の断片の $2f-1$ 次元面ではなく, 近接するエネルギー面の間の帯の[無限小の] $2f$ 次元体積である. すなわち該当する領域上のエネルギーの微分（gradient）の絶対値の逆数の積分である. しばしば無視されるが準エルゴード定理のこの定式化の前と後の本質的

アンサンブル(すべての量の時間平均に対応する)は,ミクロ・カノニカル・アンサンブルに等しい.後者は等重率が与えられた等測度の領域のエネルギー面のすべての点の混合である.

さて量子力学において,$\mathbf{H}$ をエネルギー作用素,$\varphi_1, \varphi_2, \cdots$ をその固有関数[15],$W_1, W_2, \cdots$ を各々の固有値とする.一つの状態

$$\phi = \sum_n a_n \varphi_n \tag{4}$$

は時間に依存するシュレーディンガー方程式に従って時間発展し ($t > 0$, $= 0$, あるいは < 0)

$$\phi_t = \sum_n a_n e^{iW_n t/\hbar} \varphi_n = \sum_n a_n(t) \varphi_n \tag{5}$$

になる.最初にエネルギー面の概念を吟味してみよう.エネルギー期待値 $(\mathbf{H}\phi_t, \phi_t) = \sum |a_n(t)|^2 W_n$ のみならず,量 $|a_n(t)|^2 = |a_n|^2$ は時間とともに一定に保たれる.量

な違いは P. エーレンフェストと T. エーレンフェスト(文献 [5], [6])によって強調された.後者はギブズによる統計力学の定式化に不可欠である.[和訳者注:R^n の領域での積分を $H(x) = w$ で決まる等エネルギー面 Σ_w での積分(面積要素は dS_w)と dw での積分に分けると,

$$\int f(x)dx = \int dw \int_{\Sigma_w} \frac{f(x)}{|\mathrm{grad}\, H|} dS_w$$

である.]

15) より正確には:固有関数から作られる完全直交系,すなわち $\mathbf{H}$ が対角化されるような座標系.(今連続スペクトルは無いと仮定する.)

$|a_n(t)|^2$ はエネルギーの全統計を特徴づけるので[16], 我々は以下のように言うことができる：古典力学のエネルギー保存則は，量子力学に移されたとき，単に平均エネルギーの保存のみならず，エネルギーの全確率分布の保存を主張する．もし量子力学的等エネルギー面を拙速に

$$\sum_n |a_n|^2 W_n = \text{const.} \qquad (6)$$

と定義したならば，エルゴード定理は成立から程遠い．すなわち結局のところ無限に多くの運動の定数 $|a_1|^2$, $|a_2|^2$, … があり，代わりにエネルギー面は

$$|a_1|^2 = \text{const.}, \quad |a_2|^2 = \text{const.}, \quad \cdots \qquad (7)$$

として定義されるべきであろう．かくして我々は以下の問に到達する：

$$a_n = r_n e^{i\alpha_n} (r_n \geqq 0,\ 0 \leqq \alpha_n < 2\pi), \cdots \qquad (8)$$

とし，エネルギー面が

$$\phi' = \sum_n a'_n \varphi_n \ \text{ここで} \ a'_n = r_n e^{i\alpha'_n} (0 \leqq \alpha'_n < 2\pi) \qquad (9)$$

から成るものとせよ．このとき

$$a_n(t) = r_n e^{iW_n t/\hbar + \alpha_n} \qquad (10)$$

はすべての a'_n にいくらでも近づくであろうか，すなわち $W_n t/\hbar + \alpha_n$ は法を 2π としていくらでも α'_n に近づきうるであろうか？ そして α'_n の与えられた区間内にどれほ

---

[16] たとえばそれらは $(H^k \phi_t, \phi_t) = \sum_n |a_n(t)|^2 W_n^k$ に従ってエネルギーのべき乗を決定する．すなわちエネルギー統計のすべてのモーメントを決定する．

どの相対的滞在時間を持つであろうか？ 言い換えてみよう：$W_n t/\hbar$ は，法を 2π として適当な t に対して任意の与えられた集まり $\alpha'_n - \alpha_n$ （すべての $n = 1, 2, \cdots$ に対して）に近づくであろうか，そして相対的滞在時間は何であろうか？ クロネッカーの定理によれば，前者の振る舞いに関しては $W_n/\hbar$ を整数係数で加えたときの線形独立性が必要十分である，すなわち

$$x_1 \frac{W_1}{\hbar} + \cdots + x_n \frac{W_n}{\hbar} = 0 \tag{11}$$

が整数 x_i （n は任意に大きい整数）に対して成り立つのは $x_1 = \cdots = x_n = 0$ のときに限ることである．さらにより進んだワイルの定理によれば，この場合滞在時間も正しい，すなわち区間長の積に比例する[17]．それで，この定式化の中では，エルゴード定理は，系の $W_n/\hbar$ の間の共鳴の不存在にまとめられる．

しかしながら我々は多くのことを要請しすぎている．というのはすべての応用で，エルゴード理論の本質的な核心

---

[17] 条件が $W_n/\hbar$ を含み $(W_m - W_n)/\hbar$ を含まないのは一見奇妙であるが，これは我々の思考の不正確さに起因する．すなわち波動関数の中の定数因子は意味がない（たとえば統計作用素 P_φ では消えてしまう）．かくして我々が位相 $W_n t/\hbar + \alpha_n$ を問うたときには，その差 $(W_n - W_1)t/\hbar + (\alpha_n - \alpha_1)$ を $n = 2, 3, \cdots$ について知るべきであった．これは再び上記の条件 (11) に至るのである．ただしいまや $(W_n - W_1)t/\hbar$, $n = 2, 3, \cdots$ に対して要求される．［和訳者注：この条件は 2 個以上の固有関数からなる任意の部分が，時間的周期を持たない条件である．］

は時間集合とミクロ・カノニカル・アンサンブルの間の一致であって,系のエネルギー面上の軌道が何かではないからである.第3項からわかったように,この目的のためにはこれら二つのアンサンブルの統計作用素の間の一致が必要とされる(他方,これを超えて波動関数から真の合成を行うことは不可能である).

さて ϕ_t は統計作用素 P_{ϕ_t} を有し,これを一方では α_n を固定してすべての時間で平均し(時間アンサンブル),そうしてもう一方では $t=0$ としてすべての α_n で平均する(ミクロ・カノニカル・アンサンブル,ここで α'_n の代わりに α_n と表す).我々は P_ϕ を座標系 $\varphi_1, \varphi_2, \cdots$ で行列の形に書きたい.

$$\phi_t = \sum_n r_n e^{i(W_n t/\hbar + \alpha_n)} \varphi_n \tag{12}$$

P_{ϕ_t} の m, n 成分は

$$r_m r_n e^{i((W_m - W_n)t/\hbar + (\alpha_m - \alpha_n))} \tag{13}$$

に等しい.すべての α_ℓ で平均して,$m \neq n$ ならば 0, $m = n$ のとき r_m^2 を得る.時間平均が同じ結果を生ずるには $m \neq n$ ならば $(W_m - W_n)/\hbar \neq 0$ すなわち,$W_m \neq W_n$ でなければならない.要するに縮退があってはいけない(これは前の条件[有理線形独立性!]よりは,はるかに弱い条件である).

この点において我々はエルゴード定理を満足できるレベルで証明できたと思うかもしれないが,巨視系の役割をなんら述べていないという点で満足できないものである.実

際我々は完全にかつ正確に知られた系を扱ったに過ぎず，そこではたとえばエネルギー面はすべての $|a_n|^2$ を正確に決定することによって記述される．かくして，統計力学系の不完全に知られた系を扱うには，我々の問題設定を手直しすることが必要である[18]．

5. この手直しは第一にエネルギー面の巨視的な再解釈から構成されなくてはいけない．すなわちミクロ・カノニカルなアンサンブルを巨視的にはそのエネルギー統計と区別しえない状態の集まりに拡張しなくてはいけない．そのような状況では時間とミクロ的な［すなわちミクロ・カノニカルな］平均との一致が巨視的にのみ，要請されるべきである．

この弱い要請はマクロ的な視点を用いてのみ可能になる，強い要請と本質的に表裏一体である．すなわち系のすべての状態に対して各々の（巨視的に測定可能な）量の値がミクロ・カノニカル平均と等しい時間平均を持つだけでなく，さらに時間的広がりが少ない，すなわちその値が平均からかなり隔たった値をとる時間はめったにない．

これを対応する古典理論の考察と比べてみるのは有意義である．そこでは，上記の定理は統計力学的方法の正当化に集約されるが，これは以下述べるように二つのステップ

---

[18] ここで示された定理が正しいエルゴード定理でないことはその前提（エネルギーの非縮退）が余りにも弱いことからわかる．古典エルゴード理論に対するよく知られた反例に対してよく当てはまるのである．後述の付録第3項を見よ．

に分けられる．まずすべての量について，時間統計がミクロ・カノニカルに関する統計と一致することが示されなければならない；次にいわゆる巨視的量に対しミクロ・カノニカル統計はばらつきが小さいことが示されなければならない．第一の主張は単に現在証明されていない古典的準エルゴード定理に他ならないし，第二の主張はこれに反して，数え方の組み合わせ論的考察で簡単に証明される（たとえば，文献 [5], [6] を見よ）．しかし我々がエルゴード定理と呼びたいものは二つの主張を一緒にしたときに，それが意味するところのものである．

より正確な議論がこの論文の中で順を追ってなされるであろう．ここでは単に二つのことを強調しておきたい．第一に我々のエルゴード定理の定式化は以上にスケッチされた時間に関する振る舞いが，実際に系のすべての初期条件（すべての ϕ）に対して"例外なく"起こるということ（古典的には，エネルギー面の低次元部に例外を認めるであろう）が要請されるであろう．第二に（それについて計算する）真の状態は，波動関数であるということ，すなわち，状態の巨視的状態を記述するために必要な無秩序仮定のような，なにかしら微視的なものはこれを排除したい．同様に時間に依存するシュレーディンガー方程式

$$\frac{\partial}{\partial t}\phi_t = \frac{i}{\hbar}\mathsf{H}\phi_t \qquad (14)$$

（その解は式 (5)）はその厳密な（微視的な）形で表現されなくてはならない．（もちろん，後に議論するように，これ

はエネルギー面の定義でなされることとは異なる). 我々はエルゴード定理の成立に必要な条件を明らかにしよう.

6. これらの条件は二つのグループに分かれる：第一は（微視的）エネルギー作用素 H に関するもので, 第二は（巨視的）エネルギー面の相細胞への分割, およびそのサイズに関するものである. (エネルギー面, 相細胞, そして相空間の他の対象が量子力学的に意味するものについて正確に定義されるだろう. この点において, これらの術語に関して前期量子論で通常行われた方法で扱うのが十分である. 特に相細胞という言葉で我々は巨視的測定で実行しうる相空間の分解を意味する.)

エネルギーに関してはその差（たとえば固有振動の）は互いに異なっていなければならないし, 同様にそれら自体も互いに異なっていなければならない（すなわち非縮退している）. たとえば $W_1, W_2, \cdots$ がエネルギーの値ならば, すべての差 $W_m - W_n$ $(m \neq n)$ は相異なり, かつすべての W_n もまた相異なるということである. (稀な例外を認めるであろうとしても.) 容易にわかるように, この条件は, その強度に関していえば, 第4項で見つけられた二つの条件の間にある [有理線形独立性より弱く, 縮退の存在よりは強い]. 我々は第 III.3 項でこれが妥当な条件であることを見出すであろう. すなわちエルゴード定理に対する古典的反例（衝突のない理想気体とか吸収のない空洞輻射）によって間違いとされるものの, よく知られた（ただしあくまで発見的に確認された）反証測定（衝突や吸収,

放射の導入)によって追認されるような条件である.

相細胞の大きさについては以下のことがわかる:各相細胞の中にある状態数(量子軌道)は大変大きくなければいけないだけでなく,平均的に相細胞の総数より全く大きくなければならない.この条件の詳細については後で述べることにして,ここでは単に以下を述べるに留める:巨視的測定技術をそのままにして $\hbar \to 0$ (すなわち量子力学から古典力学へ移行する)の極限をとれば,後者の数はそのままに前者の数は限りなく大きくなる,かくして条件はますます良く満たされる.このように条件の妥当性は,少なくとも巨視的測定技術が量子効果に到達するにはあまりに粗雑である(ゆえに $\hbar$ は実質的に 0 である)ときに成立する.

H-定理を定式化することがまだ残っているが,我々が証明しようとしているのはまさにこのことである.我々は明らかな方法でエントロピーをすべての状態 ϕ に対応させることができるし,同様にミクロ・カノニカル・アンサンブルにも対応させることができる[19].我々は前者の時間的変化を追跡し,それを後者と比較してみよう(それは容易にわかるように,常に後者は前者より大きいか等しい).古典力学のように,ここにおいてもエントロピーの単調増加は問題外であり[20],その[時間]微分が(あるいは差分

---

19) 第 I.3 項の最後を参照せよ.そこではこのエントロピーと文献 [20] の著者によって定義されたものとの間の関連について本項以上に述べられている.

20) [和訳者注]「古典力学でも量子力学でもエントロピーの増大を

の比が）ほとんど正であることも同様である．時間の可逆性からの反論や再帰性からの反論も，古典力学と同様量子力学でも成立する．この問題に関する P. エーレンフェストと T. エーレンフェストの議論（文献 [5], [6]）に従って，我々はむしろ以下のことを H–定理の本質的な主張であると考えている：ϕ_t のエントロピーの時間平均はミクロ・カノニカル・アンサンブルのエントロピーとほとんど違わない，そして後者は前者の上界なので，ϕ_t のエントロピーがミクロ・カノニカル・アンサンブルのそれより大きく下回ることは稀である．

H–定理がエルゴード定理と同じ仮説の下に成り立つことがのちにわかるであろう．

まとめると，量子力学では我々はエルゴード定理と H–定理を無秩序の仮定なしに厳密に証明できる[21]；かくして熱力学への統計力学の応用はさらなる仮説に依存せずとも補証される．もちろんこれは量子力学が基礎とする時間依存のシュレーディンガー方程式が時間可逆性と再帰性を古

示すことは，その可能性まで含めて難しい問題である」というほどの意味である．

21) シュレーディンガーの論文 [17]，特に最後の節を参照．我々の結果は，そこでの考察を"統計的仮定"（すなわち無秩序仮定）なしに納得のいく方法で遂行できることを，すなわち量子力学の普通の統計的解釈に現れるあらゆる厳密さをもって，遂行できることを可能にする．これによってシュレーディンガーによって，上で引用された，量子力学もまた"エルゴード性困難"と闘わなければならないか，という問いが答えられる．

典力学の微分方程式と同じく有することと同等であり，それゆえこれらだけでは非可逆現象を説明できない[22].

7. 我々はこの仕事と，統計力学と熱力学の問題を量子力学的に考察した他の仕事との関連について手短に述べたい．L. ノルドハイム（文献 [13]），W. パウリ（文献 [14]）と同様にシュレーディンガー（文献 [17]）達の論文は巨視的な状況を無秩序の仮定によって説明しており，それゆえ異なった研究の流れに属する．著者の初期の仕事は微視的視点に完全に依っており，熱力学の現象論的第 2 法則の仮定から，エントロピーの値を決定するという逆の結論を持っている．

著者はこの論文で議論した問題が提起された議論を交わした E. ウィグナー氏に深い謝辞を送りたい．

I. ギブズ統計力学の概念の量子力学的定式化

I.1. 「はじめに」で述べたように，すべての巨視的観測はすべて同時に観測可能であると仮定する．ゆえにそれらの作用素はすべて互いに可換であり，それらの固有関数である波動関数で正規直交系であるような $\omega_1, \omega_2, \cdots$ が存在

---

[22] しかしながら量子力学は非可逆な基礎過程である測定を持たない．すなわち，それは可逆である（文献 [20] を見よ，そこではこの過程の定義が 283 頁の脚注 (21) で与えられている）．しかしそれが現実事象での非可逆性に関係しているかはオープンな問題としておく．この論文では測定の問題には立ち入らない．

する（脚注（7）を見よ）．ここで我々は $\omega_1, \omega_2, \cdots$ の中でもすべての巨視的作用素が同じ固有値を持つような多くの ω_n のグループが存在すると期待できるであろう．なぜならそうでないとすると，すべての巨視的測定によってその $\omega_1, \omega_2, \cdots$ の間の差異を完全に区別できるからである（すなわち絶対的に正確な状態の決定であるが，これは一般にはあり得ない）．これらのグループを $\{\omega_{1,p}, \omega_{2,p}, \cdots, \omega_{s_p,p}\}$, $p = 1, 2, \cdots$ と表しておく（すなわち，一つの添字 $n = 1, 2, \cdots$ を二つの添字 $p = 1, 2, \cdots$ と $\lambda = 1, \cdots, s_p$ で置き換える）．すなわち $\omega_{1,p}, \cdots, \omega_{s_p,p}$ はすべての巨視的量に対する縮退した固有関数である[23]．かくして系 $\omega_{1,p}, \cdots, \omega_{s_p,p}$ の代わりに前者からユニタリ変換で得られる任意の他の系 $\omega'_{1,p}, \cdots, \omega'_{s_p,p}$ がその目的に同様に合致する．

もしグループ $\{\omega_{1,p}, \cdots, \omega_{s_p,p}\}$ のすべての状態が，等しい割合で混合されるならば，以下の統計作用素を持つ統計アンサンブルが得られる：

$$\frac{1}{s_p}\mathsf{E}_p = \frac{1}{s_p}\sum_{\lambda=1}^{s_p}\mathsf{P}_{\omega_{\lambda,p}} \tag{15}$$

作用素 E_p は，容易に証明できるようにその $\omega_{\lambda,p}$ が今述べ

---

[23] 巨視的量とはその値が巨視的測定の手段によって正確に決定されるものである．そこでもし A が $-\infty$ と $+\infty$ の間のすべての値をとり得，そしてもし区間 $[k, k+1]$, $k = 0, \pm 1, \pm 2, \cdots$ のみが他と区別できる巨視的不正確さの特徴であるとすれば，唯一 $f(\mathsf{A})$ のみが巨視的に測定可能である．ここで $k \leq x < k+1$ ならば $f(x) = k$ $(k = 0, \pm 1, \pm 2, \cdots)$ である．しかしながら「はじめに」の第 2 項の議論と脚注（5）を参照すること．

た $\omega'_{\lambda,p}$ で置き換わっても変わらない．すべての巨視的な作用素 A は固有関数として $\omega_{\lambda,p}$ を持つので，A は $\mathsf{P}_{\omega_{\lambda,p}}$ の固有値を係数とする一次結合として表される[24]．さらに同じ p を持つ $\omega_{\lambda,p}$ は，すべて同じ固有値を持つので E_p の一次結合ですらある（後の使用のためここで記しておく）．

ところで $\dfrac{1}{s_p}\mathsf{E}_p$ は，その作り方からわかるように，すべての巨視的量が p 番目のグループ（そこではすべての s_p 量子状態は同じウェイトを持つ）に対応する値を持つアンサンブルの統計作用素である．それゆえに $\dfrac{\mathsf{E}_p}{s_p}$ は巨視的測定によって区別される系の性質に関係している選択肢の中の p 番目に対応する．それゆえこれはギブズ統計力学の相細胞に等価である．数 $s_p = \mathrm{tr}\mathsf{E}_p$（tr はトレースを意味する．脚注 (13) を見よ）はこの細胞の中の実際の（微視的な）状態の数，すなわちこの細胞の中の量子軌道の数であり，その大きさは巨視的な視点からどの程度粗視化されているかの尺度になる．

I. 2. 固有関数 $\varphi_1, \varphi_2, \dots$ と固有値 $W_1, W_2, \dots$ を持つエネルギー作用素 H を考えよう．すなわち

$$\mathsf{H} = \sum_n W_n \mathsf{P}_{\varphi_n}. \tag{16}$$

ここで H は厳密にエネルギーで如何なる巨視的近似もなされていない．

---

[24] 固有値 $\omega_1, \omega_2, \dots$ を備えた固有関数 $\chi_1, \chi_2, \dots$ を持つエルミート作用素 H は $\sum_n \omega_n \mathsf{P}_n$ と表される．

一般に φ_n は $\omega_{\lambda,p}$ とは異なり，H は E_p の一次結合ではない．というのはエネルギーは，巨視的な手法によって絶対的正確さで測定できないという意味で，巨視的な量ではないからである[25]．しかしながら，ある（より少ない）精度で，これは実際に可能であって，エネルギー固有値 $W_1, W_2, \cdots$ は，グループ $\{W_{1,a}, \cdots, W_{S_a,a}\}$, $a = 1, 2, \cdots$（再び単一の添字を持つ W_n と φ_n を，二つの添字を持つ $W_{\rho,a}$ と $\varphi_{\rho,a}$, $a = 1, 2, \cdots$, $\rho = 1, \cdots, S_a$ で置き換える）の中に，同じ a を持つすべての $W_{\rho,a}$ が互いに近く，異なった a（すなわちすべてのグループ）を持ったもののみがマクロ的に区別されるよう，添字を付け替えることができる．グループ $\{W_{1,a}, \cdots, W_{S_a,a}\}$ にいるエネルギーの値を巨視的に測定できる事実をどのように定式化すればいいであろうか？

これを我々はすでに注意し文献 [19] で何回か使われたトリックによって成し遂げることができる．$f_a(x)$ を $x = W_{1,a}, \cdots, W_{S_a,a}$（ただし a は固定）に対して 1，さもなければ 0 という関数とする．ゆえに $f_a(H)$ はエネルギー値がいま言ったグループに属すれば 1 で，さもなければ 0，という量である．それゆえに巨視的に測定できる量である．

---

25) たとえば普通の気体を測定することを考える．原理的に，もちろん理想的な条件下では点スペクトルのエネルギーを絶対的正確さで測定できる：そしてたとえば，振動子が基底状態にあるか否か決定できる．

$$\mathsf{H} = \sum_n W_n \mathsf{P}_{\varphi_n} \tag{17}$$

から

$$f_a(\mathsf{H}) = \sum_n f_a(W_n) \mathsf{P}_{\varphi_n} \tag{18}$$

が従うので（文献 [19] を参照のこと）

$$f_a(\mathsf{H}) = \sum_{\rho=1}^{S_a} \mathsf{P}_{\varphi_{\rho,a}} \tag{19}$$

であり，これは E_p の一次結合でなければならない．さて作用素 $\sum_{\rho=1}^{S_a} \mathsf{P}_{\varphi_{\rho,a}}$ と同様に各 $\mathsf{E}_p = \sum_{\lambda=1}^{S_p} \mathsf{P}_{\omega_{\lambda,p}}$ はそれら自身の 2 乗に等しく，任意の異なる E_p 同士の積は 0 になることから[26]前述の E_p の線形結合の係数の 2 乗は自分自身に等しい，すなわち係数は 0 か 1 である．かくして $\sum_{\rho=1}^{S_a} \mathsf{P}_{\varphi_{\rho,a}}$ は単にあるいくつかの E_p の和である．それらを $\mathsf{E}_{1,a}, \cdots, \mathsf{E}_{N_a,a}$ とせよ：

$$\sum_{\rho=1}^{S_a} \mathsf{P}_{\varphi_{\rho,a}} = \sum_{\nu=1}^{N_a} \mathsf{E}_{\nu,a}. \tag{22}$$

このトレースをとることにより，この式は

---

[26] これを示すために，直交系の任意の二つの異なる要素 φ と ϕ に対して，$\mathsf{P}_\varphi^2 = \mathsf{P}_\varphi$，$\mathsf{P}_\varphi \mathsf{P}_\phi = 0$ が成立することを示す必要がある．f を任意の波動関数とすれば（「はじめに」第 3 項を参照のこと）
$$\mathsf{P}_\varphi^2 f = ((f, \varphi)\varphi, \varphi)\varphi = (f, \varphi)(\varphi, \varphi)\varphi = (f, \varphi)\varphi$$
$$= \mathsf{P}_\varphi f, \tag{20}$$
$$\mathsf{P}_\varphi \mathsf{P}_\phi f = ((f, \phi)\phi, \varphi)\varphi = (f, \phi)(\phi, \varphi)\varphi = 0. \tag{21}$$

$$S_a = \sum_{\nu=1}^{N_a} s_{\nu, a} \tag{23}$$

になる.

$$\sum_{\nu=1}^{N_a} \mathsf{E}_{\nu, a} \ \text{と} \ \sum_{\nu=1}^{N_b} \mathsf{E}_{\nu, b} \quad (a \neq b) \tag{24}$$

の積は,すでに述べたことから両方の和に現れる E_p の和に等しい. そして他方,それは 0 になる

$$\sum_{\nu=1}^{N_a} \mathsf{P}_{\nu, a} \ \text{と} \ \sum_{\nu=1}^{N_b} \mathsf{P}_{\nu, b} \tag{25}$$

の積にも等しいので,共通項 E_p の和は 0 である. それゆえそれら E_p のいくつかの和,すなわち P_{ω_n} のいくつかの和は決して 0 にならないのでそのようなものは存在しない[27]. 最後に $\mathsf{E}_{\nu, a}$ は E_p (今までのところ,それらは部分集合を一対一に番号を付け直すことしか見ていなかった)を尽くすことがわかる;そのためには,次式を示すことが十分である.

$$\sum_{a=1}^{\infty} \sum_{\nu=1}^{N_a} \mathsf{E}_{\nu, a} = \sum_{p=1}^{\infty} \mathsf{E}_p. \tag{26}$$

ここで左辺はすべての $\mathsf{E}_{\nu, a}$ の和であり,それゆえすべての $\mathsf{P}_{\varphi_{\rho, a}}$ の和でありゆえに 1 である(完全な直交系 $\chi_1, \chi_2, \cdots$ においては,すべての P_{χ_n} の和は 1 に等しい[28].

---

[27] $\mathsf{P}_{\omega'} + \mathsf{P}_{\omega''} + \cdots = 0$ ($\omega', \omega'', \cdots$ は互いに直交するとして)より,$\mathsf{P}_{\omega'}$ をかけることにより,$\mathsf{P}_{\omega'} = 0$ を得るがこれは明らかに間違いである.

[28] P_χ の定義を「はじめに」第 3 項の行列としてみれば,これは完

それで $\varphi_{\rho,a}$ は完全な直交系を作る）；右辺はすべての E_p の和，それゆえにすべての $\mathsf{P}_{\omega_{\lambda,p}}$ の和であり，それゆえこれも 1 である（さらに $\omega_{\lambda,p}$ も完全な直交系を作る），かくしてすべてが証明された．

以上から，$\mathsf{E}_{\nu,a}$ と $s_{\nu,a}$, $a = 1, 2, \cdots, N$ は単に，E_p と s_p, $p = 1, 2, \cdots$ の添字のつけ方が違うだけであることがわかる．対応して $\omega_{\lambda,p}$ を $\omega_{\lambda,\nu,a}$ と書く．以下の記法を導入する．

$$\Delta_a = \sum_{\rho=1}^{S_a} \mathsf{P}_{\rho,a} = \sum_{\nu=1}^{N_a} \mathsf{E}_{\nu,a}. \tag{27}$$

すなわち Δ_a/S_a は状態 $\varphi_{1,a}, \cdots, \varphi_{S_a,a}$ の同じ重さで加えた状態の混合である，あるいは別の言葉でいえば，混合状態 $\mathsf{E}_{1,a}/s_{1,a}, \cdots, \mathsf{E}_{N_a,a}/s_{N_a,a}$ （上では相細胞に対応すると考えられた）の $s_{1,a}, \cdots, s_{N_a,a}$ に比例する重さでの混合である．

これらの概念のギブズ理論における類似概念は再び明らかである：Δ_a/S_a は等エネルギー面，すなわちミクロ・カノニカル・アンサンブルに対応し，N_a はエネルギー面上の相細胞 $\mathsf{E}_{\nu,a}$ の数に対応する．さらに $S_a = \mathrm{tr}\Delta_a$ はその上の真の状態（定常的な量子の軌道）の数である．

巨視的に可能なエネルギーの測定はかくして，すべての可能な状態をエネルギー面 Δ_a, $a = 1, 2, \cdots$ に分解する；さらなるエネルギー測定（Δ_a を $\varphi_{\rho,a}$, $\rho = 1, 2, \cdots, S_a$ に

全性関係の通常な関係式に等しい．文献 [19] を参照せよ．

分解するような）はこれらの方法では可能でない．しかしながら他の測定は巨視的に可能であり，それらはその作用素が H と交換しないような量であるとしなければならない，すなわち（微視的）エネルギーとは同時に測定し得ないものである．古典的にいうならば，それらは運動の非積分量［積分の定数にならない量］であり，時間とともに変動する量である[29]．これらの測定はエネルギー面 Δ_a を相細胞 $E_{\nu, a}$, $\nu = 1, \cdots, N_a$ に分解する．さらなる分解は（$E_{\nu, a}$ を $\omega_{\lambda, \nu, a}$, $\lambda = 1, \cdots, s_{\nu, a}$ に分解するような），巨視的に不可能である．

かくして数 N_a の大きさは巨視的測定方法がエネルギーと同時に測定できない量に対して，その度合いを表す尺度である，すなわち不確定性関係によって決定される巨視的エネルギー測定の不確かさの程度を表すものであることがわかった．他方，$s_{\nu, a}$ の（つまり相細胞 $E_{\nu, a}$ の）大きさは，そのような，たとえばそれらの不完全さに帰因するような巨視的方法の不正確さの尺度である．N_a に基づく不正確さは非積分量の観測によって補われる；すなわちそれは測定器具の弱点ではなくて，$s_{\nu, a}$ に基づく不正確さである．最後に

$$S_a = \sum_{\nu=1}^{N_a} s_{\nu, a} \tag{28}$$

---

[29] たとえば箱 K に閉じ込められた気体において，K の左半分の分子の全エネルギーはある精度をもって巨視的に測定可能であるが，それは積分量ではなく時間とともに変わる．

は両者の積の尺度,すなわち系全体の,実際のエネルギーの不確定さの尺度である.

I. 3. さて任意の状態 ϕ が与えられているとする(ここで波動関数 ϕ は規格化されているとする, $\|\phi\| = (\phi, \phi) = 1$). この状態における一つの系の上の巨視的測定が相細胞 $\mathsf{E}_{\nu, a}$ に対応する値を生ずる確率は周知のように,$\mathsf{E}_{\nu, a}$ を構成する固有関数 $\omega_{1, \nu, a}, \cdots, \omega_{s_{\nu, a}, \nu, a}$ への遷移確率の和である.すなわち

$$\sum_{\lambda=1}^{s_{\nu, a}} |(\phi, \omega_{\lambda, \nu, a})|^2 = \sum_{\lambda=1}^{s_{\nu, a}} (\mathsf{P}_{\omega_{\lambda, \nu, a}} \phi, \phi) = (\mathsf{E}_{\nu, a} \phi, \phi). \tag{29}$$

言葉でいえば,これはいかに強く細胞 $\mathsf{E}_{\nu, a}$ が状態 ϕ を占めているかを表す.同様にエネルギーが $\{W_{1, a}, \cdots, W_{s_\nu, a}\}$ に属す確率は

$$\sum_{\rho=1}^{S_a} |(\phi, \varphi_{\rho, a})|^2 = \sum_{\rho=1}^{S_a} (\mathsf{P}_{\varphi_{\rho, a}} \phi, \phi) = (\Delta_a \phi, \phi). \tag{30}$$

かくしてそれはエネルギー面 Δ_a における占拠数である.それゆえこれらの概念と整合して

$$\sum_{\nu=1}^{N_a} (\mathsf{E}_{\nu, a} \phi, \phi) = (\Delta_a \phi, \phi), \tag{31}$$

$$\sum_{a=1}^{\infty} (\Delta_a \phi, \phi) = (\phi, \phi) = 1. \tag{32}$$

さて我々はその統計的作用素を特徴づけることによって,状態 ϕ に固有であるミクロ・カノニカル・アンサンブルを定義する準備ができた.もし一つの $(\Delta_a \phi, \phi)$ が 1 で

あったならば，他は 0 であり[30]，我々はすでに第 I.2 項で考えられた統計作用素 Δ_a/S_a をとらねばならないだろう[31]．しかしいくつかの（あるいはすべての）$(\Delta_a\phi,\phi)$ が零でないならば，我々はそれを $\Delta_1/S_1, \Delta_2/S_2, \cdots$ の重率 $(\Delta_1\phi,\phi), (\Delta_2\phi,\phi), \cdots$ での混合として定義する．かくしてミクロ・カノニカル・アンサンブルは統計作用素

$$\mathsf{U}_\phi = \sum_{a=1}^\infty \frac{(\Delta_a\phi,\phi)}{S_a}\Delta_a \tag{33}$$

を持つ．もちろんこの定義は結局その成功によってのみ，すなわちこの定義によってのみ，エルゴード定理と H-定理が成立するときに正当化される．（実際もちろん一つを除いてすべての $(\Delta_a\phi,\phi)$ は大変小さい．）

（状態と対応する（仮想的な）ミクロ・カノニカル・アンサンブルの）ϕ と U_ϕ のエントロピーを定義することが残っている．文献 [20] で著者によって述べられたエントロピーに対する表記をそのまま用いるのは，ここでは適当でない．というのはそれらは原理上可能なすべての測定が実行できる観測者の視点から，すなわちそれらが巨視的か否かに関わらず，計算されたものであるからである（たとえば，すべての純粋状態はエントロピー 0 を有し，混合状態のみが 0 より大きいエントロピーを持つ）．もし我々が

---

30) 我々の"占拠数"はその性質上負ではない．
31) 文献 [19] で，この統計作用素が，単にエネルギーが a 番目のグループにあると要求することによって定義されたアンサンブルに常に属するという結論に対する，一般的理由が与えられている．

観測者は巨視的な測定のみ可能であるということを考慮すれば，我々は異なったエントロピーの値を得る（実際，より大きい値である．というのは観測者はいまやあまり熟達していないことになり，それゆえ系からより少ない力学的データしか取り出せないことになるからである）；しかしながら理論はこの場合でも構築できる．いかにこれがなされるかは E. ウィグナー[32]によって議論された．ϕ と U_ϕ のエントロピー $S(\phi)$，$S(\mathsf{U}_\phi)$ は[33]

$$S(\phi) = -\sum_{a=1}^{\infty}\sum_{\nu=1}^{N_a} (\mathsf{E}_{\nu,a}\phi,\phi)\log\frac{(\mathsf{E}_{\nu,a}\phi,\phi)}{s_{\nu,a}}, \quad (34)$$

$$S(\mathsf{U}_\phi) = -\sum_{a=1}^{\infty} (\Delta_a\phi,\phi)\log\frac{(\Delta_a\phi,\phi)}{S_a}. \quad (35)$$

ところでこれらのエントロピーの式はボルツマンのエントロピーの定義（とスターリングの公式）に基づいた通常の公式に一致する．というのは $(\mathsf{E}_{\nu,a}\phi,\phi)$ および $(\Delta_a\phi,\phi)$ はそれぞれ相細胞およびエネルギー面の相対的占拠数であり，$s_{\nu,a}$ および S_a はそこにおける量子軌道の数（すなわちいわゆるア・プリオリ重率）だからである．

---

32) E. ウィグナー氏はこの話題に関する今まで未発表の結果を口頭で著者に伝えてくれた．ここで我々は当面の目的に必要な式のみを用い，一般論には立ち入らないことにする．

33) 我々はここで通常の因子 k（= ボルツマン定数）を省略した，それゆえ温度の単位として一自由度あたりエルグ（erg）を導入した [1 erg=1 g cm^2/s$^2 = 10^{-7}$ J]．

II. 証明の遂行

II. 1. 初期状態 ϕ の時間発展 ϕ_t は,時間に依存するシュレーディンガー微分方程式

$$\phi_0 = \phi, \quad \frac{\partial}{\partial t}\phi_t = \frac{i}{\hbar}\mathsf{H}\phi_t \tag{36}$$

で決定される.ここで H はエネルギー作用素

$$\mathsf{H} = \sum_{a=1}^{\infty}\sum_{\rho=1}^{S_a} W_{\rho,a}\mathsf{P}_{\rho,a} \tag{37}$$

である.それゆえもし

$$\phi = \sum_{a=1}^{\infty}\sum_{\rho=1}^{S_a} r_{\rho,a}e^{i\alpha_{\rho,a}}\varphi_{\rho,a} \tag{38}$$

(ただし $r_{\rho,a} \geqq 0,\ 0 \leqq \alpha_{\rho,a} < 2\pi$) ならば,

$$\phi_t = \sum_{a=1}^{\infty}\sum_{\rho=1}^{S_a} r_{\rho,a}e^{i(W_{\rho,a}t/\hbar + \alpha_{\rho,a})}\varphi_{\rho,a} \tag{39}$$

である.ここで以下の略記号を導入する.

$$x_{\nu,a} = (\mathsf{E}_{\nu,a}\phi_t, \phi_t), \quad u_a = (\Delta_a\phi_t, \phi_t) = (\Delta_a\phi, \phi) \tag{40}$$

(最後の二つの表記は等しい,というのは

$$(\Delta_{\nu,a}\phi_t, \phi_t) = \sum_{\rho=1}^{S_a}(\mathsf{P}_{\varphi_{\rho,a}}\phi_t, \phi_t)$$

$$= \sum_{\rho=1}^{S_a}|(\phi_t, \varphi_{\rho,a})|^2 = \sum_{\rho=1}^{S_a} r_{\rho,a}^2 \tag{41}$$

は時間 t に依らないからである.) すぐにわかるように

$$\sum_{\nu=1}^{N_a} x_{\nu,a} = u_a, \quad (42)$$

$$\sum_{a=1}^{\infty} u_a = 1. \quad (43)$$

$x_{\nu,a}$ は時間に依存するが, u_a は依らない[34]. エントロピーの定義から, $x_{\nu,a}, u_a$ は非負であり

$$S(\phi_t) = -\sum_{a=1}^{\infty}\sum_{\nu=1}^{N_a} x_{\nu,a} \ln \frac{x_{\nu,a}}{s_{\nu,a}},$$
$$S(\mathsf{U}_\phi) = -\sum_{a=1}^{\infty} u_a \ln \frac{u_a}{S_a} \quad (44)$$

であることがわかる. $x_{\nu,a}$ (あるいは, u_a) のすべての和は 1 なので, これらはすべて $[0,1]$ の間の値をとり, かくしてエントロピーは常に非負である. これらの値を詳しく調べよう.

我々は $0 \leq x_{\nu,a} \leq u_a$ に注意する. $x_{\nu,a}$ を変数 z で置き換え

$$0 \leq z \leq \frac{2s_{\nu,a}}{S_a} u_a, \text{ すなわち } \left|\frac{S_a}{s_{\nu,a} u_a} z - 1\right| \leq 1 \quad (45)$$

を仮定する. よって

$$-z \log \frac{z}{s_{\nu,a}}$$

---

[34] かくしてミクロ・カノニカル・アンサンブル [すなわち密度行列] $\mathsf{U}_\varphi = \sum_{a=1}^{\infty}(u_a/S_a)\Delta_a$ は ϕ が ϕ_t で置き換えられても変わらない.

$$
\begin{aligned}
&= -\frac{s_{\nu,a} u_a}{S_a}\Big(1+\Big[\frac{S_a}{s_{\nu,a} u_a}z - 1\Big]\Big) \\
&\quad \times \Big(\log\frac{u_a}{S_a} + \log\Big(1+\Big[\frac{S_a}{s_{\nu,a} u_a}z - 1\Big]\Big)\Big) \\
&= -\frac{s_{\nu,a} u_a}{S_a}\Big(1+\Big[\frac{S_a}{s_{\nu,a} u_a}z - 1\Big]\Big) \\
&\quad \times \Big(\log\frac{u_a}{S_a} + \Big[\frac{S_a}{s_{\nu,a} u_a}z - 1\Big] - \frac{1}{2}\Big[\frac{S_a}{s_{\nu,a} u_a}z - 1\Big]^2 \\
&\qquad + \frac{1}{3}\Big[\frac{S_a}{s_{\nu,a} u_a}z - 1\Big]^3 - \cdots\Big) \\
&= -\frac{s_{\nu,a} u_a}{S_a}\log\frac{u_a}{S_a} \\
&\quad - \frac{s_{\nu,a} u_a}{S_a}\Big(\log\frac{u_a}{S_a}+1\Big)\Big[\frac{S_a}{s_{\nu,a} u_a}z - 1\Big] \\
&\quad - \frac{s_{\nu,a} u_a}{1\times 2\, S_a}\Big[\frac{S_a}{s_{\nu,a} u_a}z - 1\Big]^2 \\
&\quad + \frac{s_{\nu,a} u_a}{2\times 3\, S_a}\Big[\frac{S_a}{s_{\nu,a} u_a}z - 1\Big]^3 - \cdots.
\end{aligned}
\tag{46}
$$

ここで

$$
\frac{1}{1\times 2} + \frac{1}{2\times 3} + \cdots = 1 \tag{47}
$$

なので，上記の和の最後の和の絶対値は

$$
\frac{s_{\nu,a} u_a}{S_a}\Big[\frac{S_a}{s_{\nu,a} u_a}z - 1\Big]^2 \tag{48}
$$

を超えない．ゆえに

$$\left| -\frac{s_{\nu,a} u_a}{S_a} \log \frac{u_a}{S_a} - \left(\log \frac{u_a}{S_a} + 1 \right) \left[z - \frac{s_{\nu,a} u_a}{S_a} \right] \right.$$
$$\left. + z \log \frac{z}{s_{\nu,a}} \right|$$
$$\leq \frac{S_a}{s_{\nu,a} u_a} \left[z - \frac{s_{\nu,a} u_a}{S_a} \right]^2. \tag{49}$$

これを他の z の値に対して示すには,左辺を(ただし [⋯] を除いて)右辺の半分と比較すれば良い.$z = s_{\nu,a} u_a / S_a$ に対して両者ともゼロになり,一般にその微分は[35]

$$-\left(\log \frac{u_a}{S_a} + 1 \right) + \left(\log \frac{z}{s_{\nu,a}} + 1 \right) = \log \frac{S_a}{s_{\nu,a} u_a} z \tag{50}$$

と

$$\frac{S_a}{s_{\nu,a} u_a} \left[z - \frac{s_{\nu,a} u_a}{S_a} \right] = \frac{S_a}{s_{\nu,a} u_a} z - 1 \tag{51}$$

である.明らかに前者は後者より常に等しいか小さく,後者は

$$z \gtreqless \frac{s_{\nu,a} u_a}{S_a} \tag{52}$$

に応じて $\gtreqless 0$ である.かくして (49) の左辺は,これはいつも非負であるが,(49) の右辺の半分より (52) に応じて $\gtreqless$ である.かくして我々は一般に

$$0 \leq -\frac{s_{\nu,a} u_a}{S_a} \log \frac{u_a}{S_a} - \left(\log \frac{u_a}{S_a} + 1 \right) \left[z - \frac{s_{\nu,a} u_a}{S_a} \right]$$

---

35) [和訳者注] 式 (49) の左辺の絶対値の中身と右辺の微分である.

$$+ z \log \frac{z}{s_{\nu,a} u_a}$$
$$\leq \frac{S_a}{s_{\nu,a} u_a}\left[z - \frac{s_{\nu,a} u_a}{S_a}\right]^2 \tag{53}$$

を得る. ここで $z = x_{\nu, a}$ とし, さらに $\nu = 1, \cdots, N_a$ で和をとる.

$$\sum_{\nu=1}^{N_a} s_{\nu, a} = S_a, \quad \sum_{\nu=1}^{N_a} x_{\nu, a} = u_a \tag{54}$$

なので,

$$0 \leq -u_a \log \frac{u_a}{S_a} + \sum_{\nu=1}^{N_a} x_{\nu, a} \log \frac{x_{\nu, a}}{s_{\nu, a} u_a}$$
$$\leq \sum_{\nu=1}^{N_a} \frac{S_a}{s_{\nu, a} u_a}\left[x_{\nu, a} - \frac{s_{\nu, a} u_a}{S_a}\right]^2 \tag{55}$$

が得られる. これをさらに, $a = 1, 2, \cdots$ で加えれば

$$0 \leq S(\mathsf{U}_\phi) - S(\phi_t)$$
$$\leq \sum_{a=1}^{\infty} \sum_{\nu=1}^{N_a} \frac{S_a}{s_{\nu, a} u_a}\left[x_{\nu, a} - \frac{s_{\nu, a} u_a}{S_a}\right]^2 \tag{56}$$

が得られる.

この評価は H–定理を証明するための基本となるものである. 我々はさらにエルゴード定理に進むが, それはほぼ同じ表現の評価にかかっていることが示されるであろう.

II. 2. A を巨視的な観測量とする, すなわち

$$\mathsf{A} = \sum_{a=1}^{\infty} \sum_{\nu=1}^{N_a} \eta_{\nu, a} \mathsf{E}_{\nu, a}. \tag{57}$$

相細胞 $\mathsf{E}_{\nu, a}$ の $\omega_{\lambda, \nu, a}$ は A の固有値 $\eta_{\nu, a}$ の固有関数であ

り，すなわち $\eta_{\nu,a}$ は A の相細胞 $\mathsf{E}_{\nu,a}$ での値である．したがって A は状態 ϕ_t とミクロ・カノニカル・アンサンブル U_ϕ で以下の期待値をとる．

$$(\mathsf{A}\phi_t, \phi_t) = \sum_{a=1}^{\infty} \sum_{\nu=1}^{N_a} \eta_{\nu,a}(\mathsf{E}_{\nu,a}\phi_t, \phi_t)$$
$$= \sum_{a=1}^{\infty} \sum_{\nu=1}^{N_a} \eta_{\nu,a} x_{\nu,a}, \quad (58)$$

$$\mathrm{tr}(\mathsf{A}\mathsf{U}_\phi) = \mathrm{tr}\bigg(\sum_{a=1}^{\infty} \sum_{\nu=1}^{N_a} \eta_{\nu,a}\mathsf{E}_{\nu,a}\bigg)\bigg(\sum_{a=1}^{\infty} \sum_{\nu=1}^{N_a} \frac{u_a}{S_a}\mathsf{E}_{\nu,a}\bigg)$$
$$= \sum_{a=1}^{\infty} \sum_{\nu=1}^{N_a} \eta_{\nu,a} \frac{s_{\nu,a} u_a}{S_a}. \quad (59)$$

(項の数は $a=b$, $\nu=\mu$ でなければ $\mathsf{E}_{\nu,a}\mathsf{E}_{\mu,b}=0$ であるという理由で減少している．$a=b$, $\nu=\mu$ ならば $\mathsf{E}_{\nu,a}\mathsf{E}_{\mu,b} = \mathsf{E}_{\nu,a}$ でそのトレースは $u_{\nu,a}$ である．) (58) の値を $E_\mathsf{A}(\phi_t)$, (59) の値を $E_\mathsf{A}(\mathsf{U}_\phi)$ で表せば，シュワルツ不等式を用いて，以下のように評価できる：

$$(E_\mathsf{A}(\phi_t) - E_\mathsf{A}(\mathsf{U}_\phi))^2$$
$$= \bigg(\sum_{a=1}^{\infty} \sum_{\nu=1}^{N_a} \eta_{\nu,a}\Big[x_{\nu,a} - \frac{s_{\nu,a}u_a}{S_a}\Big]\bigg)^2$$
$$= \bigg(\sum_{a=1}^{\infty} \sum_{\nu=1}^{N_a} \sqrt{\frac{s_{\nu,a}u_a}{S_a}}\, \eta_{\nu,a}$$
$$\qquad \times \sqrt{\frac{S_a}{s_{\nu,a}u_a}}\Big[x_{\nu,a} - \frac{s_{\nu,a}u_a}{S_a}\Big]\bigg)^2$$
$$\leq \bigg(\sum_{a=1}^{\infty} \sum_{\nu=1}^{N_a} \frac{s_{\nu,a}u_a}{S_a}\eta_{\nu,a}^2\bigg)$$

$$\times \Bigl(\sum_{a=1}^{\infty} \sum_{\nu=1}^{N_a} \frac{S_a}{s_{\nu,a} u_a} \Bigl[x_{\nu,a} - \frac{s_{\nu,a} u_a}{S_a} \Bigr]^2 \Bigr). \tag{60}$$

この最初の因子を $\bar{\eta}^2$ とかけば

$$\frac{s_{\nu,a} u_a}{S_a} \geqq 0, \tag{61}$$

$$\sum_{a=1}^{\infty} \sum_{\nu=1}^{N_a} \frac{s_{\nu,a} u_a}{S_a} = 1, \tag{62}$$

$$\sum_{a=1}^{\infty} \sum_{\nu=1}^{N_a} \frac{s_{\nu,a} u_a}{S_a} \eta_{\nu,a}^2 = \bar{\eta}^2 \tag{63}$$

なので，これは A^2 の値 $\eta_{\nu,a}^2$ の重みのついた平均で，実際ミクロ・カノニカルな平均である．結局のところ，U_ϕ は $(1/S_a)\Delta_a$ $(a=1,2,\cdots)$ の重み u_a のついた平均であり，それゆえ $(1/s_{\nu,a})\mathsf{E}_{\nu,a}$ $(a=1,2\cdots,\ \nu=1,2,\cdots,N_a)$ の重み $s_{\nu,a} u_a/S_a$ のついた平均である，そして A^2 は，既知のように，値 $\eta_{\nu,a}^2$ を $(1/s_{\nu,a})E_{\nu,a}$ でとる．かくして $\bar{\eta}$ は量 A の大きさの程度の妥当な尺度である．かくして我々は

$$(E_{\mathsf{A}}(\phi_t) - E_{\mathsf{A}}(\mathsf{U}_\phi))^2$$
$$= \bar{\eta}^2 \sum_{a=1}^{\infty} \sum_{\nu=1}^{N_a} \frac{S_a}{s_{\nu,a} u_a} \Bigl[x_{\nu,a} - \frac{s_{\nu,a} u_a}{S_a} \Bigr]^2 \tag{64}$$

を得る．

II. 3. さて次に我々は時間での平均をとり，それを M_t で表す．そのとき我々は

$$M_t\{|S(\mathsf{U}_\phi) - S(\phi_t)|\}$$
$$= M_t\Bigl\{ \sum_{a=1}^{\infty} \sum_{\nu=1}^{N_a} \frac{S_a}{s_{\nu,a} u_a} \Bigl[x_{\nu,a} - \frac{s_{\nu,a} u_a}{S_a} \Bigr]^2 \Bigr\}, \tag{65}$$

$$M_t\{(E_A(\mathsf{U}_\phi) - E_A(\phi_t))^2\}$$
$$= \bar{\eta}^2 M_t \left\{ \sum_{a=1}^{\infty} \sum_{\nu=1}^{N_a} \frac{S_a}{s_{\nu,a} u_a} \left[x_{\nu,a} - \frac{s_{\nu,a} u_a}{S_a} \right]^2 \right\} \quad (66)$$

を得る. かくしてエルゴード定理と H-定理は, 上式の右辺の $M_t\{\cdots\}$ がすべての初期の ϕ にかかわりなく, 一様に小さいことが示されれば確立されたことになる (すなわち $\sum_{a=1}^{\infty} \sum_{\rho=1}^{S_a} r_{\rho,a}^2 = \|\phi\|^2 = 1$ を満たすすべての $r_{\rho,a}$ と $\alpha_{\rho,a}$ に対して). (ここで $x_{\nu,a}$ は t, $r_{\rho,a}$ と $\alpha_{\rho,a}$ に依存するが, u_a は $r_{\rho,a}$ のみにより, 他のものはすべて定数であることに注意する.)

これを示すため, 最初に $x_{\nu,a}$ を計算する[36].

$$\begin{aligned} x_{\nu,a} &= (\mathsf{E}_{\nu,a}\phi_t, \phi_t) \\ &= \Bigg(\sum_{b=1}^{\infty} \sum_{\rho=1}^{S_b} r_{\rho,b} e^{i(W_{\rho,b} t/\hbar + \alpha_{\rho,b})} \mathsf{E}_{\nu,a} \varphi_{\rho,b}, \\ &\qquad \sum_{b=1}^{\infty} \sum_{\rho=1}^{S_b} r_{\rho,b} e^{i(W_{\rho,b} t/\hbar + \alpha_{\rho,b})} \varphi_{\rho,b} \Bigg) \\ &= \sum_{\rho,\sigma=1}^{S_b} r_{\rho,a} r_{\sigma,b} e^{i((W_{\rho,a} - W_{\sigma,b}) t/\hbar + \alpha_{\rho,a} - \alpha_{\sigma,b})} \\ &\qquad \times (\mathsf{E}_{\nu,a} \varphi_{\rho,a}, \varphi_{\sigma,a}). \quad (67) \end{aligned}$$

---

[36] 項数は $a = b = c$ でなければ $(\mathsf{E}_{\nu,a}\varphi_{\rho,b}, \varphi_{\sigma,c}) = (\varphi_{\rho,b}, \mathsf{E}_{\nu,a}\varphi_{\sigma,c}) = 0$ であることにより減少する. これを示すには $a \neq b$ ならば $\mathsf{E}_{\nu,a}\varphi_{\rho,b} = 0$ を示すか, あるいは ($\mathsf{E}_{\nu,a}\Delta_a = \mathsf{E}_{\nu,a}$ なので, 第 I.2 項を参照) $\Delta_a \varphi_{\rho,b} = 0$ を示せば十分である. これは $\Delta_a = \sum_{\sigma=1}^{S_a} \mathsf{P}_{\varphi_{\sigma,a}}$ から従う, というのは $\varphi_{\rho,b}$ は $\varphi_{\sigma,a}$ に直交するから.

かくして $\sum_{\rho=1}^{S_a} r_{\rho,a}^2 = u_a$ を用いて

$$x_{\nu,a} - \frac{s_{\nu,a}u_a}{S_a}$$
$$= \sum_{\rho,\sigma=1, \rho\neq\sigma}^{S_b} r_{\rho,a}r_{\sigma,b}e^{i((W_{\rho,a}-W_{\sigma,b})t/\hbar + \alpha_{\rho,a} - \alpha_{\sigma,b})}$$
$$\times (\mathsf{E}_{\nu,a}\varphi_{\rho,a}, \varphi_{\sigma,a})$$
$$+ \sum_{\rho=1}^{S_a} r_{\rho,a}^2 \left\{ (\mathsf{E}_{\nu,a}\varphi_{\rho,a}, \varphi_{\rho,a})) - \frac{s_{\nu,a}}{S_a} \right\}. \quad (68)$$

この式を2乗し時間 t で平均をとれば, e^{ict} を含むすべての項は $c=0$ の項を除いて消えてしまう. すなわち, $\rho = \rho'$, $\sigma = \sigma'$ でなければ

$\rho \neq \sigma$ に対して:
$$W_\rho - W_\sigma \neq 0 \quad (69)$$

$\rho \neq \sigma$, $\rho' \neq \sigma'$ に対して:
$$(W_\rho - W_\sigma) - (W_{\rho'} - W_{\sigma'}) \neq 0 \quad (70)$$

ならば, すなわちすべての固定された a に対して, すべての $W_{\rho,a}$ ($\rho = 1, 2, \cdots$) およびすべての $W_{\rho,a} - W_{\sigma,a}$ ($\rho \neq \sigma$, $\rho, \sigma = 1, 2, \cdots$) が互いに異なるならば

$$M_t \left(x_{\nu,a} - \frac{s_{\nu,a}u_a}{S_a} \right)^2$$
$$= \sum_{\rho,\sigma=1, \rho\neq\sigma}^{S_a} r_{\rho,a}^2 r_{\sigma,a}^2 |(\mathsf{E}_{\nu,a}\varphi_{\rho,a}, \varphi_{\sigma,a})|^2$$
$$+ \left(\sum_{\rho=1}^{S_a} r_{\rho,a}^2 \left\{ (\mathsf{E}_{\nu,a}\varphi_{\rho,a}, \varphi_{\rho,a}) - \frac{s_{\nu,a}}{S_a} \right\} \right)^2. \quad (71)$$

ここで

$$\underset{\rho,\,\sigma=1,\,\rho\neq\sigma}{\overset{S_a}{\mathrm{Max}}}(|(\mathbf{E}_{\nu,a}\varphi_{\rho,a},\varphi_{\sigma,a})|^2)$$
$$=\mathbf{M}_{\nu,a}, \tag{72}$$
$$\underset{\rho=1}{\overset{S_a}{\mathrm{Max}}}\left(\left\{(\mathbf{E}_{\nu,a}\varphi_{\rho,a},\varphi_{\rho,a})-\frac{s_{\nu,a}}{S_a}\right\}^2\right)$$
$$=\mathbf{N}_{\nu,a} \tag{73}$$

であり,$\mathbf{M}_{\nu,a}$, $\mathbf{N}_{\nu,a}$ は定数,すなわち $t, r_{\rho,a}, \alpha_{\rho,a}$ に独立,それゆえ ϕ_t に独立である.$\sum_{\rho=1}^{S_a} r_{\rho,a}^2 = u_a$ なので[37]

$$M_t\left(x_{\nu,a}-\frac{s_{\nu,a}u_a}{S_a}\right)^2$$
$$\leq \sum_{\rho,\,\sigma=1,\,\rho\neq\sigma}^{S_a} r_{\rho,a}^2 r_{\sigma,a}^2 \mathbf{M}_{\nu,a} + \left(\sum_{\rho=1}^{S_a} r_{\rho,a}^2 \sqrt{\mathbf{N}_{\nu,a}}\right)^2$$
$$\leq u_a^2(\mathbf{M}_{\nu,a}+\mathbf{N}_{\nu,a}). \tag{74}$$

かくして
$$M_t\left\{\sum_{a=1}^{\infty}\sum_{\nu=1}^{N_a}\frac{S_a}{s_{\nu,a}u_a}\left[x_{\nu,a}-\frac{s_{\nu,a}u_a}{S_a}\right]\right\}^2$$
$$\leq \sum_{a=1}^{\infty}\sum_{\nu=1}^{N_a}\frac{S_a}{s_{\nu,a}u_a}(\mathbf{M}_{\nu,a}+\mathbf{N}_{\nu,a}). \tag{75}$$

ここで $\sum_{a=1}^{\infty} u_a = 1$ より
$$\leq \underset{a=1,2,\cdots}{\mathrm{Max}}\sum_{\nu=1}^{N_a}\frac{S_a}{s_{\nu,a}u_a}(\mathbf{M}_{\nu,a}+\mathbf{N}_{\nu,a}). \tag{76}$$

---

[37] [和訳者注] 次式2行目は,原論文でも英訳でも見落とされて等号 = になっているが,正しくは不等号 $\leq$ である.

ここで最大値をとらすのは, $u_a \neq 0$ である a, すなわち実際ミクロ・カノニカル・アンサンブルで実際に起こるエネルギー面に制限して十分である. かくしてもしも

$$\sum_{\nu=1}^{N_a} \frac{S_a}{s_{\nu,a} u_a} (\mathbf{M}_{\nu,a} + \mathbf{N}_{\nu,a}) \tag{77}$$

が, これらの a に対して小さいことが示されればゴールに到達したことになる. 実際 (77) は定数, すなわち ϕ に (かくして $t, r_{\rho,a}, \alpha_{\rho,a}$ に) 依らないので, それは $\mathsf{E}_{\nu,a}$ にしか (それゆえ, 間接的に $S_a, N_a, s_{\nu,a}, \Delta_a$ それゆえ $\omega_{\lambda,\nu,a}$ に) 依らないので, 我々の結果は, すべてのこれら ϕ に対して成り立つ. (77) を評価するために $\mathbf{M}_{\nu,a}$ と $\mathbf{N}_{\nu,a}$ を抑えることが必要になる.

II. 4. 我々は H を, それゆえ $W_{\rho,a}$ と $\varphi_{\rho,a}$ を固定されている ((68) と (70)[38]に従うとする) とし, 同様に $S_a, N_a, s_{\nu,a}$ と Δ_a も固定されているとする. 我々は単に $\mathsf{E}_{\nu,a}$ をその境界の範囲で動かす. すなわち直交基底

---

38) これらの条件は若干緩和される. 我々は (69) を, すなわち $W_{\rho,a}$ が異なることを省くことができ, (70) の代わりに, 以下のことを $W_{\rho,a} - W_{\sigma,a}$ に要求すればよい: ρ, σ の $\rho \neq \sigma$ のすべての対を各グループの中で $W_{\rho,a} - W_{\sigma,s}$ が対ごとに異なる k 個のグループに分けることが可能である. 各 a に対して k が固定された定数でかつ S_a, N_a そして後述する $s_{\nu,a}$ の大きさが十分な程度に大きいならば, 我々の結論は影響されない. すなわちもし条件 (68) と (70) が非常にわずかの場合に破られているとしても危険ではない. さらなる詳細は省略する. (特に (68) を落とすことは大して得にならない, 実際 $W_{\rho,a} = W_{\sigma,a}$ と $W_{\rho',a} = W_{\sigma',a}$ は $W_{\rho,a} - W_{\sigma,a} = W_{\rho',a} - W_{\sigma',a}$ を導く.)

$\omega_{\lambda,\nu,a}$ $(\nu = 1, \cdots, N_a; \lambda = 1, \cdots, s_{\nu,a})$ を，条件
$$\sum_{\nu=1}^{N_a}\sum_{\lambda=1}^{s_{\nu,a}} \mathsf{P}_{\omega_{\lambda,\nu,a}} = \Delta_a \tag{78}$$
の下でのみ変化させ，$\nu = 1, \cdots, N_a$ に対して
$$\mathsf{E}_{\nu,a} = \sum_{\lambda=1}^{s_{\nu,a}} \mathsf{P}_{\omega_{\lambda,\nu,a}} = \Delta_a \tag{79}$$
と置く．そのようなすべての直交基底 $\omega_{\lambda,\nu,a}$ はそれらの一つ——$\bar{\omega}_{\lambda,\nu,a}$ としよう——からユニタリ変換で（a は固定されているので $\sum_{\nu=1}^{N_a} = S_a$ 次元での）生ずることに注意しよう．（たとえば「はじめに」第3項の P_ω の行列としての定義を考えよ．）

したがって $\mathbf{M}_{\nu,a}$ と $\mathbf{N}_{\nu,a}$ は $\omega_{\lambda,\nu,a}$ にしか依らない；しかし後者のすべての選択に対しては，我々が必要とするだけ小さくとることはできない（S_a, N_a, $s_{\nu,a}$ に対するどんな妥当な条件によっても不可能であろう）．たとえば，$\omega_{\lambda,\nu,a}$ が $\varphi_{\rho,a}$ と一致するならば（ここで a は固定され，それぞれ S_a 個ある），すべての $(\mathsf{E}_{\nu,a}\varphi_{\rho,a}, \varphi_{\rho,a})$ は [ある ρ に対して] とりわけ 1 をとると仮定できて，それゆえに（いつものように，すべての ν に対して $s_{\nu,a} \leq \frac{1}{2} S_a$ であるなら），
$$\mathbf{N}_{\mu,a} \geq \left(1 - \frac{s_{\nu,a}}{S_a}\right)^2 \geq \frac{1}{4}, \tag{80}$$
したがって
$$\sum_{\nu=1}^{N_a} \frac{S_a}{s_{\nu,a}} (\mathbf{M}_{\nu,a} + \mathbf{N}_{\nu,a}) \geq N_a \times 2 \times \frac{1}{4} = \frac{N_a}{2}. \tag{81}$$

すなわち N_a が大きいならば任意に大きい. この場合の都合の悪い結果は, もちろん $\omega_{\lambda,\nu,a}$ のこのような選択がその物理的な意味を良く表していないことから起きている. ここで $\mathbf{E}_{\nu,a}$ は $\mathbf{H}$ と同じ固有関数をもち, それゆえ $\mathbf{H}$ と可換である, それは我々が期待しなかったことである (第 I.2 項を見よ).

それでもこれは単に特異で例外的な振る舞いだけで, 該当する圧倒的多数の系の $\omega_{\lambda,\nu,a}$ に対して, $\mathbf{M}_{\nu,a}$ と $\mathbf{N}_{\nu,a}$ の強さに対して正しいオーダーを見出すであろう. しかしそれを証明する前に, 最良の場合 $\mathbf{M}_{\nu,a}$ と $\mathbf{N}_{\nu,a}$ に対して何が期待できるか, (厳密でない方法で) 考えてみよう. この目的のために以下のように進もう.

$$\mathbf{M}_{\nu,a} = \underset{\rho,\sigma=1,\rho\neq\sigma}{\overset{S_a}{\text{Max}}} (|(\mathbf{E}_{\nu,a}\varphi_{\rho,a},\varphi_{\sigma,a})|^2), \tag{82}$$

$$\mathbf{N}_{\nu,a} = \underset{\rho=1}{\overset{S_a}{\text{Max}}} \left(\left\{ (\mathbf{E}_{\nu,a}\varphi_{\rho,a},\varphi_{\rho,a}) - \frac{s_{\nu,a}}{S_a} \right\}^2 \right) \tag{83}$$

をすべての可能な系 $\omega_{\lambda,\nu,a}$ に渡って平均する (すなわちどの値が圧倒的にとられるかを決定する; 平均操作の定義は付録で説明される; 第 III.1 項の説明も見よ) 代わりに,

$$|(\mathbf{E}_{\nu,a}\varphi_{\rho,a},\varphi_{\sigma,a})|^2 \quad (\rho\neq\sigma,\ \rho,\sigma=1,\cdots,S_a), \tag{84}$$

$$\left\{ (\mathbf{E}_{\nu,a}\varphi_{\rho,a},\varphi_{\rho,a}) - \frac{s_{\nu,a}}{S_a} \right\}^2 \quad (\rho=1,\cdots,S_a) \tag{85}$$

自体を平均し, 最大値をとる. それゆえ最大値の平均を,

平均の最大値で置き換える．これは誤った，実際小さすぎる数値（あまりに好ましすぎる）に導くが，最初の方向を見定めるには十分であろう．

本論文の付録で説明されるように
$$|(\mathbf{E}_{\nu,a}\varphi_{\rho,a},\varphi_{\sigma,a})|^2 \ (\rho \neq \sigma), \quad (\mathbf{E}_{\nu,a}\varphi_{\rho,a},\varphi_{\rho,a}),$$
$$\left\{(\mathbf{E}_{\nu,a}\varphi_{\rho,a},\varphi_{\rho,a}) - \frac{s_{\nu,a}}{S_a}\right\}^2 \tag{86}$$

の平均は各々
$$\frac{s_{\nu,a}(S_a - s_{\nu,a})}{S_a(S_a^2 - 1)}, \quad \frac{s_{\nu,a}}{S_a}, \quad \frac{s_{\nu,a}(S_a - s_{\nu,a})}{S_a(S_a^2 + 1)} \tag{87}$$

に等しく，それゆえもし（実際の場合そうであるように）$s_{\nu,a} \ll S_a$ ならば，近似的に，
$$\frac{s_{\nu,a}}{S_a^2}, \quad \frac{s_{\nu,a}}{S_a}, \quad \frac{s_{\nu,a}}{S_a^2} \tag{88}$$

に等しい．$\mathbf{M}_{\nu,a}$ と $\mathbf{N}_{\nu,a}$ に仮に $s_{\nu,a}/S_a^2$ を代入すれば
$$\sum_{\nu=1}^{N_a} \frac{S_a}{s_{\nu,a}}(\mathbf{N}_{\nu,a} + \mathbf{N}_{\nu,a}) = 2\sum_{\nu=1}^{N_a} \frac{1}{S_a} = \frac{2N_a}{S_a}. \tag{89}$$

これは N_a/S_a が小さいとき，すなわち
$$\frac{\sum_{\nu=1}^{N_a} s_{\nu,a}}{N_a} = \frac{S_a}{2N_a} \tag{90}$$

が大きいとき小さくなる．したがって，$s_{\nu,a}$（相細胞内の固有関数の数）は平均として大きくなければいけない．この結果は大変妥当であり，我々はかくして，$\mathbf{M}_{\nu,a}$ と $\mathbf{N}_{\nu,a}$ を $\omega_{\lambda,\nu,a}$ に渡って正しく平均を考えることに話を進めよう．

II. 5. $\mathbf{M}_{\nu,a}$ と $\mathbf{N}_{\nu,a}$ の
$$\sum_{\nu=1}^{N_a}\sum_{\lambda=1}^{s_{\nu,a}} P_{\omega_{\lambda,\nu,a}} = \Delta \tag{91}$$
を満たすすべての $\omega_{\lambda,\nu,a}$ に渡る平均のために我々は付録で上界

$$\frac{\log S_a}{S_a}, \frac{9 s_{\nu,a} \log S_a}{S_a^2} \tag{92}$$

を探す.それらは各々 $S_a \log S_a / s_{\nu,a}$ 倍(または $9 \log S_a$ 倍)(89)の値より大きい($1 \ll s_{\nu,a} \ll S_a$ に留意せよ);特に第一の評価は第二の評価よりはるかに悪い.我々の評価は本質的に改良され,前項での値に近づけられる.我々はこのことを読者が S_a, N_a, $s_{\nu,a}$ の大きさに対する条件の正しい描像を得るために強調しておきたい:それらは確かに十分であるが,しかし多分必ずしも必要でないのである.

上記の表現を代入して,我々は
$$\sum_{\nu=1}^{N_a} \frac{S_a}{s_{\nu,a} u_a}(\mathbf{M}_{\nu,a} + \mathbf{N}_{\nu,a}) \tag{93}$$
の平均が
$$\leq \sum_{\nu=1}^{N_a} \frac{S_a}{s_{\nu,a}}\Big(\frac{\log S_a}{S_a} + \frac{9 s_{\nu,a} \log S_a}{S_a^2}\Big)$$
$$\leq (\log S_a)\Big(\frac{9 N_a}{S_a} + \sum_{\nu=1}^{N_a} \frac{1}{s_{\nu,a}}\Big) \tag{94}$$
であることがわかる.ここで $s_{\nu,a}$ ($\nu = 1, \cdots, N_a$) の算術平均と調和平均をとる:

$$\bar{s}_a = \frac{1}{N_a}\sum_{\nu=1}^{N_a} s_{\nu,a} = \frac{S_a}{N_a}, \quad \frac{1}{\bar{\bar{s}}_a} = \frac{1}{N_a}\sum_{\nu=1}^{N_a}\frac{1}{s_{\nu,a}}. \quad (95)$$

ゆえに (94) は

$$(\log S_a)\left(\frac{9}{\bar{s}_a} + \frac{N_a}{\bar{\bar{s}}_a}\right) \quad (96)$$

に等しい. $\bar{\bar{s}}_a \leqq \bar{s}_a$, $N_a \gg 1$ (これはエネルギー面がたくさんの相細胞を含むという正当な仮定に帰する) なので, これは近似的に

$$(\log S_a)\frac{N_a}{\bar{\bar{s}}_a} \quad (97)$$

に等しい. いつこの量は小さくなるのであろうか？

いずれにせよ $\bar{s}_a \geqq \bar{\bar{s}}_a \gg N_a$ すなわち $\log \bar{s}_a \geqq \log N_a$ が必要で, それゆえ $\log S_a = \log \bar{s}_a + \log N_a$ を $\log \bar{s}_a$ で置き換えることができる. したがって条件は

$$(\log \bar{s}_a)\frac{N_a}{\bar{\bar{s}}_a} \ll 1 \text{ または } \frac{N_a}{\bar{\bar{s}}_a} \ll \frac{1}{(\log \bar{s}_a)} \quad (98)$$

すなわち

$$\sum_{\nu=1}^{N_a}\frac{1}{s_{\nu,a}} \ll \frac{1}{\log \bar{s}_a}. \quad (99)$$

これは $s_{\nu,a}$ がそれらの数 N_a に比して極めて大きくないといけないこと (すなわち相細胞の数がエネルギー面の上のそれらの数に比して大きいこと), そして第 II.4 項で想定したように単に 1 に比して大きいということではない. 我々はあとでこのことが $s_{\nu,a}$ の分布に対して意味すると

ころを考察することになろう.

ここで我々の評価の暫定的特性についてもう一度強調しておこう. 相細胞の数に関する我々の強い仮定は, エルゴード定理と H-定理が成立するために実際必要であり得る. しかしそれは多分我々の評価法の不完全さに起因しているかもしれない. そして実際, 第 II.4 項の $s_{\nu,a} \gg 1$ は十分である. これを明らかにするのは興味があるであろう.

III. 結果の議論

III.1. いままでの結果をまとめておこう.

ϕ をある任意の状態, ϕ_t を時間 t ($\geqq 0$) 後の状態, U_ϕ をそのミクロ・カノニカル・アンサンブル (第 I.3 項参照), H をエネルギー作用素, $W_{\rho,a}$ をエネルギー固有値 ($a=1,2,\cdots; \rho=1,\cdots,S_a$; 巨視的には a の異なるもののみが区別される, 第 I.2 項を見よ) とすると, ϕ と H は (巨視的以上に) 厳密な表現である. 我々は H について (固定された a に対して) すべての $W_{\rho,a}$ は互いに相異なり, さらにすべての $W_{\rho,a} - W_{\sigma,a}$, $\rho \neq \sigma$ は互いに相異なるとする. すなわち, H は巨視的に不可分なグループの項ごとに縮退を持たず, そして (仮想的な) 二番目の系と共鳴を持たないとする[39]. (これらの禁止則がたまに破られること

---

39) すなわち $W_{\rho,a} - W_{\sigma,a} = W_{\rho',a} - W_{\sigma',a}$ のときは第一の系の $\varphi_{\rho,a}$ と第二の系の $\varphi_{\rho',a}$ (の積) は第一の系の $\varphi_{\rho',a}$ と第二の系の $\varphi_{\rho,a}$ (の積) と同じ全エネルギーを持つ.

は許容される.）それゆえに時間平均をとれば，任意の巨視的観測量 A の期待値と平均エントロピーに対して次の式が成り立つことがわかる：

$$M_t\{(E_\mathsf{A}(\phi) - E_\mathsf{A}(\mathsf{U}_{\phi_t}))^2\}$$
$$\leq \bar{\eta}^2 \underset{a=1,2,\cdots}{\mathrm{Max}} \left(\sum_{\nu=1}^{\infty} \frac{S_a}{s_{\nu,a}} (\mathbf{M}_{\nu,a} + \mathbf{N}_{\nu,a}) \right), \quad (100)$$

$$M_t\{|S(\mathsf{U}_\phi) - S(\phi_t)|\}$$
$$\leq \underset{a=1,2,\cdots}{\mathrm{Max}} \left(\sum_{\nu=1}^{\infty} \frac{S_a}{s_{\nu,a}} (\mathbf{M}_{\nu,a} + \mathbf{N}_{\nu,a}) \right). \quad (101)$$

（第 II.3 項を参考にせよ；巨視的にエネルギー面がミクロ・カノニカル・アンサンブル U_φ に起こるような a の上で（つまり $u_a = (\Delta_a \phi, \phi) \neq 0$) 極大を取らせることが十分である．実際これは通常一つの a で起きる．$\bar{\eta}^2$ は A^2 のミクロ・カノニカル平均であり，その大きさの尺度である.）

エルゴード定理と H–定理は

$$\sum_{\nu=1}^{N_a} \frac{S_a}{s_{\nu,a}} (\mathbf{M}_{\nu,a} + \mathbf{N}_{\nu,a}) \text{ が小さい} \quad (102)$$

ならば例外なく（すなわちすべての ϕ に対して）成立する．
$S_a, N_a, s_{\nu,a}$ （そして Δ_a) の他に $\omega_{\lambda,\nu,a}$ ($\mathbf{M}_{\nu,a}, \mathbf{N}_{\nu,a}$ の中にある）が内包するこの条件の妥当性について，以下のことが言える：もし

$$\sum_{\nu=1}^{N_a} \frac{1}{s_{\nu,a}} \ll \frac{1}{\log \bar{s}_a} \quad \left(\bar{s}_a = \frac{1}{N_a} \sum_{\nu=1}^{N_a} s_{\nu,a} = \frac{S_a}{N_a} \right) \quad (103)$$

ならば,すなわち相細胞 $\mathbf{E}_{\nu,a}$ がエネルギー面 Δ_a 上のその数に比べ大きいならば,(102)は圧倒的多数の $\omega_{\lambda,\nu,a}$ に対して満たされる,すなわち

$$\sum_{\nu=1}^{N_a} (S_a/s_{\nu,a})(\mathbf{M}_{\nu,a}+\mathbf{N}_{\nu,a}) \quad (104)$$

の $\omega_{\lambda,\nu,a}$ 上での平均は小さい[40].

二つの定理の成立に関する真の条件(102)は,(103)が成立しているときも破られることがある.すなわち巨視的測定技術 ($\omega_{\lambda,\nu,a}$) が二つの定理が成立しないように選ばれているとき,破られる.しかし圧倒的多数の巨視的な設定に対して二つの定理は例外なく(すなわちすべての ϕ と $\mathbf{A}$ に対して)成立する.

III. 2. 条件(103)をより注意深く考えてみよう.もしすべての $s_{\nu,a}$(固定された a に対して)がおおよそ等しいサイズならば,(103)は $N_a/\bar{s}_a \ll 1/\log\bar{s}_a$ もしくは $\bar{s}_a/\log\bar{s}_a \gg N_a$ を意味するであろう,すなわち,相細胞の数がエネルギー面上のそれらの数に比べて大きいという主張 $\bar{s}_a \gg N_a$ より少しだけ強いことを意味するであろう.もし他方 $s_{\nu,a}$ の各々の大きさが少しく違うのであれば,我々はもっと注意深くしなければならない.もうすで

---

[40] 付記:我々が示したことは与えられたすべての ϕ または $\mathbf{A}$ に対して,エルゴード定理と H–定理がほとんどの $\omega_{\lambda,\nu,a}$ に対して成立するということではなく,ほとんどの $\omega_{\lambda,\nu,a}$ に対してこれらの定理があまねく成立する,つまりすべての ϕ と $\mathbf{A}$ に対して成立するということである.後者はもちろん前者よりはるかに強い.

に $\gg 1$ でないたった一つの $s_{\nu,a}$ で $\sum_{\nu}(1/s_{\nu,a})$ は $\ll 1$ を満たさなくなって,我々の条件(103)は破られてしまう.他方これらの $s_{\nu,a}$ は互いに大変異なる,というのは $\log s_{\nu,a}$ は相細胞 $\mathsf{E}_{\nu,a}$ の中の一般な系を特徴づける混合 $(1/s_{\nu,a})\mathsf{E}_{\nu,a}$ のエントロピーと理解されるからである[41]. これには一つのエネルギー面がたくさんの異なったエントロピーからなる相細胞を含む,気体の理論の状況を思い起こせばいいだろう.(この事実は H-定理を,関連する内容にする.)もしも(巨視的に認知できる)相細胞のエントロピーの最大差が σ ならば,いつも

$$|\log s_{\nu,a} - \log s_{\mu,a}| \leq \sigma \tag{105}$$

であり,それゆえ

$$s_{\nu,a} \geq \bar{s}_a e^{-\sigma} \tag{106}$$

であり,

$$\sum_{\nu=1}^{N_a} \frac{1}{s_{\nu,a}} \leq \frac{e^{\sigma} N_a}{\bar{s}_a} \tag{107}$$

これから条件

$$\frac{\bar{s}_a}{\log \bar{s}_a} \gg e^{\sigma} N_a \tag{108}$$

が導かれる.

この関係はこの危険性が実際には生じないことを述べている:というのは $\hbar$ が小さいことは左辺に影響する($\hbar \to 0$ につれて $\bar{s}_a \to \infty$ である,「はじめに」第6項を見よ)が,

---

41) これは我々の上記の考察,もしくは相細胞 $\mathsf{E}_{\nu,a}$ が $s_{\nu,a}$ を含むのでボルツマンのエントロピーの定義から従う.

右辺には影響しないからである．かくして (108) は通常満たされるであろう．これ以上のさらなる議論は不要と信じる．

III. 3. 条件 (69) と (70) の H の固有値に対する意味合いをエルゴード定理と H–定理に対する既知の古典的例と反例を引きあいにして議論することが残っている．

K を N 個の粒子 $k_1, \cdots, k_N$——すなわち気体——が飛び回っている箱とする．以下のどちらかの仮定をおく，すなわち

 α) 粒子の間には衝突も含めて相互作用は無い（つまり粒子は互いに通り抜ける），

または

 β) 粒子の間には相互作用と衝突がある．

α) の場合には，周知のように二つの定理は成立しない（というのは，マクスウェル分布でなくても速度の任意の分布は任意の長い時間持続するので）．対照的に β) の場合には，これらの定理が成立することが期待される．（状況は反射壁のある空洞輻射に全く類似している．）このふるまいはいかに我々の条件の視点から理解されるのだろうか？

S_a, N_a, $s_{\nu,a}$ と $\mathsf{E}_{\nu,a}$ は α) の場合と β) の場合で全く違わないので，H に関する条件が重要でなければならない．K 中の各粒子を考え，そのエネルギー固有値を $\varepsilon_1, \varepsilon_2, \cdots$ とする[42]．そのとき K における全体のエネルギー固有値

---

[42] 粒子 $k_1, \cdots, k_N$ は等しく原則的に区別できないとする．もし区別できるならば，すべての粒子 k_n ($n = 1, \cdots, N$) は異なった類

は α) の場合

$$\sum_{\nu=1}^{\infty} z_\nu \varepsilon_\nu \tag{109}$$

の形をとる.ここに $z_\nu = 0, 1, \cdots$ で $\sum_{\nu=1}^{\infty} z_\nu = N$. 他方 β) の場合にはそれらは少し——相互作用が弱いほど少なく——変形される.粒子の同等性は一般に $N!$ 通りの粒子の交換に対する縮退性を導き,エネルギー固有値に関する最初の条件 (69) を破ることになる.しかしフェルミ–ディラック統計かボース–アインシュタイン統計のいずれかが成り立つが,そのとき波動関数は粒子の交換に対し反対称か対称なのでこれらの縮退は消える[43].それゆえそのような困難さは生じない.

しかしながら,α) の場合には第二の条件 (70) で禁止された一連の関係式が成立する:

$$(\varepsilon_1 + \varepsilon_3 + \cdots) - (\varepsilon_2 + \varepsilon_3 + \cdots)$$
$$= (\varepsilon_1 + \varepsilon_4 + \cdots) - (\varepsilon_2 + \varepsilon_4 + \cdots) \tag{110}$$

β) の場合には,K における上記の四つの項は大変異なった方法で摂動されてこのことはおこらない.そしてその摂動の(つまり相互作用の)強さの絶対値は明らかに問題ではない.

別項 $\varepsilon_{n1}, \varepsilon_{n2}, \cdots$ を有する.このことは縮退の危険が消えることを除いて我々が述べていることに似ている.α) は H の固有値に関する第二の条件 (70) に矛盾するが,他方 β) は矛盾しない.

43) フェルミ–ディラック統計の場合には,$z_\nu = 0, 1$ のみが許容される,しかしこのことは我々の議論に影響を与えない.

かくして $\alpha)$ と $\beta)$ の二つの異なった特性に対する理由として挙げられるものは,条件(70)に関する振る舞いの相違である.

付　録

1. 第 II. 4,II. 5 項で使われた以下の量の分布の性質を証明しなければならない.

$$|(\mathsf{E}_{\nu,a}\varphi_{\rho,a},\varphi_{\sigma,a})|^2\ (\rho\neq\sigma),\quad (\mathsf{E}_{\nu,a}\varphi_{\rho,a},\varphi_{\rho,a}) \quad (111)$$

しかし最初に我々が統計分布のことを述べるときに,その意味を説明する必要がある.

第 II. 4 項で指摘したように,$\mathsf{E}_{\nu,a}$ に依存するすべてのものは結局 $\omega_{\lambda,\nu,a}$ に依存し,考えている平均はこれら $\omega_{\lambda,\nu,a}$ の上でなされる.$S_a, N_a, s_{\nu,a}$ と Δ_a が与えられ,条件

$$\sum_{\nu=1}^{N_a}\sum_{\lambda=1}^{s_{\nu,a}} \mathsf{P}_{\nu,\lambda,a} = \Delta_a \quad (112)$$

に拘束され,翻って

$$\sum_{\lambda=1}^{s_{\nu,a}} \mathsf{P}_{\nu,\lambda,a} = \mathsf{E}_{\nu,a} \quad (113)$$

によって $\mathsf{E}_{\nu,a}$ を決める.我々はまたそのようなすべての[正規直交]系は一つのそのような系から,それを $\bar{\omega}_{\lambda,\nu,a}$ として,ユニタリ線形変換で得られることを述べた.かくしてどれでもいいが,もし $\bar{\omega}_{\lambda,\nu,a}$ が選ばれたら,$\sum_{\nu=1}^{N_a} s_{\nu,a} = S_a$ 次元のユニタリ行列の集合の上で平均するのと等価である.それらは $\bar{\omega}_{\lambda,\nu,a}$ を $\omega_{\lambda,\nu,a}$ に写像する(a は固定される).

それらの行列を $\{\xi_{\lambda,\nu|\lambda',\nu'}\}$ と行に二重の添字 λ, ν, 同じく列に二重の添字 λ', ν' を用いて，記号 $\omega_{\lambda,\nu,a}$ と $\bar{\omega}_{\lambda,\nu,a}$ の関係式

$$\omega_{\lambda,\nu,a} = \sum_{\lambda'=1}^{N_a}\sum_{\nu'=1}^{s_{\nu,a}} \xi_{\lambda,\nu|\lambda',\nu'}\bar{\omega}_{\lambda',\nu',a} \quad (114)$$

に対応して表すことにする．我々はしかし記法 $\xi_{\rho|\rho'}$ ($\rho, \rho' = 1, \cdots, S_a$) を使うことにしよう．さて，我々は如何に S_a 次元のユニタリ行列の集合の上で平均するか説明する必要がある．

我々はいかなる参照系 $\bar{\omega}_{\lambda',\nu',a}$ にも偏らない方向で平均したい．$\bar{\bar{\omega}}_{\lambda',\nu',a}$ が他の新しい参照系であり，

$$\bar{\omega}_{\lambda,\nu,a} = \sum_{\lambda'=1}^{N_a}\sum_{\nu'=1}^{s_{\nu,a}} \tilde{\xi}_{\lambda,\nu|\lambda',\nu'}\bar{\bar{\omega}}_{\lambda',\nu',a} \quad (115)$$

($\tilde{\xi}_{\lambda,\nu|\lambda',\nu'}$ を $\tilde{\xi}_{\rho|\rho'}$ と書き変えることにする) ならば，$\bar{\omega}_{\lambda,\nu,a}$ に対する [正規直交] 系 $\omega_{\lambda,\nu,a}$ を表す行列 $\{\xi_{\rho|\rho'}\}$ と，$\bar{\bar{\omega}}_{\lambda,\nu,a}$ に対する [正規直交] 系 $\omega_{\lambda,\nu,a}$ を表す $\{\xi'_{\rho|\rho'}\}$ は，$\{\xi'_{\rho|\rho'}\} = \{\xi_{\rho|\rho'}\}\{\tilde{\xi}_{\rho|\rho'}\}$ [すなわち $\xi' = \xi\tilde{\xi}$]，すなわち

$$\xi'_{\rho|\rho''} = \sum_{\rho'=1}^{S_a} \xi_{\rho|\rho'}\tilde{\xi}_{\rho'|\rho''} \quad (116)$$

で結ばれている．このようにして，平均操作は上記の変換 $\{\xi_{\rho|\rho'}\} \to \{\xi'_{\rho|\rho'}\}$ (すべての固定されたユニタリ行列 $\{\tilde{\xi}_{\rho|\rho'}\}$) に対して不変でなければならない [すなわち右からの積について不変でなければならない]．そのようなユニタリ群上の平均操作は存在し，上記の要求によって一意的に決定される [現在ではユニタリ群上のハール測度とし

て知られている測度に関する積分に帰する]．このことはワイルによって明らかにされた．我々のゴールはこの平均操作の不変性なので，彼の一般理論は不要である．我々は（[22]で示されているように）この平均操作がこの関係 [左からの乗法] $\{\xi''_{\rho|\rho'}\} = \{\tilde{\xi}_{\rho|\rho'}\}\{\xi_{\rho|\rho'}\}$ [つまり $\xi'' = \tilde{\xi}\xi$] で定義される変換 $\{\xi_{\rho|\rho'}\} \to \{\xi''_{\rho|\rho'}\}$ すなわち

$$\xi''_{\rho|\rho''} = \sum_{\rho'=1}^{S_a} \tilde{\xi}_{\rho|\rho'}\xi_{\rho'|\rho''} \tag{117}$$

についても不変であることを注意しておく．

第二に我々の計算のため，記法を単純化しておく．$\nu = 1, 2, \cdots, N_a$ の順番は重要性を持たないので $\mathsf{E}_{1,a}$ を考えれば十分である．二つの添字 λ, ν を一つの添字 ρ で置き換えるとき，$(\lambda, 1)$ が $\rho = 1, \cdots, s_{1,a}$ にあたるようにする．さらに参照系として $\bar{\omega}_{\lambda,\nu,a}$ を選ぶことにする．その系を $\varphi_{\rho,a}$ としよう（ここで我々は添字を代えた）．それで

$$\begin{aligned}
(\mathsf{E}_{1,a}\varphi_{\rho,a}, \varphi_{\sigma,a}) &= \sum_{\tau=1}^{s_{1,a}} (\mathsf{P}_{\omega_{\tau,a}}\varphi_{\rho,a}, \varphi_{\sigma,a}) \\
&= \sum_{\tau=1}^{s_{1,a}} (\varphi_{\rho,a}, \omega_{\tau,a})(\omega_{\tau,a}, \varphi_{\sigma,a}) \\
&= \sum_{\tau=1}^{s_{1,a}} \xi^*_{\tau,\rho}\xi_{\tau,\sigma}.
\end{aligned} \tag{118}$$

最後に我々は不要な添字 ν, a を省略し，S_a，N_a，$s_{1,a}$，Δ_a，$\mathsf{E}_{1,a}$，$\varphi_{\rho,a}$，$\mathsf{M}_{1,a}$，$\mathsf{N}_{1,a}$ が S，N，s，Δ，E，φ_ρ，M，N と書かれるようにしておく[44]．

---

[44] [英訳者注] N と N の相違であるが，$N = N_a$ は巨視的状態

我々の仕事は今次のようである：$\{\xi_{\rho,\rho'}\}$ がすべての S 次元のユニタリ群を動くとき，

$$|(\mathsf{E}\varphi_\rho, \varphi_\sigma)|^2 = |\sum_{\tau=1}^{s} \xi^*_{\tau,\rho} \xi_{\tau,\sigma}|^2 \tag{119}$$

と

$$(\mathsf{E}\varphi_\rho, \varphi_\rho) = \sum_{\tau=1}^{s} |\xi_{\tau,\rho}|^2 \tag{120}$$

の上に記述された平均操作［の測度］に関して分布を考えよ．

2. ここで補助的な理由から始めよう．我々は

$$\sum_{\rho=1}^{s} x_\rho^2 \tag{121}$$

の値の分布を，ベクトル $\{x_1, \cdots, x_S\}$ が単位球面

$$\sum_{\rho=1}^{S} x_\rho^2 = 1 \tag{122}$$

を動くときに，当初は実数として，調べたい．すなわち，$W(u)du$ が

$$u \leq \sum_{\rho=1}^{s} x_\rho^2 \leq u + du \tag{123}$$

$(0 \leq u \leq 1)$[45] であるような幾何学的確率密度になるよう $W(u)$ を決めれば，再現する必要は無いであろう簡単な幾何学的考察によって，$W(u)$ が

の数であり，$\mathbf{N} = \mathbf{N}_{\nu,a}$ は誤差限界の一つである．
45) これは詰まるところ，S 次元単位球面の上の s 次元の縁なし帽子の表面積を計算するに等しい．

$$u^{s/2-1}(1-u)^{(S-s)/2-1} \qquad (124)$$

に比例することがわかる．ここで比例定数は

$$\int_0^1 W(u)du = 1 \qquad (125)$$

から決まることは言うまでもない．さて $x_1, \cdots, x_S$ が複素数まで許されるとして，

$$u \leqq \sum_{\rho=1}^{s} |x_\rho|^2 \leqq u + du \qquad (126)$$

を (123) の代わりに考えよう．そして (122) の代わりに

$$\sum_{\rho=1}^{S} |x_\rho|^2 = 1 \qquad (127)$$

を考えよう．そこで我々は x_ρ の実部と虚部を実のデカルト座標と考えて問題は変わらないことが分かる．かくして我々は単に s, S を $2s, 2S$ で置き換えればいいし，$W(u)$ は

$$u^{s-1}(1-u)^{S-s-1} \qquad (128)$$

に比例することがわかる．比例定数は規格化条件から決まり

$$\frac{(S-1)!}{(s-1)!(S-s-1)!} \qquad (129)$$

である[46]．したがって

$$\left(\sum_{\rho=1}^{s} |x_\rho|^2\right)^n \text{の平均}$$

[46) ［和訳者注］式 (128) の 0 から 1 までの積分はオイラーのベータ関数である．

$$= \int_0^1 \frac{(S-1)!}{(s-1)!(S-s-1)!} u^{s-1}(1-u)^{S-s-1} u^n du$$

$$= \frac{(S-1)!}{(s-1)!(S-s-1)!} \int_0^1 u^{s-1}(1-u)^{S-s-1} u^n du$$

$$= \frac{(S-1)!}{(s-1)!(S-s-1)!} \frac{(s+n+1)!(S-s-1)!}{(S+n-1)!}$$

$$= \frac{s(s+1)\cdots(s+n-1)}{S(S+1)\cdots(S+n-1)}. \qquad (130)$$

3. ユニタリ行列 $\xi_{\rho|\rho'}$ に戻り,簡略形

$$e_{\rho,\sigma} = \sum_{\tau=1}^{s} \xi_{\tau,\rho}^* \xi_{\tau,\sigma} \qquad (131)$$

を導入する.付録の第1項で述べたように,すべての $e_{\rho,\sigma}$ ($\rho \neq \sigma$) はすべて同じ確率分布を持ち,同様にすべての $e_{\rho,\rho}$ も然りである[47].

$$e_{\rho,\rho} = \sum_{\tau=1}^{s} |\xi_{\tau,\rho}|^2 \qquad (132)$$

において,ρ 番目の縦成分 $\{\xi_{\rho|\rho'}\}$ のみが現れ,そのうえで前項で述べた単位球面上での平均操作と同じことがなされる[すなわちその分布は単位球面上一様である](このことは平均操作の不変性から導かれる).かくして(平均操作を $\mathfrak{M}$ で表して),

$$\mathfrak{M}(e_{\rho,\rho}) = \frac{s}{S}, \quad \mathfrak{M}(e_{\rho,\rho}^2) = \frac{s(s+1)}{S(S+1)}, \qquad (133)$$

---

47) 縦成分の交換と横成分の交換はここでの変換に含まれ,これによりハール測度は不変である.

$$\mathfrak{M}\left(\left(e_{\rho,\rho}-\frac{s}{S}\right)^2\right) = \mathfrak{M}(e_{\rho,\rho}^2) - \frac{2s}{S}\mathfrak{M}(e_{\rho,\rho}) + \frac{s^2}{S^2}$$
$$= \frac{s(s+1)}{S(S+1)} - \frac{s^2}{S^2} = \frac{s(S-s)}{S^2(S+1)}. \quad (134)$$

さらに $\mathsf{E}^2 = \mathsf{E}$ は

$$e_{\rho,\rho} = \sum_{\sigma=1}^{S} |e_{\rho,\sigma}|^2 = e_{\rho,\rho}^2 + \sum_{\sigma=1,\,\sigma\neq\rho}^{S} |e_{\rho,\sigma}|^2 \quad (135)$$

を意味する. $\mathfrak{M}(|e_{\rho,\sigma}|^2)\,(\rho\neq\sigma)$ の同値性によって,我々は

$$\mathfrak{M}(|e_{\rho,\sigma}|^2) = \frac{1}{S-1}(\mathfrak{M}(e_{\rho,\rho}) - \mathfrak{M}(e_{\rho,\rho}^2))$$
$$= \frac{1}{S-1}\left(\frac{s}{S} - \frac{s(s+1)}{S(S+1)}\right) = \frac{s(S-s)}{S(S^2-1)} \quad (136)$$

を得る. 第 II.4 項で使われた平均はかくしてそこで使われたものと一致することがわかった.

さて第 II.5 項で用いられた $\mathbf{M}$ と $\mathbf{N}$ の平均の決定のために

$$|e_{\rho\sigma}|^2\,(\rho\neq\sigma) \quad \text{と} \quad \left(e_{\rho\rho}-\frac{s}{S}\right)^2 \quad (137)$$

の分布を考えてみよう.

4. 後者の問題はより簡単である. すでに $u \leqq e_{\rho\rho} \leqq u+du$ である確率は $W(u)du$ (付録第 2 項を見よ) であることを知っている. a を $a \ll s^2/S^2$ である正数とせよ; ゆえに

$$(e_{\rho\rho}-s/S)^2 \geqq a \tag{138}$$

($e_{\rho\rho} \leqq 1$ なので左辺は明らかに 1 に等しいか小さい）である確率は

$$\left(\int_0^{s/S-\sqrt{a}} + \int_{s/S+\sqrt{a}}^1 \right)W(u)du$$

$$= \frac{(S-1)!}{(s-1)(S-s-1)!}$$

$$\times \left(\int_0^{s/S-\sqrt{a}} + \int_{s/S+\sqrt{a}}^1 \right)u^{s-1}(1-u)^{S-s-1}du \tag{139}$$

である．被積分関数の対数微分は

$$\frac{s-1}{u} - \frac{S-s-1}{1-u} = \frac{1}{u(1-u)}([s-1]-[S-2]u) \tag{140}$$

なので，被積分関数は u が両方から $(s-1)/(S-2)$ に近づくとき増加する．この点は s/S より左にある，実際その差は[48]

$$\frac{s}{S} - \frac{s-1}{S-2} = \frac{S-2s}{S(S-2)} \leqq \frac{1}{S} \tag{141}$$

である．そしてさらに，$a > 1/S^2$ ならば区間 $s/S \pm \sqrt{a}$ の間に存在する．それゆえ，積分領域内では，非積分関数

---

48) ［英訳者注］ドイツ語の原論文ではこの部分は
$$\frac{s}{S} - \frac{s-1}{S-2} + \frac{S-2s}{S(S-2)} \leqq \frac{1}{S}$$
と誤記されている．

は $u = s/S \pm \sqrt{a}$ で（そのどちらで取るかは考えない）最大値をとると仮定する．かくして，(139) の全体を

$$\leq \frac{(S-1)!}{(s-1)!(S-s-1)!}\left(\frac{s}{S} \pm \sqrt{a}\right)^{s-1}$$
$$\times \left(1 - \frac{s}{S} \mp \sqrt{a}\right)^{S-s-1} \tag{142}$$

と評価できる．ここで仮定 $1 \ll s \ll S$ を用いる．これはスターリングの公式によって第一項が近似的に[49)]

$$\frac{1}{e}\sqrt{\frac{s}{2\pi}}\left(\frac{s}{S}\right)^{-s}\left(1 - \frac{s}{S}\right)^{s-S}, \tag{143}$$

さらに第 2 項が近似的に

$$\frac{S}{s}\left(\frac{s}{S} \pm \sqrt{a}\right)^s \left(1 - \frac{s}{S} \mp \sqrt{a}\right)^{S-s} \tag{144}$$

に等しいことがわかるので，(142) は近似的に

$$\frac{S}{e\sqrt{2\pi s}}\left(1 \pm \frac{S}{s}\sqrt{a}\right)^s \left(1 \mp \frac{S}{S-s}\sqrt{a}\right)^{S-s}$$
$$= \frac{S}{e\sqrt{2\pi s}} \exp\Big[s \log\Big(1 \pm \frac{S}{s}\sqrt{a}\Big)$$
$$\qquad + (S-s)\log\Big(1 \pm \frac{S}{S-s}\sqrt{a}\Big)\Big]. \tag{145}$$

$\log(1+x) \leq x - x^2/2 + x^3/3$ かつ $\log(1+x) \leq x$ なので，指数部は

---

49) ［英訳者注］ドイツ語の原論文ではこの式の 2 番目の指数の部分は $S-s$ と誤記され，因子 $1/e = \exp(-1)$ も，$\sqrt{2\pi}$ 同様，今の表記には本質的ではないが欠落している．

$$\pm s\frac{S}{s}\sqrt{a}-s\frac{S^2 a}{2s^2}\pm s\frac{S^3 a\sqrt{a}}{3s^3}\mp(S-s)\frac{S}{S-s}\sqrt{a}$$
$$=-\frac{S^2 a}{2s}\pm\frac{S^3 a\sqrt{a}}{3s^2} \tag{146}$$

より小さいか等しい. $S\sqrt{a}/s\ll 1$ なので[50], 第二項は最初の項に比して小さく, (142) は

$$\lesssim \frac{S}{e\sqrt{2\pi s}}e^{-\Theta\frac{S^2 a}{2s}} \tag{147}$$

(Θ は 1 より小さい数).

これはある固定された $\rho=1,\cdots,S$ に対して, $(e_{\rho\rho}-s/S)^2\geqq a$ である確率のことであった. この事象が任意の ρ に対して起こる確率, すなわち

$$\mathbf{N}=\underset{\rho=1,\cdots,S}{\text{Max}}\left(e_{\rho\rho}-\frac{s}{S}\right)^2\geqq a \tag{148}$$

である確率は高々この S 倍であり, それゆえ

$$\lesssim \frac{S^2}{e\sqrt{2\pi s}}e^{-\Theta\frac{S^2 a}{2s}}. \tag{149}$$

さて $\mathbf{N}$ の平均の評価を二つに分けて行う. $[0,a]$ に属する値に対しては確率は高々 1 であり, $[a,1]$ に属する値に対しては上記の上限を用いる. それゆえ

$$\mathfrak{M}(\mathbf{N})\lesssim a+\frac{S^2}{e\sqrt{2\pi s}}e^{-\Theta\frac{S^2 a}{2s}}. \tag{150}$$

ここで a は $a\geqq 1/S^2$, $a\ll s^2/S^2$ である任意の数に取れ

---

50) [和訳者注] 原論文でも英訳でも $s\sqrt{a}/S\ll 1$ とあったがこれは正しいが意味をなさない, 誤植であろう. $\sqrt{a}\ll s/S$ である.

るから,

$$a = \frac{8s\log S}{\Theta S^2} \tag{151}$$

と選ぶ. (これは $s \gg \log S$ であれば, すべての条件を満たす, また $s \gg \log S$ は条件 (99) によりいずれにしても満たされる[51].) かくして我々の上限は

$$\frac{8s\log S}{\Theta S^2} + \frac{S^2}{e\sqrt{2\pi s}} e^{-4\log S}$$
$$= \frac{8s\log S}{\Theta S^2} + \frac{1}{e\sqrt{2\pi s}S^2} \sim \frac{8s\log S}{\Theta S^2}. \tag{152}$$

それゆえにもし $1 \ll s \ll S$ が十分な程度に成立すれば, 上記の平均は確かに $9s\log S/S^2$ よりは小さい.

5. $|e_{\rho\sigma}|^2$ ($\rho \neq \sigma$) の分布の議論が残っている. $\{\xi_{\tau|\tau'}\}$ の ρ 番目, σ 番目の縦成分を, $\xi = \{\xi_{1|\rho}, \cdots, \xi_{S|\rho}\}$, $\eta = \{\xi_{1|\sigma}, \cdots, \xi_{S|\sigma}\}$; さらに $\tilde{\xi} = \{\xi_{1|\rho}, \cdots, \xi_{S|\rho}, 0, \cdots, 0\}$ とする. $\zeta = (\zeta_1, \cdots, \zeta_S)$, $\chi = (\chi_1, \cdots, \chi_S)$ であるベクトルに対して, 記号

$$(\zeta, \chi) = \sum_{\tau=1}^{S} \zeta_\tau \chi_\tau^*, \quad |\zeta| = \sqrt{(\zeta, \zeta)} = \sqrt{\sum_{\tau=1}^{S} |\zeta_\tau|^2} \tag{153}$$

---

[51] $\sum_{\nu=1}^{N_a} 1/s_{\nu,a} \ll 1/\log(\bar{s}_a)$ から $s_{\nu,a} \gg \log \bar{s}_a$ が従う. あるいは $N_a \log S_a/\bar{s}_a \ll 1$, (式 (97) を見よ) [というのは同じことだが], $S_a \log S_a/\bar{s}_a \bar{s}_a \ll 1$, そこで $S_a/\bar{s}_a^2 \leq 1$, $\bar{s}_a \geq \sqrt{S_a}$, $\log \bar{s}_a \geq \frac{1}{2} \log S_a$. したがって $s_{\nu,a} \gg \log S_a$ すなわち $s \gg \log S$.

を用いる.
$$|e_{\rho\sigma}|^2 = |(\tilde{\xi}, \eta)|^2 \qquad (154)$$
である,ここでベクトル ξ, η はユニタリ行列の縦ベクトルであり, $|\xi|=1, |\eta|=1, (\xi, \eta)=0$ である(すなわち単位球面上にあって,互いに直交する).

$\tilde{\xi}$ を ξ に平行な部分と直交する部分に分ける:
$$\tilde{\xi} = (\tilde{\xi}, \xi)\xi + \tilde{\tilde{\xi}} \qquad (155)$$
よって
$$|e_{\rho\sigma}|^2 = |(\tilde{\tilde{\xi}}, \eta)|^2. \qquad (156)$$
ξ ($\tilde{\xi}, \tilde{\tilde{\xi}}$ も)を保つとき,ξ に直交する二つのベクトル $\tilde{\tilde{\xi}}, \eta$ を有しその最初のものは固定され,二番目のものは $S-1$ 次元の単位球の表面で自由に変わるとする. 我々はこの部分空間のために,任意の $S-1$ 次元のデカルト座標系を導入し
$$\eta = (y_1, \cdots, y_{S-1}) \qquad (157)$$
とする. 平均操作のユニタリ不変性から,この操作は(ある固定された $\xi = \{\xi_{1|\rho}, \cdots, \xi_{S|\rho}\}$ に対して)付録第2項で説明された,$S-2$ 次元単位球面[52]で η を平均することと同じである. さらにユニタリ不変性によって,$\tilde{\tilde{\xi}}$ に関して問題になるのはその長さ $|\tilde{\tilde{\xi}}|$ のみであり,それでそれを($S-1$ 次元の)
$$\tilde{\tilde{\xi}} = \{|\tilde{\tilde{\xi}}|, 0, \cdots, 0\} \qquad (158)$$

[52) [英訳者注] ドイツ語原論文では文字通り「$S-1$ 次元単位球の上で」.

で置き換える.これが,我々が最初に
$$|\eta|^2 = \sum_{\pi=1}^{S-1} |y_\pi|^2 = 1 \tag{159}$$
である[ランダムな] η に対して
$$|(\tilde{\tilde{\xi}}, \eta)|^2 = |\tilde{\tilde{\xi}}|^2 |y_1|^2 \tag{160}$$
の分布を決定しようとする理由である.(158) が $[u, u+du]$ ($0 \leq |u| \leq |\tilde{\tilde{\xi}}|^2$) にあるということは
$$\frac{u}{|\tilde{\tilde{\xi}}|^2} \leq |y_1|^2 \leq \frac{u}{|\tilde{\tilde{\xi}}|^2} + \frac{du}{|\tilde{\tilde{\xi}}|^2} \tag{161}$$
を意味し,この確率は
$$W\left(\frac{u}{|\tilde{\tilde{\xi}}|^2}\right) \frac{du}{|\tilde{\tilde{\xi}}|^2} \tag{162}$$
である,ここで W は (128) 式で,s, S を各々 $1, S-1$ で置き換えたものである.かくして,du の係数は[53]
$$\frac{S-2}{|\tilde{\tilde{\xi}}|^{2(S-2)}} (|\tilde{\tilde{\xi}}|^2 - u)^{S-3} \tag{163}$$
である.

いままで,ξ を固定してきたが,さて (163) を $S-1$ 次元単位球面で(無論,付録第 2 項の意味で[すなわち ξ の一様分布を用いて])平均しよう.与えられた ξ に対する

---

[53] [英訳者注] ドイツ語の原文では (163) に対応する式で $S-2$ の代わりに $S-1$,$S-3$ の代わりに $S-2$ が使われており,この間違いはドイツ語の原論文に通して使われているが,結論に影響は与えない.ここおよびこれ以後の式ではこの正しい値を用いる.

$|e_{\rho\sigma}|^2$ の分布に対する表現は $|\tilde{\tilde{\xi}}|^2$ のみにより，(というのは，$\tilde{\xi}$ は $\xi-\tilde{\xi}$ と $\tilde{\tilde{\xi}} = \tilde{\xi}-(\xi,\tilde{\xi})\tilde{\xi}$ の両方に直交するので，)

$$|\xi|^2 = (\tilde{\xi},\tilde{\xi}) = (\xi,\tilde{\xi}), \tag{164}$$

$$|\tilde{\xi}|^2 = |(\xi,\tilde{\xi})\xi|^2 + |\tilde{\tilde{\xi}}|^2 = |\tilde{\xi}|^4 + |\tilde{\tilde{\xi}}|^2, \tag{165}$$

$$|\tilde{\tilde{\xi}}|^2 = |\tilde{\xi}|^2(1-|\tilde{\xi}|^2). \tag{166}$$

$\xi = \{\xi_{1|\rho}, \cdots, \xi_{S|\rho}\}$ は単位球面の上を動くので，事象

$$w \leq |\tilde{\xi}|^2 \leq w+dw \tag{167}$$

$(0 \leq w \leq 1)$，すなわち

$$w \leq \sum_{\tau=1}^{S} |\xi_{\tau|\rho}|^2 \leq w+dw \tag{168}$$

は確率

$$\frac{(S-1)!}{(s-1)!(S-s-1)!} w^{s-1}(1-w)^{S-s-1}dw \tag{169}$$

を持つ．u における $|e_{\rho\sigma}|^2$ の全確率密度を得るために，我々はかくして $w \in [0,1]$ で $u \leq w(1-w)$ を満たす w の上での積分

$$\begin{aligned}&\frac{(S-1)!}{(s-1)!(S-s-1)!} w^{s-1}(1-w)^{S-s-1} \\ &\quad \times \frac{S-2}{(w(1-w))^{S-2}}(w(1-w)-u)^{S-3}dw \\ &= \frac{(S-1)!(S-2)}{(s-1)!(S-s-1)!} \\ &\quad \times \frac{(w(1-w)-u)^{S-3}}{w^{S-s-1}(1-w)^{s-1}}dw \end{aligned} \tag{170}$$

が必要になる.結論として u に対して $\left[0, \dfrac{1}{4}\right]$ である値のみが起きる.そこで $|e_{\rho\sigma}|^2 \geqq a$(ただし $0 \leqq a \leqq 1/4$)の確率を計算したい.そのためには (170) をそれら u, w で,ただし $a \leqq u \leqq w(1-w)$ で,すなわち

$$\frac{1}{2} - \sqrt{\frac{1}{4}-a} \leqq w \leqq \frac{1}{2} + \sqrt{\frac{1}{4}-a} \tag{171}$$

の範囲で積分することになる.u 上の積分は以下のように実行できる[54]:

$$\frac{(S-1)!(S-2)}{(s-1)!(S-s-1)!}$$
$$\times \int_{\frac{1}{2}-\sqrt{\frac{1}{4}-a}}^{\frac{1}{2}+\sqrt{\frac{1}{4}-a}} \int_a^{w(1-w)} \frac{(w(1-w)-u)^{S-3}}{w^{S-s-1}(1-w)^{s-1}} du\, dw$$
$$= \frac{(S-1)!(S-2)}{(s-1)!(S-s-1)!}$$
$$\times \int_{\frac{1}{2}-\sqrt{\frac{1}{4}-a}}^{\frac{1}{2}+\sqrt{\frac{1}{4}-a}} \frac{(w(1-w)-a)^{S-2}}{w^{S-s-1}(1-w)^{s-1}} dw. \tag{172}$$

この積分を以下のように二つに分け

$$\int_{\frac{1}{2}-\sqrt{\frac{1}{4}-a}}^{\frac{1}{2}} \quad \text{と} \quad \int_{\frac{1}{2}}^{\frac{1}{2}+\sqrt{\frac{1}{4}-a}} \tag{173}$$

そして新しい積分変数 x を以下のように導入する.

---

54) [英訳者注]ドイツ語原論文ではこの式は矛盾(右辺と左辺の非積分関数の分子が同じ指数を持つ)を含み,それは前述の式 (163) の間違いを部分的に補正している.

$$\frac{1}{2}-\sqrt{\frac{1}{4}-x}=w \quad \text{あるいは} \quad \frac{1}{2}+\sqrt{\frac{1}{4}-x}=w. \qquad (174)$$

両者の場合において $x=w(1-w)$ であり,そして両者の場合において x は a から $\frac{1}{4}$ まで変わる.両方の積分をつないで我々は

$$\begin{aligned}
&\frac{(S-1)!(S-2)}{(s-1)!(S-s-1)!}\int_{a}^{\frac{1}{4}}(x-a)^{S-2}\\
&\times\Big[\Big(\frac{1}{2}+\sqrt{\frac{1}{4}-x}\Big)^{-(S-s-1)}\\
&\qquad\times\Big(\frac{1}{2}-\sqrt{\frac{1}{4}-x}\Big)^{-(s-1)}\\
&\quad+\Big(\frac{1}{2}-\sqrt{\frac{1}{4}-x}\Big)^{-(S-s-1)}\\
&\qquad\times\Big(\frac{1}{2}+\sqrt{\frac{1}{4}-x}\Big)^{-(s-1)}\Big]\frac{dx}{2\sqrt{\frac{1}{4}-x}} \qquad (175)
\end{aligned}$$

に至る.

最後に新しい変数

$$y=\frac{x-a}{\frac{1}{4}-a} \qquad (176)$$

を導入して,

$$\frac{(1-4a)^{S-2-\frac{1}{2}}(S-1)!}{2^{S-2}(s-1)!(S-s-1)!}\int_{0}^{1}y^{S-2}$$

$$\times \Big[\big(1+\sqrt{1-4a}\sqrt{1-y}\big)^{-(S-s-1)}$$
$$\times \big(1-\sqrt{1-4a}\sqrt{1-y}\big)^{-(s-1)}$$
$$+\big(1-\sqrt{1-4a}\sqrt{1-y}\big)^{-(S-s-1)}$$
$$\times \big(1+\sqrt{1-4a}\sqrt{1-y}\big)^{-(s-1)}\Big]\frac{dy}{\sqrt{1-y}}. \quad (177)$$

この確率を $(1-4a)^{S-2-\frac{1}{2}}$ で割ると，四角の括弧の中のみが a に依存する．これから示すように四角括弧は $a \to 0$ に伴って増加するのでその商 [すなわち $(177)/(1-4a)^{S-2-\frac{1}{2}}$] も然りである．$a=0$ に対して (177) は 1 で，同じく $(1-4a)^{S-2-\frac{1}{2}}=1$ なので，これは商が常に 1 に等しいか小さいことを意味し，それゆえ，

$$(177) \leqq (1-4a)^{S-2-\frac{1}{2}} \leqq e^{-4a(S-2-\frac{1}{2})}. \quad (178)$$

$a \to 0$ につれて，$\sqrt{1-4a}\sqrt{1-y}$ は単調に増加して $\sqrt{1-y}$ に近づくので

$$[(1+t)^{-(S-s-1)}(1-t)^{-(s-1)}$$
$$+(1-t)^{-(S-s-1)}(1+t)^{-(s-1)}] \quad (179)$$

が $t>0$ で [そして $t<1$ で] 増加することを示すのが十分である．実際その微分

$$(1+t)^{-(S-s-1)}(1-t)^{-(s-1)}\Big(\frac{s-1}{1-t}-\frac{S-s-1}{1+t}\Big)$$
$$+(1-t)^{-(S-s-1)}(1+t)^{-(s-1)}\Big(\frac{S-s-1}{1-t}-\frac{s-1}{1+t}\Big) \quad (180)$$

はもし，$\left(z=\dfrac{1+t}{1-t}\text{ とおいて}\right)$ [(180) に $(1+t)^{S+1} > 0$ をかけてわかるように]

$$z^{s+1}((s-1)z-(S-s-1))$$
$$+z^{S-s-1}((S-s-1)z-(s-1)) > 0 \quad (181)$$

であれば正になることがわかる．しかしこの式は明らかに

$$z^{s+1}((s-1)-(S-s-1))$$
$$+z^{S-s-1}((S-s-1)-(s-1))$$
$$=(z^{S-s-1}-z^{s+1})(S-2s) \geqq 0 \quad (182)$$

より大きい [というのは，$z > 1$ かつ $S \geqq 2s+2$ なので]．このようにして我々は，固定された対 $\rho \neq \sigma$, $\rho, \sigma = 1, \cdots, S$ に対し，$|e_{\rho\sigma}|^2 > a$ となる確率に対し上記の上限を示したことになる．任意のこのような ρ, σ に対してこの事象が起こる確率，すなわち

$$\mathbf{M} = \underset{\rho,\,\sigma=1,\,\rho\neq\sigma}{\text{Max}}^{S}(|e_{\rho\sigma}|^2) \geqq a \quad (183)$$

の確率は，高々因子 $S(S-1)/2$ だけ大きい（というのは，$e_{\rho\sigma} = e^*_{\sigma\rho}$ なので，$\rho < \sigma$ を考えて十分である）．それでこの量は

$$\frac{S(S-1)}{2}e^{-4a(S-2-\frac{1}{2})} \quad (184)$$

より小さいか等しい．$\mathbf{M}$ の平均について再び二つに分けて行う：$[0, a]$ に対しては確率は確かに $\leqq 1$ であり，$\left[a, \dfrac{1}{4}\right]$ に対しては上記の上限を得ている．それゆえ

$$\mathfrak{M}(\mathbf{M}) \leq a + \frac{S(S-1)}{8} e^{-4a(S-2-\frac{1}{2})}. \quad (185)$$

a は > 0, $\ll 1$ で任意に選べるので,

$$a = \frac{3}{4} \frac{\log S}{S} \quad (186)$$

とおく.($S \gg 1$ なのでこれはすべての要求を満たす.)我々の上限はかくして

$$\begin{aligned}
&\frac{3}{4} \frac{\log S}{S} + \frac{S(S-1)}{8} e^{-4a(S-2-\frac{1}{2})} \\
&\sim \frac{3}{4} \frac{\log S}{S} + \frac{S^2}{8} e^{-4a(S-2-\frac{1}{2})} \\
&= \frac{3}{4} \frac{\log S}{S} + \frac{1}{8} \sim \frac{3}{4} \frac{\log S}{S}. \quad (187)
\end{aligned}$$

それで前提の $S \gg 1$ が十分に満たされるならば,上記の平均は $\log S/S$ より小さいか等しい.これで我々の評価の証明は完全である.

参考文献

[1] N. Bohr, Sommerfeld and atomic theory. *Naturwissenschaften* **16** (15): 1036 (1928).

[2] P. Dirac, On the Theory of Quantum Mechanics. *Proceedings of the Royal Society* (*A*) **112** (762): 661–677 (1926).

[3] P. Dirac, The Physical Interpretation of the Quantum Dynamics. *Proceedings of the Royal Society* **113** (765): 621–641 (1927).

[4] P. Dirac, The basis of statistical quantum mechanics. *Mathematical Proceedings of the Cambridge Philosophical Society* **25** (1): 62–66(1929).

[5] P. Ehrenfest and T. Ehrenfest, Begriffliche Grundlagen der statistischen Auffassung in der Mechanik. Pages 3–76 in *Encyklopädie der Mathematischen Wissenschaften mit Einschluss ihrer Anwendungen*, vol. 4, Teil 4, article 32. Leipzig: Teubner (1911). [以下の電子アーカイブで閲覧可能:http://gdz.sub.uni-goettingen.de/en/dms/load/toc/?IDDOC=183743. また, 以下の論文集に収録されている(英訳もあり): Reprinted p. 213 in P. Ehrenfest: *Collected Scientific Papers*. Amsterdam: North-Holland (1959). English translation by M. J. Moravcsik in P. Ehrenfest, T. Ehrenfest: *The Conceptual Foundations of the Statistical Approach in Mechanics*. Ithaca: Cornell University Press (1959).]

[6] P. Ehrenfest and T. Ehrenfest, Über zwei bekannte Einwände gegen das Boltzmannsche H-Theorem. *Physikalische Zeitschrift* **8**: 311 (1907). [以下の論文集に収録されている:Reprinted p. 146 in P. Ehrenfest: *Collected Scientific Papers*. Amsterdam: North-Holland (1959).]

[7] F. G. Frobenius, Über lineare Substitutionen und bilineare Formen. *Journal für die Reine und Angewandte Mathematik* **84**: 59–63 (1877).

[8] W. Heisenberg, Mehrkörperprobleme und Resonanz in der Quantenmechanik. II, *Zeitschrift für Physik* **41** (8–9): 239–267 (1927).

[9] W. Heisenberg, Über den anschaulichen Inhalt der quantentheoretischen Kinematik und Mechanik. *Zeitschrift für Physik* **43** (3–4): 172–198 (1927).

[10] E. Hellinger and O. Toeplitz, Integralgleichungen und

Gleichungen mit unendlichvielen Unbekannten. Pages 1335–1597 in *Encyklopädie der Mathematischen Wissenschaften mit Einschluss ihrer Anwendungen*, vol. 2, Teil 3, Hälfte 2 (II. C 13, article 41). Leipzig: Teubner (1927). [以下の電子アーカイブで閲覧可能：http://gdz.sub.uni-goettingen.de/en/dms/load/toc/?IDDOC=183743]

[11] L. Kronecker, Die Periodensysteme von Funktionen reeller Variablen. *Sitzungsberichte der Königlich Preussischen Akademie der Wissenschaften zu Berlin* **1884** (2): 1071–1080 (1884). [以下の電子アーカイブで閲覧可能：http://bibliothek.bbaw.de/bibliothek-digital/digitalequellen/schriften/#A10]

[12] L. Kronecker, Näherungsweise ganzzahlige Auflösung linearer Gleichungen. *Sitzungsberichte der Königlich Preussischen Akademie der Wissenschaften zu Berlin* **1884** (2): 1179–1193 and 1271–1299 (1884). [以下の電子アーカイブで閲覧可能：http://bibliothek.bbaw.de/bibliothek-digital/digitalequellen/schriften/#A10]

[13] L. Nordheim, On the Kinetic Method in the New Statistics and Its Application in the Electron Theory of Conductivity. *Proceedings of the Royal Society* **119** (783): 689–698 (1928).

[14] W. Pauli, Über das H-Theorem vom Anwachsen der Entropie vom Standpunkt der neuen Quantenmechanik. Pages 30–45 in *Probleme der modernen Physik: Arnold Sommerfeld zum 60. Geburtstage gewidmet von seinen Schülern*. Leipzig: Hirzel (1928). [以下の論文集に収録されている：Reprinted in W. Pauli: *Collected scientific papers* (ed. R. Kronig and V. F. Weisskopf), vol. 1. New York: Interscience (1964).]

[15] E. Schmidt, Zur Theorie der linearen und nichtlinearen Integralgleichungen. *Mathematische Annalen* **63**: 433–467 (1907).

[16] E. Schrödinger, Über das Verhältnis der Heisenberg-Born-Jordanschen Quantenmechanik zu der meinen. *Annalen der Physik* **79**(8): 734–756(1926). [英訳(J. F. Shearer and W. M. Deans) が以下の論文集に収録されている：On the Relation between the Quantum Mechanics of Heisenberg, Born, and Jordan, and that of Schrödinger, pages 45–61 in E. Schrödinger: *Collected Papers on Wave Mechanics*, Providence, R. I.: AMS Chelsea (1982).]

[17] E. Schrödinger, Energieaustausch nach der Wellenmechanik. *Annalen der Physik* **83** (15): 956–968 (1927). [英訳 (J. F. Shearer and W. M. Deans) が以下の論文集に収録されている：The Exchange of Energy according to Wave Mechanics, pages 137–146 in E. Schrödinger: *Collected Papers on Wave Mechanics*, Providence, R. I.: AMS Chelsea (1982).]

[18] J. von Neumann, Mathematische Begründung der Quantenmechanik. *Göttinger Nachrichten* 1–57 (20 May 1927). Reprinted in J. von Neumann: *Collected Works* (ed. A. H. Taub), vol. I. New York: Pergamon (1961) [本書所収「量子力学の数学的基礎づけ」].

[19] J. von Neumann, Wahrscheinlichkeitstheoretischer Aufbau der Quantenmechanik. *Göttinger Nachrichten* 245–272 (11 November 1927). [以下の論文集に収録：Reprinted in J. von Neumann: *Collected Works* (ed. A. H. Taub), vol. I. New York: Pergamon (1961).]

[20] J. von Neumann, Thermodynamik quantenmechanischer Gesamtheiten. *Göttinger Nachrichten* 273–291 (11

November 1927). ［以下の論文集に収録：Reprinted in J. von Neumann: *Collected Works* (ed. A. H. Taub), vol. I. New York: Pergamon (1961).］

[21] H. Weyl, Über die Gleichverteilung von Zahlen mod. Eins. *Mathematische Annalen* **77**: 313–352 (1916).

[22] H. Weyl, Theorie der Darstellung kontinuierlicher halbeinfacher Gruppen durch lineare Transformationen. I-III. *Mathematische Zeitschrift* **23**: 271–301 (1925).

[23] H. Weyl, *Gruppentheorie und Quantenmechanik.* Leipzig (1928). ［ヘルマン・ワイル（山内恭彦訳）『群論と量子力学』, 裳華房 (1932)；復刻版, 現代工学社 (1977).］

[24] E. Wigner, Über nicht kombinierende Terme in der neueren Quantentheorie. I. Teil. *Zeitschrift für Physik* **40** (7): 492–500 (1927).

[25] E. Wigner, Über nicht kombinierende Terme in der neueren Quantentheorie. II. Teil. *Zeitschrift für Physik* **40** (11–12): 883–892 (1927).

[26] E. Wigner, Einige Folgerungen aus der Schrödingerschen Theorie für die Termstrukturen. *Zeitschrift für Physik* **43** (9–10): 624–652 (1927).

星のランダムな分布から生じる重力場の統計
I. ゆらぎの速さ

高橋広治訳

概　　要

本論文は，主として，運動する質点（星）がランダムに分布している系の中の，ある固定点に働く重力場のゆらぎの速さの統計的解析に当てられる．この問題に対する解は，ある点に働く単位質量あたりの力 $\boldsymbol{F}$ と同時に，$\boldsymbol{F}$ の変化率 $\boldsymbol{f}$ の確率を与える2変数分布 $W(\boldsymbol{F}, \boldsymbol{f})$ のモーメント $\overline{|\boldsymbol{f}|^2_{\boldsymbol{F}}}$ の評価にかかっている．このモーメント $\overline{|\boldsymbol{f}|^2_{\boldsymbol{F}}}$ は状態 $\boldsymbol{F}$ の平均寿命 T と，式

$$T = \frac{|\boldsymbol{F}|}{\sqrt{\overline{|\boldsymbol{f}|^2_{\boldsymbol{F}}}}} \tag{i}$$

を通じて関係している．

この統計的問題は，速度 $\boldsymbol{v}$ の球対称な分布とランダムな空間分布という仮定の下で解明された．それ以外の制限は導入されなかった．特に，異なる質量 M の分布については適切に考慮された．

$|\boldsymbol{F}|$ と T を

$$|\boldsymbol{F}| = Q_H \beta; \quad Q_H = 2.603\, G\, [\overline{M^{3/2}}]^{2/3} n^{2/3} \tag{ii}$$

および

$$T = t_0 \tau; \quad t_0 = \frac{0.3201}{n^{1/3}} \frac{[\overline{M^{3/2}}]^{1/6}}{[\overline{M^{1/2}|\boldsymbol{v}|^2}]^{1/2}}, \tag{iii}$$

（G は万有引力定数，n は単位質量あたりの星の数）という単位で測ると，

$$\tau = \sqrt{\frac{\beta^{3/2} H(\beta)}{G(\beta)}} \qquad \text{(iv)}$$

と書けることがわかった. ここで, $G(\beta)$ と $H(\beta)$ は β のある関数で, その数表が示された. さらに, (iv) 式より,

$$\tau \to \beta \quad (\beta \to 0); \quad \tau \to \sqrt{\frac{15}{8}}\beta^{-1/2} \quad (\beta \to \infty) \qquad \text{(v)}$$

ということがわかる. τ の β に対する全体的な依存性を示す数表も示され, グラフが描かれた.

関連するいくつかの他の統計的問題も考察された. こうして, $\overline{f_\parallel^2}$ と $\overline{f_\perp^2}$ に対する式が導かれた. ここで, $f_\parallel$ と $f_\perp$ は, それぞれ, $\boldsymbol{F}$ の方向に平行および垂直な方向の $\boldsymbol{F}$ の変化率である. さらに, $\boldsymbol{f}$ の確率分布が考察され, 与えられた変化率 $\boldsymbol{f}$ の値に対して期待される $\boldsymbol{F}$ の2乗平均値が評価された. 最後に, 期待される $\boldsymbol{F}$ の加速度の問題も簡潔に調べられた.

1. 序　論

質点のランダムな分布から生じる, ゆらぐ重力場の統計的な側面の一般的な解析は, 恒星系力学のいくつかの問題に対する必要な基礎を与えるものと期待してよい. 例えば, 恒星系の緩和時間の概念は, そのような重力場のゆらぎが星の運動に与える影響と密接につながっている. また

星団[1]によって提示される力学的な問題は，そのような解析の観点からのみ満足のいく扱いができると思われる．これらすべての問題に共通する特徴は，個々の星が変動する局所的な星の分布の変化する影響を受けるということである．それゆえに，そのような状況を解析する最も適切な方法は統計的なものであろう．より具体的には，我々はその基礎的な問題を以下のような言い方で定式化できる．

ある一つの星に働く単位質量あたりの力 $\bm{F}$ は

$$\bm{F} = -G \sum \frac{M_i}{|\bm{r}_i|^3} \bm{r}_i \tag{1}$$

で与えられる．ここで，M_i は典型的な場の星の質量，$\bm{r}_i$ は今考慮している星に対するその位置ベクトルである．また，(1) 式の和はすべての近隣の星に対してとられる．任意の特定の瞬間における $\bm{F}$ の実際の値は，他のすべての星のその瞬間の位置に依存し，その結果，ゆらぎを受ける．それゆえ，個々の場合について $\bm{F}$ の位置および／または時間に対する正確な依存性を予言することはできないであろう．しかし，その同じ事情ゆえに，我々は $\bm{F}$ の統計的な側面を調べることが許される．したがって，我々が問うことができる問題の一つは，$\bm{F}$ が $\bm{F}$ と $\bm{F}+d\bm{F}$ の間にある確率，

$$W(\bm{F})dF_x dF_y dF_z = W(\bm{F})d\bm{F} \tag{2}$$

である．この確率を評価するにあたっては，平均密度が一

---

[1] そしておそらく銀河団も．

定という制限のみを条件とする変動が起きると仮定することができる(これは今考えている物理的状況と矛盾しない). この問題は,単純イオンから成るガス中のある点において,与えられた電場の強さの確率を見つけることと明らかに同等である. この後者の問題はホルツマルク (Holtsmark) によって考察された[2]. ホルツマルクの結果は直ちに重力の場合に適用できる[3]. しかしながら, ホルツマルク分布 $W(\boldsymbol{F})$ の指定だけでは,ゆらぐ場の本質的な特徴のすべてを描き出すことはできない. この問題の同等に重要な側面の一つは, **ゆらぎの速さ**(Schwankungsgeschwindigkeit)[4] と**確率余効** (Wahrscheinlichkeitsnachwirkung)[4] についての関連する問題である. これらの後者の問題は, 定常分布の構築よりも, 本質的により困難である. (1) 式から,

$$\boldsymbol{f} = \frac{d\boldsymbol{F}}{dt} = -G \sum M_i \left(\frac{\boldsymbol{v}_i}{|\boldsymbol{r}_i|^3} - 3\frac{\boldsymbol{r}_i[\boldsymbol{r}_i \cdot \boldsymbol{v}_i]}{|\boldsymbol{r}_i|^5} \right) \quad (3)$$

---

2) *Ann. d. Phys.*, **58**, 577 (1919); *Phys. Zs.*, **20**, 162, 1919, および **25**, 73, 1924; R. Gans, *Ann. d. Phys.*, **66**, 396 (1921) も見よ.

3) S. Chandrasekhar, *Ap. J.*, **94**, 511 (1941) を見よ. そこでは統計的理論に対する最初の試みがすでに行われた.

4) M. von Smoluchowski の用語 (*Phys. Zs.*, **17**, 577, 585 (1916) を参照;特に 560–567 ページを見よ)[5].

5) [訳注] Schwankungsgeschwindigkeit と Wahrscheinlichkeitsnachwirkung はともにドイツ語で, 著者による英訳は, それぞれ, speed of the fluctuations (ゆらぎの速さ) と probability after-effects (確率余効). なお, 確率余効とは, ある時刻での確率分布が, 後の時刻の確率分布に及ぼす影響のことである.

である．ここで v_i は典型的な場の星の速度を表す．ゆらぎの速さは，分布

$$W(\bm{F}, \bm{f}) \tag{4}$$

によって特定されることは今や明らかである．この分布は与えられた場の強さ $\bm{F}$ とそれに付随する変化率 $\bm{f}$ の同時確率を与えるものである．この $\bm{F}$ と $\bm{f}$ の2変数分布は，相空間における先験的確率の指定に依存することがわかる．これは $\bm{F}$ の分布が位置空間での同様な指定にのみ依存することとは対照的である．

本論文で我々は $W(\bm{F}, \bm{f})$ に対する一般式を導出し，あらかじめ決められた $\bm{F}$ と $\bm{f}$ の値に対するそれぞれのモーメント

$$\overline{|\bm{f}|^2_{\bm{F}}} \ \text{と} \ \overline{|\bm{F}|^2_{\bm{f}}} \tag{5}$$

の明示的な表式を得る．これらのモーメントは，後で見るように，重力場のゆらぎの速さが絡む問題に対して重要な応用性がある．後の論文では，異なる2点における場の相関の性質を研究する予定である．

2. $W(\bm{F}, \bm{f})$ に対する一般式

我々は，任意の点において $\bm{F}$ とその同時的な変化率 $\bm{f}$ の定常分布を要請する．一般性を失うことなく，今考えている点は我々の座標系の原点 O にあると仮定することができる．O を中心として半径 R の，N 個の星を含む球を描く．まず

$$\boldsymbol{F} = -G \sum_{i=1}^{N} \frac{M_i}{|\boldsymbol{r}_i|^3} \boldsymbol{r}_i = \sum_{i=1}^{N} \boldsymbol{F}_i \qquad (6)$$

および

$$\boldsymbol{f} = -G \sum_{i=1}^{N} M_i \left(\frac{\boldsymbol{v}_i}{|\boldsymbol{r}_i|^3} - 3 \frac{\boldsymbol{r}_i [\boldsymbol{r}_i \cdot \boldsymbol{v}_i]}{|\boldsymbol{r}_i|^5} \right) = \sum_{i=1}^{N} \boldsymbol{f}_i \qquad (7)$$

であると仮定する．しかし，後に我々は

$$\frac{4}{3}\pi R^3 n = N \quad \begin{pmatrix} R \to \infty \\ N \to \infty \\ n \to \text{一定} \end{pmatrix} \qquad (8)$$

の条件のもとで R と N を同時に無限大にする．

最初に，半径が R で，ランダムに分布する N 個の星を含む有限球の中心における分布 $w(\boldsymbol{F}, \boldsymbol{f})$ を考えて，

$$\boldsymbol{F}_0 \leq \boldsymbol{F} \leq \boldsymbol{F}_0 + d\boldsymbol{F}_0; \ \boldsymbol{f}_0 \leq \boldsymbol{f} \leq \boldsymbol{f}_0 + d\boldsymbol{f}_0 \qquad (9)$$

となる確率を求める．ここで，$\boldsymbol{F}$ と $\boldsymbol{f}$ は (6) 式と (7) 式によって定義されるものである．

今，ベクトル $\boldsymbol{F}_i$ と $\boldsymbol{f}_i$ は i 番目の星の位置ベクトル $\boldsymbol{r}_i$ と速度 $\boldsymbol{v}_i$ に依存する．したがって，$\boldsymbol{F}$ と $\boldsymbol{f}$ はともに $(\boldsymbol{r}_1, \boldsymbol{v}_1; \boldsymbol{r}_2, \boldsymbol{v}_2; \cdots; \boldsymbol{r}_i, \boldsymbol{v}_i; \cdots; \boldsymbol{r}_N, \boldsymbol{v}_N)$ に含まれる $6N$ 個の変数に依存する．i 番目の星の位置と速度が $(\boldsymbol{r}_i, \boldsymbol{r}_i + d\boldsymbol{r}_i)$ と $(\boldsymbol{v}_i, \boldsymbol{v}_i + d\boldsymbol{v}_i)$ の範囲に見つかる確率を

$$\tau_i(\boldsymbol{r}_i, \boldsymbol{v}_i) d\boldsymbol{r}_i d\boldsymbol{v}_i \qquad (10)$$

と記そう．位相空間における N 個の星のある確定した配置の確率は，したがって，

$$\prod_{i=1}^{N} \tau_i(\boldsymbol{r}_i, \boldsymbol{v}_i) d\boldsymbol{r}_i d\boldsymbol{v}_i = T d\Omega \quad \text{(と書こう)．} \qquad (11)$$

N 個の星の座標と速度を指定すれば，$\boldsymbol{F}$ と $\boldsymbol{f}$ の値が一意に決まることは明らかである．それゆえ不等式 (9) は位相空間の限られた部分でのみ満たされるであろう．したがって，

$$w(\boldsymbol{F}_0, \boldsymbol{f}_0) d\boldsymbol{F}_0 d\boldsymbol{f}_0 = \frac{1}{V^N} \int T d\Omega \tag{12}$$

である．ここで，この積分は，位相空間の中で不等式 (9) が満たされる部分のみに渡って行われるべきものである．今，A. A. マルコフ (Markoff)[6] による手順にしたがって，(12) 式の積分記号内に，(9) 式が満たされているときは 1，そうでないときは 0 の値をとる適切な**ディリクレ (Dirichlet) 因子**を導入する．要求されるディリクレ因子は

$$\frac{1}{\pi^6} \underset{-\infty}{\overset{+\infty}{\iiint \iiint}} e^{i\left[\boldsymbol{\rho} \cdot (\sum \boldsymbol{F}_i - \boldsymbol{F}_0) + \boldsymbol{\sigma} \cdot (\sum \boldsymbol{f}_i - \boldsymbol{f}_0)\right]}$$

$$\times \frac{d\rho_1 d\rho_2 d\rho_3 d\sigma_1 d\sigma_2 d\sigma_3}{\rho_1 \rho_2 \rho_3 \sigma_1 \sigma_2 \sigma_3}$$

$$\times \sin\left(\frac{1}{2}\rho_1 dF_{x,0}\right) \sin\left(\frac{1}{2}\rho_2 dF_{y,0}\right) \sin\left(\frac{1}{2}\rho_3 dF_{z,0}\right)$$

$$\times \sin\left(\frac{1}{2}\sigma_1 df_{x,0}\right) \sin\left(\frac{1}{2}\sigma_2 df_{y,0}\right) \sin\left(\frac{1}{2}\sigma_3 df_{z,0}\right) \tag{13}$$

---

[6] *Wahrscheinlichkeitsrechnung*, 第 16 節と 33 節 (Leipzig, 1912). また M. von Laue, *Ann. d. Phys.*, **47**, 853 (1915) も見よ．

であることが直ちにわかる[7]. ここで,
$$\boldsymbol{\rho} = (\rho_1, \rho_2, \rho_3); \quad \boldsymbol{\sigma} = (\sigma_1, \sigma_2, \sigma_3) \tag{14}$$
は二つの補助ベクトルである. 上の因子を (12) 式の積分記号内に導入すると,

$$w(\boldsymbol{F}_0, \boldsymbol{f}_0)d\boldsymbol{F}_0 d\boldsymbol{f}_0$$
$$= \frac{d\boldsymbol{F}_0 d\boldsymbol{f}_0}{64\pi^6} \iint e^{-i(\boldsymbol{\rho}\cdot\boldsymbol{F}_0 + \boldsymbol{\sigma}\cdot\boldsymbol{f}_0)} A_N(\boldsymbol{\rho}, \boldsymbol{\sigma}) d\boldsymbol{\rho} d\boldsymbol{\sigma} \tag{15}$$

となることがわかる. ここで,

$$A_N(\boldsymbol{\rho}, \boldsymbol{\sigma}) = \frac{1}{V^N} \int \cdots \int_{(6N)} \tau_1 \tau_2 \cdots \tau_N$$
$$\times e^{i(\boldsymbol{\sigma}\cdot\sum \boldsymbol{F}_i + \boldsymbol{\sigma}\cdot\sum \boldsymbol{f}_i)} d\boldsymbol{r}_1 d\boldsymbol{v}_1 \cdots d\boldsymbol{r}_N d\boldsymbol{v}_N \tag{16}$$

と書いた. 我々の基本的な仮定により, τ_i は i 番目の星の座標と速度のみに依存する. したがって,

$$A_N(\boldsymbol{\rho}, \boldsymbol{\sigma}) = \left[\frac{1}{V} \int_{|\boldsymbol{r}|<R} \int_{|\boldsymbol{v}|=0}^{|\boldsymbol{v}|=\infty} \tau e^{i(\boldsymbol{\rho}\cdot\boldsymbol{F} + \boldsymbol{\sigma}\cdot\boldsymbol{f})} d\boldsymbol{r} d\boldsymbol{v}\right]^N \tag{17}$$

---

[7] [訳注] (13) 式における原文の誤植を修正した. 原文では, sin の因子が

$$\sin\left(\frac{1}{2}\rho_1 F_{x,0}\right)\sin\left(\frac{1}{2}\rho_2 F_{y,0}\right)\sin\left(\frac{1}{2}\rho_3 F_{z,0}\right)$$
$$\times \sin\left(\frac{1}{2}\sigma_1 f_{x,0}\right)\sin\left(\frac{1}{2}\sigma_2 f_{y,0}\right)\sin\left(\frac{1}{2}\sigma_3 f_{z,0}\right)$$

となっている. S. Chandrasekhar, *Reviews of Modern Physics*, **15**, 1 (1943) には正しい式が, より一般的な形で示されている ((51) 式).

である．ここで (8) 式にしたがって，R と N を無限大に近づける．すると，$w \to W$ で，

$$W(\boldsymbol{F}, \boldsymbol{f}) = \frac{1}{64\pi^6} \int_{|\boldsymbol{\rho}|=0}^{\infty} \int_{|\boldsymbol{\sigma}|=0}^{\infty} e^{-i(\boldsymbol{\rho}\cdot\boldsymbol{F}+\boldsymbol{\sigma}\cdot\boldsymbol{f})} \times A(\boldsymbol{\rho}, \boldsymbol{\sigma}) d\boldsymbol{\rho} d\boldsymbol{\sigma} \quad (18)$$

を得る．ここで，

$$A(\boldsymbol{\rho}, \boldsymbol{\sigma}) = \lim_{\substack{N \to \infty \\ R \to \infty}} \left[\frac{3}{4\pi R^3} \times \int_{|\boldsymbol{r}|<R} \int_{|\boldsymbol{v}|<\infty} e^{i(\boldsymbol{\rho}\cdot\boldsymbol{\varphi}+\boldsymbol{\sigma}\cdot\boldsymbol{\phi})} \tau d\boldsymbol{r} d\boldsymbol{v} \right]^N \quad (19)$$

であり，さらに

$$\boldsymbol{\varphi} = GM \frac{\boldsymbol{r}}{|\boldsymbol{r}|^3}; \boldsymbol{\phi} = GM \left(\frac{\boldsymbol{v}}{|\boldsymbol{r}|^3} - 3 \frac{\boldsymbol{r}[\boldsymbol{r}\cdot\boldsymbol{v}]}{|\boldsymbol{r}|^5} \right) \quad (20)$$

と書いた．最後に，

$$\tau = \frac{j^3}{\pi^{3/2}} e^{-j^2|\boldsymbol{v}|^2} \quad (21)$$

と仮定する．すなわち，一つの星が存在する確率はどの場所も同じで，速度の分布はマクスウェル分布であると仮定する．しかし，ここで我々は，以下に続く内容は任意の球対称な速度分布について有効であることを指摘しておく．後の段階（第 12 節）で，マクスウェル分布から一般の球対称分布に移行するために必要な修正を示す．同様に，最初はすべての星は同じ質量を持つと仮定するが，後で，異なる質量の分布がある場合に結果がどのように一般化されるかを示す（第 13 節）．

最後に，(18)式によると，$W(\boldsymbol{F}, \boldsymbol{f})$ は単に関数 $A(\boldsymbol{\rho}, \boldsymbol{\sigma})$ の 6 次元フーリエ変換であることを指摘しておいてもよいであろう．

3. $A(\boldsymbol{\rho}, \boldsymbol{\sigma})$ の評価

$A(\boldsymbol{\rho}, \boldsymbol{\sigma})$ に対する表式 (19) において，積分変数として $\boldsymbol{r}$ と $\boldsymbol{v}$ の代わりに $\boldsymbol{\varphi}$ と $\boldsymbol{\phi}$ 自体を導入しよう．対応する変換のヤコビアンは

$$\frac{\partial(\boldsymbol{\varphi}, \boldsymbol{\phi})}{\partial(\boldsymbol{r}, \boldsymbol{v})}$$
$$= G^6 M^6 \begin{vmatrix} \frac{1}{|\boldsymbol{r}|^3} - 3\frac{x^2}{|\boldsymbol{r}|^5} & -3\frac{xy}{|\boldsymbol{r}|^5} & -3\frac{zx}{|\boldsymbol{r}|^5} \\ -3\frac{xy}{|\boldsymbol{r}|^5} & \frac{1}{|\boldsymbol{r}|^3} - 3\frac{y^2}{|\boldsymbol{r}|^5} & -3\frac{yz}{|\boldsymbol{r}|^5} \\ -3\frac{zx}{|\boldsymbol{r}|^5} & -3\frac{yz}{|\boldsymbol{r}|^5} & \frac{1}{|\boldsymbol{r}|^3} - 3\frac{z^2}{|\boldsymbol{r}|^5} \end{vmatrix}^2$$
(22)

であることがわかる．あるいは，容易に確かめられるように[8]

---

[8] 評価するべき行列式は
$$\mathrm{Det}\left|\frac{1}{|\boldsymbol{r}|^3}\mathbf{1} - 3\frac{\boldsymbol{r}\otimes\boldsymbol{r}}{|\boldsymbol{r}|^5}\right| = \frac{1}{|\boldsymbol{r}|^{15}}\mathrm{Det}\left||\boldsymbol{r}|^2\mathbf{1} - 3\boldsymbol{r}\otimes\boldsymbol{r}\right|$$
である．ここで $\mathbf{1}$ は単位行列を表し，

$$\frac{\partial(\boldsymbol{\varphi},\boldsymbol{\phi})}{\partial(\boldsymbol{r},\boldsymbol{v})} = 4\frac{G^6 M^6}{|\boldsymbol{r}|^{18}} = \frac{4}{G^3 M^3}|\boldsymbol{\varphi}|^9 \qquad (23)$$

である．したがって，

$$d\boldsymbol{r}d\boldsymbol{v} = \left(\frac{\partial[\boldsymbol{\varphi},\boldsymbol{\phi}]}{\partial[\boldsymbol{r},\boldsymbol{v}]}\right)^{-1} d\boldsymbol{\varphi}d\boldsymbol{\phi}$$

$$= \frac{G^3 M^3}{4}|\boldsymbol{\varphi}|^{-9} d\boldsymbol{\varphi}d\boldsymbol{\phi}. \qquad (24)$$

次に，$|\boldsymbol{v}|^2$ を新しい変数 $\boldsymbol{\varphi}$ と $\boldsymbol{\phi}$ で表さなければならない．(20) 式より，

$$\boldsymbol{\varphi}\cdot\boldsymbol{\phi} = -2\frac{G^2 M^2}{|\boldsymbol{r}|^6}\boldsymbol{r}\cdot\boldsymbol{v}; \ \boldsymbol{\varphi}\times\boldsymbol{\phi} = \frac{G^2 M^2}{|\boldsymbol{r}|^6}\boldsymbol{r}\times\boldsymbol{v} \qquad (25)$$

を得る．よって，

$$(\boldsymbol{\varphi}\cdot\boldsymbol{\phi})^2 + 4(\boldsymbol{\varphi}\times\boldsymbol{\phi})^2 = 4\frac{G^4 M^4}{|\boldsymbol{r}|^{12}}[(\boldsymbol{r}\cdot\boldsymbol{v})^2 + (\boldsymbol{r}\times\boldsymbol{v})^2]$$

$$= 4\frac{G^4 M^4}{|\boldsymbol{r}|^{10}}|\boldsymbol{v}|^2. \qquad (26)$$

$$\boldsymbol{r}\otimes\boldsymbol{r} = \begin{bmatrix} x^2 & xy & xz \\ yx & y^2 & yz \\ zx & zy & z^2 \end{bmatrix}$$

であるが，これはランク 1，トレース $|\boldsymbol{r}|^2$ の行列である．$\boldsymbol{r}\otimes\boldsymbol{r}$ の特性根は，よって，$|\boldsymbol{r}|^2, 0, 0$ である．したがって，$|\boldsymbol{r}|^2\mathbf{1} - 3\boldsymbol{r}\otimes\boldsymbol{r}$ の特性根は $|\boldsymbol{r}|^2 - 3|\boldsymbol{r}|^2, |\boldsymbol{r}|^2, |\boldsymbol{r}|^2$，または，$-2|\boldsymbol{r}|^2, |\boldsymbol{r}|^2, |\boldsymbol{r}|^2$ である．その結果，
$$\mathrm{Det}||\boldsymbol{r}|^2\mathbf{1} - 3\boldsymbol{r}\otimes\boldsymbol{r}| = -2|\boldsymbol{r}|^6.$$
これで (23) 式が直ちに得られる．

すなわち,

$$|\boldsymbol{v}|^2 = \frac{|\boldsymbol{r}|^{10}}{G^4M^4}\Big[(\boldsymbol{\varphi}\times\boldsymbol{\phi})^2 + \frac{1}{4}(\boldsymbol{\varphi}\cdot\boldsymbol{\phi})^2\Big]$$
$$= GM|\boldsymbol{\varphi}|^{-5}\Big[(\boldsymbol{\varphi}\times\boldsymbol{\phi})^2 + \frac{1}{4}(\boldsymbol{\varphi}\cdot\boldsymbol{\phi})^2\Big]$$
$$= GM|\boldsymbol{\varphi}|^{-3}\Big[|\boldsymbol{\phi}|^2 - \frac{3}{4}|\boldsymbol{\varphi}|^{-2}(\boldsymbol{\varphi}\cdot\boldsymbol{\phi})^2\Big]. \quad (27)$$

最後に, $\boldsymbol{r}$ に関する積分は条件 $|\boldsymbol{r}| < R$ に制限されるので, 我々は

$$|\boldsymbol{\varphi}| > \frac{GM}{R^2} = \epsilon \quad (\text{と書こう}) \quad (28)$$

を要請するべきであることを注意しておく. このようにして, これらの新しい変数を使うと, $A(\boldsymbol{\rho},\boldsymbol{\sigma})$ の表式は

$$A(\boldsymbol{\rho},\boldsymbol{\sigma}) = \underset{\epsilon\to 0}{\text{limit}}\bigg[\frac{3}{4\pi}\Big(\frac{\epsilon}{GM}\Big)^{3/2}$$
$$\times \int_{|\boldsymbol{\varphi}|>\epsilon}\int_{|\boldsymbol{\phi}|<\infty} e^{i(\boldsymbol{\rho}\cdot\boldsymbol{\varphi}+\boldsymbol{\sigma}\cdot\boldsymbol{\phi})}$$
$$\times \tau\frac{G^3M^3}{4}|\boldsymbol{\varphi}|^{-9}d\boldsymbol{\varphi}d\boldsymbol{\phi}\bigg]^{\frac{4\pi}{3}\left(\frac{GM}{\epsilon}\right)^{3/2}n} \quad (29)$$

となる. あるいは, (21) 式と (27) 式にしたがって τ を代入すると,

$$A(\boldsymbol{\rho},\boldsymbol{\sigma}) = \underset{\epsilon\to 0}{\text{limit}}\bigg[\frac{3j^3(GM)^{3/2}}{16\pi^{5/2}}\epsilon^{3/2}$$
$$\times \int_{|\boldsymbol{\varphi}|>\epsilon}\int_{|\boldsymbol{\phi}|<\infty} e^{i(\boldsymbol{\rho}\cdot\boldsymbol{\varphi}+\boldsymbol{\sigma}\cdot\boldsymbol{\phi})}$$

$$\times e^{-j^2GM|\boldsymbol{\varphi}|^{-3}(|\boldsymbol{\phi}|^2-\frac{3}{4}|\boldsymbol{\varphi}|^{-2}[\boldsymbol{\varphi}\cdot\boldsymbol{\phi}]^2)}$$

$$\times|\boldsymbol{\varphi}|^{-9}d\boldsymbol{\varphi}d\boldsymbol{\phi}\Big]^{\frac{4\pi}{3}(\frac{GM}{\epsilon})^{3/2}n} \quad (30)$$

となる.

(30) 式に現れる $\boldsymbol{\phi}$ に関する積分について考えよう. その積分は

$$\int_{|\boldsymbol{\phi}|<\infty} e^{i\boldsymbol{\sigma}\cdot\boldsymbol{\phi}-j^2GM|\boldsymbol{\varphi}|^{-3}(|\boldsymbol{\phi}|^2-\frac{3}{4}|\boldsymbol{\varphi}|^{-2}[\boldsymbol{\varphi}\cdot\boldsymbol{\phi}]^2)}d\boldsymbol{\phi} \quad (31)$$

である.

$$\boldsymbol{\phi}_1 = j(GM)^{1/2}\boldsymbol{\phi} \quad (32)$$

および

$$\boldsymbol{\sigma}_1 = \frac{1}{j(GM)^{1/2}}\boldsymbol{\sigma} \quad (33)$$

と置こう. (31) 式は

$$\frac{1}{j^3(GM)^{3/2}}$$
$$\times\int_{|\boldsymbol{\phi}_1|<\infty} e^{i\boldsymbol{\sigma}_1\cdot\boldsymbol{\phi}_1-|\boldsymbol{\varphi}|^{-3}(|\boldsymbol{\phi}_1|^2-\frac{3}{4}|\boldsymbol{\varphi}|^{-2}[\boldsymbol{\varphi}\cdot\boldsymbol{\phi}_1]^2)}d\boldsymbol{\phi}_1 \quad (34)$$

となる. この積分を評価するために, ξ 軸が $\boldsymbol{\varphi}$ 方向を向いている座標系 (ξ,η,ζ) を選ぼう. このとき

$$\varphi_\xi=|\boldsymbol{\varphi}|;\,\varphi_\eta=\varphi_\zeta=0. \quad (35)$$

すると積分 (34) は

$$\frac{1}{j^3(GM)^{3/2}}$$

$$\times \int_{-\infty}^{+\infty}\int_{-\infty}^{+\infty}\int_{-\infty}^{+\infty}$$
$$e^{i(\sigma_{1\xi}\phi_{1\xi}+\sigma_{1\eta}\phi_{1\eta}+\sigma_{1\zeta}\phi_{1\zeta})-|\boldsymbol{\varphi}|^{-3}(\frac{1}{4}\phi_{1\xi}^2+\phi_{1\eta}^2+\phi_{1\zeta}^2)}$$
$$\times d\phi_{1\xi}d\phi_{1\eta}d\phi_{1\zeta}$$
$$= \frac{1}{j^3(GM)^{3/2}}\int_{-\infty}^{+\infty}e^{i\sigma_{1\xi}\phi_{1\xi}-\frac{1}{4}|\boldsymbol{\varphi}|^{-3}\phi_{1\xi}^2}d\phi_{1\xi}$$
$$\times \int_{-\infty}^{+\infty}e^{i\sigma_{1\eta}\phi_{1\eta}-|\boldsymbol{\varphi}|^{-3}\phi_{1\eta}^2}d\phi_{1\eta}$$
$$\times \int_{-\infty}^{+\infty}e^{i\sigma_{1\zeta}\phi_{1\zeta}-|\boldsymbol{\varphi}|^{-3}\phi_{1\zeta}^2}d\phi_{1\zeta}$$
$$= \frac{2\pi^{3/2}}{j^3(GM)^{3/2}}|\boldsymbol{\varphi}|^{9/2}e^{-|\boldsymbol{\varphi}|^3(\sigma_{1\xi}^2+\frac{1}{4}\sigma_{1\eta}^2+\frac{1}{4}\sigma_{1\zeta}^2)}$$
$$= \frac{2\pi^{3/2}}{j^3(GM)^{3/2}}|\boldsymbol{\varphi}|^{9/2}e^{-\frac{1}{4}|\boldsymbol{\varphi}|^3(|\boldsymbol{\sigma}_1|^2+3|\boldsymbol{\varphi}|^{-2}[\boldsymbol{\varphi}\cdot\boldsymbol{\sigma}_1]^2)}$$
(36)

となる.したがって, $A(\boldsymbol{\rho}, \boldsymbol{\sigma})$ に対する (30) 式は

$$A(\boldsymbol{\rho},\boldsymbol{\sigma}) = \operatorname*{limit}_{\epsilon\to 0}\left[\frac{3}{8\pi}\epsilon^{3/2}\right.$$
$$\times \int_{|\boldsymbol{\varphi}|>\epsilon}e^{i\boldsymbol{\rho}\cdot\boldsymbol{\varphi}-\frac{1}{4}|\boldsymbol{\varphi}|^3|\boldsymbol{\sigma}_1|^2(1+3\cos^2\beta)}$$
$$\left.\times |\boldsymbol{\varphi}|^{-9/2}d\boldsymbol{\varphi}\right]^{\frac{4\pi}{3}(\frac{GM}{\epsilon})^{3/2}n} \tag{37}$$

となる.ここで,ベクトル $\boldsymbol{\varphi}$ と $\boldsymbol{\sigma}_1$ のなす角度を β と書いた:
$$\beta = \angle(\boldsymbol{\varphi},\boldsymbol{\sigma}_1) = \angle(\boldsymbol{\varphi},\boldsymbol{\sigma}). \tag{38}$$

我々は容易に

$$\frac{3}{8\pi}\epsilon^{3/2}\int_{|\boldsymbol{\varphi}|>\epsilon}|\boldsymbol{\varphi}|^{-9/2}d\boldsymbol{\varphi}=1 \tag{39}$$

であることを確かめることができる．よって，(37) 式を

$$A(\boldsymbol{\rho},\boldsymbol{\sigma})=\underset{\epsilon\to 0}{\text{limit}}\bigg[1-\frac{3}{8\pi}\epsilon^{3/2}$$
$$\times\int_{|\boldsymbol{\varphi}|>\epsilon}\{1-e^{i\boldsymbol{\rho}\cdot\boldsymbol{\varphi}-\frac{1}{4}|\boldsymbol{\varphi}|^{3}|\boldsymbol{\sigma}_{1}|^{2}(1+3\cos^{2}\beta)}\}$$
$$\times|\boldsymbol{\varphi}|^{-9/2}d\boldsymbol{\varphi}\bigg]^{\frac{4\pi}{3}\left(\frac{GM}{\epsilon}\right)^{3/2}n} \tag{40}$$

の形に書き換えることができる．上式においては，明らかに，その値を変えることなく $\boldsymbol{\varphi}$ を $-\boldsymbol{\varphi}$ に置き換えることができる．しかし，この置き換えによって，積分記号の中で

$$e^{i\boldsymbol{\rho}\cdot\boldsymbol{\varphi}} \text{ は } e^{-i\boldsymbol{\rho}\cdot\boldsymbol{\varphi}} \text{ へ} \tag{41}$$

変わる．その結果として得られる二つの積分の算術平均をとることによって，

$$A(\boldsymbol{\rho},\boldsymbol{\sigma})=\underset{\epsilon\to 0}{\text{limit}}\bigg[1-\frac{3}{8\pi}\epsilon^{3/2}\int_{|\boldsymbol{\varphi}|>\epsilon}\{1-\cos(\boldsymbol{\rho}\cdot\boldsymbol{\varphi})$$
$$\times e^{-|\boldsymbol{\varphi}|^{3}|\boldsymbol{\sigma}_{1}|^{2}(1+3\cos^{2}\beta)/4}\}|\boldsymbol{\varphi}|^{-9/2}d\boldsymbol{\varphi}\bigg]^{\frac{4\pi}{3}\left(\frac{GM}{\epsilon}\right)^{3/2}n} \tag{42}$$

を得る．

今，(40) 式に現れる $\boldsymbol{\varphi}$ に関する積分は，積分領域をすべての $\boldsymbol{\varphi}$ に広げても，すなわち，$\epsilon\to 0$ としても，絶対収束することがわかる．したがって，

$$A(\boldsymbol{\rho}, \boldsymbol{\sigma}) = \lim_{\epsilon \to 0} \left[1 - \frac{3}{8\pi} \epsilon^{3/2} \int_{0<|\boldsymbol{\varphi}|<\infty} \{1 - \cos(\boldsymbol{\rho} \cdot \boldsymbol{\varphi}) \right.$$
$$\left. \times e^{-|\boldsymbol{\varphi}|^3 |\boldsymbol{\sigma}_1|^2 (1+3\cos^2\beta)/4} \} |\boldsymbol{\varphi}|^{-9/2} d\boldsymbol{\varphi} \right]^{\frac{4\pi}{3} \left(\frac{GM}{\epsilon} \right)^{3/2} n} \tag{43}$$

あるいは
$$A(\boldsymbol{\rho}, \boldsymbol{\sigma}) = e^{-\frac{1}{2} n (GM)^{3/2} C(\boldsymbol{\rho}, \boldsymbol{\sigma}_1)} \quad \left(\boldsymbol{\sigma}_1 = \frac{\boldsymbol{\sigma}}{j(GM)^{1/2}} \right) \tag{44}$$

と書くことができる. ここで
$$C(\boldsymbol{\rho}, \boldsymbol{\sigma}_1) = \int_{0<|\boldsymbol{\varphi}|<\infty} \{1 - \cos(\boldsymbol{\rho} \cdot \boldsymbol{\varphi})$$
$$\times e^{-|\boldsymbol{\varphi}|^3 |\boldsymbol{\sigma}_1|^2 (1+3\cos^2\beta)/4} \} \frac{d\boldsymbol{\varphi}}{|\boldsymbol{\varphi}|^{9/2}} \tag{45}$$

と書いた.

4. $C(\boldsymbol{\rho}, \boldsymbol{\sigma}_1)$ の別形

$C(\boldsymbol{\rho}, \boldsymbol{\sigma}_1)$ に対するより便利な形式は, 座標軸を特定の方向に選ぶことによって得られる. $\boldsymbol{\rho}$ を座標軸の一つの方向にとって, $\boldsymbol{\sigma}_1$ を一つの主平面内にとることにしよう (図 1 を見よ). 図 1 に示した極座標を使うと, 球面三角 $(\boldsymbol{\rho}, \boldsymbol{\sigma}_1, \boldsymbol{\varphi})$ から
$$\cos\beta = \cos\angle(\boldsymbol{\varphi}, \boldsymbol{\sigma}_1)$$
$$= \cos\gamma\cos\theta + \sin\gamma\sin\theta\cos\omega \tag{46}$$

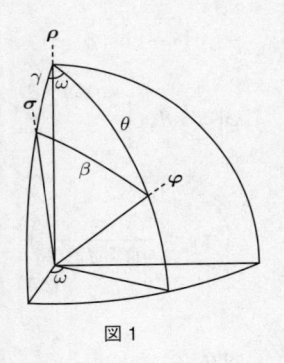

図1 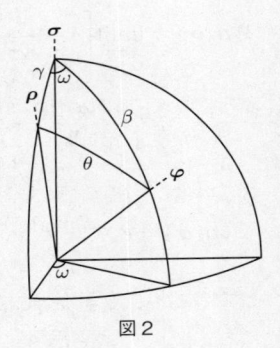　　　　　　　　図2

を得る. ここで, γ は $\boldsymbol{\rho}$ と $\boldsymbol{\sigma}_1$ (すなわち $\boldsymbol{\sigma}$) の間の角度である. したがって (45) 式は

$$C(\boldsymbol{\rho}, \boldsymbol{\sigma}_1) = \int_0^\infty \int_0^\pi \int_0^{2\pi} \{1 - \cos(|\boldsymbol{\rho}||\boldsymbol{\varphi}|\cos\theta) \\ \times e^{-|\boldsymbol{\varphi}|^3|\boldsymbol{\sigma}_1|^2(1+3\cos^2\beta)/4}\} |\boldsymbol{\varphi}|^{-5/2} \sin\theta d\omega d\theta d|\boldsymbol{\varphi}| \tag{47}$$

となる. あるいは

$$\cos\theta = t \tag{48}$$

と置いて

$$C(\boldsymbol{\rho}, \boldsymbol{\sigma}_1) = \int_0^\infty \int_{-1}^1 \int_0^{2\pi} \{1 - \cos(|\boldsymbol{\rho}||\boldsymbol{\varphi}|t) \\ \times e^{-|\boldsymbol{\varphi}|^3|\boldsymbol{\sigma}_1|^2(1+3\cos^2\beta)/4}\} |\boldsymbol{\varphi}|^{-5/2} d\omega dt d|\boldsymbol{\varphi}| \tag{49}$$

を得る. 最後に,

$$z = |\boldsymbol{\varphi}||\boldsymbol{\rho}| \tag{50}$$

として
$$C(\boldsymbol{\rho}, \boldsymbol{\sigma}_1) = |\boldsymbol{\rho}|^{3/2} D\left(\frac{|\boldsymbol{\sigma}_1|^2}{|\boldsymbol{\rho}|^3}\right) \tag{51}$$

を得る.ここで
$$D(p) = \int_0^\infty \int_{-1}^1 \int_0^{2\pi} \{1 - \cos(zt)$$
$$\times e^{-pz^3(1+3[t\cos\gamma+\sqrt{1-t^2}\sin\gamma\cos\omega]^2)/4}\} z^{-5/2} d\omega dt dz \tag{52}$$

である.

$D(p)$ に対するもう一つの,しかし等価な形は,$\boldsymbol{\sigma}_1$ が主軸の一つの方向に沿い,$\boldsymbol{\rho}$ が主平面の一つの面内にあるような座標系(図 2 を見よ)を選ぶと得られる.

$$D(p) = \int_0^\infty \int_{-1}^1 \int_0^{2\pi}$$
$$\{1 - \cos(z[t\cos\gamma+\sqrt{1-t^2}\sin\gamma\cos\omega])$$
$$\times e^{-pz^3(1+3t^2)/4}\} z^{-5/2} d\omega dt dz. \tag{53}$$

5. $p \to 0$ に対する $D(p)$ の振る舞い

2 変数分布 $W(\boldsymbol{F}, \boldsymbol{f})$ に関する我々の主な関心は,与えられた $\boldsymbol{F}$ に対する $\boldsymbol{f}$ のモーメントや与えられた $\boldsymbol{f}$ に対する $\boldsymbol{F}$ のモーメントを決めることであり,また,$\boldsymbol{F}$ と $\boldsymbol{f}$ の個別の分布にも関心がある.(18)式から言える初等的な結論は,これらのモーメントは $A(\boldsymbol{\rho}, \boldsymbol{\sigma})$ の,それぞれ,$|\boldsymbol{\sigma}| \to 0$ または $|\boldsymbol{\rho}| \to 0$ での振る舞いにのみ依存するとい

うことだ. あるいは (44) と (51) 式によると, $D(p)$ の $p \to 0$ または $p \to \infty$ での振る舞いに依存するとも言える. 最初に $p \to 0$ に対する $D(p)$ の振る舞いを調べよう.

(52) 式によれば,
$$D(p) = D(0) + F(p) \tag{54}$$
である. ここで,
$$D(0) = \int_0^\infty \int_{-1}^1 \int_0^{2\pi} (1 - \cos[zt]) z^{-5/2} d\omega dt dz \tag{55}$$
および
$$\begin{aligned} F(p) = & \int_0^\infty \int_{-1}^1 \int_0^{2\pi} \cos(zt) \\ & \times \{1 - e^{-pz^3(1+3[t\cos\gamma + \sqrt{1-t^2}\sin\gamma\cos\omega]^2)/4}\} \\ & \times z^{-5/2} d\omega dt dz \end{aligned} \tag{56}$$
である. $D(0)$ は直ちに評価できる. というのは, ω と t に関する積分を実行すると
$$D(0) = 4\pi \int_0^\infty (z - \sin z) z^{-7/2} dz \tag{57}$$
を得るからである. あるいは, 何度か部分積分を行うと,
$$D(0) = \frac{32}{15} \pi \int_0^\infty z^{-1/2} \cos z dz = \frac{8}{15} (2\pi)^{3/2} \tag{58}$$
となる.

$F(p)$ に関する考察に戻ると, $F(0) = 0$ であることがわかる. よって, 我々は $p \gtrsim 0$ に対する $F'(p)$ の振る舞いについて調べる. $p > 0$ の場合, 積分記号内で微分すると

$$F'(p) = \int_0^\infty \int_{-1}^1 \int_0^{2\pi} \cos(zt)$$
$$\times e^{-pz^3(1+3[t\cos\gamma+\sqrt{1-t^2}\sin\gamma\cos\omega]^2)/4}$$
$$\times \frac{1}{4}(1+3[t\cos\gamma+\sqrt{1-t^2}\sin\gamma\cos\omega]^2)$$
$$\times z^{1/2} d\omega dt dz \qquad (59)$$

となる.$F'(p)$ に対する上の積分は,任意の固定した $p_0 > 0$ に対して $p \geqq p_0$ で一様かつ絶対収束する.よって,これはすべての $p > 0$ に対して $F'(p)$ を決定する.一方,$F'(p)$ を定める積分の絶対収束は $p \gtreqless 0$ に対して一様でない.その結果,$p \gtreqless 0$ に対する $F'(p)$ の連続性を確信することはできない.また,たとえ連続であったとしても,その極限値は $p = 0$ に対する (59) 式の積分とは多分異なるであろう[9].しかし,(59) 式を

$$F'(p) = \Re \int_0^\infty \int_{-1}^1 \int_0^{2\pi} e^{izt}$$
$$\times e^{-\frac{1}{4}pz^3(1+3[t\cos\gamma+\sqrt{1-t^2}\sin\gamma\cos\omega]^2)}$$
$$\times \frac{1}{4}(1+3[t\cos\gamma+\sqrt{1-t^2}\sin\gamma\cos\omega]^2)$$

---

[9] これらの見解の妥当性は,$p = 0$ に対する (59) 式の右辺の積分,つまり,

$$\frac{1}{4}\int_0^\infty \int_{-1}^1 \int_0^{2\pi} \cos(zt)$$
$$\times [1+3(t\cos\gamma+\sqrt{1-t^2}\sin\gamma\cos\omega)^2] z^{1/2} d\omega dt dz \qquad (60)$$

は無条件収束もしないし,絶対収束もしないということに注意すると明らかになる.

$$\times z^{1/2} d\omega dt dz \tag{61}$$

の形に書いて[10], z と t を複素変数とみなせば，すべての $p \geqq 0$ に対して絶対かつ一様収束するように積分路を選ぶことができる（本論文の付録を見よ）．ここでは，どのようにしてこれが可能となるかについての詳細には立ち入らないが，t 平面の積分路は，$\Im t > 0$ の半平面内の -1 から $+1$ に至る任意の単純な連続曲線でよいということだけ述べておく（これ以上の詳細については付録を見よ）．これらの状況の下では，(61) 式の積分記号の中で，

$$e^{-pz^3(1+3[t\cos\gamma+\sqrt{1-t^2}\sin\gamma\cos\omega]^2)/4} \tag{62}$$

を p のべき級数として展開することが可能であり，積分を展開項ごとに評価できる．こうして

$$\frac{1}{4}\int_0^\infty \int_{-1}^1 \int_0^{2\pi} e^{izt-\frac{1}{4}pz^3(1+3[t\cos\gamma+\sqrt{1-t^2}\sin\gamma\cos\omega]^2)}$$
$$\times (1+3[t\cos\gamma+\sqrt{1-t^2}\sin\gamma\cos\omega]^2)z^{1/2}d\omega dt dz$$
$$=\sum_{n=0}^\infty I_n \tag{63}$$

を得る．ここで

$$I_n = (-1)^n \frac{p^n}{n!} \int_0^\infty \int_{-1}^1 \int_0^{2\pi} e^{izt}\left(\frac{1}{4}z^3[1+3(t\cos\gamma$$
$$+\sqrt{1-t^2}\sin\gamma\cos\omega)^2]\right)^{n+1} z^{-5/2}d\omega dt dz \tag{64}$$

と書いた．n の一般の値に対する積分 I_n の評価は付録に

---

10) 複素数の実部と虚部を表すために $\Re$ と $\Im$ を使うことにする．

ある. 我々の今の目的には, I_0 を評価すれば十分である. 我々は

$$I_0 = \frac{1}{4}\int_0^\infty \int_{-1}^1 \int_0^{2\pi} e^{izt}[1+3(t\cos\gamma \\ + \sqrt{1-t^2}\sin\gamma\cos\omega)^2]\,z^{1/2}d\omega dt dz \qquad (65)$$

を得る. ω に関する積分は直ちに実行できて,

$$I_0 = \frac{1}{2}\pi \int_0^\infty \int_{-1}^1 e^{izt}\Big\{1+3\Big[t^2\cos^2\gamma \\ + \frac{1}{2}(1-t^2)\sin^2\gamma\Big]\Big\}z^{1/2}dt dz \qquad (66)$$

を得る. また z に関する積分も実行できる. 我々は

$$I_0 = \frac{1}{2}\pi\Gamma\Big(\frac{3}{2}\Big)\int_{-1}^{+1}\Big\{1+3\Big[t^2\cos^2\gamma \\ + \frac{1}{2}(1-t^2)\sin^2\gamma\Big]\Big\}(-it)^{-3/2}dt \qquad (67)$$

を得る(付録参照). $i = \exp(i\pi/2)$ であることを思い出すと,

$$(-i)^{-3/2} = (e^{-i\pi/2})^{-3/2} = e^{+3i\pi/4} = -e^{-i\pi/4} \qquad (68)$$

を得る. したがって, I_0 に対する式は

$$I_0 = -\frac{\pi}{2}\Gamma\Big(\frac{3}{2}\Big)e^{-i\pi/4} \\ \times \Big\{3\Big(\cos^2\gamma - \frac{1}{2}\sin^2\gamma\Big)\int_{-1}^{+1}t^{1/2}dt \\ + \Big(1+\frac{3}{2}\sin^2\gamma\Big)\int_{-1}^{+1}t^{-3/2}dt\Big\} \qquad (69)$$

の形に書きなおすことができる．上式に現れる t に関する積分は，もちろん，複素積分である．

$$t = e^{i\theta} \tag{70}$$

と書くと，

$$\int_{-1}^{+1} t^{1/2} dt = i \int_{\pi}^{0} e^{3i\theta/2} d\theta = \frac{2}{3} [e^{3i\theta/2}]_{\pi}^{0} = \frac{2}{3}(1+i) \tag{71}$$

および

$$\int_{-1}^{+1} t^{-3/2} dt = i \int_{\pi}^{0} e^{-i\theta/2} d\theta = -2 [e^{-i\theta/2}]_{\pi}^{0} = -2(1+i) \tag{72}$$

であることがわかる．(71) 式と (72) 式を (69) 式に代入して

$$\begin{aligned}
I_0 &= -\frac{\pi}{2} \Gamma\left(\frac{3}{2}\right) e^{-i\pi/4}(1+i) \\
&\quad \times \left\{ 2\left(\cos^2\gamma - \frac{1}{2}\sin^2\gamma\right) - 2\left(1+\frac{3}{2}\sin^2\gamma\right) \right\} \\
&= 3\pi \Gamma\left(\frac{3}{2}\right) e^{-i\pi/4}(1+i) \sin^2\gamma
\end{aligned} \tag{73}$$

を得る．したがって，(61), (63), (73) 式より

$$\begin{aligned}
F'(0) &= 3\pi \Gamma\left(\frac{3}{2}\right) \sin^2\gamma \, \Re e^{-i\pi/4}(1+i) \\
&= 3\pi \Gamma\left(\frac{3}{2}\right) 2^{1/2} \sin^2\gamma \\
&= \frac{3}{4}(2\pi)^{3/2} \sin^2\gamma.
\end{aligned} \tag{74}$$

(54), (58), (74) 式を組み合わせると，今や

$$D(p) = \frac{8}{15}(2\pi)^{3/2} + \frac{3}{4}(2\pi)^{3/2} p \sin^2\gamma + O(p^2) \quad (75)$$

を得る．または，(51) 式によれば，

$$C(\boldsymbol{\rho}, \boldsymbol{\sigma}_1) = \frac{8}{15}(2\pi)^{3/2}|\boldsymbol{\rho}|^{3/2}$$
$$+ \frac{3}{4}(2\pi)^{3/2} \frac{|\boldsymbol{\sigma}_1|^2}{|\boldsymbol{\rho}|^{3/2}} \sin^2\gamma + O(|\boldsymbol{\sigma}_1|^4) \quad (76)$$

となる．元の変数 $\boldsymbol{\sigma}$ に戻すと ((33) 式参照)，

$$C(\boldsymbol{\rho}, \boldsymbol{\sigma}) = \frac{8}{15}(2\pi)^{3/2}|\boldsymbol{\rho}|^{3/2}$$
$$+ \frac{3(2\pi)^{3/2}}{4j^2 GM} \frac{|\boldsymbol{\sigma}|^2}{|\boldsymbol{\rho}|^{3/2}} \sin^2\gamma + O(|\boldsymbol{\sigma}|^4) \quad (77)$$

を得る．最後に，$C(\boldsymbol{\rho}, \boldsymbol{\sigma})$ に対する上式を (44) 式に代入すると，

$$A(\boldsymbol{\rho}, \boldsymbol{\sigma}) = e^{-a|\boldsymbol{\rho}|^{3/2} - b|\boldsymbol{\sigma}|^2|\boldsymbol{\rho}|^{-3/2}\sin^2\gamma + O(|\boldsymbol{\sigma}|^4)} \quad (78)$$

を得る．ここで

$$\left. \begin{array}{l} a = \dfrac{4}{15}(2\pi GM)^{3/2} n \\[2mm] b = \dfrac{3}{8}(2\pi)^{3/2}(GM)^{1/2} j^{-2} n \end{array} \right\} \quad (79)$$

と書いた．

6. $p \to \infty$ に対する $D(p)$ の振る舞い

$p \to \infty$ に対する $D(p)$ の振る舞いを調べるために，(53)

式から始めよう．この式において
$$z = p^{-1/3}y \tag{80}$$
と置くと，$D(p)$ を
$$D(p) = p^{1/2}J(p) \tag{81}$$
の形に表すことができることがわかる．ここで
$$\begin{aligned}J(p) = \int_0^\infty \int_{-1}^1 \int_0^{2\pi} &\{1 - \cos(p^{-1/3} \\ &\times [t\cos\gamma + \sqrt{1-t^2}\sin\gamma\cos\omega]y) \\ &\times e^{-y^3(1+3t^2)/4}\} y^{-5/2}d\omega dt dy\end{aligned} \tag{82}$$
である．

$p \to \infty$ のときの $J(p)$ の振る舞いを明らかにするために，これを
$$J(p) = J(\infty) + K(p) \tag{83}$$
の形に書き直す．ここで
$$J(\infty) = \int_0^\infty \int_{-1}^1 \int_0^{2\pi} \left[1 - e^{-y^3(1+3t^2)/4}\right] y^{-5/2} d\omega dt dy \tag{84}$$
および
$$K(p) = \int_0^\infty \int_{-1}^1 \int_0^{2\pi} e^{-y^3(1+3t^2)/4}[1 - \cos(p^{-1/3} \\ \times [\![t\cos\gamma + \sqrt{1-t^2}\sin\gamma\cos\omega]\!]y)]\, y^{-5/2}d\omega dt dy \tag{85}$$
である．

$J(\infty)$ は直ちに評価される．ω に関する積分を実行した後，

$$J(\infty) = 4\pi \int_0^\infty \int_0^1 \left(1 - e^{-y^3(1+3t^2)/4}\right) y^{-5/2} dt dy \quad (86)$$

を得る．y に関して部分積分すると，

$$J(\infty) = \frac{2\pi}{3} \int_0^1 \int_0^\infty e^{-y^3(1+3t^2)/4} (1+3t^2) y^{-3/2} d(y^3) dt \quad (87)$$

を得る．y と t に関する積分は今や実行可能で，次の結果を得る：

$$J(\infty) = \frac{4}{3}\pi\Gamma\left(\frac{1}{2}\right)\int_0^1 \sqrt{1+3t^2}\, dt = \frac{4}{3}\pi^{3/2} Q_0. \quad (88)$$

ここで

$$Q_0 = \int_0^1 \sqrt{1+3t^2}\, dt = 1 + \frac{1}{2\sqrt{3}}\log(2+\sqrt{3})$$
$$= 1.38017 \quad (89)$$

である．

$K(p)$ の議論に戻ると，我々は $p \to \infty$ のときの振る舞いにのみ興味があるので，(85) 式の積分記号の中に現れる

$$1 - \cos(p^{-1/3}[t\cos\gamma + \sqrt{1-t^2}\sin\gamma\cos\omega]y) \quad (90)$$

の項をべき級数に展開して，展開項ごとに積分することができることは明らかである．このようにして，

$$K(p) = \sum_{n=1}^\infty K_n(p) \quad (91)$$

を得る．ここで

$$K_n(p) = (-1)^{n+1} \frac{p^{-2n/3}}{2n!} \int_0^\infty \int_{-1}^1 \int_0^{2\pi} e^{-y^3(1+3t^2)/4}$$

$$\times [t\cos\gamma + \sqrt{1-t^2}\sin\gamma\cos\omega]^{2n} y^{(4n-5)/2} d\omega dt dy \tag{92}$$

と書いた. 最初に, y に関する積分を実行すると,

$$K_n(p) = (-1)^{n+1} \frac{p^{-2n/3}}{2n!} \frac{1}{3} \Gamma\left(\frac{2n}{3} - \frac{1}{2}\right) 2^{(4n-3)/3}$$

$$\times \int_{-1}^{1} \int_{0}^{2\pi} \frac{[t\cos\gamma + \sqrt{1-t^2}\sin\gamma\cos\omega]^{2n}}{(1+3t^2)^{(4n-3)/6}} dt d\omega \tag{93}$$

となることがわかる. 我々の目的のためには, K_1 の項のみを評価すれば十分であることがわかる. 我々は

$$K_1 = \frac{2^{1/3}}{6} \Gamma\left(\frac{1}{6}\right) p^{-2/3}$$

$$\times \int_{-1}^{1} \int_{0}^{2\pi} \frac{[t\cos\gamma + \sqrt{1-t^2}\sin\gamma\cos\omega]^{2}}{(1+3t^2)^{1/6}} dt d\omega \tag{94}$$

を得る. ω に関する積分を実行すると,

$$K_1 = \frac{2^{4/3}\Gamma(\frac{1}{6})\pi}{3} p^{-2/3}$$

$$\times \int_{0}^{1} \frac{t^2\cos^2\gamma + \frac{1}{2}(1-t^2)\sin^2\gamma}{(1+3t^2)^{1/6}} dt$$

$$= \frac{2^{1/3}\Gamma(\frac{1}{6})\pi}{3} p^{-2/3} \left[\cos^2\gamma \int_{0}^{1} \frac{3t^2-1}{(1+3t^2)^{1/6}} dt \right.$$

$$\left. + \int_{0}^{1} \frac{1-t^2}{(1+3t^2)^{1/6}} dt \right] \tag{95}$$

を得る.

$$\left.\begin{aligned}2\lambda &= \frac{2^{1/3}\Gamma(\frac{1}{6})\pi}{3}\int_0^1 \frac{3t^2-1}{(1+3t^2)^{1/6}}dt \\ 2\mu &= \frac{2^{1/3}\Gamma(\frac{1}{6})\pi}{3}\int_0^1 \frac{1-t^2}{(1+3t^2)^{1/6}}dt\end{aligned}\right\} \quad (96)$$

と置こう. すると,
$$K_1 = 2(\lambda\cos^2\gamma + \mu)p^{-2/3} \quad (97)$$
となる. 今, (83), (88), (91), (92), (97) 式を組み合わせると,

$$J(p) = \frac{4}{3}\pi^{3/2}Q_0 + 2(\lambda\cos^2\gamma + \mu)p^{-2/3} + O(p^{-4/3}) \quad (98)$$

を得る. あるいは, (81) 式によると,

$$D(p) = \frac{4}{3}\pi^{3/2}Q_0 p^{1/2} + 2(\lambda\cos^2\gamma + \mu)p^{-1/6} + O(p^{-5/6}) \quad (99)$$

である.

この $D(p)$ の式を (51) 式に代入すると
$$C(\boldsymbol{\rho},\boldsymbol{\sigma}_1) = \frac{4}{3}\pi^{3/2}Q_0|\boldsymbol{\sigma}_1| + 2(\lambda\cos^2\gamma + \mu)$$
$$\times \frac{|\boldsymbol{\rho}|^2}{|\boldsymbol{\sigma}_1|^{1/3}} + O(|\boldsymbol{\rho}|^4) \quad (100)$$

を得る. あるいは, 最終的に, (44) 式と (100) 式から,
$$A(\boldsymbol{\rho},\boldsymbol{\sigma}) = e^{-c|\boldsymbol{\rho}| - d(\lambda\cos^2\gamma + \mu)|\boldsymbol{\rho}|^2|\boldsymbol{\sigma}|^{-1/3} + O(|\boldsymbol{\rho}|^4)} \quad (101)$$
を得る. ここで,

$$\left.\begin{array}{l} c = \dfrac{2}{3}\pi^{3/2}Q_0 GM j^{-1} n \\[2mm] d = (GM)^{5/3} j^{1/3} n \end{array}\right\} \quad (102)$$

と書いた.

7. $\boldsymbol{F}$ に対するホルツマルク分布

(18) 式より,
$$W(\boldsymbol{F}) = \frac{1}{64\pi^6} \int_{|\boldsymbol{\rho}|=0}^{\infty} \int_{|\boldsymbol{\sigma}|=0}^{\infty} \int_{|\boldsymbol{f}|=0}^{\infty} e^{-i(\boldsymbol{\rho}\cdot\boldsymbol{F}+\boldsymbol{\sigma}\cdot\boldsymbol{f})}$$
$$\times A(\boldsymbol{\rho},\boldsymbol{\sigma})d\boldsymbol{\rho}d\boldsymbol{\sigma}d\boldsymbol{f} \quad (103)$$

であることは明らかである. しかし, δ をディラックの δ 関数とすると,
$$\frac{1}{8\pi^3}\int_{|\boldsymbol{f}|=0}^{\infty} e^{-i\boldsymbol{\sigma}\cdot\boldsymbol{f}} d\boldsymbol{f} = \delta(\sigma_1)\delta(\sigma_2)\delta(\sigma_3) \quad (104)$$

である. したがって, (103) 式は
$$W(\boldsymbol{F}) = \frac{1}{8\pi^3}\int_{|\boldsymbol{\rho}|=0}^{\infty} e^{-i\boldsymbol{\rho}\cdot\boldsymbol{F}}[A(\boldsymbol{\rho},\boldsymbol{\sigma})]_{|\boldsymbol{\sigma}|=0} d\boldsymbol{\rho} \quad (105)$$

となる. あるいは, (78) 式を使うと,
$$W(\boldsymbol{F}) = \frac{1}{8\pi^3}\int_{|\boldsymbol{\rho}|=0}^{\infty} e^{-i\boldsymbol{\rho}\cdot\boldsymbol{F}} e^{-a|\boldsymbol{\rho}|^{3/2}} d\boldsymbol{\rho} \quad (106)$$

を得る. 主軸の一つが $\boldsymbol{F}$ の方向を向いている座標系を使い, 極座標に変えると, 先の $W(\boldsymbol{F})$ に対する式は

$$W(\boldsymbol{F}) = \frac{1}{4\pi^2} \int_0^\infty \int_0^\pi e^{-i|\boldsymbol{\rho}||\boldsymbol{F}|\cos\theta - a|\boldsymbol{\rho}|^{3/2}}$$
$$\times |\boldsymbol{\rho}|^2 \sin\theta d\theta d|\boldsymbol{\rho}| \tag{107}$$

となる. θ に関する積分は容易に実行できて,

$$W(\boldsymbol{F}) = \frac{1}{2\pi^2 |\boldsymbol{F}|} \int_0^\infty e^{-a|\boldsymbol{\rho}|^{3/2}} |\boldsymbol{\rho}| \sin(|\boldsymbol{\rho}||\boldsymbol{F}|) d|\boldsymbol{\rho}| \tag{108}$$

を得る.

$$x = |\boldsymbol{\rho}||\boldsymbol{F}| \tag{109}$$

と置くと, (108) 式は

$$W(\boldsymbol{F}) = \frac{1}{2\pi^2 |\boldsymbol{F}|^3} \int_0^\infty e^{-ax^{3/2}/|\boldsymbol{F}|^{3/2}} x \sin x dx \tag{110}$$

となる.

$$W(|\boldsymbol{F}|) = 4\pi |\boldsymbol{F}|^2 W(\boldsymbol{F}) \tag{111}$$

だから, $|\boldsymbol{F}|$ の分布に関する公式

$$W(|\boldsymbol{F}|) = \frac{2}{\pi |\boldsymbol{F}|} \int_0^\infty e^{-ax^{3/2}/|\boldsymbol{F}|^{3/2}} x \sin x dx \tag{112}$$

を得る. これがホルツマルクの結果である[11].

$W(\boldsymbol{F})$ と $W(|\boldsymbol{F}|)$ に対する上式は,

$$Q_H = a^{2/3} = \left(\frac{4}{15}\right)^{2/3} 2\pi GMn^{2/3}$$
$$= 2.6031 GMn^{2/3} \tag{113}$$

で定義される "標準" 場 Q_H を導入し ((79) 式参照), $|\boldsymbol{F}|$

---

[11] Chandrasekhar の前掲論文 ((12) 式) を参照.

をこれを単位として
$$|\boldsymbol{F}| = \beta Q_H = \beta a^{2/3} \tag{114}$$
と表すと,より便利な形に書き換えることができる.今や(112)式は
$$W(|\boldsymbol{F}|) = \frac{1}{Q_H} H(\beta) \tag{115}$$
の形をとる.ここで,
$$H(\beta) = \frac{2}{\pi\beta} \int_0^\infty e^{-(x/\beta)^{3/2}} x\sin x\, dx \tag{116}$$
と書いた.同様に,(110)式は
$$W(\boldsymbol{F}) = \frac{1}{4\pi a^2} \frac{H(\beta)}{\beta^2} \tag{117}$$
となる.

最後に,$H(\beta)$ に対する次の漸近式を記しておいてもよいであろう[12]:
$$H(\beta) = \frac{4}{3\pi}\beta^2 - \frac{2}{9\pi}\Gamma\left(\frac{10}{3}\right)\beta^4 + O(\beta^6) \quad (\beta \to 0) \tag{118}$$
および
$$H(\beta) = \frac{15}{8}\sqrt{\frac{2}{\pi}}\beta^{-5/2} + \frac{24}{\pi}\beta^{-4} + O(\beta^{-11/2}) \quad (\beta \to \infty). \tag{119}$$

---

[12] この二つの展開式の高次項の係数(1番目の式の36項,2番目の式の20項)は,S. Verwij, *Pub. Ap. Inst. Amsterdam*, No. 5, Table 3 (1936) に掲載されている.

8. モーメント $\overline{f_\xi^2}$, $\overline{f_\eta^2}$, $\overline{f_\zeta^2}$

ξ 軸が $\boldsymbol{F}$ の方向を向いている座標系 (ξ, η, ζ) を選ぼう. そのとき, (18) 式より,

$$\int_{|\boldsymbol{f}|=0}^{\infty} W(\boldsymbol{F}, \boldsymbol{f}) f_\xi^2 d\boldsymbol{f}$$
$$= \frac{1}{64\pi^6} \int_{|\boldsymbol{f}|=0}^{\infty} \int_{|\boldsymbol{\rho}|=0}^{\infty} \int_{|\boldsymbol{\sigma}|=0}^{\infty} e^{-i(\boldsymbol{\rho} \cdot \boldsymbol{F} + \boldsymbol{\sigma} \cdot \boldsymbol{f})}$$
$$\times A(\boldsymbol{\rho}, \boldsymbol{\sigma}) f_\xi^2 d\boldsymbol{\rho} d\boldsymbol{\sigma} d\boldsymbol{f} \quad (120)$$

である. しかし,

$$\frac{1}{8\pi^3} \int_{|\boldsymbol{f}|=0}^{\infty} e^{-i\boldsymbol{\sigma} \cdot \boldsymbol{f}} f_\xi^2 d\boldsymbol{f} = -\delta''(\sigma_\xi)\delta(\sigma_\eta)\delta(\sigma_\zeta) \quad (121)$$

である. ここで, δ はディラックの δ 関数で, δ'' はその 2 階微分である.

$$\int_{-\infty}^{+\infty} f(x)\delta''(x) dx = f''(0) \quad (122)$$

であることを思い出すと, (120) 式は

$$\int_{|\boldsymbol{f}|=0}^{\infty} W(\boldsymbol{F}, \boldsymbol{f}) f_\xi^2 d\boldsymbol{f}$$
$$= -\frac{1}{8\pi^3} \int_{|\boldsymbol{\rho}|=0}^{\infty} e^{-i\boldsymbol{\rho} \cdot \boldsymbol{F}} \left[\frac{\partial^2}{\partial \sigma_\xi^2} A(\boldsymbol{\rho}, \boldsymbol{\sigma}) \right]_{|\boldsymbol{\sigma}|=0} d\boldsymbol{\rho}$$
$$(123)$$

となる. 同様に

$$\int_{|\bm{f}|=0}^{\infty} W(\bm{F},\bm{f}) f_\eta^2 d\bm{f}$$
$$= -\frac{1}{8\pi^3} \int_{|\bm{\rho}|=0}^{\infty} e^{-i\bm{\rho}\cdot\bm{F}} \left[\frac{\partial^2}{\partial\sigma_\eta^2} A(\bm{\rho},\bm{\sigma})\right]_{|\bm{\sigma}|=0} d\bm{\rho}$$
(124)

および
$$\int_{|\bm{f}|=0}^{\infty} W(\bm{F},\bm{f}) f_\zeta^2 d\bm{f}$$
$$= -\frac{1}{8\pi^3} \int_{|\bm{\rho}|=0}^{\infty} e^{-i\bm{\rho}\cdot\bm{F}} \left[\frac{\partial^2}{\partial\sigma_\zeta^2} A(\bm{\rho},\bm{\sigma})\right]_{|\bm{\sigma}|=0} d\bm{\rho}$$
(125)

を得る. $A(\bm{\rho},\bm{\sigma})$ に対する (78) 式より,

$$\left[\frac{\partial^2}{\partial\sigma_\xi^2} A(\bm{\rho},\bm{\sigma})\right]_{|\bm{\sigma}|=0}$$
$$= -b e^{-a|\bm{\rho}|^{3/2}} |\bm{\rho}|^{-3/2} \frac{\partial^2}{\partial\sigma_\xi^2} |\bm{\sigma}|^2 \sin^2\gamma \quad (126)$$

となることは明らかである. ここで, γ は $\bm{\rho}$ と $\bm{\sigma}$ の間の角度であることを思い出そう. よって,

$$\frac{\partial^2}{\partial\sigma_\xi^2} |\bm{\sigma}|^2 \sin^2\gamma = \frac{\partial^2}{\partial\sigma_\xi^2} \left(|\bm{\sigma}|^2 - \frac{1}{|\bm{\rho}|^2}[\bm{\rho}\cdot\bm{\sigma}]^2\right)$$
$$= \frac{\partial^2}{\partial\sigma_\xi^2} \left(\sigma_\xi^2 + \sigma_\eta^2 + \sigma_\zeta^2 - \frac{1}{|\bm{\rho}|^2}[\rho_\xi\sigma_\xi + \rho_\eta\sigma_\eta + \rho_\zeta\sigma_\zeta]^2\right)$$
$$= 2\left(1 - \frac{\rho_\xi^2}{|\bm{\rho}|^2}\right) \quad (127)$$

である. (126) 式と (127) 式を結びつけると,

$$\left[\frac{\partial^2}{\partial \sigma_\xi^2} A(\boldsymbol{\rho}, \boldsymbol{\sigma})\right]_{|\boldsymbol{\sigma}|=0}$$
$$= -2be^{-a|\boldsymbol{\rho}|^{3/2}}|\boldsymbol{\rho}|^{-3/2}\left(1 - \frac{\rho_\xi^2}{|\boldsymbol{\rho}|^2}\right) \tag{128}$$

を得る. 上式を (123) 式に代入すると

$$\int_{|\boldsymbol{f}|=0}^{\infty} W(\boldsymbol{F}, \boldsymbol{f}) f_\xi^2 d\boldsymbol{f}$$
$$= \frac{b}{4\pi^3} \int_{|\boldsymbol{\rho}|=0}^{\infty} e^{-i\boldsymbol{\rho}\cdot\boldsymbol{F} - a|\boldsymbol{\rho}|^{3/2}}\left(1 - \frac{\rho_\xi^2}{|\boldsymbol{\rho}|^2}\right)|\boldsymbol{\rho}|^{-3/2} d\boldsymbol{\rho} \tag{129}$$

を得る. 極座標を用いると, (129) 式は

$$\int_{|\boldsymbol{f}|=0}^{\infty} W(\boldsymbol{F}, \boldsymbol{f}) f_\xi^2 d\boldsymbol{f}$$
$$= \frac{b}{4\pi^3} \int_0^\infty \int_0^\pi \int_0^{2\pi} e^{-i|\boldsymbol{\rho}||\boldsymbol{F}|\cos\theta - a|\boldsymbol{\rho}|^{3/2}}$$
$$\times (1 - \cos^2\theta)|\boldsymbol{\rho}|^{1/2}\sin\theta d\omega d\theta d|\boldsymbol{\rho}| \tag{130}$$

となる. 同様に, (124) 式と (125) 式は

$$\left.\begin{aligned}\int_{|\boldsymbol{f}|=0}^{\infty} W(\boldsymbol{F}, \boldsymbol{f}) f_\eta^2 d\boldsymbol{f} \\ = \frac{b}{4\pi^3} \int_0^\infty \int_0^\pi \int_0^{2\pi} e^{-i|\boldsymbol{\rho}||\boldsymbol{F}|\cos\theta - a|\boldsymbol{\rho}|^{3/2}} \\ \times (1 - \sin^2\theta\sin^2\omega)|\boldsymbol{\rho}|^{1/2}\sin\theta d\omega d\theta d|\boldsymbol{\rho}|\end{aligned}\right\}$$

$$
\left.\begin{array}{l}
\displaystyle\int_{|\bm{f}|=0}^{\infty} W(\bm{F},\bm{f})f_\xi^2 d\bm{f} \\[6pt]
= \displaystyle\frac{b}{4\pi^3}\int_0^\infty\int_0^\pi\int_0^{2\pi} e^{-i|\bm{\rho}||\bm{F}|\cos\theta - a|\bm{\rho}|^{3/2}} \\[6pt]
\quad \times (1-\sin^2\theta\cos^2\omega)|\bm{\rho}|^{1/2}\sin\theta d\omega d\theta d|\bm{\rho}|
\end{array}\right\}
\tag{131}
$$

の形にすることができる．上式で ω に関する積分を実行し，さらにいくつかの簡略化を行うと，それらは

$$
\begin{aligned}
\int_{|\bm{f}|=0}^{\infty} & W(\bm{F},\bm{f})f_\xi^2 d\bm{f} \\
&= \frac{b}{\pi^2}\int_{|\bm{\rho}|=0}^{\infty}\int_{y=0}^{1} e^{-a|\bm{\rho}|^{3/2}} \\
&\quad \times \cos(|\bm{\rho}||\bm{F}|y)(1-y^2)|\bm{\rho}|^{1/2} dy d|\bm{\rho}|
\end{aligned}
\tag{132}
$$

および

$$
\begin{aligned}
\int_{|\bm{f}|=0}^{\infty} & W(\bm{F},\bm{f})f_\eta^2 d\bm{f} = \int_{|\bm{f}|=0}^{\infty} W(\bm{F},\bm{f})f_\zeta^2 d\bm{f} \\
&= \frac{b}{2\pi^2}\int_{|\bm{\rho}|=0}^{\infty}\int_{y=0}^{1} e^{-a|\bm{\rho}|^{3/2}} \\
&\quad \times \cos(|\bm{\rho}||\bm{F}|y)(1+y^2)|\bm{\rho}|^{1/2} dy d|\bm{\rho}|
\end{aligned}
\tag{133}
$$

の形をとることがわかる．

$$
|\bm{\rho}||\bm{F}| = x;\ |\bm{F}| = a^{2/3}\beta = Q_H\beta \tag{134}
$$

と置くと，(132) 式と (133) 式は別の形

$$\int_{|\boldsymbol{f}|=0}^{\infty} W(\boldsymbol{F},\boldsymbol{f})f_{\parallel}^2 d\boldsymbol{f}$$
$$= \frac{b}{\pi^2 a}\frac{1}{\beta^{3/2}}\int_0^{\infty}\int_0^1 e^{-(x/\beta)^{3/2}}x^{1/2}$$
$$\times (1-y^2)\cos xy\, dy\, dx \qquad (135)$$

および

$$\int_{|\boldsymbol{f}|=0}^{\infty} W(\boldsymbol{F},\boldsymbol{f})f_{\perp}^2 d\boldsymbol{f}$$
$$= \frac{b}{2\pi^2 a}\frac{1}{\beta^{3/2}}\int_0^{\infty}\int_0^1 e^{-(x/\beta)^{3/2}}x^{1/2}$$
$$\times (1+y^2)\cos xy\, dy\, dx \qquad (136)$$

で表すことができる．ここで，$\boldsymbol{F}$ に平行および垂直な方向の $\boldsymbol{f}$ の成分を記すために，記号 $f_{\parallel}$ と $f_{\perp}$ を使った．

また，y に関する積分を実行すると (135) 式と (136) 式はさらに簡略化できる．

$$\left.\begin{array}{l}\displaystyle\int_0^1 \cos xy\, dy = \frac{1}{x}\sin x \\[2mm] \displaystyle\int_0^1 y^2 \cos xy\, dy \\ = \dfrac{1}{x^3}(2x\cos x + x^2\sin x - 2\sin x)\end{array}\right\} \qquad (137)$$

だから，直ちに

$$\int_{|\boldsymbol{f}|=0}^{\infty} W(\boldsymbol{F},\boldsymbol{f})f_{\parallel}^2 d\boldsymbol{f}$$

$$= \frac{2b}{\pi^2 a} \frac{1}{\beta^{3/2}} \int_0^\infty e^{-(x/\beta)^{3/2}}$$
$$\times (\sin x - x\cos x) x^{-5/2} dx \qquad (138)$$

と

$$\int_{|\boldsymbol{f}|=0}^\infty W(\boldsymbol{F}, \boldsymbol{f}) f_\perp^2 d\boldsymbol{f}$$
$$= \frac{b}{\pi^2 a} \frac{1}{\beta^{3/2}} \int_0^\infty e^{-(x/\beta)^{3/2}}$$
$$\times (x^2 \sin x + x\cos x - \sin x) x^{-5/2} dx \qquad (139)$$

を得る．これらの式から重要な公式

$$\int_{|\boldsymbol{f}|=0}^\infty W(\boldsymbol{F}, \boldsymbol{f}) |\boldsymbol{f}|^2 d\boldsymbol{f}$$
$$= \frac{2b}{\pi^2 a} \frac{1}{\beta^{3/2}} \int_0^\infty e^{-(x/\beta)^{3/2}} x^{-1/2} \sin x dx \qquad (140)$$

を得る．

最後に，対応するモーメントを得るためには，上式を $W(\boldsymbol{F})$（(117)式）で割らなければならない．よって，

$$\left.\begin{aligned}
\overline{f_\parallel^2} &= \frac{8ab}{\pi} \frac{\beta^{1/2}}{H(\beta)} \int_0^\infty e^{-(x/\beta)^{3/2}} \\
&\quad \times (\sin x - x\cos x) x^{-5/2} dx \\
\overline{f_\perp^2} &= \frac{4ab}{\pi} \frac{\beta^{1/2}}{H(\beta)} \int_0^\infty e^{-(x/\beta)^{3/2}} \\
&\quad \times (x^2 \sin x + x\cos x - \sin x) x^{-5/2} dx
\end{aligned}\right\} \qquad (141)$$

となり，また，

$$\overline{|\boldsymbol{f}|^2}|_{\boldsymbol{F}|} = \frac{8ab}{\pi} \frac{\beta^{1/2}}{H(\beta)} \int_0^\infty e^{-(x/\beta)^{3/2}} x^{-1/2} \sin x dx \tag{142}$$

である．

弱い場または強い場の場合は，$\overline{f_\parallel^2}$ と $\overline{f_\perp^2}$ の間にいくつかの簡単な関係がある．これらの関係を証明するためには，積分

$$\int_0^\infty e^{-(x/\beta)^{3/2}} (\sin x - x \cos x) x^{-5/2} dx \tag{143}$$

と

$$\int_0^\infty e^{-(x/\beta)^{3/2}} x^{-1/2} \sin x dx \tag{144}$$

の $\beta \to 0$ と $\beta \to \infty$ に対する振る舞いを調べるだけで十分であろう．最初に $\beta \to 0$ のときの振る舞いを考えよう．

$$x = \beta y \tag{145}$$

と置くと，積分は

$$\beta^{-3/2} \int_0^\infty e^{-y^{3/2}} (\sin \beta y - \beta y \cos \beta y) y^{-5/2} dy \tag{146}$$

および

$$\beta^{1/2} \int_0^\infty e^{-y^{3/2}} y^{-1/2} \sin \beta y dy \tag{147}$$

となる．$\beta \to 0$ では，これらは，それぞれ，

$$\frac{1}{3}\beta^{3/2}\int_0^\infty e^{-y^{3/2}}y^{1/2}dy \ \ および \ \ \beta^{3/2}\int_0^\infty e^{-y^{3/2}}y^{1/2}dy \tag{148}$$

となる.すなわち

$$\frac{2}{9}\beta^{3/2} \ \ および \ \ \frac{2}{3}\beta^{3/2} \tag{149}$$

の値をとる.

$\beta \to \infty$ では,積分はそれぞれ,

$$\int_0^\infty (\sin x - x\cos x)x^{-5/2}dx \ \ および \ \ \int_0^\infty x^{-1/2}\sin x dx \tag{150}$$

となる.すなわち,

$$\frac{2}{3}\sqrt{\frac{\pi}{2}} \ \ および \ \ \sqrt{\frac{\pi}{2}} \tag{151}$$

の値になる.

他方,(118) 式と (119) 式より,

$$H(\beta) \to \frac{4}{3\pi}\beta^2 \quad (\beta \to 0) \tag{152}$$

および

$$H(\beta) \to \frac{15}{8}\sqrt{\frac{2}{\pi}}\beta^{-5/2} \quad (\beta \to \infty) \tag{153}$$

を得る.これらの様々な関係式を結びつけると,

$$\overline{f_\parallel^2} = \frac{4}{3}ab; \ \overline{f_\perp^2} = \frac{4}{3}ab; \ \overline{|\boldsymbol{f}|^2}_{|\boldsymbol{F}|} = 4ab \quad (\beta \to 0) \tag{154}$$

および

$$\overline{f_\parallel^2} = \frac{64}{45}ab\beta^3; \quad \overline{f_\perp^2} = \frac{16}{45}ab\beta^3;$$

$$\overline{|\boldsymbol{f}|^2}_{|\boldsymbol{F}|} = \frac{32}{15}ab\beta^3 \quad (\beta \to \infty) \tag{155}$$

であることがわかる．これらの関係式から,

$$\overline{f_\parallel^2} = \overline{f_\perp^2} \quad (\beta \to 0) \tag{156}$$

および

$$\overline{f_\parallel^2} = 4\overline{f_\perp^2} \quad (\beta \to \infty) \tag{157}$$

となる．したがって，弱い場の場合は，ある与えられた瞬間に作用している場に起こる変化の確率は，初期の場の方向と大きさに無関係であるが，一方，強い場の場合は，初期の場の方向に変化が起こる確率は，それに垂直な方向に変化が起こる確率の2倍である．この結果の物理的解釈は明らかである．弱い場は考えている点のまわりの対称的な星の配置のゆらぎから生じる．それゆえ，それに続く変化はすべての方向に等しい確からしさで起こると期待してよい．他方，ある点に働く強い場は，その点のまわりの極めて非対称な星の配置を示唆する．その結果，他の方向よりも，初期の場の方向の変化がより起こりやすい．

三つの量 $\overline{f_\parallel^2}$, $\overline{f_\perp^2}$, $\overline{|\boldsymbol{f}|^2}$ の中で，明らかに最後のものがもっとも重要である．それゆえ，この量についてもう少し詳しく考えることにしよう．最初に，(142)式を書き直して，

$$\overline{|\boldsymbol{f}|^2}_{|\boldsymbol{F}|} = 4ab\frac{\beta^{1/2}G(\beta)}{H(\beta)} \tag{158}$$

表1 与えられた場の強さに対するホルツマルク関数 $H(\beta)$, $G(\beta)$, および平均寿命 $\tau(\beta)$

β	$H(\beta)$	$G(\beta)$	$\tau(\beta)$
0.0	0.000000	0.00000	0.00000
0.1	.004225	.01340	0.09987
0.2	.01667	.03766	0.1989
0.3	.03664	.06852	0.2964
0.4	.06308	.1041	0.3915
0.5	.09460	.1429	0.4837
0.6	.1296	.1840	0.5722
0.7	.1664	.2263	0.6562
0.8	.2033	.2690	0.7353
0.9	.2387	.3113	0.8091
1.0	.2713	.3527	0.8770
1.1	.3000	.3926	0.9390
1.2	.324	.4305	0.9947
1.3	.343	.4663	1.044
1.4	.356	.4997	1.086
1.5	.364	.5307	1.122
1.6	.367	.5591	1.153
1.7	.365	.5851	1.176
1.8	.360	.6086	1.195
1.9	.351	.6299	1.208
2.0	.339	.6489	1.216
2.1	.325	.6659	1.219
2.2	.310	.6811	1.219
2.3	.293	.6945	1.213
2.4	.275	.7064	1.203
2.5	.257	.7168	1.190
2.6	0.238	0.7259	1.173

β は場の強さを $2.603G\,[M^{3/2}]^{2/3}n^{2/3}$ を単位として測ったもので, τ は $0.3201\,[M^{3/2}]^{1/6}/[M^{1/2}|v|^2]^{1/2}n^{1/3}$ を単位として測ったもの. $\beta \leq 1.1$ および $\beta \geq 6$ に対する $H(\beta)$ の値は再計算された. 中間の値は Verweij (*Publ. Ap. Inst. Amsterdam*, No. 5, Table 3, 1936) の表からとられたものである.

β	$H(\beta)$	$G(\beta)$	$\tau(\beta)$
2.7	0.219	0.7339	1.151
2.8	.201	.7408	1.128
2.9	.183	.7468	1.100
3.0	.166	.7520	1.071
3.25	.139	.7628	1.033
3.75	.095	.7770	0.942
4.0	.080	.7815	0.905
5.0	.041	.7905	0.762
6.0	.02417	.7943	0.669
7.0	.01524	.7958	0.596
8.0	.01038	.7965	0.543
9.0	.007449	.7973	0.502
10.0	.005562	0.7979	0.469
15.0	.001875	....	0.369
20.0	.000885	....	0.315
25.0	.000498	....	0.279
30.0	.000313	....	0.254
35.0	.000212	....	0.234
40.0	.000151	....	0.219
45.0	.000112	....	0.206
50.0	.000086	....	0.195
60.0	.000054	....	0.178
70.0	.000037	....	0.165
80.0	.000026	....	0.154
90.0	.000020	....	0.145
100.0	0.000015	....	0.137

の形にする．ここで

$$G(\beta) = \frac{2}{\pi}\int_0^\infty e^{-(x/\beta)^{3/2}} x^{-1/2}\sin x\, dx \quad (159)$$

である．今，$G(\beta)$ は $H(\beta)$ を使ってどのように表すことができるかを示そう．(159) 式を β で微分すると，

$$\frac{dG}{d\beta} = \frac{3}{\pi}\frac{1}{\beta^{5/2}}\int_0^\infty e^{-(x/\beta)^{3/2}} x\sin x\, dx \quad (160)$$

すなわち，

$$\frac{dG}{d\beta} = \frac{3}{2}H(\beta)\beta^{-3/2} \quad (161)$$

を得る．よって，

$$G(\beta) = \frac{3}{2}\int_0^\beta \beta^{-3/2} H(\beta)\, d\beta \quad (162)$$

である．

我々は，(159) 式の右辺に現れる積分の振る舞いはすでに明らかにした（(149) と (151) 式を参照）．したがって，今

$$G(\beta) \to \frac{4}{3\pi}\beta^{3/2} \quad (\beta \to 0) \quad (163)$$

および

$$G(\beta) \to \sqrt{\frac{2}{\pi}} = 0.79788 \quad (\beta \to \infty) \quad (164)$$

を得る．関数 $G(\beta)$ と $H(\beta)$ は表 1 に示されている．

9. 状態 F の平均寿命

ある状態 F の平均寿命という概念の基礎をなす物理的なアイディアは，次のように述べることができる．

最初に，我々の言う状態 F_0 とは，ある与えられた瞬間（例えば，$t = 0$）に，ある固定された点 P に強さ F_0 の単位質量当たりの力が作用していることを意味するということを述べておいてもよいであろう．星の運動のため，P に働く力は時間とともに徐々に変わるだろう（図 3 を見よ）．時間 t の後に強さ F の力が点 P に作用する確率を $\chi(F_0; F, t)$ と記すと，

$$\chi(F_0; F, t) \to W(F) \quad (t \to \infty) \tag{165}$$

となることは一般的な理由から明らかである．ここで，$W(F)$ は（110）式によって与えられるものである．すなわち，十分長い時間の後には，P に作用する力は $t = 0$ の時に作用していた力とはまったく無関係になるであろう．一方，ごく短い時間の後に作用する力は $t = 0$ のときに作用する力 F_0 と強く相関するであろう．しかし，"十分長い時間の後" と "ごく短い時間の後" という表現はもっと正確なものにする必要がある．そして，"**平均寿命**" の概念はまさにこの目的のために導入される．

ある与えられた点に作用する F が時間とともに変化す

図3

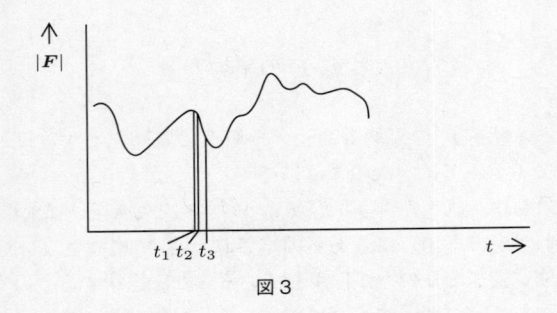

る過程が，マルコフ型[13)]の確率過程の一般的なクラスに含められるのならば，二つの異なる時刻に同一の点に働く力，$\boldsymbol{F}(t_1)$ と $\boldsymbol{F}(t_2)$ の間の相関は，

$$e^{-t/T} \tag{166}$$

の形の式にしたがって，時間とともに指数関数的に減少すると期待してよい．このような状況の下では，T を状態 $\boldsymbol{F}$ の平均寿命と呼ぶことは適切であろう．T の正確な特定は，ある与えられた点に働く $\boldsymbol{F}$ の時間変化の背後にある確率過程の性質のより深い解析に依存するであろうが，公式

$$T = \frac{|\boldsymbol{F}|}{\sqrt{\overline{|\boldsymbol{f}|^2}_{\boldsymbol{F}}}} \tag{167}$$

によって，十分な精度で平均寿命を定義できることは明らかである．ここで $\overline{|\boldsymbol{f}|^2}$ は，第8節での意味と同じ意味を

---

13) J. L. Doob, The Brownian Movement and Stochastic Equations, *Ann. Math.*, **43**, 351 (1942) を見よ.

持つ．よって，(114) 式と (158) 式より，

$$T = \sqrt{\frac{a^{1/3}}{4b} \frac{\beta^{3/2} H(\beta)}{G(\beta)}} \qquad (168)$$

を得る．上式は，この問題に自然に現れる次の t_0 を単位として，T を測ることを示唆する：

$$t_0 = \sqrt{\frac{a^{1/3}}{4b}}. \qquad (169)$$

(79) 式の a と b を代入すると，

$$t_0 = \frac{2^{1/3}}{3^{2/3} 5^{1/6} \pi^{1/2}} \frac{j}{n^{1/3}} \qquad (170)$$

であることがわかる．我々の今の計算においてあからさまに仮定しているマクスウェル速度分布に対しては，

$$\overline{|\boldsymbol{v}|^2} = \frac{3}{2j^2} \qquad (171)$$

である．この関係式を使うと t_0 を

$$t_0 = \frac{1}{(30)^{1/6} \pi^{1/2}} \frac{1}{n^{1/3} \sqrt{\overline{|\boldsymbol{v}|^2}}} = \frac{0.32007}{n^{1/3} \sqrt{\overline{|\boldsymbol{v}|^2}}} \qquad (172)$$

と別の形に表すことができる．そして，最終的に，この単位で表した平均寿命を τ と記すことにすると，

$$\tau = \sqrt{\frac{\beta^{3/2} H(\beta)}{G(\beta)}} \qquad (173)$$

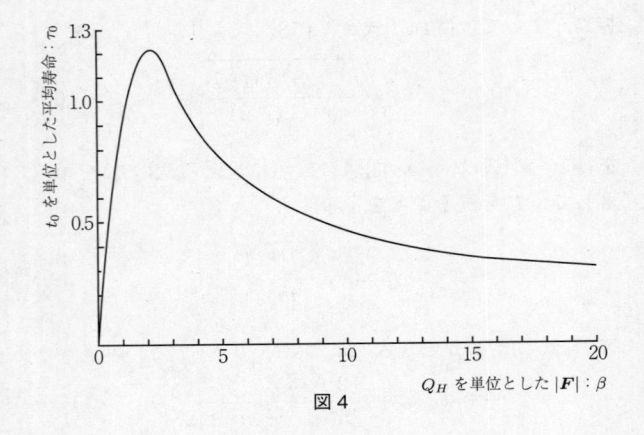

図4 (縦軸: t_0 を単位とした平均寿命: τ_0、横軸: Q_H を単位とした $|\boldsymbol{F}|$: β)

を得る[14]。

(152), (153), (163), (164) 式より，
$$\tau \to \beta \quad (\beta \to 0) \tag{174}$$
および
$$\tau \to \sqrt{\frac{15}{8}}\beta^{-1/2} = 1.3693\beta^{-1/2} \quad (\beta \to \infty) \tag{175}$$
を得る．

関数 $\tau(\beta)$ は数値的に評価され，表1に記されている．また，図4には τ の β に対する依存性が図示されている．弱い場に対しては寿命が非常に短いことに，特に注意する

---

[14] 後で（第12節）見るように，(172) と (173) の形の式は，マクスウェル型の分布に対してだけではなく，一般の球対称分布に対して有効である．

べきである.

また，平均寿命に対する (174) 式と (175) 式の漸近的な振る舞いは，最近著者の一人によって，ある"直感的な"考察に基づいて示唆された式[15]から予測されるものと一致することを指摘しておいてもよいであろう.

起こりそうな場について第一近傍近似の観点から議論し[16]，n 個の粒子が与えられた体積要素中に見つかる状態の平均寿命に関するスモルコフスキー (Smoluchowski)[17] による公式を使って，

$$T \simeq \sqrt{\frac{2\pi GM}{3\overline{v^2}}} \frac{|\boldsymbol{F}|}{Q_H^{3/2}+|\boldsymbol{F}|^{3/2}} \tag{176}$$

であることが示唆された. (176) 式は，ある特定の星が半径 r の球内で唯一の星として存在し続ける場合のスモルコフスキーの公式と等価である. ここで，r は

$$r = \sqrt{\frac{GM}{|\boldsymbol{F}|}} \tag{177}$$

によって $|\boldsymbol{F}|$ と関連づけられる. (176) 式は

$$T = \sqrt{\frac{2\pi GM}{3\overline{v^2}Q_H}} \frac{\beta}{1+\beta^{3/2}} \tag{178}$$

---

15) Chandrasekhar, 前掲論文, 特に第 6 節を見よ.
16) 前掲文献, 第 4 節と 5 節を見よ.
17) 前掲論文, p. 557; 第 5, 6, および 7 節, 特に (30) 式を見よ.

という形に書き換えることができる．あるいは，いくつかのささいな変形の後，

$$T = \sqrt{\frac{2\pi}{3 \times 2.603}} \frac{\beta}{1+\beta^{3/2}} \frac{1}{n^{1/3}\sqrt{|\boldsymbol{v}|^2}}$$
$$= 0.896 \frac{\beta}{1+\beta^{3/2}} \frac{1}{n^{1/3}\sqrt{|\boldsymbol{v}|^2}} \qquad (179)$$

となる．すでに述べたように，(179)式が予測するTの漸近的な振る舞いは，(168)式から導かれたものと同じであることがわかる．しかしながら，(179)式は，全範囲において2のオーダーの係数倍だけTを過大評価していることもわかる．

恒星系力学の問題に対する，我々の今回のより正確な平均寿命の公式の有用性は，後の論文で考察されるであろう．

10. $\boldsymbol{f}$ の分布

ホルツマルク分布を導くために第7節で採用した手順と同様な手順に従うと，

$$W(\boldsymbol{f}) = \frac{1}{8\pi^3} \int_{|\boldsymbol{\sigma}|=0}^{\infty} e^{-i\boldsymbol{\sigma}\cdot\boldsymbol{f}} [A(\boldsymbol{\rho},\boldsymbol{\sigma})]_{|\boldsymbol{\rho}|=0} d\boldsymbol{\sigma} \qquad (180)$$

であることがわかる．または，(101)式によると，

$$W(\boldsymbol{f}) = \frac{1}{8\pi^3} \int_{|\boldsymbol{\sigma}|=0}^{\infty} e^{-i\boldsymbol{\sigma}\cdot\boldsymbol{f}-c|\boldsymbol{\sigma}|} d\boldsymbol{\sigma} \qquad (181)$$

である．上式は容易に

$$W(\boldsymbol{f}) = \frac{1}{2\pi^2|\boldsymbol{f}|}\int_0^\infty e^{-c|\boldsymbol{\sigma}|}\sin(|\boldsymbol{\sigma}||\boldsymbol{f}|)|\boldsymbol{\sigma}|d|\boldsymbol{\sigma}| \quad (182)$$

と変形される. $|\boldsymbol{\sigma}|$ に関する積分も実行できて,

$$W(\boldsymbol{f}) = \frac{1}{\pi^2}\frac{c}{(c^2+|\boldsymbol{f}|^2)^2} \quad (183)$$

という閉じた表式を得る. この式は $|\boldsymbol{f}|$ を c を単位として表すことを示唆する.

$$|\boldsymbol{f}| = c\alpha \quad (184)$$

と置こう. すると,

$$W(\boldsymbol{f}) = \frac{1}{\pi^2}\frac{1}{c^3(1+\alpha^2)^2} \quad (185)$$

である. 分布 $W(|\boldsymbol{f}|)$ も書き下すことができる.

$$W(|\boldsymbol{f}|) = 4\pi|\boldsymbol{f}|^2 W(\boldsymbol{f}) \quad (186)$$

であるから,

$$W(|\boldsymbol{f}|) = \frac{4}{\pi}\frac{c|\boldsymbol{f}|^2}{(c^2+|\boldsymbol{f}|^2)^2} \quad (187)$$

を得る. または,

$$W(|\boldsymbol{f}|) = \frac{4}{\pi}\frac{\alpha^2}{c(1+\alpha^2)^2} \quad (188)$$

となる.

(89) 式と (102) 式より,

$$c = \frac{2}{3}\pi^{3/2}(1.38017)GMnj^{-1} \quad (189)$$

であることを注意しておいてもよいであろう. あるいは, j を $\overline{|\boldsymbol{v}|}$ で表すと,

$$c = \frac{\pi^2}{3}(1.38017)GMn\overline{|\boldsymbol{v}|} = 4.5406 GMn\overline{|\boldsymbol{v}|} \quad (190)$$

となる.

最後に, 我々の今回の $\boldsymbol{f}$ の分布の法則と, 点双極子のランダムな分布から期待される**場の強さ $\boldsymbol{F}$ の分布**[18])の間の形式的な同一性について一言触れておく. しかし, 多少の考察により, 実際, これらの二つの問題の間にこの形式的な等価性があるべきであることがわかる.

11. 指定された変化率に対して期待される起こりそうな場[19])

ξ 軸が $\boldsymbol{f}$ の方向を向いている座標系 (ξ, η, ζ) を選ぼう. 第8節で f_ξ^2 などのモーメントを導いたときと同様な手順により, 直ちに

$$\int_{|\boldsymbol{F}|=0}^{\infty} W(\boldsymbol{F}, \boldsymbol{f}) F_\xi^2 d\boldsymbol{F}$$
$$= -\frac{1}{8\pi^3} \int_{|\boldsymbol{\sigma}|=0}^{\infty} e^{-i\boldsymbol{\sigma}\cdot\boldsymbol{f}} \left[\frac{\partial^2}{\partial \rho_\xi^2} A(\boldsymbol{\rho}, \boldsymbol{\sigma})\right]_{|\boldsymbol{\rho}|=0} d\boldsymbol{\sigma}$$
(191)

であることがわかる. もちろん, F_η^2 や F_ζ^2 を含んだ対応する積分に対して同様な表式がある. これらの三式を足し

---

18) J. Holtsmark, *Ann. d. Phys.*, **58**, 577 (1919) ((66) と (69) 式).
19) [訳注] $\overline{|\boldsymbol{F}|_{\boldsymbol{f}}^2}$ のこと.

合わせると,

$$\int_{|\boldsymbol{F}|=0}^{\infty} W(\boldsymbol{F}, \boldsymbol{f})|\boldsymbol{F}|^2 d\boldsymbol{F}$$
$$= -\frac{1}{8\pi^3} \int_{|\boldsymbol{\sigma}|=0}^{\infty} e^{-i\boldsymbol{\sigma}\cdot\boldsymbol{f}} \bigl[\nabla_{\boldsymbol{\rho}}^2 A(\boldsymbol{\rho}, \boldsymbol{\sigma})\bigr]_{|\boldsymbol{\rho}|=0} d\boldsymbol{\sigma} \quad (192)$$

を得る.しかし,(101) 式より,

$$\bigl[\nabla_{\boldsymbol{\rho}}^2 A(\boldsymbol{\rho}, \boldsymbol{\sigma})\bigr]_{|\boldsymbol{\rho}|=0} = -2d(\lambda+3\mu) e^{-c|\boldsymbol{\sigma}|} |\boldsymbol{\sigma}|^{-1/3} \tag{193}$$

である.よって,

$$\int_{|\boldsymbol{F}|=0}^{\infty} W(\boldsymbol{F}, \boldsymbol{f})|\boldsymbol{F}|^2 d\boldsymbol{F}$$
$$= \frac{d(\lambda+3\mu)}{4\pi^3} \int_{|\boldsymbol{\sigma}|=0}^{\infty} e^{-i\boldsymbol{\sigma}\cdot\boldsymbol{f} - c|\boldsymbol{\sigma}|} |\boldsymbol{\sigma}|^{-1/3} d\boldsymbol{\sigma}. \quad (194)$$

極座標を使って,さらにいくつかのちょっとした簡略化を行うと,

$$\int_{|\boldsymbol{F}|=0}^{\infty} W(\boldsymbol{F}, \boldsymbol{f})|\boldsymbol{F}|^2 d\boldsymbol{F}$$
$$= \frac{d(\lambda+3\mu)}{\pi^2 |\boldsymbol{f}|} \int_{|\boldsymbol{\sigma}|=0}^{\infty} e^{-c|\boldsymbol{\sigma}|} |\boldsymbol{\sigma}|^{2/3} \sin(|\boldsymbol{\sigma}||\boldsymbol{f}|) d|\boldsymbol{\sigma}| \tag{195}$$

となることがわかる.さらに $|\boldsymbol{\sigma}|$ に関する積分が実行できて,

$$\int_{|\boldsymbol{F}|=0}^{\infty} W(\boldsymbol{F}, \boldsymbol{f})|\boldsymbol{F}|^2 d\boldsymbol{F}$$

$$= \frac{d(\lambda+3\mu)}{\pi^2} \Gamma\left(\frac{5}{3}\right) \frac{1}{|\boldsymbol{f}|(c^2+|\boldsymbol{f}|^2)^{5/6}}$$
$$\times \sin\left(\frac{5}{3}\tan^{-1}\frac{|\boldsymbol{f}|}{c}\right) \quad (196)$$

を得る.

$|\boldsymbol{F}|_{\boldsymbol{f}}^2$ のモーメントは上式を $W(\boldsymbol{f})$ で割ることによって求められる. したがって, (183) 式と (196) 式を結びつけて,

$$\overline{|\boldsymbol{F}|_{\boldsymbol{f}}^2} = \frac{d}{c}(\lambda+3\mu)\Gamma\left(\frac{5}{3}\right)$$
$$\times \frac{(c^2+|\boldsymbol{f}|^2)^{7/6}}{|\boldsymbol{f}|}\sin\left(\frac{5}{3}\tan^{-1}\frac{|\boldsymbol{f}|}{c}\right) \quad (197)$$

を得る. または, $|\boldsymbol{f}|$ を c を単位として表すと,

$$\overline{|\boldsymbol{F}|_{\boldsymbol{f}}^2} = dc^{1/3}(\lambda+3\mu)\Gamma\left(\frac{5}{3}\right)$$
$$\times \frac{1}{\alpha}(1+\alpha^2)^{7/6}\sin\left(\frac{5}{3}\tan^{-1}\alpha\right) \quad (198)$$

を得る. (102) 式を c と d に代入すると,

$$dc^{1/3} = \left(\frac{2}{3}\pi^{3/2}Q_0\right)^{1/3} G^2 M^2 n^{4/3}$$
$$= 1.7239\, G^2 M^2 n^{4/3} \quad (199)$$

であることがわかる. さらに, (96) 式によると,

$$\lambda+3\mu = \frac{2^{1/3}\Gamma(\frac{1}{6})\pi}{3}\int_0^1 \frac{dt}{(1+3t^2)^{1/6}}$$

$$= 7.3441 \int_0^1 \frac{dt}{(1+3t^2)^{1/6}} \quad (200)$$

である．(200) 式の右辺に現れる積分を数値的に評価すると

$$\int_0^1 \frac{dt}{(1+3t^2)^{1/6}} = 0.90795 \quad (201)$$

である．上記の式を結びつけて，

$$\overline{|\boldsymbol{F}|^2_{\boldsymbol{f}}} = 10.377 \, G^2 M^2 n^{4/3}$$
$$\times \frac{1}{\alpha}(1+\alpha^2)^{7/6} \sin\left(\frac{5}{3}\tan^{-1}\alpha\right) \quad (202)$$

を得る．あるいは，$|\boldsymbol{F}|$ を Q_H を単位として表すと，

$$\frac{\sqrt{\overline{|\boldsymbol{F}|^2_{\boldsymbol{f}}}}}{Q_H} = 1.2375 \, \Phi(\alpha) \quad (203)$$

を得る．ここで，

$$\Phi(\alpha) = \alpha^{-1/2}(1+\alpha^2)^{7/12} \sin^{1/2}\left(\frac{5}{3}\tan^{-1}\alpha\right) \quad (204)$$

である．$\Phi(\alpha)$ の漸近的振る舞いについて言及しておいてもよいだろう：

$$\left. \begin{array}{l} \Phi(\alpha) \to \sqrt{\dfrac{5}{3}} \quad (\alpha \to 0), \\[2mm] \Phi(\alpha) \to \dfrac{1}{\sqrt{2}}\alpha^{2/3} \quad (\alpha \to \infty). \end{array} \right\} \quad (205)$$

関数 $\Phi(\alpha)$ は表 2 に示されている．

(203) 式と (205) 式より，

表2 $\Phi(\alpha)$ の値

α	$\Phi(\alpha)$	α	$\Phi(\alpha)$	α	$\Phi(\alpha)$
0.0	1.29	0.9	1.44	4.0	2.34
0.1	1.29	1.0	1.47	5.0	2.60
0.2	1.30	1.2	1.53	6.0	2.84
0.3	1.31	1.4	1.59	7.0	3.07
0.4	1.33	1.6	1.65	8.0	3.30
0.5	1.35	1.8	1.71	9.0	3.51
0.6	1.37	2.0	1.77	10.0	3.72
0.7	1.39	2.5	1.92	20.0	5.57
0.8	1.42	3.0	2.07	40.0	8.56

$$\sqrt{\overline{|\boldsymbol{F}|^2_{\boldsymbol{f}}}} \propto |\boldsymbol{f}|^{2/3} \qquad (|\boldsymbol{f}| \to \infty). \tag{206}$$

この比例関係を，(155) 式から結論される同様な関係，すなわち

$$\sqrt{\overline{|\boldsymbol{f}|^2_{\boldsymbol{F}}}} \propto |\boldsymbol{F}|^{3/2} \qquad (|\boldsymbol{F}| \to \infty) \tag{207}$$

と比較することは興味深い．

12. 任意の球対称速度分布を含める一般化

これまでのところ，我々は速度分布はマクスウェル分布に従うと仮定してきた．ここからは，どのようにすれば我々の結果を，マクスウェル分布への限定を取り除いて，任意の球対称速度分布を含むように一般化することができるか示していこう．この議論の準備として，$\boldsymbol{v}$ の絶対値は

すべての星で同じだが,その方向はランダムである場合,すなわち,

$$|v| = v_0 = 一定 \tag{208}$$

だが,その他は任意である場合を最初に考えよう.このような状況の下でもまだ形式的に,速度の分布について話すことができる.しかし,この分布を表す関数は特異な形

$$\tau = \frac{1}{4\pi v_0^3} \delta(|v|^2 - v_0^2) \tag{209}$$

をとる.ここで,δ はディラックの δ 関数である.この段階での δ 関数の使用は単なる形式的な技巧で,避けようと思えば避けられるものである.一方,これに続く解析で要求される変換は,δ 関数の使用によってより自然に示唆されるので,我々はその使用を避けようとはしない.τ に対する上式を (29) 式に代入して (27) 式を使うと,

$$\begin{aligned}A(\boldsymbol{\rho}, \boldsymbol{\sigma}) = &\lim_{\epsilon \to 0}\Bigg[\frac{3(GM)^{3/2}}{64\pi^2 v_0^3}\epsilon^{3/2} \\ &\times \int_{|\boldsymbol{\varphi}|>\epsilon}\int_{|\boldsymbol{\phi}|<\infty} e^{i(\boldsymbol{\rho}\cdot\boldsymbol{\varphi}+\boldsymbol{\sigma}\cdot\boldsymbol{\phi})} \\ &\times \delta\Big\{GM|\boldsymbol{\varphi}|^{-3}\Big[|\boldsymbol{\phi}|^2 - \frac{3}{4}|\boldsymbol{\varphi}|^{-2}(\boldsymbol{\varphi}\cdot\boldsymbol{\phi})^2\Big] \\ & - v_0^2\Big\}|\boldsymbol{\varphi}|^{-9}d\boldsymbol{\varphi}d\boldsymbol{\phi}\Bigg]^{\frac{4\pi}{3}(\frac{GM}{\epsilon})^{3/2}n} \tag{210}\end{aligned}$$

を得る.

(210) 式に現れる $\boldsymbol{\phi}$ に関する積分を考えよう.それは

$$\int_{|\boldsymbol{\phi}|<\infty} e^{i\boldsymbol{\sigma}\cdot\boldsymbol{\phi}} \delta\Big\{ GM|\boldsymbol{\varphi}|^{-3}\Big[|\boldsymbol{\phi}|^2 - \frac{3}{4}|\boldsymbol{\varphi}|^{-2}(\boldsymbol{\varphi}\cdot\boldsymbol{\phi})^2\Big] - v_0^2\Big\}d\boldsymbol{\phi} \qquad (211)$$

である.

$$\boldsymbol{\phi}_1 = \frac{(GM)^{1/2}}{v_0}\boldsymbol{\phi}; \quad \boldsymbol{\sigma}_1 = \frac{v_0}{(GM)^{1/2}}\boldsymbol{\sigma} \qquad (212)$$

と置こう. 積分 (211) は

$$\frac{v_0^3}{(GM)^{3/2}}\int_{|\boldsymbol{\phi}_1|<\infty} e^{i\boldsymbol{\sigma}_1\cdot\boldsymbol{\phi}_1}$$
$$\times \delta\Big\{|\boldsymbol{\varphi}|^{-3}\Big[|\boldsymbol{\phi}_1|^2 - \frac{3}{4}|\boldsymbol{\varphi}|^{-2}(\boldsymbol{\varphi}\cdot\boldsymbol{\phi}_1)^2\Big] - 1\Big\}d\boldsymbol{\phi}_1 \qquad (213)$$

となる. 今, ξ 軸が $\boldsymbol{\varphi}$ 方向を向いている座標系 (ξ, η, ζ) を選ぶ. 積分 (213) は

$$\frac{v_0^3}{(GM)^{3/2}}\int_0^\infty \int_0^\infty \int_0^\infty e^{i(\sigma_{1\xi}\phi_{1\xi} + \sigma_{1\eta}\phi_{1\eta} + \sigma_{1\zeta}\phi_{1\zeta})}$$
$$\times \delta\Big\{|\boldsymbol{\varphi}|^{-3}\Big[\frac{1}{4}\phi_{1\xi}^2 + \phi_{1\eta}^2 + \phi_{1\zeta}^2\Big] - 1\Big\}$$
$$\times d\phi_{1\xi}d\phi_{1\eta}d\phi_{1\zeta} \qquad (214)$$

となる. 次のように定義された二つのベクトル $\boldsymbol{s}$ と $\boldsymbol{\chi}$ を導入する:

$$\boldsymbol{s} = (2\sigma_{1\xi}, \sigma_{1\eta}, \sigma_{1\zeta});$$
$$\boldsymbol{\chi} = |\boldsymbol{\varphi}|^{-3/2}\Big(\frac{1}{2}\phi_{1\xi}, \phi_{1\eta}, \phi_{1\zeta}\Big). \qquad (215)$$

これらのベクトルを使うと積分 (214) は

$$\frac{2v_0^3}{(GM)^{3/2}}|\boldsymbol{\varphi}|^{9/2}\int_{|\boldsymbol{\chi}|<\infty}e^{i|\boldsymbol{\varphi}|^{3/2}(\boldsymbol{s}\cdot\boldsymbol{\chi})}\delta(|\boldsymbol{\chi}|^2-1)d\boldsymbol{\chi}$$

$$=\frac{8\pi v_0^3}{(GM)^{3/2}}|\boldsymbol{\varphi}|^{9/2}\frac{\sin|\boldsymbol{s}||\boldsymbol{\varphi}|^{3/2}}{|\boldsymbol{s}||\boldsymbol{\varphi}|^{3/2}} \qquad (216)$$

となることがわかる.しかし,$\boldsymbol{s}$ の定義により,明らかに

$$|\boldsymbol{s}|=|\boldsymbol{\sigma}_1|\sqrt{1+3\cos^2\beta} \qquad (217)$$

の関係がある.ここで,(38) 式の場合と同じく,β はベクトル $\boldsymbol{\varphi}$ と $\boldsymbol{\sigma}_1$(すなわち $\boldsymbol{\sigma}$)の角度である.よって,$A(\boldsymbol{\rho},\boldsymbol{\sigma})$ に対する我々の表式は,

$$A(\boldsymbol{\rho},\boldsymbol{\sigma})=\underset{\epsilon\to 0}{\text{limit}}\Bigg[\frac{3}{8\pi}\epsilon^{3/2}\int_{|\boldsymbol{\varphi}|>\epsilon}e^{i\boldsymbol{\rho}\cdot\boldsymbol{\varphi}}$$

$$\times\frac{\sin\sqrt{|\boldsymbol{\sigma}_1|^2|\boldsymbol{\varphi}|^3(1+3\cos^2\beta)}}{\sqrt{|\boldsymbol{\sigma}_1|^2|\boldsymbol{\varphi}|^3(1+3\cos^2\beta)}}$$

$$\times|\boldsymbol{\varphi}|^{-9/2}d\boldsymbol{\varphi}\Bigg]^{\frac{4\pi}{3}(\frac{GM}{\epsilon})^{3/2}n} \qquad (218)$$

となる.

$A(\boldsymbol{\rho},\boldsymbol{\sigma})$ に対する上式は,$|\boldsymbol{v}|$ についてはただ一つの値のみが現れるという仮定に基づいて導かれたものであった.今,$|\boldsymbol{v}|$ の分布があって,それを表す頻度関数が

$$\Psi(|\boldsymbol{v}|^2) \qquad (219)$$

という形[20]に書けると仮定しよう.これらの状況の下では,(218) 式は明らかに

---

20) これと関連して,マクスウェル速度分布については

$$A(\boldsymbol{\rho}, \boldsymbol{\sigma}) = \lim_{\epsilon \to 0} \left[\frac{3}{8\pi} \epsilon^{3/2} \int_0^\infty d|\boldsymbol{v}| \Psi(|\boldsymbol{v}|^2) \right.$$
$$\times \int_{|\boldsymbol{\varphi}| > \epsilon} e^{i\boldsymbol{\rho} \cdot \boldsymbol{\varphi}}$$
$$\times \frac{\sin \sqrt{|\boldsymbol{\sigma}_1|^2 |\boldsymbol{\varphi}|^3 (1 + 3\cos^2 \beta)}}{\sqrt{|\boldsymbol{\sigma}_1|^2 |\boldsymbol{\varphi}|^3 (1 + 3\cos^2 \beta)}}$$
$$\left. \times \frac{d\boldsymbol{\varphi}}{|\boldsymbol{\varphi}|^{9/2}} \right]^{\frac{4\pi}{3} (\frac{GM}{\epsilon})^{3/2} n} \qquad (220)$$

と一般化される. ここで,

$$\boldsymbol{\sigma}_1 = \frac{|\boldsymbol{v}|}{(GM)^{1/2}} \boldsymbol{\sigma} \qquad (221)$$

である.

$$\frac{3}{8\pi} \epsilon^{3/2} \int_0^\infty d|\boldsymbol{v}| \Psi(|\boldsymbol{v}|^2) \int_{|\boldsymbol{\varphi}| > \epsilon} \frac{d\boldsymbol{\varphi}}{|\boldsymbol{\varphi}|^{9/2}} = 1 \qquad (222)$$

だから, (220) 式は

$$A(\boldsymbol{\rho}, \boldsymbol{\sigma}) = \lim_{\epsilon \to 0} \left[1 - \frac{3}{8\pi} \epsilon^{3/2} \int_0^\infty d|\boldsymbol{v}| \Psi(|\boldsymbol{v}|^2) \right.$$
$$\times \int_0^\infty \left\{ 1 - e^{i\boldsymbol{\rho} \cdot \boldsymbol{\varphi}} \right.$$
$$\left. \left. \times \frac{\sin \sqrt{|\boldsymbol{\sigma}_1|^2 |\boldsymbol{\varphi}|^3 (1 + 3\cos^2 \beta)}}{\sqrt{|\boldsymbol{\sigma}_1|^2 |\boldsymbol{\varphi}|^3 (1 + 3\cos^2 \beta)}} \right\} \right.$$

$$\Psi = \frac{4j^3}{\pi^{1/2}} e^{-j^2 |\boldsymbol{v}|^2} |\boldsymbol{v}|^2, \qquad (219')$$

すなわち, ガウス関数そのものではなく, 動径ガウス関数であることに言及しておいてもよいであろう.

$$\times \frac{d\boldsymbol{\varphi}}{|\boldsymbol{\varphi}|^{9/2}}\Bigg]^{\frac{4\pi}{3}(\frac{GM}{\epsilon})^{3/2}n} \tag{223}$$

あるいは

$$A(\boldsymbol{\rho},\boldsymbol{\sigma}) = e^{-\frac{1}{2}n(GM)^{3/2}C(\boldsymbol{\rho},\boldsymbol{\sigma})} \tag{224}$$

のように書き換えられる.ここで,

$$C(\boldsymbol{\rho},\boldsymbol{\sigma}) = \int_0^\infty d|\boldsymbol{v}|\Psi(|\boldsymbol{v}|^2)$$

$$\times \int_0^\infty \Bigg\{ 1 - \cos(\boldsymbol{\rho}\cdot\boldsymbol{\varphi})$$

$$\times \frac{\sin\sqrt{|\boldsymbol{\sigma}_1|^2|\boldsymbol{\varphi}|^3(1+3\cos^2\beta)}}{\sqrt{|\boldsymbol{\sigma}_1|^2|\boldsymbol{\varphi}|^3(1+3\cos^2\beta)}}\Bigg\}\frac{d\boldsymbol{\varphi}}{|\boldsymbol{\varphi}|^{9/2}} \tag{225}$$

と書いた.

Ψ がマクスウェル速度分布に対応する形をとるときは,(225)式が(45)式に一致することは容易に確認される.

第4節で行われたのと同様な一連の変形の後,(225)式は

$$C(\boldsymbol{\rho},\boldsymbol{\sigma}) = |\boldsymbol{\rho}|^{3/2}\int_0^\infty \Psi(|\boldsymbol{v}|^2)D\Bigg(\frac{|\boldsymbol{\sigma}|^2|\boldsymbol{v}|^2}{GM|\boldsymbol{\rho}|^3}\Bigg)d|\boldsymbol{v}| \tag{226}$$

と表すことができる.ここで,$D(p)$ は次の二つの別の,しかし,同等な形をとる((52)式と(53)式を参照):

$$D(p) = \int_0^\infty \int_{-1}^{+1}\int_0^{2\pi}\Bigg\{1-\cos(zt)$$

$$\times \frac{\sin\sqrt{pz^3(1+3\left[t\cos\gamma+\sqrt{1-t^2}\sin\gamma\cos\omega\right]^2)}}{\sqrt{pz^3(1+3\left[t\cos\gamma+\sqrt{1-t^2}\sin\gamma\cos\omega\right]^2)}}\Bigg\}$$

$$\times z^{-5/2} d\omega dt dz \qquad (227)$$

および

$$D(p) = \int_0^\infty \int_{-1}^{+1} \int_0^{2\pi} \Big\{ 1 - \cos(z[t\cos\gamma \\ + \sqrt{1-t^2}\sin\gamma\cos\omega]) \\ \times \frac{\sin\sqrt{pz^3(1+3t^2)}}{\sqrt{pz^3(1+3t^2)}} \Big\} z^{-5/2} d\omega dt dz. \qquad (228)$$

我々の目的には, $p \to 0$ と $p \to \infty$ に対する $D(p)$ の振る舞いを議論することのみが必要である. 最初に, $p \to 0$ の場合を考えよう.

i) $p \to 0$ **に対する $D(p)$ の振る舞い.** 第5節のときと同様に, $D(p)$ を

$$D(p) = D(0) + F(p) \qquad (229)$$

の形で表す. ここで ($D(p)$ に対して (227) 式を使って),

$$D(0) = \int_0^\infty \int_{-1}^1 \int_0^{2\pi} (1-\cos[zt]) z^{-5/2} d\omega dt dz \qquad (230)$$

および

$$F(p) = \int_0^\infty \int_{-1}^1 \int_0^{2\pi} \cos(zt) \Big\{ 1 - \\ \frac{\sin\sqrt{pz^3(1+3[t\cos\gamma+\sqrt{1-t^2}\sin\gamma\cos\omega]^2)}}{\sqrt{pz^3(1+3[t\cos\gamma+\sqrt{1-t^2}\sin\gamma\cos\omega]^2)}} \Big\} \\ \times z^{-5/2} d\omega dt dz \qquad (231)$$

である. (230) 式の右辺の積分は (55) 式に現れる積分と

同じである. よって ((58) 式参照)

$$D(0) = \frac{8}{15}(2\pi)^{3/2} \tag{232}$$

である. また, $F(0) = 0$ なので, $p = 0$ における $F'(p)$ の振る舞いを議論する. この問題は, 第5節 (200–202 ページ) と付録で考察した問題と本質的に同じである. そして, そこでの議論のときと同様に,

$$F'(p) = -\Re \int_0^\infty \int_{-1}^1 \int_0^{2\pi} e^{izt}$$
$$\times \frac{\partial}{\partial p} \frac{\sin\sqrt{pz^3(1+3[t\cos\gamma+\sqrt{1-t^2}\sin\gamma\cos\omega]^2)}}{\sqrt{pz^3(1+3[t\cos\gamma+\sqrt{1-t^2}\sin\gamma\cos\omega]^2)}}$$
$$\times z^{-5/2} d\omega dt dz \tag{233}$$

と書く. そして, z と t を複素変数とみなして, 最終的に

$$F'(0) = \Re \frac{1}{6} \int_0^\infty \int_{-1}^1 \int_0^{2\pi} e^{izt}(1+$$
$$3[t\cos\gamma+\sqrt{1-t^2}\sin\gamma\cos\omega]^2)z^{1/2} d\omega dt dz$$
$$\tag{234}$$

を得る. ここで, z と t に関する積分もまた適切な積分路にそって実行されるべきものである. $\frac{2}{3}$ の因子を別にすれば, (234) 式の右辺の積分は (65) 式に現れた積分と同じである. よって ((74) 式参照),

$$F'(0) = \frac{1}{2}(2\pi)^{3/2} \sin^2\gamma \tag{235}$$

である. このようにして

$$D(p) = \frac{8}{15}(2\pi)^{3/2} + \frac{1}{2}(2\pi)^{3/2} p \sin^2\gamma + O(p^2) \quad (236)$$

を得る.

(226) 式の D に上式を代入すると, 直ちに

$$C(\boldsymbol{\rho}, \boldsymbol{\sigma}) = \frac{8}{15}(2\pi)^{3/2}|\boldsymbol{\rho}|^{3/2}$$
$$+ \frac{1}{2}(2\pi)^{3/2}\frac{\overline{|\boldsymbol{v}|^2}}{GM}\frac{|\boldsymbol{\sigma}|^2}{|\boldsymbol{\rho}|^{3/2}}\sin^2\gamma + O(|\boldsymbol{\sigma}|^4) \quad (237)$$

が導かれる. ここで, $\overline{|\boldsymbol{v}|^2}$ は

$$\overline{|\boldsymbol{v}|^2} = \int_0^\infty \Psi(|\boldsymbol{v}|^2)|\boldsymbol{v}|^2 d|\boldsymbol{v}| \quad (238)$$

によって定義される平均を示す.

(224) 式と (237) 式から, 今や

$$A(\boldsymbol{\rho}, \boldsymbol{\sigma}) = e^{-a|\boldsymbol{\rho}|^{3/2} - b|\boldsymbol{\sigma}|^2|\boldsymbol{\rho}|^{-3/2}\sin^2\gamma + O(|\boldsymbol{\sigma}|^4)} \quad (239)$$

を得る. ここで,

$$a = \frac{4}{15}(2\pi GM)^{3/2}n; \quad b = \frac{1}{4}(2\pi)^{3/2}(GM)^{1/2}\overline{|\boldsymbol{v}|^2}n \quad (240)$$

と書いた.

今, (239) 式は, 先の (78) 式と正確に同じ形をしていることがわかる. よって, 第7節と8節のすべての結果は, 今採用するべき, わずかに修正された b の定義を除いて[21], 影響を受けない. 同様に, 第9節の平均寿命の式

---

[21] (79) 式と (240) 式の二つの b の定義を比較すると, (240) 式の $\overline{|\boldsymbol{v}|^2}$ にマクスウェル速度分布に対する値, すなわち, $3/2j^2$ を

も,(172)式により定義される t_0 を単位として T を測るとすれば,現在のより一般的な仮定の下でも有効であり続ける.そのとき,t_0 の定義に現れる2乗平均速度 $\sqrt{|\boldsymbol{v}|^2}$ は,(238)式によって評価されなければならないことを思い出そう.

ii) $p \to \infty$ に対する $D(p)$ の振る舞い.(228)式で
$$z = p^{-1/3} y \tag{241}$$
と置くと,$D(p)$ を
$$D(p) = p^{1/2} J(p) \tag{242}$$
の形に表すことができることがわかる.ここで,
$$J(p) = \int_0^\infty \int_{-1}^1 \int_0^{2\pi} \Big\{ 1 - \cos(p^{-1/3}[t\cos\gamma + \sqrt{1-t^2}\sin\gamma\cos\omega]y) \\ \times \frac{\sin\sqrt{y^3(1+3t^2)}}{\sqrt{y^3(1+3t^2)}} \Big\} y^{-5/2} d\omega dt dy \tag{243}$$
である.

$p \to \infty$ に対する $J(p)$ の振る舞いを明らかにするために,それを
$$J(p) = J(\infty) + K(p) \tag{244}$$
の形に書き直す.ここで
$$J(\infty) = \int_0^\infty \int_{-1}^1 \int_0^{2\pi} \Big\{ 1 - \frac{\sin\sqrt{y^3(1+3t^2)}}{\sqrt{y^3(1+3t^2)}} \Big\} \\ \times y^{-5/2} d\omega dt dy \tag{245}$$

代入すれば,今回の定義と以前の定義は一致することがわかる.

であり，また，

$$K(p) = \int_0^\infty \int_{-1}^1 \int_0^{2\pi} \frac{\sin\sqrt{y^3(1+3t^2)}}{\sqrt{y^3(1+3t^2)}}$$
$$\times \{1 - \cos(p^{-1/3}[t\cos\gamma + \sqrt{1-t^2}\sin\gamma\cos\omega]y)\}$$
$$\times y^{-5/2} d\omega dt dy \quad (246)$$

である．

$J(\infty)$ は容易に評価できる．ω に関する積分を実行した後，新たな変数

$$x = \sqrt{y^3(1+3t^2)} \quad (247)$$

を導入すると，

$$J(\infty) = \frac{8\pi}{3} \int_0^1 dt\sqrt{1+3t^2} \int_0^\infty \frac{dx}{x^2}\left(1 - \frac{\sin x}{x}\right)$$
$$= \frac{2}{3}\pi^2 Q_0 \quad (248)$$

を得る．ここで，Q_0 は (89) 式のように定義される．

$K(p)$ の評価に戻ると，我々はその $p \to \infty$ での振る舞いにのみ興味があるので，(246) 式の被積分関数に現れる $\{1-\cos(\cdots)\}$ の項をべき級数に展開できることは明らかである．主要項のみを残すと，

$$K(p) = \frac{1}{2}p^{-2/3} \int_0^\infty \int_{-1}^1 \int_0^{2\pi} \frac{\sin\sqrt{y^3(1+3t^2)}}{\sqrt{y^3(1+3t^2)}}$$
$$\times [t\cos\gamma + \sqrt{1-t^2}\sin\gamma\cos\omega]^2$$
$$\times y^{-1/2} d\omega dt dy + O(p^{-4/3}) \quad (249)$$

を得る．ω に関する積分を実行した後，(247) 式で定義された変数 x を導入すると，

$$K(p) = \frac{4}{3}\pi p^{-2/3} \int_0^1 \frac{t^2\cos^2\gamma + \frac{1}{2}(1-t^2)\sin^2\gamma}{(1+3t^2)^{1/6}} dt \\ \times \int_0^\infty \frac{\sin x}{x^{5/3}} dx + O(p^{-4/3}) \quad (250)$$

を得る．しかし，

$$\int_0^\infty \frac{\sin x}{x^{5/3}} dx = \frac{\pi}{2\Gamma(5/3)}\operatorname{cosec}\left(\frac{5\pi}{6}\right) = \frac{\pi}{\Gamma(5/3)} \quad (251)$$

である．よって，

$$K(p) = \frac{2\pi^2}{3\Gamma(5/3)} p^{-2/3} \\ \times \int_0^1 \frac{(3t^2-1)\cos^2\gamma + (1-t^2)}{(1+3t^2)^{1/6}} dt + O(p^{-4/3}) \quad (252)$$

となる．

$$\left.\begin{array}{l} 2\lambda = \dfrac{2\pi^2}{3\Gamma(5/3)} \displaystyle\int_0^1 \dfrac{3t^2-1}{(1+3t^2)^{1/6}} dt, \\[2mm] 2\mu = \dfrac{2\pi^2}{3\Gamma(5/3)} \displaystyle\int_0^1 \dfrac{1-t^2}{(1+3t^2)^{1/6}} dt \end{array}\right\} \quad (253)$$

としよう．そのとき

$$K(p) = 2(\lambda\cos^2\gamma + \mu)p^{-2/3} + O(p^{-4/3}) \quad (254)$$

である．(244), (248), (254) 式を結びつけて，

$$J(p) = \frac{2}{3}\pi^2 Q_0 + 2(\lambda\cos^2\gamma+\mu)p^{-2/3}+O(p^{-4/3}) \tag{255}$$

または

$$D(p) = \frac{2}{3}\pi^2 Q_0 p^{1/2} + 2(\lambda\cos^2\gamma+\mu)p^{-1/6}+O(p^{-5/6}) \tag{256}$$

を得る. (226) 式に $D(p)$ に対する上式を代入すると,

$$C(\boldsymbol{\rho},\boldsymbol{\sigma}) = \frac{2}{3}\pi^2 Q_0 \frac{\overline{|\boldsymbol{v}|}}{(GM)^{1/2}}|\boldsymbol{\sigma}|$$
$$+2(\lambda\cos^2\gamma+\mu)(GM)^{1/6}\overline{|\boldsymbol{v}|^{-1/3}}\frac{|\boldsymbol{\rho}|^2}{|\boldsymbol{\sigma}|^{1/3}}+O(|\boldsymbol{\rho}|^4) \tag{257}$$

であることがわかる. ここで, 横棒は対応する量の平均がとられるべきことを示すものである. 最終的に, (224) 式と (257) 式より,

$$A(\boldsymbol{\rho},\boldsymbol{\sigma}) = e^{-c|\boldsymbol{\sigma}|-d(\lambda\cos^2\gamma+\mu)|\boldsymbol{\rho}|^2|\boldsymbol{\sigma}|^{-1/3}+O(|\boldsymbol{\rho}|^4)} \tag{258}$$

を得る. ここで,

$$\left.\begin{array}{l} c = \dfrac{1}{3}\pi^2 Q_0 GM\overline{|\boldsymbol{v}|}n, \\ d = (GM)^{5/3}\overline{|\boldsymbol{v}|^{-1/3}}n \end{array}\right\} \tag{259}$$

である.

このように, (258) 式は, マクスウェル速度分布の仮定に基づいて導かれた対応する (101) 式と, 正確に同じ形であることが再び確かめられる. よって, 第 10 節と 11 節の

すべての結果は, 今採用するべき, c, d, λ, μ の修正された定義を除いて[22], 影響を受けない. 特に, (190) 式のように定義された c を使うと, $\boldsymbol{f}$ と $|\boldsymbol{f}|$ の分布は全く同じままである. 同様に, (198) 式を含むそこまでの解析は, c, d, λ, μ の新しい定義を使うと, 有効であり続ける. しかし, (198) 式の後に続く式 (すなわち, (199)–(203) 式) における数値係数は多少変更される. だが, (203) 式は, 今

$$\frac{\sqrt{|\boldsymbol{F}|^2_{\boldsymbol{f}}}}{Q_H} = 1.2083(\overline{|\boldsymbol{v}|}^{1/3}\overline{|\boldsymbol{v}|^{-1/3}})^{1/2}\Phi(\alpha) \tag{260}$$

の形をとることだけに言及すれば十分である.

13. 質量の分布を含めるためのさらなる一般化

これまでのところ, 我々はすべての星は同一の質量 M を持っていると仮定していた. 今, この制限を取り除いて, 異なる質量の値が分布することを許すことにしよう. しかし, M が異なる値をとることを許すとすれば, 球対称な速度分布を記述する関数のパラメータが, M に依存しないと

---

[22] 今回の c, d, λ, μ の定義と前の定義 ((96) 式と (102) 式) とを比べると, 今回の定義を使い, $\overline{|\boldsymbol{v}|}$ と $\overline{|\boldsymbol{v}|^{-1/3}}$ にマクスウェル分布に対する値, すなわち, $2/\pi^{1/2}j$ と $2j^{1/3}\Gamma(4/3)/\pi^{1/2}$ を代入すると, c, $d\lambda$, $d\mu$ は第 6 節の対応する量とそれぞれ一致することがわかる. この同一性の証明は, 関係式

$$\Gamma\left(\frac{1}{6}\right)\Gamma\left(\frac{2}{3}\right) = 2^{2/3}\pi^{1/2}\Gamma\left(\frac{1}{3}\right)$$

の使用に頼っていることを注意しておいてもよいだろう.

仮定することは自然ではないであろう．言い換えると，予期される状況の下では，状態を適切に記述するためには，厳密に2変数分布

$$\Psi(|\boldsymbol{v}|^2; M) \tag{261}$$

を導入する必要がある．

今，異なる質量の星がお互いに独立に運動すると仮定すると，$W(\boldsymbol{F},\boldsymbol{f})$ に対する (18) 式は

$$A(\boldsymbol{\rho},\boldsymbol{\sigma}) = \lim_{\substack{N\to\infty \\ R\to\infty}} \left[\frac{3}{4\pi R^3} \right.$$
$$\left. \times \int_{0<M<\infty}\int_{|\boldsymbol{r}|<R}\int_{|\boldsymbol{v}|<\infty} e^{i(\boldsymbol{\rho}\cdot\boldsymbol{\varphi}+\boldsymbol{\sigma}\cdot\boldsymbol{\psi})}\tau d\boldsymbol{v}d\boldsymbol{r}dM \right]^N \tag{262}$$

で与えられる $A(\boldsymbol{\rho},\boldsymbol{\sigma})$ を使うと有効であり続けることは明らかである．ここで τ は今や $\boldsymbol{r}$ と $\boldsymbol{v}$ のみの関数ではなく，M の関数でもある．τ として2変数分布 (261) を代入し，($\boldsymbol{r}$ と $\boldsymbol{v}$ の代わりに) 変数 $\boldsymbol{\varphi}$ と $\boldsymbol{\psi}$ に変数変換すると，

$$A(\boldsymbol{\rho},\boldsymbol{\sigma}) = \lim_{\epsilon\to 0}\left[\frac{3}{4\pi}\left(\frac{\epsilon}{G}\right)^{3/2} \right.$$
$$\times \iint d|\boldsymbol{v}|dM \frac{G^3M^3}{16\pi|\boldsymbol{v}|^3}\Psi(|\boldsymbol{v}|^2;M)$$
$$\times \int_{|\boldsymbol{\varphi}|>\epsilon M}\int_{|\boldsymbol{\psi}|<\infty} e^{i(\boldsymbol{\rho}\cdot\boldsymbol{\varphi}+\boldsymbol{\sigma}\cdot\boldsymbol{\psi})}$$
$$\times \delta\Big\{ GM|\boldsymbol{\varphi}|^{-3}\Big[|\boldsymbol{\psi}|^2$$
$$-\frac{3}{4}|\boldsymbol{\varphi}|^{-2}(\boldsymbol{\varphi}\cdot\boldsymbol{\psi})^2\Big] - |\boldsymbol{v}|^2 \Big\}$$

$$\times |\boldsymbol{\varphi}|^{-9} d\boldsymbol{\varphi} d\boldsymbol{\phi} \Big]^{\frac{4\pi}{3}(\frac{G}{\epsilon})^{3/2} n} \quad (263)$$

を得る((27), (29), (210) 式参照).

$$\boldsymbol{\varphi} = M\boldsymbol{\varphi}_1; \quad \boldsymbol{\rho} = \frac{1}{M}\boldsymbol{\rho}_1 \quad (264)$$

ならびに

$$\boldsymbol{\phi} = \frac{M|\boldsymbol{v}|}{G^{1/2}}\boldsymbol{\phi}_1; \quad \boldsymbol{\sigma} = \frac{G^{1/2}}{M|\boldsymbol{v}|}\boldsymbol{\sigma}_1 \quad (265)$$

と置く.(263) 式は

$$\begin{aligned}
A(\boldsymbol{\rho}, \boldsymbol{\sigma}) = \lim_{\epsilon \to 0} \Big[& \frac{3}{64\pi^2} \epsilon^{3/2} \iint d|\boldsymbol{v}| dM \Psi(|\boldsymbol{v}|^2; M) \\
\times & \int_{|\boldsymbol{\varphi}_1|>\epsilon} \int_{|\boldsymbol{\phi}_1|<\infty} e^{i(\boldsymbol{\rho}_1 \cdot \boldsymbol{\varphi}_1 + \boldsymbol{\sigma}_1 \cdot \boldsymbol{\phi}_1)} \\
\times & \delta\Big\{|\boldsymbol{\varphi}_1|^{-3}\Big[|\boldsymbol{\phi}_1|^2 - \frac{3}{4}|\boldsymbol{\varphi}_1|^{-2}(\boldsymbol{\varphi}_1 \cdot \boldsymbol{\phi}_1)^2\Big] - 1\Big\} \\
\times & |\boldsymbol{\varphi}_1|^{-9} d\boldsymbol{\varphi}_1 d\boldsymbol{\phi}_1 \Big]^{\frac{4\pi}{3}(\frac{G}{\epsilon})^{3/2} n} \quad (266)
\end{aligned}$$

となる.しかし,(213), (216), (217) 式より,

$$\begin{aligned}
\int_{|\boldsymbol{\phi}_1|<\infty} & e^{i\boldsymbol{\sigma}_1 \cdot \boldsymbol{\phi}_1} \delta\Big\{|\boldsymbol{\varphi}_1|^{-3}\Big[|\boldsymbol{\phi}_1|^2 \\
& - \frac{3}{4}|\boldsymbol{\varphi}_1|^{-2}(\boldsymbol{\varphi}_1 \cdot \boldsymbol{\phi}_1)^2\Big] - 1\Big\} d\boldsymbol{\phi}_1 \\
= 8\pi |\boldsymbol{\varphi}_1|^{9/2} & \frac{\sin\sqrt{|\boldsymbol{\sigma}_1|^2 |\boldsymbol{\varphi}_1|^3 (1+3\cos^2\beta)}}{\sqrt{|\boldsymbol{\sigma}_1|^2 |\boldsymbol{\varphi}_1|^3 (1+3\cos^2\beta)}} \quad (267)
\end{aligned}$$

である.ここで,

$$\beta = \angle(\boldsymbol{\sigma}_1, \boldsymbol{\varphi}_1) = \angle(\boldsymbol{\sigma}, \boldsymbol{\varphi}) \tag{268}$$

である．(266) 式は今や

$$\begin{aligned}A(\boldsymbol{\rho}, \boldsymbol{\sigma}) = \lim_{\epsilon \to 0} &\bigg[\frac{3}{8\pi} \epsilon^{3/2} \iint d|\boldsymbol{v}|dM\Psi(|\boldsymbol{v}|^2; M) \\
&\times \int_{|\boldsymbol{\varphi}_1|>\epsilon} e^{i\boldsymbol{\rho}_1 \cdot \boldsymbol{\varphi}_1} \\
&\times \frac{\sin\sqrt{|\boldsymbol{\sigma}_1|^2|\boldsymbol{\varphi}_1|^3(1+3\cos^2\beta)}}{\sqrt{|\boldsymbol{\sigma}_1|^2|\boldsymbol{\varphi}_1|^3(1+3\cos^2\beta)}} \\
&\times \frac{d\boldsymbol{\varphi}_1}{|\boldsymbol{\varphi}_1|^{9/2}} \bigg]^{\frac{4\pi}{3}(\frac{G}{\epsilon})^{3/2}n}\end{aligned} \tag{269}$$

となる．第 3 節と 12 節で行ったように（特に 193–197 ページを見よ），上式から公式

$$A(\boldsymbol{\rho}, \boldsymbol{\sigma}) = e^{-\frac{1}{2}nG^{3/2}C(\boldsymbol{\rho}, \boldsymbol{\sigma})} \tag{270}$$

が導かれる．ここで，

$$\begin{aligned}C(\boldsymbol{\rho}, \boldsymbol{\sigma}) = &\iint d|\boldsymbol{v}|dM\Psi(|\boldsymbol{v}|^2; M) \\
&\times \int \bigg\{ 1 - \cos(\boldsymbol{\rho}_1 \cdot \boldsymbol{\varphi}_1) \\
&\times \frac{\sin\sqrt{|\boldsymbol{\sigma}_1|^2|\boldsymbol{\varphi}_1|^3(1+3\cos^2\beta)}}{\sqrt{|\boldsymbol{\sigma}_1|^2|\boldsymbol{\varphi}_1|^3(1+3\cos^2\beta)}} \bigg\} \frac{d\boldsymbol{\varphi}_1}{|\boldsymbol{\varphi}_1|^{9/2}}\end{aligned} \tag{271}$$

である．(271) 式の二番目の積分は (225) 式に現れるものと同じ形であることがわかる．よって，それを

$$|\boldsymbol{\rho}_1|^{3/2} D\bigg(\frac{|\boldsymbol{\sigma}_1|^2}{|\boldsymbol{\rho}_1|^3}\bigg) \tag{272}$$

のように書くことができる. ここで, $D(p)$ は (227) 式または (228) 式の二つのいずれかの形で表すことができる. 元の変数 $\boldsymbol{\rho}$ と $\boldsymbol{\sigma}$ に戻して, (272) 式の代わりに

$$M^{3/2}|\boldsymbol{\rho}|^{3/2}D\left(\frac{|\boldsymbol{v}|^2|\boldsymbol{\sigma}|^2}{GM|\boldsymbol{\rho}|^3}\right) \tag{273}$$

と書くことができる. このようにして, $C(\boldsymbol{\rho}, \boldsymbol{\sigma})$ は

$$\begin{aligned} C(\boldsymbol{\rho}, \boldsymbol{\sigma}) = |\boldsymbol{\rho}|^{3/2} \int\int M^{3/2}\Psi(|\boldsymbol{v}|^2; M) \\ \times D\left(\frac{|\boldsymbol{v}|^2|\boldsymbol{\sigma}|^2}{GM|\boldsymbol{\rho}|^3}\right)d|\boldsymbol{v}|dM \end{aligned} \tag{274}$$

の形に書くことができる.

さて, 我々はすでに $p \to 0$ と $p \to \infty$ に対する $D(p)$ の振る舞いについて議論し,

$$D(p) = \frac{8}{15}(2\pi)^{3/2} + \frac{1}{2}(2\pi)^{3/2}p\sin^2\gamma + O(p^2) \quad (p \to 0) \tag{275}$$

および

$$D(p) = \frac{2}{3}\pi^2 Q_0 p^{1/2} \\ + 2(\lambda\cos^2\gamma + \mu)p^{-1/6} + O(p^{-5/6}) \quad (p \to \infty) \tag{276}$$

であることを示した ((236) と (256) 式参照). ここで, λ と μ は (253) 式のように定義されている. $D(p)$ に対するこれらの二つの形に対応して, (274) 式から二つの公式

$$C(\boldsymbol{\rho}, \boldsymbol{\sigma}) = \frac{8}{15}(2\pi)^{3/2}\overline{M^{3/2}}|\boldsymbol{\rho}|^{3/2}$$
$$+ \frac{1}{2}(2\pi)^{3/2}\frac{\overline{M^{1/2}|\boldsymbol{v}|^2}}{G}\frac{|\boldsymbol{\sigma}|^2}{|\boldsymbol{\rho}|^{3/2}}\sin^2\gamma + O(|\boldsymbol{\sigma}|^4)$$
$$(|\boldsymbol{\sigma}| \to 0) \quad (277)$$

と

$$C(\boldsymbol{\rho}, \boldsymbol{\sigma}) = \frac{2}{3}\pi^2 Q_0 G^{-1/2}\overline{M|\boldsymbol{v}|}|\boldsymbol{\sigma}|$$
$$+ 2(\lambda\cos^2\gamma + \mu)G^{1/6}\overline{M^{5/3}|\boldsymbol{v}|^{-1/3}}\frac{|\boldsymbol{\rho}|^2}{|\boldsymbol{\sigma}|^{1/3}} + O(|\boldsymbol{\rho}|^4)$$
$$(|\boldsymbol{\rho}| \to 0) \quad (278)$$

を得る．ここで，横棒は対応する量の平均であることを示している．

このようにして，再び $A(\boldsymbol{\rho}, \boldsymbol{\sigma})$ に対する式

$$A(\boldsymbol{\rho}, \boldsymbol{\sigma}) = e^{-a|\boldsymbol{\rho}|^{3/2} - b|\boldsymbol{\sigma}|^2|\boldsymbol{\rho}|^{-3/2}\sin^2\gamma + O(|\boldsymbol{\sigma}|^4)}$$
$$(|\boldsymbol{\sigma}| \to 0) \quad (279)$$

と

$$A(\boldsymbol{\rho}, \boldsymbol{\sigma}) = e^{-c|\boldsymbol{\sigma}| - d(\lambda\cos^2\gamma + \mu)|\boldsymbol{\rho}|^2|\boldsymbol{\sigma}|^{-1/3} + O(|\boldsymbol{\rho}|^4)}$$
$$(|\boldsymbol{\rho}| \to 0) \quad (280)$$

を得る．ここで

$$\left.\begin{array}{l} a = \dfrac{4}{15}(2\pi)^{3/2}G^{3/2}\overline{M^{3/2}}n, \\[2mm] b = \dfrac{1}{4}(2\pi)^{3/2}G^{1/2}\overline{M^{1/2}|\boldsymbol{v}|^2}n, \end{array}\right\} \quad (281)$$

$$c = \frac{1}{3}\pi^2 Q_0 G \overline{M|\boldsymbol{v}|} n,$$

$$d = G^{5/3}\overline{M^{5/3}|\boldsymbol{v}|^{-1/3}} n$$

と書いた.

a, b, c, および d のこれらの新しい定義を使うと,第 7–11 節のすべての結果は有効であり続ける.しかし,標準場 Q_H は今や平均質量 $\left(\overline{M^{3/2}}\right)^{2/3}$ を使って

$$Q_H = 2.603 G \left(\overline{M^{3/2}}\right)^{2/3} n^{2/3} \tag{282}$$

と計算されるということを明記しておいてもよいであろう.同様に,(173) 式によって定義される,状態 $|\boldsymbol{F}|/Q_H$ の平均寿命を示す τ の単位 t_0 は

$$t_0 = \frac{0.32007}{n^{1/3}} \left(\frac{[\overline{M^{3/2}}]^{1/3}}{\overline{M^{1/2}|\boldsymbol{v}|^2}} \right)^{1/2} \tag{283}$$

によって与えられる.最後に,(260) 式は今や

$$\frac{\sqrt{|\boldsymbol{F}|_f^2}}{Q_H} = 1.2083 \frac{([\overline{M|\boldsymbol{v}|}]^{1/3}[\overline{M^{5/3}|\boldsymbol{v}|^{-1/3}}])^{1/2}}{[\overline{M^{3/2}}]^{2/3}} \Phi(\alpha) \tag{284}$$

と一般化されることを指摘しておいてもよいであろう.ここで,$\Phi(\alpha)$ はこれまでと同じ意味を持つ.

14. 与えられた点に作用する $\boldsymbol{F}$ の加速度の分布

我々はすでに,第 10 節において,ある定められた点に作用する $\boldsymbol{F}$ の変化率の分布の問題について考察した.今

度は，非常に手短に，ある点に作用する $\dot{F}$ の変化率の分布という類似の問題を考えよう．

(3) 式を時間について再度微分すると，

$$g = \frac{d^2 F}{dt^2}$$
$$= 3G \sum M_i \left\{ 2\frac{v_i(r_i \cdot v_i)}{|r_i|^5} + \frac{r_i|v_i|^2}{|r_i|^5} - 5\frac{r_i(r_i \cdot v_i)^2}{|r_i|^7} \right\} \quad (285)$$

を得る．g の確率分布 $W(g)$ を定めるために，第 2 節と 3 節の一般的な方法に従うと，直ちに公式

$$W(g) = \frac{1}{2\pi^2 |g|} \int_0^\infty A(|\rho|)|\rho|\sin(|g||\rho|)d|\rho| \quad (286)$$

を得る．ここで，

$$A(|\rho|) = \lim_{R \to \infty} \left[\frac{3}{4\pi R^3} \times \int_{|r|<R} \int_{|v|<\infty} \int_0^\infty e^{i\rho \cdot \chi} \tau dM d v d r \right]^{4\pi R^3 n/3} \quad (287)$$

である．(287) 式において，χ は

$$\chi = 3GM \left\{ 2\frac{v(r \cdot v)}{|r|^5} + \frac{r|v|^2}{|r|^5} - 5\frac{r(r \cdot v)^2}{|r|^7} \right\} \quad (288)$$

を示す．

球対称な速度分布に対して $A(|\rho|)$ を評価することは単純である．特にそれは，ホルツマルクとガンス[23]による点

---

23) 脚注 (2) に挙げた参考文献を見よ．

四極子のランダムな分布から生じる $\boldsymbol{F}$ の確率分布に関するある計算にかなり近いので，ここではその解析の詳細については述べない．我々は
$$A(|\boldsymbol{\rho}|) = e^{-q|\boldsymbol{\rho}|^{3/4}} \tag{289}$$
であることを見つける．ここで
$$q = \frac{64\pi}{3^{1/4}7}\Gamma(1.25)\sin\frac{\pi}{8}\left\{\int_0^1 (1-2t^2+5t^4)^{3/8}dt\right\} \\ \times G^{3/4}\overline{M^{3/4}|\boldsymbol{v}|^{3/2}}n \tag{290}$$
または，数値的には，
$$q = 8.1833\, G^{3/4}\overline{M^{3/4}|\boldsymbol{v}|^{3/2}}n \tag{291}$$
である．(286) 式の $A(|\boldsymbol{\rho}|)$ に (289) 式を代入すると，
$$W(\boldsymbol{g}) = \frac{1}{2\pi^2|\boldsymbol{g}|}\int_0^\infty e^{-q|\boldsymbol{\rho}|^{3/4}}|\boldsymbol{\rho}|\sin(|\boldsymbol{g}||\boldsymbol{\rho}|)d|\boldsymbol{\rho}| \tag{292}$$
を得る．この $W(\boldsymbol{g})$ に対する式は，$|\boldsymbol{g}|$ を $q^{4/3}$ を単位として測って，
$$x = |\boldsymbol{\rho}||\boldsymbol{g}| \tag{293}$$
と置くと，より便利に表すことができる．このようにして，(292) 式は
$$W(\boldsymbol{g}) = \frac{1}{2\pi^2 q^4 \gamma^3}\int_0^\infty e^{-(x/\gamma)^{3/4}}x\sin x\, dx \tag{294}$$
となることがわかる．ここで，
$$|\boldsymbol{g}| = q^{4/3}\gamma \tag{295}$$
と書いた．(291) 式より，今 $|\boldsymbol{g}|$ を測るのに自然と思われる単位は

$$q^{4/3} = 16.491 G \, [\overline{M^{3/4}|\boldsymbol{v}|^{3/2}}]^{4/3} n^{4/3} \qquad (296)$$

の値を持つことがわかる．最後に，(294) 式は $|\boldsymbol{g}|$ の分布として式

$$W(|\boldsymbol{g}|) = \frac{1}{q^{4/3}} \frac{2}{\pi \gamma} \int_0^\infty e^{-(x/\gamma)^{3/4}} x \sin x \, dx \qquad (297)$$

を示唆することに言及しておいてもよいであろう．

(296) 式と (297) 式の形を見ると，$\boldsymbol{g}$ と $|\boldsymbol{g}|$ の分布に関する我々の今回の法則と，点四極子のランダムな分布から生じる $\boldsymbol{F}$ と $|\boldsymbol{F}|$ の分布を与えるホルツマルクーガンスの対応する公式との間の形式的な同一性に気づく．

我々は，今回の問題と関連して，二つの異なる点に同時に作用する場の相関や，また，運動している星に作用する場のゆらぎの速さの問題に関する議論を終えた後，本論文の結果を恒星系力学の問題に応用することに戻るつもりである．

我々は T. ベランド夫人に，表 1 と表 2 の準備に関連した数値的な作業を助けていただいたことを感謝する．

さらに著者の一人（S. チャンドラセカール）は，彼が 1941 年の秋学期にプリンストンに滞在することを可能にし，それによって今回の共同研究が可能となったことに関して，高等研究所とプリンストン大学への恩義を記しておきたい．

ヤーキス天文台

ウィリアムズベイ，ウィスコンシン
高等研究所
プリンストン，ニュージャージー
1942 年 2 月 16 日

付　録

1′. 我々は積分

$$F'(p) = \Re \int_0^\infty \int_{-1}^1 \int_0^{2\pi} e^{izt}$$
$$\times e^{-\frac{1}{4}pz^3(1+3[t\cos\gamma+\sqrt{1-t^2}\sin\gamma\cos\omega]^2)}$$
$$\times \frac{1}{4}(1+3[t\cos\gamma+\sqrt{1-t^2}$$
$$\times \sin\gamma\cos\omega]^2)z^{1/2}dzdtd\omega. \qquad (1')$$

特にその $p \gtrless 0$ に対する漸近的な振る舞いを評価したい（第5節の議論参照）．これは実積分であり，すべての積分路は実数で，そこでは

$$z^{1/2} \text{ と } \sqrt{1-t^2} \text{ は実数かつ} \geqq 0 \qquad (2')$$

である．

今（1′）式の

$$\int_0^\infty \int_{-1}^1 \int_0^{2\pi} \cdots dzdtd\omega$$

における z と t の積分路を，複素平面に持っていくことによって変更する．しかし，被積分関数，すなわち，(2′) 式

の表式が解析的であり続けるようにしよう．それは，領域
$$\Re z \geqq 0 \text{ および } \Im t \geqq 0, \quad |t| \leqq 1 \tag{3'}$$
の内部にとどまり，実数の z, t に対して実数かつ $\geqq 0$ である（2'）式の分枝を選ぶことによってなされる．

これらを踏まえて，積分路は次のように変更される：

I. 実数区間 $\tau_0: -1 \leqq t \leqq 1$ は -1 から 1 につながる曲線 τ に置き換えられる．しかし，それは（両端の点 -1 と 1 を除いて）完全に領域（3'）の内側に入るようにする．積分の指数は
$$1 + 3[t \cos \gamma + \sqrt{1-t^2} \sin \gamma \cos \omega]^2$$
という因子を含む．

これは，τ_0 上では実数でかつ $\geqq 1$ である．我々は，τ 上で依然，この因子の偏角が $\leqq \pi/16$, $\geqq -\pi/16$, 絶対値が $\geqq \frac{1}{2}$ であるように τ_0 に十分近い τ を選ぶ．

II. 固定された t に対して，z に関する積分が最初に実行されるように，z と t の積分の順序を交換する．それゆえ，z に対する（複素）積分路を，t に依存するように選ぶことが可能になる．

z の偏角が $\leqq \pi/16$, $\geqq -\pi/16$ であるならば，積分の指数に現れる式
$$\frac{1}{4} p z^3 (1 + 3[t \cos \gamma + \sqrt{1-t^2} \sin \gamma \cos \omega]^2) \tag{4'}$$
の偏角は $\leqq \pi/4$, $\geqq -\pi/4$ である（t に関する第 I 項参照）．よって，その実部は正で，その絶対値の少なくとも $\cos(\pi/4)$

倍の値を持つ．さらに，$(1+3[\cdots]^2)$ の絶対値は $\geqq \dfrac{1}{2}$ である（第 I 項参照）——だから，積分の絶対収束性は乱されない．結果として，z の偏角がそのようなものであれば，任意の積分路を用いてよい．

III. 正の実数軸 $\zeta_0 : 0 < z < +\infty$ は，それと角度 ω_t をなす直線 ζ_{ω_t} で置き換えらえる．ω_t は t に依存し（第 I 項参照），$\leqq \pi/16$, $\geqq -\pi/16$（第 II 項参照）である．

t が τ に沿って -1 から 1 まで（領域 $(3')$ の内部で）動くとき，その偏角は π から 0 へと変化する．$\omega_t = ([\pi/2] - \mathrm{arcus}\, t)/8$ [24)] と選ぶと，上記の要件が満たされる．今，izt の偏角は

$$\frac{\pi}{2} + \omega_t + \mathrm{arcus}\, t = \pi - \frac{7}{8}\left(\frac{\pi}{2} - \mathrm{arcus}\, t\right)$$

に等しく，これは π より $7\pi/16$ 以上離れることは決してない．よって，izt の実部は負で，その絶対値の高々 $\cos(7\pi/16)(=\sin[\pi/16])$ 倍である．すなわち，

$$|e^{izt}| \leqq e^{-|z||t|\sin(\pi/16)}.$$

今，τ 上を動く t は，原点からの距離に関して正の最小値を持つ（第 I 項参照）．α をその距離の $\sin(\pi/16)$ 倍と定めよう．そのとき，我々の新しい積分路に沿ってどこでも

$$|e^{izt}| \leqq e^{-\alpha|z|} \quad (\alpha \text{ は一定かつ} > 0) \tag{$5'$}$$

である．

---

24) ［訳注］$\mathrm{arcus}\, t$ は t の偏角を表す．なお，これは $\arg t$ と表記するのが普通．

2′. 我々は

$$\left.\begin{array}{c} e^w = \sum_{n=0}^{m-1} \dfrac{1}{n!} w^n + \dfrac{\varphi_m(w)}{m!} w^m, \\[2mm] |\varphi_m(w)| \leqq 1 \quad (\Re w \leqq 0 \text{ に対して}) \end{array}\right\} \quad (6')$$

を評価する必要がある. $\varphi_m(w)$ はいたるところで解析的で, 明らかに

$\Re w \leqq 0$ で $w \to \infty$ に対して $\varphi_m(w) \to 0$

である. よって, $|\varphi_m(w)|$ は境界 $\Re w = 0$ で, $\Re w \leqq 0$ における最大値をとる. だから, $\Re w = 0$, すなわち $w = iu$ (u は実数) に対して (6′) 式を証明すれば十分である. u を $-u$ で置き換えると, w, $\varphi_m(w)$ はそれらの複素共役に置き換わるので, $u \geqq 0$ とさえ仮定してよい. このようにして (6′) 式は, 実数 $u \geqq 0$ に対して,

$$\left| e^{iu} - \sum_{n=0}^{m-1} \frac{1}{n!} (iu)^n \right| \leqq \frac{1}{m!} u^m \quad (7')$$

となる. しかし, $e^{iu} - \sum_{n=0}^{m-1} (iu)^n/n!$ は $u=0$ でゼロ, またその $m-1$ 階までの微分もゼロになり, m 階微分は $i^m e^{iu}$ である. よって, それは

$$\frac{1}{(m-1)!} \int_0^u (u-v)^{m-1} i^m e^{iv} dv$$

に等しく, その絶対値は

$$\frac{1}{(m-1)!} \int_0^u (u-v)^{m-1} dv = \frac{1}{(m-1)!} \frac{u^m}{m} = \frac{1}{m!} u^m$$

より小さい. これより, (7′) 式, その結果として (6′) 式

が証明される.

3′. 第 II 項により，(4′) 式の実部は正である．よって，(6′) 式を使うことができる：

$$e^{-pz^3(1+3[\cdots]^2)/4} = \sum_{n=0}^{m-1} \frac{1}{n!}\left(-\frac{1}{4}pz^3[\![1+3[\cdots]^2]\!]\right)^n$$
$$+ \frac{\phi_m(z,t,\omega)}{m!}\left(-\frac{1}{4}pz^3[\![1+3[\cdots]^2]\!]\right)^m,$$
$$|\phi_m(z,t,\omega)| \leq 1. \tag{8′}$$

これと第 III 項の (5′) 式とを合わせると，我々の新しい積分路では，積分はすべての $p>0$ に対して一様かつ絶対収束であると結論できる．そして，さらにその指数関数の

$$e^{-pz^3(1+3[\cdots]^2)/4}$$

の部分に対して，剰余項つきのべき級数式 (8′) を使うことができる．

結果として，(1′) 式は今や

$$F'(p) = \sum_{n=0}^{m-1} \Re I_n + J_m \tag{9′}$$

を与える．ここで

$$I_n = (-1)^n \frac{p^n}{n!} \iiint e^{izt}$$
$$\times \left(\frac{1}{4}z^3[\![1+3[t\cos\gamma + \sqrt{1-t^2}\sin\gamma\cos\omega]^2]\!]\right)^{n+1} z^{-5/2} dz dt d\omega \tag{10′}$$

であり[25]，また（第III項の (5') 式を使って），固定した $\alpha > 0$ とある一定の C に対して

$$|J_m| \leq \frac{p^m}{m!} \iiint e^{-\alpha|z|}(C|z|^3)^{m+1} z^{-5/2} dz dt d\omega \quad (11')$$

である．

(11') 式の右辺は

$$2\pi \frac{p^m}{m!} C^{m+1} l \int_0^\infty e^{-\alpha|z|} |z|^{(6m+1)/2} dz$$

に等しい（l は第I項の曲線 τ の長さ）．すなわち，

$$2\pi \frac{p^m}{m!} C^{m+1} l \alpha^{-(6m+3)/2} \Gamma\left(3m + \frac{3}{2}\right)$$

に等しい．こうして (11') 式は，二つの一定値 A, B に対して

$$|J_m| \leq \frac{\Gamma(3m + \frac{3}{2}) p^m}{m!} A B^m \quad (12')$$

となる．

4'. 今度は (10') 式の I_n を評価しよう．明らかに

$$I_n = (-1)^n \frac{p^n}{n!} \frac{1}{4^{n+1}} \sum_{l=0}^{n+1} \binom{n+1}{l} 3^l$$
$$\times \iiint e^{izt} (t\cos\gamma + \sqrt{1-t^2} \sin\gamma \cos\omega)^{2l} z^{(6n+1)/2} dz dt d\omega$$

---

[25] ［訳注］原文の (10') 式では，$\left(\frac{1}{4} z^3 [\![1 + 3[\cdots]]\!]^{n+1}\right)$ の形の項があるが，これは $\left(\frac{1}{4} z^3 [\![1 + 3[\cdots]^2]\!]\right)^{n+1}$ の誤り．

である．最後の積分はまた

$$\sum_{h=0}^{2l} \binom{2l}{h} \cos^{2l-h}\gamma \sin^h\gamma$$
$$\times \iiint e^{izt} t^{2l-h}(1-t^2)^{h/2} \cos^h\omega \, z^{(6n+1)/2} dz dt d\omega$$

に等しい．ω に関する積分は実行することができる．それは

$$\int_0^{2\pi} \cos^h\omega \, d\omega = \frac{1}{2^h} \int_0^{2\pi} (e^{i\omega} + e^{-i\omega})^h d\omega$$
$$= \frac{1}{2^h} \sum_{k=0}^{h} \binom{h}{k} \int_0^{2\pi} e^{i(2k-h)\omega} d\omega$$
$$= \begin{cases} \dfrac{1}{2^h} \dbinom{h}{h/2} 2\pi & (h \text{ が偶数のとき}) \\ 0 & (h \text{ が奇数のとき}) \end{cases}$$

となる．だから上の総和 $\sum_{h=0}^{2l}$ において $h=2j$ と置くことができて，その積分に対する式は

$$\sum_{j=0}^{l} \binom{2l}{2j} \cos^{2(l-j)}\gamma \sin^{2j}\gamma \frac{1}{4^j}\binom{2j}{j} 2\pi$$
$$\times \iint e^{izt} t^{2(l-j)}(1-t^2)^j z^{(6n+1)/2} dz dt$$

となる．よって，I_n に対して，

$$I_n = (-1)^n \frac{p^n}{n!} \frac{2\pi}{4^{n+1}}$$
$$\times \sum_{l=0}^{n+1} \sum_{j=0}^{l} \binom{n+1}{l}\binom{2l}{2j}\binom{2j}{j} \frac{3^l}{4^j} \cos^{2(l-j)}\gamma \sin^{2j}\gamma$$

$$\times \iint e^{izt}t^{2(l-j)}(1-t^2)^j z^{(6n+1)/2}dzdt$$

を得る．この積分において，我々は依然として前の積分路に縛られている——それゆえ z に対しては第III項の直線 ζ_{ω_t} が積分路であり，それに沿って $\mathrm{arcus}\, z = \omega_t = ([\pi/2] - \mathrm{arcus}\, t)/8$ である．今この積分は izt の実部が負，すなわち，その偏角が $< 3\pi/2$, $> \pi/2$, すなわち，$\mathrm{arcus}\, z < \pi - \mathrm{arcus}\, t$, $> -\mathrm{arcus}\, t$ である任意の直線に沿って絶対収束する．($0 < \mathrm{arcus}\, t < \pi$ であることを思い出せ，第III項参照．）我々の直線 ζ_{ω_t} はこの領域にあり，そして直線 $\mathrm{arcus}\, z = \pi/2 - \mathrm{arcus}\, t$ もそうである．（直線 $\mathrm{arcus}\, z = 0$, すなわち正の実軸もそうである．これは $z^{(6n+1)/2}$ の分枝を決める．なぜなら，そこではこれは実数かつ ≥ 0 でなければならないからである．）よって我々は積分路 ζ_{ω_t} を $\zeta_{\phi_t}: \mathrm{arcus}\, z = \pi/2 - \mathrm{arcus}\, t$ で置き換えることができる．

この新しい積分路上で $y = -izt$ は実数かつ ≥ 0 である．$z^{(6n+1)/2}$ の分枝について上で述べたことにより，$z^{(6n+1)/2}dz$ の偏角は今 $(6n+3)([\pi/2] - \mathrm{arcus}\, t)/2$ に等しい．よって z 積分

$$\int e^{izt}z^{(6n+1)/2}dz$$

を実行することができて，それは，いつもの $\mathrm{arcus}\, t$ と実数 $y \geq 0$ とともに

$$e^{i\pi(6n+3)/4}t^{-(6n+3)/2}\int e^{-y}y^{(6n+1)/2}dy$$

を与える.この式はそれゆえ,

$$e^{i3\pi(2n+1)/4}\Gamma\left(3n+\frac{3}{2}\right)t^{-(6n+3)/2}$$

となる.

ゆえに積分全体は

$$e^{i3\pi(2n+1)/4}\Gamma\left(3n+\frac{3}{2}\right)\int t^{(4[l-j]-6n-3)/2}(1-t^2)^j dt$$

に等しい.

(任意の 2 数 $\alpha, \beta = 0, 1, 2, \cdots$ に対して)

$$I(\alpha, \beta) = \int t^{-(2\alpha-1)/2}(1-t^2)^\beta dt \qquad (13')$$

と置く.

$$(-1)^n e^{i3\pi(2n+1)/4} = e^{-i\pi n + i3\pi(2n+1)/4} = e^{i\pi(2n+3)/4}$$

であることを思い出すと, I_n に対して

$$I_n = e^{i\pi(2n+3)/4}\frac{\Gamma\left(3n+\frac{3}{2}\right)p^n}{n!}\frac{2\pi}{4^{n+1}}$$
$$\times \sum_{l=0}^{n+1}\sum_{j=0}^{l}\binom{n+1}{l}\binom{2l}{2j}\binom{2j}{j}\frac{3^l}{4^j}$$
$$\times \cos^{2(l-j)}\gamma \sin^{2j}\gamma \, I(3n+2-2[l-j], j) \qquad (14')$$

の式を得る.

5′.

$$\alpha = 3n+2-2(l-j) \quad (\beta = j)$$

に対する,(13′) 式の $I(\alpha, \beta)$ の決定がまだ残っている.

上式は
$$\alpha - 2\beta = 3n + 2 - 2l$$
を意味し,
$$n = 0, 1, 2, \cdots;\ l = 0, 1, \cdots, n+1;\ j = 0, 1, \cdots, l$$
だから,
$$\alpha, \beta, \alpha - 2\beta = 0, 1, 2, \cdots \tag{15'}$$
である.

(13') 式の評価に当たって, $t^2 = u$ と置く. そのとき
$$I(\alpha, \beta) = \frac{1}{2} \int u^{-(2\alpha+1)/4}(1-u)^\beta du \tag{16'}$$
であり, 積分路は第I項の τ の $t^2 = u$ による像——すなわち, 原点のまわりを負の方向に回る (1 から 1 までの) 閉曲線である. この曲線にそって arcus$t$ は π から 0 まで変化し (第III項参照), それゆえ arcus$u$ は 2π から 0 まで変化する. この曲線のさらなる性質は重要ではない. なぜなら, 任意の二つのそのような曲線は同じ積分 (16') を与えるからである.

(16') 式は, 積分路を別にすれば, B (ベータ) 積分である.

$\beta \neq 0$, すなわち, $\beta = 1, 2, \cdots$ の場合を考えよう. (16') 式の被積分関数の中の因子 $u^{-(2\alpha+1)/4}$ と $(1-u)^\beta$ はそれぞれ原始関数 $-4u^{-(2\alpha-3)/4}/(2\alpha-3)$ と導関数 $-\beta(1-u)^{\beta-1}$ を持ち, $(1-u)^\beta$ の因子は積分の両端 ($u = 1$) でゼロとなる. よって, 部分積分により

$$I(\alpha,\beta) = -\frac{\beta}{\frac{1}{2}\alpha - \frac{3}{4}} I(\alpha-2, \beta-1)$$

となる. したがって(任意の $\beta = 0, 1, 2, \cdots$ に対して)この繰り返しにより

$$I(\alpha, \beta)$$
$$= (-1)^{\beta} \frac{\beta(\beta-1)\cdots 1}{\left(\frac{1}{2}\alpha - \frac{3}{4}\right)\left(\frac{1}{2}\alpha - \frac{7}{4}\right)\cdots\left(\frac{1}{2}\alpha - \beta + \frac{1}{4}\right)}$$
$$\times I(\alpha - 2\beta, 0)$$

を得る. また

$$I(\alpha - 2\beta, 0) = \frac{1}{2}\int u^{-(2\alpha - 4\beta + 1)/4} du$$
$$= \frac{1}{2}\frac{1}{-\frac{1}{2}\alpha + \beta + \frac{3}{4}}\left[u^{-(2\alpha - 4\beta - 3)/4}\right]_{u=1}^{u=1}$$

であり, 積分の始点と終点(すなわち下と上の $u=1$)の偏角は 2π と 0 である(上記参照). よって, これは

$$\frac{1}{2}\frac{1}{-\frac{1}{2}\alpha + \beta + \frac{3}{4}}(1 - e^{-i\pi[2\alpha - 4\beta - 3]/2})$$
$$= -\frac{1}{2}\frac{1}{\frac{1}{2}\alpha - \beta - \frac{3}{4}}(1 - [-1]^{\alpha} e^{-i\pi/2})$$

$$= -\frac{1}{2} \frac{1}{\frac{1}{2}\alpha - \beta - \frac{3}{4}} (1 + [-1]^\alpha i)$$

に等しい. その結果,

$$I(\alpha, \beta) = (-1)^{\beta+1} \frac{1}{2} (1 + [-1]^\alpha i)$$

$$\times \frac{\beta(\beta-1)\cdots 1}{\left(\frac{1}{2}\alpha - \frac{3}{4}\right)\left(\frac{1}{2}\alpha - \frac{7}{4}\right)\cdots\left(\frac{1}{2}\alpha - \beta + \frac{1}{4}\right)\left(\frac{1}{2}\alpha - \beta - \frac{3}{4}\right)}$$

$$= (-1)^{\beta+1} \frac{1}{2} (1 + [-1]^\alpha i) \beta! \frac{\Gamma\left(\frac{1}{2}\alpha - \beta - \frac{3}{4}\right)}{\Gamma\left(\frac{1}{2}\alpha + \frac{1}{4}\right)}$$

となる. そして, 最終的に,

$$I(3n + 2 - 2[l-j], j)$$

$$= (-1)^{j+1} \frac{1}{2} (1 + [-1]^n i) j! \frac{\Gamma\left(\frac{3n}{2} + \frac{1}{4} - l\right)}{\Gamma\left(\frac{3n}{2} + \frac{5}{4} - l + j\right)} \tag{17'}$$

となる.

6′. (14′) 式と (17′) 式は一緒になって I_n を与える. しかし, (9′) 式は $\Re I_n$ のみを含んでいるので, 我々はこの量を計算しなければならない. (14′), (17′) 式における複素数の因子は $e^{i\pi(2n+3)/4}$ と $1 + (-1)^n i$ だから, 我々が必要とするのは

$$-\alpha_n = \Re\{e^{i\pi(2n+3)/4}(1+[-1]^n i)\}$$

である. $n = 0, 1, 2, 3 \pmod 4$ に対して, この $-\alpha_n$ は順に[26]

$$\Re\left\{\left(-\frac{1-i}{\sqrt{2}}\right)(1+i)\right\}, \quad \Re\left\{\left(-\frac{1+i}{\sqrt{2}}\right)(1-i)\right\},$$

$$\Re\left\{\left(\frac{1-i}{\sqrt{2}}\right)(1+i)\right\}, \quad \Re\left\{\left(\frac{1+i}{\sqrt{2}}\right)(1-i)\right\},$$

すなわち,

$n = 0, 1, 2, 3 \pmod 4$ に対して

$$\alpha_n = \sqrt{2}, \sqrt{2}, -\sqrt{2}, -\sqrt{2} \tag{18'}$$

である.

そして今や (14'), (17') 式は

$$\Re I_n = \frac{\Gamma\left(3n+\frac{3}{2}\right)p^n}{n!}\frac{\pi\alpha_n}{4^{n+1}}$$
$$\times \sum_{l=0}^{n+1}\sum_{j=0}^{l}\binom{n+1}{l}\binom{2l}{2j}\binom{2j}{j}j!$$
$$\times (-1)^j \frac{\Gamma\left(\frac{3}{2}n+\frac{1}{4}-l\right)}{\Gamma\left(\frac{3}{2}n+\frac{5}{4}-l+j\right)}$$
$$\times \frac{3^l}{4^j}\cos^{2(l-j)}\gamma\sin^{2j}\gamma \tag{19'}$$

---

[26] [訳注] 原文では, $n = 3$ に対する式は, $\Re\left\{\left(-\frac{1+i}{\sqrt{2}}\right)(1+i)\right\}$ となっているが, これは $\Re\left\{\left(\frac{1+i}{\sqrt{2}}\right)(1-i)\right\}$ の誤り.

を与える.

(12′) 式と (19′) 式を使って, (9′) 式を書き換える. このとき $\Re I_n$ と J_m から因子 $[\Gamma([6n+3]/2)p^n]/n!$ と $[\Gamma([6m+3]/2)p^m]/m!$ を分離し, $\Re I_n$ における $\sum_{l=0}^{n+1}\sum_{j=0}^{l}$ を, l の代わりに $h=l-j$ を使って配列し直す. これによって

$$F'(p) = \sum_{n=0}^{m-1} \frac{\Gamma\left(3n+\frac{3}{2}\right)p^n}{n!}\varphi_n(\gamma)$$
$$+ \frac{\Gamma\left(3m+\frac{3}{2}\right)p^m}{m!}\phi_m(p,\gamma) \qquad (20')$$

となる. ここで

$$\varphi_n(\gamma) = \sum_{\substack{h,j=0,1,2,\cdots \\ h+j \leq n+1}} c_n^{h,j} \cos^{2h}\gamma \sin^{2j}\gamma, \qquad (21')$$

$$c_n^{h,j} = (-1)^j \frac{\pi\alpha_n}{4^{n+1}}\binom{n+1}{h+j}\binom{2[h+j]}{2j}\binom{2j}{j}j!$$
$$\times \frac{\Gamma\left(\frac{3}{2}n+\frac{1}{4}-h-j\right)}{\Gamma\left(\frac{3}{2}n+\frac{5}{4}-h\right)} \frac{3^{h+j}}{4^j}, \qquad (22')$$

そして二つの一定値 A と B に対して

$$|\phi_m(p,\gamma)| \leq AB^m \qquad (23')$$

である.

7′. (18′) と (20′)–(23′) 式は完全な結果を含んでい

る．それは $p \gtrless 0$ に対する $F'(p)$ の半収束[27]漸近展開である．典型的な項 $\Gamma[(6n+3)/2]\,p^n/n!$ の出現は，どんな p に対しても収束が期待できないことを示している――しかし漸近的な振る舞いは，任意の要求精度で記述される．

第5節で使われた公式は $m=1$ の特別な場合に対応している．

---

27) ［訳注］この半収束(semiconvergent)は漸近収束の意味．(20′)式の級数自体は $m \to \infty$ のとき，発散する．

星のランダムな分布から生じる重力場の統計
II. ゆらぎの速さ,力学摩擦,空間相関

高橋広治訳

概　要

　本論文は，主として，近隣の星々の重心に対して速度 v で運動する星に作用する，単位質量当たりの力 F のゆらぎの速さの統計的解析に当てられる．この問題に対する解は，与えられた F の値に対する F の変化率の 1 次および 2 次モーメントの評価にかかっている．

　この統計的問題は，星の一様ポアソン分布と選ばれた局所静止系に対する球対称な速度分布の仮定に基づいて解明された．それ以外の制限は課されなかった．特に，異なる質量 M の分布については適切に考慮された．

$$\overline{\dot{F}}_{F,v} = -\frac{2}{3}\pi G \overline{M} n B\left(\frac{|F|}{Q_H}\right)\left(v - 3\frac{v \cdot F}{|F|^2}F\right)$$

であることが見出される．ここで，G は重力定数，$\overline{M}$ は星の平均質量，n は単位体積当たりの星の数，そして B は $|F|/Q_H$（Q_H はある"標準的な"場の強さ）のある関数である．与えられた F と v に対する F の変化率において，このようにランダム性が欠如している結果，星がどのように**力学摩擦**（すなわち，運動方向に $|v|$ に比例する量だけ減速される系統的傾向）を受け得るかが示される．

　$\dot{F}$ の種々の 2 次モーメントも計算され，状態 $|F|$ の平均寿命の見積もりへと至る．

　星がランダムに分布する系の中の，非常に近い 2 点に作用する F の相関という，密接に関連した問題も考察さ

れる.

1. 序　論

　我々は，前の論文[1])において，運動する星がランダムに分布する系の中のある固定された点に作用する，ゆらぐ重力の統計的な特徴を解析した．本論文では，この議論を適切に選ばれた局所静止系において，ある決まった速度 v で運動している星に働く力のゆらぎの場合へと拡張することを提案する．この場合の議論はIでの解析の本質的な一般化を必要とする．なぜなら，我々の今回の問題については，関係するのは考えている星に相対的な他の星の速度の分布であり，これがランダムな性格[2)3)]を持っているとは仮定できないからである．というのも，相対速度 V の分布は，負の速度が優勢であるという著しい非対称性を示すからである．より正確には，選ばれた局所静止系に対する速度の

---

*)　本論文に含まれている結果のいくつかは，S. チャンドラセカールによって執筆された「恒星系力学における新しい方法」と題された小論に集録され，その一部をなしている．その小論はニューヨーク科学アカデミーより A. クレッシー・モリソン賞を与えられた.
1)　*Ap. J.* **95**, 489 (1941). この論文は今後 "I" として参照される.
2)　我々は "ランダム" という言葉を S. Chandrasekhar, *Principle of Stellar Dynamics*, p. 8 (University of Chicago Press, 1942) で定義された意味で使う.
3)　[訳注] ここで言う "ランダム" とは，任意の方向について，正の速度を持つ星と負の速度を持つ星が対称的に分布していること.

分布がランダム性で特徴づけられるなら,
$$\overline{V} = -v \tag{1}$$
となる．この相対速度の分布の非対称性は，重要な物理的帰結をもたらす．要するに，後で示すように（第11節），星が力学摩擦を受ける，あるいは別の言い方をすると，星がその進行方向に $|v|$ に比例する量の減速を受ける系統的な傾向があるのは，この非対称性の直接的な結果としてである．

本論文で考察する2番目の問題は，非常に近いところにある2点に作用する力の間の相関についてである．この問題は，前段落で定式化した問題と密接に関連している．

2. $W(\boldsymbol{F}, \boldsymbol{f})$ に対する一般式

速度 $\boldsymbol{v}$ で運動している星を考えよう．この星に働く単位質量当たりの力 $\boldsymbol{F}$ は

$$\boldsymbol{F} = G \sum_i M_i \frac{\boldsymbol{r}_i}{|\boldsymbol{r}_i|^3} \tag{2}$$

で与えられる．ここで M_i は典型的な場の星の質量，$\boldsymbol{r}_i$ は考えている星に対するその瞬間的な位置ベクトルである．したがって，$\boldsymbol{F}$ の変化率は，

$$\boldsymbol{f} = \frac{d\boldsymbol{F}}{dt} = G \sum_i M_i \left(\frac{\boldsymbol{V}_i}{|\boldsymbol{r}_i|^3} - 3 \frac{\boldsymbol{r}_i [\boldsymbol{r}_i \cdot \boldsymbol{V}_i]}{|\boldsymbol{r}_i|^5} \right) \tag{3}$$

で与えられる．ここで，$\boldsymbol{V}_i$ は考えている星に相対的な場の星の速度を示す．

ゆらぎの速さは分布関数
$$W(\boldsymbol{F}, \boldsymbol{f}) \tag{4}$$
によって特定できることは明らかである．これは，ある与えられた力 $\boldsymbol{F}$ とそれに付随する $\boldsymbol{F}$ の変化率 $\boldsymbol{f}$ の同時確率を与えるものである．この確率に対する一般的な表式は，Iの第2節で概説したマルコフの方法に従えば，容易に書き下すことができる．我々は（Iの (18), (19) 式参照）

$$W(\boldsymbol{F}, \boldsymbol{f}) = \frac{1}{64\pi^6} \int_{|\boldsymbol{\rho}|=0}^{\infty} \int_{|\boldsymbol{\sigma}|=0}^{\infty} e^{-i(\boldsymbol{\rho}\cdot\boldsymbol{F}+\boldsymbol{\sigma}\cdot\boldsymbol{f})} A(\boldsymbol{\rho}, \boldsymbol{\sigma}) d\boldsymbol{\rho} d\boldsymbol{\sigma} \tag{5}$$

を得る．ここで

$$A(\boldsymbol{\rho}, \boldsymbol{\sigma}) = \underset{R \to \infty}{\text{limit}} \Bigg[\frac{3}{4\pi R^3} \\ \times \int_{0<M<\infty} \int_{|\boldsymbol{r}|<R} \int_{|\boldsymbol{V}|<\infty} e^{i(\boldsymbol{\rho}\cdot\boldsymbol{\varphi}+\boldsymbol{\sigma}\cdot\boldsymbol{\phi})} \\ \times \tau d\boldsymbol{r} d\boldsymbol{V} dM \Bigg]^{4\pi R^3 n/3} \tag{6}$$

である．(5) 式と (6) 式において $\boldsymbol{\rho}$ と $\boldsymbol{\sigma}$ は二つの補助ベクトル，n は単位体積当たりの星の平均数，

$$\boldsymbol{\varphi} = GM\frac{\boldsymbol{r}}{|\boldsymbol{r}|^3}; \quad \boldsymbol{\phi} = GM\left(\frac{\boldsymbol{V}}{|\boldsymbol{r}|^3} - 3\frac{\boldsymbol{r}[\boldsymbol{r}\cdot\boldsymbol{V}]}{|\boldsymbol{r}|^5}\right), \tag{7}$$

そして

$$\tau d\boldsymbol{V} dM \equiv \tau(\boldsymbol{V}; M) d\boldsymbol{V} dM \tag{8}$$

は相対速度が $(\boldsymbol{V}, \boldsymbol{V}+d\boldsymbol{V})$ の範囲にあり，質量が M と

$M+dM$ の間にある星が見つかる確率を与える．(5) 式と (6) 式を書き下す際，起こる星の分布のゆらぎは，平均密度が一定であるという制限のみを受けると仮定したことにさらに注意するべきである．

$$\frac{3}{4\pi R^3}\int_{0<M<\infty}\int_{|{\bf r}|<R}\int_{|{\bf V}|<\infty}\tau d{\bf r}d{\bf V}dM = 1 \quad (9)$$

であるから，(6) 式を

$$A(\boldsymbol{\rho},\boldsymbol{\sigma}) = \lim_{R\to\infty}\Bigg[1 - \frac{3}{4\pi R^3}$$
$$\times \int_{0<M<\infty}\int_{|{\bf r}|<R}\int_{|{\bf V}|<\infty}\{1-e^{i(\boldsymbol{\rho}\cdot\boldsymbol{\varphi}+\boldsymbol{\sigma}\cdot\boldsymbol{\phi})}\}$$
$$\times \tau d{\bf r}d{\bf V}dM\Bigg]^{4\pi R^3 n/3} \quad (10)$$

と書き直すことができる．

我々は公式 (10) を

$$A(\boldsymbol{\rho},\boldsymbol{\sigma}) = \lim_{R\to\infty}\Bigg[1 - \frac{3}{4\pi R^3}$$
$$\times \int_0^\infty\int_{-\infty}^{+\infty}\int_{-\infty}^{+\infty}\{1-e^{i(\boldsymbol{\rho}\cdot\boldsymbol{\varphi}+\boldsymbol{\sigma}\cdot\boldsymbol{\phi})}\}$$
$$\times \tau d{\bf r}d{\bf V}dM\Bigg]^{4\pi R^3 n/3} \quad (11)$$

で置き換える．上式に現れる積分は条件収束する．${\bf r}$ はベクトルなので，積分 $\int_{-\infty}^{+\infty}\cdots d{\bf r}$ は三重積分であるということには（とりわけ）注意するべきである．この表式の出所

からして,最初に極座標の二つの角度 θ と ω について積分し,最後に $|\boldsymbol{r}|$ について積分するべきであるということはもっともだと思われる.(実際,この $\int_{-\infty}^{+\infty}\cdots d\boldsymbol{r}$,あるいは,むしろ,$\int_0^\infty\int_0^\pi\int_0^{2\pi}\cdots|\boldsymbol{r}|^2\sin\theta d\omega d\theta d|\boldsymbol{r}|$ は,もともと (10) 式の $\int_{|\boldsymbol{r}|<R}\cdots d\boldsymbol{r}$,あるいは,むしろ,$\int_0^R\int_0^\pi\int_0^{2\pi}\cdots|\boldsymbol{r}|^2\sin\theta d\omega d\theta d|\boldsymbol{r}|$ で $R\to\infty$ としたものから来ている.)このもっともらしい手順の正当化は,複素積分の方法により,別のところで示される.不適切な積分順序は間違った結果を導く可能性があるので,この点は重要である.

今,(11) 式は

$$A(\boldsymbol{\rho},\boldsymbol{\sigma})=e^{-nC(\boldsymbol{\rho},\boldsymbol{\sigma})} \tag{12}$$

と書くこともできる.ここで,

$$C(\boldsymbol{\rho},\boldsymbol{\sigma})=\int_0^\infty\int_{-\infty}^{+\infty}\int_{-\infty}^{+\infty}\{1-e^{i(\boldsymbol{\rho}\cdot\boldsymbol{\varphi}+\boldsymbol{\sigma}\cdot\boldsymbol{\psi})}\}\tau d\boldsymbol{r}d\boldsymbol{V}dM \tag{13}$$

である.$C(\boldsymbol{\rho},\boldsymbol{\sigma})$ に対する上の式において,積分変数として $\boldsymbol{r}$ の代わりに $\boldsymbol{\varphi}$ を導入しよう.$\boldsymbol{\varphi}$ と $\boldsymbol{r}$ は同じ極座標を持ち,$|\boldsymbol{\varphi}|$ と $|\boldsymbol{r}|$ はお互いを決定しあうので,$\boldsymbol{r}$ 積分に関する先の見解は $\boldsymbol{\varphi}$ 積分に対しても等しく適用される.我々は

$$d\boldsymbol{r}=-\frac{1}{2}(GM)^{3/2}|\boldsymbol{\varphi}|^{-9/2}d\boldsymbol{\varphi} \tag{14}$$

を得る(I, (22)-(24) 式参照).(13) 式は

$$C(\boldsymbol{\rho}, \boldsymbol{\sigma}) = \frac{1}{2} G^{3/2} \int_0^\infty \int_{-\infty}^{+\infty} dM d\boldsymbol{V} \tau M^{3/2}$$
$$\times \left[\int_{-\infty}^{+\infty} \{1 - e^{i(\boldsymbol{\rho} \cdot \boldsymbol{\varphi} + \boldsymbol{\sigma} \cdot \boldsymbol{\phi})}\} |\boldsymbol{\varphi}|^{-9/2} d\boldsymbol{\varphi} \right]$$
(15)

と書き直すことができる. (15) 式における $\boldsymbol{\sigma} \cdot \boldsymbol{\phi}$ は, $\boldsymbol{\varphi}$ によって表されるべきであろう. よって,

$$\boldsymbol{\sigma} \cdot \boldsymbol{\phi} = (GM)^{-1/2} \{|\boldsymbol{\varphi}|^{3/2} (\boldsymbol{\sigma} \cdot \boldsymbol{V}) - 3|\boldsymbol{\varphi}|^{-1/2} (\boldsymbol{\varphi} \cdot \boldsymbol{V})(\boldsymbol{\varphi} \cdot \boldsymbol{\sigma})\} \quad (16)$$

である. 今
$$\boldsymbol{\sigma} = (GM)^{1/2} \boldsymbol{\sigma}_1 \quad (17)$$
と置くと, $\boldsymbol{\sigma} \cdot \boldsymbol{\phi}$ はより便利に
$$\boldsymbol{\sigma} \cdot \boldsymbol{\phi} = |\boldsymbol{\varphi}|^{3/2} (\boldsymbol{\sigma}_1 \cdot \boldsymbol{V}) - 3|\boldsymbol{\varphi}|^{-1/2} (\boldsymbol{\varphi} \cdot \boldsymbol{V})(\boldsymbol{\varphi} \cdot \boldsymbol{\sigma}_1) \quad (18)$$
と表すことができる.

(15) 式に戻って, 我々はそれを
$$C(\boldsymbol{\rho}, \boldsymbol{\sigma}) = \frac{1}{2} G^{3/2} \int_0^\infty \int_{-\infty}^{+\infty} dM d\boldsymbol{V} \tau M^{3/2} D(\boldsymbol{\rho}, \boldsymbol{\sigma}) \quad (19)$$

の形に書く. ここで
$$D(\boldsymbol{\rho}, \boldsymbol{\sigma}) = \int_{-\infty}^{+\infty} \{1 - e^{i(\boldsymbol{\rho} \cdot \boldsymbol{\varphi} + \boldsymbol{\sigma} \cdot \boldsymbol{\phi})}\} |\boldsymbol{\varphi}|^{-9/2} d\boldsymbol{\varphi} \quad (20)$$

である. $D(\boldsymbol{\rho}, \boldsymbol{\sigma})$ に対する別の形は
$$D(\boldsymbol{\rho}, \boldsymbol{\sigma}) = \int_{-\infty}^{+\infty} (1 - e^{i\boldsymbol{\rho} \cdot \boldsymbol{\varphi}}) |\boldsymbol{\varphi}|^{-9/2} d\boldsymbol{\varphi}$$

$$+ \int_{-\infty}^{+\infty} e^{i\boldsymbol{\rho}\cdot\boldsymbol{\varphi}}(1-e^{i\boldsymbol{\sigma}\cdot\boldsymbol{\phi}})|\boldsymbol{\varphi}|^{-9/2}d\boldsymbol{\varphi} \quad (21)$$

である. 上式に現れる二つの積分のうちの最初のものは, I ですでに評価したもの ((55)–(58) 式) と同じである. よって

$$D(\boldsymbol{\rho}, \boldsymbol{\sigma}) = \frac{8}{15}(2\pi)^{3/2}|\boldsymbol{\rho}|^{3/2}$$
$$+ \int_{-\infty}^{+\infty} e^{i\boldsymbol{\rho}\cdot\boldsymbol{\varphi}}(1-e^{i\boldsymbol{\sigma}\cdot\boldsymbol{\phi}})|\boldsymbol{\varphi}|^{-9/2}d\boldsymbol{\varphi} \quad (22)$$

を得る.

(5), (12), (18), (19) および (22) 式は $W(\boldsymbol{F}, \boldsymbol{f})$ を決定する問題を形式的に解決する. しかし, $W(\boldsymbol{F}, \boldsymbol{f})$ の明示的な評価には, 関数 $A(\boldsymbol{\rho}, \boldsymbol{\sigma})$ に対する完全な知識が必要となるであろう. しかし我々は与えられた $\boldsymbol{F}$ に対する $\boldsymbol{f}$ のモーメントのみに関心があるので, 必要なのは $|\boldsymbol{\sigma}| \to 0$ に対する $A(\boldsymbol{\rho}, \boldsymbol{\sigma})$ の振る舞い, あるいは, (12) 式と (19) 式によれば, $|\boldsymbol{\sigma}| \to 0$ に対する $D(\boldsymbol{\rho}, \boldsymbol{\sigma})$ の振る舞いのみである. それゆえ (22) 式の積分記号の中に現れる

$$1 - e^{i\boldsymbol{\sigma}\cdot\boldsymbol{\phi}} \quad (23)$$

を $\boldsymbol{\sigma}$ のべき級数に展開することができる. この展開において最初の二項のみを保持すると,

$$D(\boldsymbol{\rho}, \boldsymbol{\sigma}) = \frac{8}{15}(2\pi)^{3/2}|\boldsymbol{\rho}|^{3/2} - D_1(\boldsymbol{\rho}, \boldsymbol{\sigma})$$
$$+ D_2(\boldsymbol{\rho}, \boldsymbol{\sigma}) + O(|\boldsymbol{\sigma}|^3) \quad (24)$$

を得る. ここで,

$$D_1(\boldsymbol{\rho}, \boldsymbol{\sigma}) = i \int_{-\infty}^{+\infty} e^{i\boldsymbol{\rho}\cdot\boldsymbol{\varphi}} (\boldsymbol{\sigma}\cdot\boldsymbol{\phi}) |\boldsymbol{\varphi}|^{-9/2} d\boldsymbol{\varphi} \quad (25)$$

および

$$D_2(\boldsymbol{\rho}, \boldsymbol{\sigma}) = \frac{1}{2} \int_{-\infty}^{+\infty} e^{i\boldsymbol{\rho}\cdot\boldsymbol{\varphi}} (\boldsymbol{\sigma}\cdot\boldsymbol{\phi})^2 |\boldsymbol{\varphi}|^{-9/2} d\boldsymbol{\varphi} \quad (26)$$

である.

3. $D_1(\boldsymbol{\rho}, \boldsymbol{\sigma})$ の評価

(18) 式の $\boldsymbol{\sigma}\cdot\boldsymbol{\phi}$ を (25) 式に代入して,

$$D_1(\boldsymbol{\rho}, \boldsymbol{\sigma}) = i \int_{-\infty}^{+\infty} e^{i\boldsymbol{\rho}\cdot\boldsymbol{\varphi}}$$
$$\times \left\{ (\boldsymbol{\sigma}_1\cdot\boldsymbol{V}) - 3\frac{(\boldsymbol{\varphi}\cdot\boldsymbol{V})(\boldsymbol{\varphi}\cdot\boldsymbol{\sigma}_1)}{|\boldsymbol{\varphi}|^2} \right\} |\boldsymbol{\varphi}|^{-3} d\boldsymbol{\varphi} \quad (27)$$

を得る. この積分を評価するために, z 軸が $\boldsymbol{\rho}$ の方向を向いたデカルト座標系を最初に選ぶ. この座標系での $\boldsymbol{\sigma}_1$ と $\boldsymbol{V}$ を

$$\boldsymbol{\sigma}_1 = (s_1, s_2, s_3); \ \boldsymbol{V} = (V_1, V_2, V_3) \quad (28)$$

とする. さらに,

$$\mathbf{1}_{\boldsymbol{\varphi}} = (l, m, n) = (\sin\theta\cos\omega, \sin\theta\sin\omega, \cos\theta) \quad (29)$$

を $\boldsymbol{\varphi}$ 方向の単位ベクトルとする. 今 (27) 式は

$$D_1(\boldsymbol{\rho}, \boldsymbol{\sigma})$$
$$= i \int_0^\infty \int_0^\pi \int_0^{2\pi} d|\boldsymbol{\varphi}| d\theta d\omega |\boldsymbol{\varphi}|^{-1} \sin\theta e^{i|\boldsymbol{\rho}||\boldsymbol{\varphi}|\cos\theta}$$

$$\times [(s_1V_1 + s_2V_2 + s_3V_3)$$
$$-3(l^2s_1V_1 + m^2s_2V_2 + n^2s_3V_3$$
$$+lm[s_2V_1 + s_1V_2] + mn[s_3V_2 + s_2V_3]$$
$$+nl[s_1V_3 + s_3V_1])] \quad (30)$$

となる．ω に関する積分は直ちに実行できて，

$$D_1(\boldsymbol{\rho},\boldsymbol{\sigma})$$
$$= 2\pi i \int_0^\infty \int_{-1}^{+1} e^{i|\boldsymbol{\rho}||\boldsymbol{\varphi}|t} \left\{ \left[s_3V_3 - \frac{1}{2}(s_1V_1 + s_2V_2) \right] \right.$$
$$\left. + \left[\frac{3}{2}(s_1V_1 + s_2V_2) - 3s_3V_3 \right] t^2 \right\} |\boldsymbol{\varphi}|^{-1} dt d|\boldsymbol{\varphi}| \quad (31)$$

を得る．ここで $t = \cos\omega$ と書いた．上式においては，明らかに，その値を変えることなく t を $-t$ で置き換えることができる．しかし，この置き換えは，積分記号の中で

$$e^{i|\boldsymbol{\rho}||\boldsymbol{\varphi}|t} \text{ を } e^{-i|\boldsymbol{\rho}||\boldsymbol{\varphi}|t} \text{ に} \quad (32)$$

変える．その結果として生じる二つの積分の算術平均をとることによって，我々は

$$D_1(\boldsymbol{\rho},\boldsymbol{\sigma})$$
$$= 4\pi i \int_0^\infty \int_0^1 \cos(|\boldsymbol{\rho}||\boldsymbol{\varphi}|t) \left\{ \left[s_3V_3 - \frac{1}{2}(s_1V_1 + s_2V_2) \right] \right.$$
$$\left. + \left[\frac{3}{2}(s_1V_1 + s_2V_2) - 3s_3V_3 \right] t^2 \right\} |\boldsymbol{\varphi}|^{-1} dt d|\boldsymbol{\varphi}| \quad (33)$$

を得る．あるいは，$x = |\boldsymbol{\rho}||\boldsymbol{\varphi}|$ と書いて，

$$D_1(\boldsymbol{\rho},\boldsymbol{\sigma})$$

$$= 4\pi i \int_0^\infty \int_0^1 \cos(xt) \left\{ \left[s_3 V_3 - \frac{1}{2}(s_1 V_1 + s_2 V_2) \right] \right.$$
$$\left. + \left[\frac{3}{2}(s_1 V_1 + s_2 V_2) - 3 s_3 V_3 \right] t^2 \right\} x^{-1} dt dx \quad (34)$$

を得る．今や x と t に関する積分は両方とも実行できる．(11) 式と (13) 式の後で述べた見解に従うと，我々は最初に t に関する積分，その後に x に関する積分を実行しなければならない．（実際，最初に x，その後に t で積分という逆の順序で積分を実行すると，結果は 0 になることをここで注意しておいてもよいだろう．この矛盾する結果は，もちろん，多重積分の条件収束性に起因するものである．）t について積分すると（I の (137) 式参照），

$$D_1(\boldsymbol{\rho}, \boldsymbol{\sigma})$$
$$= 4\pi i \int_0^\infty \left\{ \left(s_3 V_3 - \frac{1}{2}[s_1 V_1 + s_2 V_2] \right) \frac{\sin x}{x} \right.$$
$$+ \left(\frac{3}{2}[s_1 V_1 + s_2 V_2] - 3 s_3 V_3 \right)$$
$$\left. \times \left(\frac{\sin x}{x} - \frac{2}{x^3}[\sin x - x \cos x] \right) \right\} \frac{dx}{x}$$
$$= 4\pi i (s_1 V_1 + s_2 V_2 - 2 s_3 V_3)$$
$$\times \int_0^\infty (x^2 \sin x - 3 \sin x + 3x \cos x) \frac{dx}{x^4} \quad (35)$$

となる．今

$$\int_0^\infty (x^2 \sin x - 3 \sin x + 3x \cos x) \frac{dx}{x^4}$$

$$= -\frac{1}{3}\int_0^\infty (x^2\sin x - 3\sin x + 3x\cos x)\frac{d}{dx}\Big(\frac{1}{x^3}\Big)dx$$

$$= \frac{1}{3}\int_0^\infty (x\cos x - \sin x)\frac{dx}{x^2}$$

$$= \frac{1}{3}\int_0^\infty \frac{d}{dx}\Big(\frac{\sin x}{x}\Big)dx = -\frac{1}{3} \qquad (36)$$

である. よって, (35) 式と (36) 式を結び付けて,

$$D_1(\boldsymbol{\rho},\boldsymbol{\sigma}) = -\frac{4}{3}\pi i(s_1V_1 + s_2V_2 - 2s_3V_3) \qquad (37)$$

を得る. ここで, s_1, s_2, s_3 と V_1, V_2, V_3 は z 軸が $\boldsymbol{\rho}$ の方向を向いた座標系における $\boldsymbol{\sigma}_1$ と $\boldsymbol{V}$ の成分であることを思い出そう. 同じ座標系で $\boldsymbol{\sigma} = (\sigma_1, \sigma_2, \sigma_3)$ であるとすると, (17) 式より, (37) 式を

$$D_1(\boldsymbol{\rho},\boldsymbol{\sigma}) = -\frac{4}{3}\pi i(GM)^{-1/2}(\sigma_1V_1 + \sigma_2V_2 - 2\sigma_3V_3) \qquad (38)$$

のように書き直すことができる.

4. $D_2(\boldsymbol{\rho},\boldsymbol{\sigma})$ の評価

(18) 式と (26) 式によれば,

$$\begin{aligned}&D_2(\boldsymbol{\rho},\boldsymbol{\sigma})\\&= \frac{1}{2}\int_{-\infty}^{+\infty} e^{i\boldsymbol{\rho}\cdot\boldsymbol{\varphi}}[(\boldsymbol{\sigma}_1\cdot\boldsymbol{V}) - 3(\boldsymbol{1}_{\boldsymbol{\varphi}}\cdot\boldsymbol{V})(\boldsymbol{1}_{\boldsymbol{\varphi}}\cdot\boldsymbol{\sigma}_1)]^2\\&\quad\times |\boldsymbol{\varphi}|^{-3/2}d\boldsymbol{\varphi}\end{aligned} \qquad (39)$$

である．ここで，(29) 式で定められているように，$\mathbf{1}_{\boldsymbol{\varphi}}$ は $\boldsymbol{\varphi}$ 方向の単位ベクトルである．極座標を使うと，$D_2(\boldsymbol{\rho}, \boldsymbol{\sigma})$ を

$$D_2(\boldsymbol{\rho}, \boldsymbol{\sigma}) = \frac{1}{2}\int_0^\infty \int_{-1}^{+1}\int_0^{2\pi} e^{i|\boldsymbol{\rho}||\boldsymbol{\varphi}|t}$$
$$\times [(\boldsymbol{\sigma}_1 \cdot \boldsymbol{V}) - 3(\mathbf{1}_{\boldsymbol{\varphi}} \cdot \boldsymbol{V})(\mathbf{1}_{\boldsymbol{\varphi}} \cdot \boldsymbol{\sigma}_1)]^2 |\boldsymbol{\varphi}|^{1/2} d\omega dt d|\boldsymbol{\varphi}|$$
(40)

のように表すことができる．あるいは，

$$z = |\boldsymbol{\rho}||\boldsymbol{\varphi}| \tag{41}$$

で定義される，新しい変数 z を導入すると，

$$D_2(\boldsymbol{\rho}, \boldsymbol{\sigma}) = \frac{1}{2}|\boldsymbol{\rho}|^{-3/2}\int_0^\infty \int_{-1}^{+1}\int_0^{2\pi} e^{izt}$$
$$\times [(\boldsymbol{\sigma}_1 \cdot \boldsymbol{V}) - 3(\mathbf{1}_{\boldsymbol{\varphi}} \cdot \boldsymbol{V})(\mathbf{1}_{\boldsymbol{\varphi}} \cdot \boldsymbol{\sigma}_1)]^2 z^{1/2} d\omega dt dz \tag{42}$$

を得る．ω に関する積分を実行すると，

$$D_2(\boldsymbol{\rho}, \boldsymbol{\sigma}) = \pi|\boldsymbol{\rho}|^{-3/2}\int_0^\infty \int_{-1}^{+1} e^{izt}$$
$$\times \overline{[(\boldsymbol{\sigma}_1 \cdot \boldsymbol{V}) - 3(\mathbf{1}_{\boldsymbol{\varphi}} \cdot \boldsymbol{V})(\mathbf{1}_{\boldsymbol{\varphi}} \cdot \boldsymbol{\sigma}_1)]^2} z^{1/2} dt dz \tag{43}$$

を得る．ここで，$[(\boldsymbol{\sigma}_1 \cdot \boldsymbol{V}) - 3(\mathbf{1}_{\boldsymbol{\varphi}} \cdot \boldsymbol{V})(\mathbf{1}_{\boldsymbol{\varphi}} \cdot \boldsymbol{\sigma}_1)]^2$ の上の横棒は，ω に関する平均化が実行されるべきことを示すために用いた．

今 (43) 式の積分を評価するために，最初に，$\overline{[(\boldsymbol{\sigma}_1 \cdot \boldsymbol{V}) - 3(\mathbf{1}_{\boldsymbol{\varphi}} \cdot \boldsymbol{V})(\mathbf{1}_{\boldsymbol{\varphi}} \cdot \boldsymbol{\sigma}_1)]^2}$ は t の偶関数なので（下の (47) と (49) 式参照），$D_2(\boldsymbol{\rho}, \boldsymbol{\sigma})$ は別の形

$$D_2(\boldsymbol{\rho}, \boldsymbol{\sigma}) = \pi |\boldsymbol{\rho}|^{-3/2} \int_0^\infty \int_{-1}^{+1} \cos(zt)$$
$$\times \overline{[(\boldsymbol{\sigma}_1 \cdot \boldsymbol{V}) - 3(\mathbf{1}_\varphi \cdot \boldsymbol{V})(\mathbf{1}_\varphi \cdot \boldsymbol{\sigma}_1)]^2} z^{1/2} dt dz \quad (44)$$

をとることを注意しておく. z と t に関する積分は, 今, それらを複素変数とみなし, 適切に選ばれた積分路に沿って積分することで, 最もうまく実行される. それゆえ, (44)式を

$$D_2(\boldsymbol{\rho}, \boldsymbol{\sigma}) = \pi |\boldsymbol{\rho}|^{-3/2} \Re \int_{-1}^{+1} \int_0^\infty e^{izt}$$
$$\times \overline{[(\boldsymbol{\sigma}_1 \cdot \boldsymbol{V}) - 3(\mathbf{1}_\varphi \cdot \boldsymbol{V})(\mathbf{1}_\varphi \cdot \boldsymbol{\sigma}_1)]^2}$$
$$\times z^{1/2} dz dt \quad (45)$$

と書いて, 我々の最初の論文の付録で行ったのと同様に z と t に対する積分路を選ぶと,

$$D_2(\boldsymbol{\rho}, \boldsymbol{\sigma}) = -\pi \Gamma\left(\frac{3}{2}\right) |\boldsymbol{\rho}|^{-3/2} \Re e^{-i\pi/4}$$
$$\times \int_{-1}^{+1} \overline{[(\boldsymbol{\sigma}_1 \cdot \boldsymbol{V}) - 3(\mathbf{1}_\varphi \cdot \boldsymbol{V})(\mathbf{1}_\varphi \cdot \boldsymbol{\sigma}_1)]^2} t^{-3/2} dt$$
$$(46)$$

を得る. (46)式における t についての積分は, 複素 t 平面上の -1 から $+1$ へとつながる曲線に沿って実行されなければならない. その曲線は $\Im t \geqq 0$ かつ $|t| \leqq 1$ の領域内に完全に入っている. この積分を実行するために, 我々は最初に $[(\boldsymbol{\sigma}_1 \cdot \boldsymbol{V}) - 3(\mathbf{1}_\varphi \cdot \boldsymbol{V})(\mathbf{1}_\varphi \cdot \boldsymbol{\sigma}_1)]^2$ を展開し, ω について平均をとらなければならない. 我々は

$$
\begin{aligned}
&\overline{[(\boldsymbol{\sigma}_1\cdot\boldsymbol{V})-3(\boldsymbol{1}_\varphi\cdot\boldsymbol{V})(\boldsymbol{1}_\varphi\cdot\boldsymbol{\sigma}_1)]^2}\\
&=\overline{[(s_1V_1+s_2V_2+s_3V_3)}\\
&\quad\overline{-3[\![l^2s_1V_1+m^2s_2V_2+n^2s_3V_3+lm(s_1V_2+s_2V_1)}\\
&\quad\overline{+mn(s_2V_3+s_3V_2)+nl(s_3V_1+s_1V_3)]\!]]^2}\\
&=(s_1V_1+s_2V_2+s_3V_3)^2\\
&\quad-6(s_1V_1+s_2V_2+s_3V_3)\\
&\qquad\times(\overline{l^2}s_1V_1+\overline{m^2}s_2V_2+\overline{n^2}s_3V_3)\\
&\quad+9(\overline{l^4}s_1^2V_1^2+\overline{m^4}s_2^2V_2^2+\overline{n^4}s_3^2V_3^2)\\
&\quad+9\overline{l^2m^2}(s_2^2V_1^2+s_1^2V_2^2+4s_1s_2V_1V_2)\\
&\quad+9\overline{m^2n^2}(s_2^2V_3^2+s_3^2V_2^2+4s_2s_3V_2V_3)\\
&\quad+9\overline{n^2l^2}(s_3^2V_1^2+s_1^2V_3^2+4s_3s_1V_3V_1)
\end{aligned}\tag{47}
$$

ということを見いだす。ここで

$$l=\sin\theta\cos\omega;\ m=\sin\theta\sin\omega;\ n=\cos\theta(=t)\tag{48}$$

である。

$$
\left.\begin{aligned}
&\overline{l^2}=\overline{m^2}=\frac{1}{2}(1-t^2);\qquad \overline{n^2}=t^2\\
&\overline{n^2l^2}=\overline{n^2m^2}=\frac{1}{2}t^2(1-t^2);\quad \overline{l^2m^2}=\frac{1}{8}(1-t^2)^2\\
&\overline{l^4}=\overline{m^4}=\frac{3}{8}(1-t^2)^2;\qquad \overline{n^4}=t^4
\end{aligned}\right\}\tag{49}
$$

であるから，我々が評価しなければならない積分は

$$I=\int_{-1}^{+1}\{(s_1V_1+s_2V_2+s_3V_3)^2t^{-3/2}$$

$$\begin{aligned}
&-6(s_1V_1+s_2V_2+s_3V_3)\\
&\times\left[\!\!\left[\frac{1}{2}(s_1V_1+s_2V_2)(1-t^2)t^{-3/2}+s_3V_3t^{1/2}\right]\!\!\right]\\
&+\frac{27}{8}(s_1^2V_1^2+s_2^2V_2^2)\\
&\times(1-t^2)^2t^{-3/2}+9s_3^2V_3^2t^{5/2}\\
&+\frac{9}{8}(s_2^2V_1^2+s_1^2V_2^2+4s_2s_1V_1V_2)\\
&\times(1-t^2)^2t^{-3/2}\\
&+\frac{9}{2}(s_2^2V_3^2+s_3^2V_2^2+s_3^2V_1^2+s_1^2V_3^2+4s_2s_3V_2V_3\\
&\quad+4s_3s_1V_3V_1)(1-t^2)t^{1/2}\}dt \qquad (50)
\end{aligned}$$

である．上式に現れる様々な複素積分は，次のような値をとることが容易に確かめられる：

$$\left.\begin{aligned}
\int_{-1}^{+1}t^{-3/2}dt&=-2(1+i),\\
\int_{-1}^{+1}t^{1/2}dt&=+\frac{2}{3}(1+i),\\
\int_{-1}^{+1}t^{5/2}dt&=+\frac{2}{7}(1+i),\\
\int_{-1}^{+1}(1-t^2)t^{-3/2}dt&=-\frac{8}{3}(1+i),\\
\int_{-1}^{+1}(1-t^2)^2t^{-3/2}dt&=-\frac{64}{21}(1+i),
\end{aligned}\right\} \qquad (51)$$

$$\int_{-1}^{+1}(1-t^2)t^{1/2}dt = +\frac{8}{21}(1+i).$$

これらの値を (50) 式に代入して，項を多少並べ替えると

$$\begin{aligned}I = -\frac{6}{7}(1+i)\,[&s_1^2(5V_1^2+4V_2^2-2V_3^2)\\ +&s_2^2(5V_2^2+4V_1^2-2V_3^2)\\ +&s_3^2(4V_3^2-2V_1^2-2V_2^2)\\ -&8s_2s_3V_2V_3-8s_3s_1V_3V_1+2s_1s_2V_1V_2]\end{aligned}\quad(52)$$

を得る．最後に，(46) と (52) 式を結び付けて，
$$\Re e^{-i\pi/4}(1+i)=\sqrt{2} \tag{53}$$
であることを思い出し，(17) 式に従ってもとの変数 $\boldsymbol{\sigma}=(\sigma_1,\sigma_2,\sigma_3)$ に戻ると

$D_2(\boldsymbol{\rho},\boldsymbol{\sigma})$
$$\begin{aligned}=&\frac{3}{14}(2\pi)^{3/2}(GM)^{-1}|\boldsymbol{\rho}|^{-3/2}\\ &\times[\sigma_1^2(5V_1^2+4V_2^2-2V_3^2)+\sigma_2^2(5V_2^2+4V_1^2-2V_3^2)\\ &\quad+\sigma_3^2(4V_3^2-2V_1^2-2V_2^2)-8\sigma_2\sigma_3V_2V_3-8\sigma_3\sigma_1V_3V_1\\ &\quad+2\sigma_1\sigma_2V_1V_2]\end{aligned}\quad(54)$$

となることがわかる．

5. $|\boldsymbol{\sigma}| \to 0$ に対する $A(\boldsymbol{\rho}, \boldsymbol{\sigma})$ の表式

(24), (38) および (54) 式を結び付けると,
$$\begin{aligned}&D(\boldsymbol{\rho}, \boldsymbol{\sigma}) \\ &= \frac{8}{15}(2\pi)^{3/2}|\boldsymbol{\rho}|^{3/2} + \frac{4}{3}\pi i (GM)^{-1/2} \\ &\quad \times (\sigma_1 V_1 + \sigma_2 V_2 - 2\sigma_3 V_3) \\ &\quad + \frac{3}{14}(2\pi)^{3/2}(GM)^{-1}|\boldsymbol{\rho}|^{-3/2}[(5\sigma_1^2 + 4\sigma_2^2 - 2\sigma_3^2)V_1^2 \\ &\quad + (4\sigma_1^2 + 5\sigma_2^2 - 2\sigma_3^2)V_2^2 + (4\sigma_3^2 - 2\sigma_1^2 - 2\sigma_2^2)V_3^2 \\ &\quad - 8\sigma_2\sigma_3 V_2 V_3 - 8\sigma_3\sigma_1 V_3 V_1 + 2\sigma_1\sigma_2 V_1 V_2] + O(|\boldsymbol{\sigma}|^3) \end{aligned}$$
(55)

を得る. $D(\boldsymbol{\rho}, \boldsymbol{\sigma})$ に対するこの式を (19) 式に代入すると
$$\begin{aligned}&C(\boldsymbol{\rho}, \boldsymbol{\sigma}) \\ &= \frac{4}{15}(2\pi)^{3/2}G^{3/2}\overline{M^{3/2}}|\boldsymbol{\rho}|^{3/2} \\ &\quad + \frac{2}{3}\pi i G(\sigma_1 \overline{MV_1} + \sigma_2 \overline{MV_2} - 2\sigma_3 \overline{MV_3}) \\ &\quad + \frac{3}{28}(2\pi)^{3/2}G^{1/2}|\boldsymbol{\rho}|^{-3/2}[(5\sigma_1^2 + 4\sigma_2^2 - 2\sigma_3^2)\overline{M^{1/2}V_1^2} \\ &\quad + (4\sigma_1^2 + 5\sigma_2^2 - 2\sigma_3^2)\overline{M^{1/2}V_2^2} \\ &\quad + (4\sigma_3^2 - 2\sigma_1^2 - 2\sigma_2^2)\overline{M^{1/2}V_3^2} \\ &\quad - 8\sigma_2\sigma_3 \overline{M^{1/2}V_2 V_3} - 8\sigma_3\sigma_1 \overline{M^{1/2}V_3 V_1} \\ &\quad + 2\sigma_1\sigma_2 \overline{M^{1/2}V_1 V_2}] + O(|\boldsymbol{\sigma}|^3) \end{aligned}$$
(56)

を得る.ここで,横棒は,対応する量の重み関数 $\tau(\boldsymbol{V};M)$ を付けた平均がとられたことを示すために用いた.

上のすべての式において $\boldsymbol{V}=(V_1,V_2,V_3)$ は,もちろん,典型的な場の星の,考慮中の星に相対的な速度を表している.今,選ばれた静止系における場の星と考慮中の星の速度を,それぞれ $\boldsymbol{u}$ と $\boldsymbol{v}$ で表すとすると,

$$\boldsymbol{V}=\boldsymbol{u}-\boldsymbol{v} \qquad (57)$$

である.ここで星の速度 $\boldsymbol{u}$ の分布は球対称であるという仮定[4],すなわち,その分布関数 $\Psi(\boldsymbol{u})$ が

$$\Psi(\boldsymbol{u})\equiv\Psi[j^2(M)|\boldsymbol{u}|^2] \qquad (58)$$

という形をとるという仮定を導入する.ここで Ψ は指定された引数の任意の関数で,パラメータ j([速度]$^{-1}$ の次元)は星の質量 M の関数であることが許される."特異"速度 $\boldsymbol{u}$ の分布に関するこの仮定は,我々の確率関数 $\tau(\boldsymbol{V};M)$ は

$$\tau(\boldsymbol{V};M)\equiv\Psi[j^2(M)|\boldsymbol{V}+\boldsymbol{v}|^2]\chi(M) \qquad (59)$$

のように表すことができるはずであることを示唆する.ここで,$\chi(M)$ は異なる質量に関する分布を支配するものである.この形の関数 τ に対しては,明らかに

---

[4] 我々の作業のこの段階で,より一般的な速度分布(たとえば,楕円体分布)を導入することは全く可能であろう.しかし,本論文ではこれらの改良については考慮しない.

$$\left.\begin{array}{l}\overline{MV_\mu} = -\overline{M}v_\mu \quad (\mu = 1, 2, 3), \\ \overline{M^{1/2}V_\mu^2} = \dfrac{1}{3}\overline{M^{1/2}|\boldsymbol{u}|^2} + \overline{M^{1/2}}v_\mu^2 \quad (\mu = 1, 2, 3), \\ \overline{M^{1/2}V_\mu V_\nu} = \overline{M^{1/2}}v_\mu v_\nu \quad (\mu, \nu = 1, 2, 3, \mu \neq \nu)\end{array}\right\} \quad (60)$$

である．これらの値を (56) 式に代入して多少整理すると，

$$\begin{aligned}C(\boldsymbol{\rho},\boldsymbol{\sigma}) &= \dfrac{4}{15}(2\pi)^{3/2}G^{3/2}\overline{M^{3/2}}|\boldsymbol{\rho}|^{3/2} \\ &\quad - \dfrac{2}{3}\pi i G\overline{M}(\sigma_1 v_1 + \sigma_2 v_2 - 2\sigma_3 v_3) \\ &\quad + \dfrac{1}{4}(2\pi)^{3/2}G^{1/2}\overline{M^{1/2}|\boldsymbol{u}|^2}|\boldsymbol{\rho}|^{-3/2}(\sigma_1^2 + \sigma_2^2) \\ &\quad + \dfrac{3}{28}(2\pi)^{3/2}G^{1/2}\overline{M^{1/2}}|\boldsymbol{\rho}|^{-3/2}[\sigma_1^2(5v_1^2 + 4v_2^2 - 2v_3^2) \\ &\quad + \sigma_2^2(4v_1^2 + 5v_2^2 - 2v_3^2) + \sigma_3^2(4v_3^2 - 2v_1^2 - 2v_2^2) \\ &\quad - 8\sigma_2\sigma_3 v_2 v_3 - 8\sigma_3\sigma_1 v_3 v_1 + 2\sigma_1\sigma_2 v_1 v_2] + O(|\boldsymbol{\sigma}|^3)\end{aligned} \quad (61)$$

となることがわかる．ここで，$(\sigma_1, \sigma_2, \sigma_3)$ と (v_1, v_2, v_3) は，z 軸が $\boldsymbol{\rho}$ の方向を向いた座標系における $\boldsymbol{\sigma}$ と $\boldsymbol{v}$ の成分であることを思い出すとよい．今，この座標系をさらに特殊化して，ベクトル $\boldsymbol{v}$ が xz 平面内にあるように配置しよう．このように座標系を選ぶと，

$$v_1 = |\boldsymbol{v}|\sin\gamma; \quad v_2 = 0; \quad v_3 = |\boldsymbol{v}|\cos\gamma, \quad (62)$$

ここで

$$\gamma = \angle(\boldsymbol{\rho}, \boldsymbol{v}) \quad (63)$$

である．$C(\boldsymbol{\rho},\boldsymbol{\sigma})$ に対する表式は今や単純化されて，

$$C(\boldsymbol{\rho}, \boldsymbol{\sigma}) = \frac{4}{15}(2\pi)^{3/2} G^{3/2} \overline{M^{3/2}} |\boldsymbol{\rho}|^{3/2}$$
$$- \frac{2}{3}\pi i G \overline{M} |\boldsymbol{v}| (\sigma_1 \sin\gamma - 2\sigma_3 \cos\gamma)$$
$$+ \frac{1}{4}(2\pi)^{3/2} G^{1/2} \overline{M^{1/2}|\boldsymbol{u}|^2} |\boldsymbol{\rho}|^{-3/2} (\sigma_1^2 + \sigma_2^2)$$
$$+ \frac{3}{28}(2\pi)^{3/2} G^{1/2} \overline{M^{1/2}} |\boldsymbol{v}|^2 |\boldsymbol{\rho}|^{-3/2}$$
$$\times [\sigma_1^2 (5\sin^2\gamma - 2\cos^2\gamma)$$
$$+ \sigma_2^2 (4\sin^2\gamma - 2\cos^2\gamma) + \sigma_3^2 (4\cos^2\gamma - 2\sin^2\gamma)$$
$$- 8\sigma_1\sigma_3 \sin\gamma\cos\gamma] + O(|\boldsymbol{\sigma}|^3) \tag{64}$$

となる．この $C(\boldsymbol{\rho}, \boldsymbol{\sigma})$ の式を，$A(\boldsymbol{\rho}, \boldsymbol{\sigma})$ を定める (12) 式に代入すると，

$A(\boldsymbol{\rho}, \boldsymbol{\sigma})$
$$= e^{-a|\boldsymbol{\rho}|^{3/2} + igP(\boldsymbol{\sigma}) - b|\boldsymbol{\rho}|^{-3/2}[Q(\boldsymbol{\sigma}) + kR(\boldsymbol{\sigma})] + O(|\boldsymbol{\sigma}|^3)} \tag{65}$$

を得る．ここで

$$\left.\begin{aligned}
a &= \frac{4}{15}(2\pi)^{3/2} G^{3/2} \overline{M^{3/2}} n, \\
b &= \frac{1}{4}(2\pi)^{3/2} G^{1/2} \overline{M^{1/2}|\boldsymbol{u}|^2} n, \\
g &= \frac{2}{3}\pi G \overline{M} |\boldsymbol{v}| n, \\
k &= \frac{3}{7} \frac{\overline{M^{1/2}|\boldsymbol{v}|^2}}{\overline{M^{1/2}|\boldsymbol{u}|^2}},
\end{aligned}\right\} \tag{66}$$

と書いた[5]. また

$$\left.\begin{array}{l}P(\boldsymbol{\sigma}) = \sigma_1\sin\gamma - 2\sigma_3\cos\gamma; \quad Q(\boldsymbol{\sigma}) = \sigma_1^2 + \sigma_2^2, \\ R(\boldsymbol{\sigma}) = \sigma_1^2(5\sin^2\gamma - 2\cos^2\gamma) \\ \qquad + \sigma_2^2(4\sin^2\gamma - 2\cos^2\gamma) \\ \qquad + \sigma_3^2(4\cos^2\gamma - 2\sin^2\gamma) \\ \qquad - 8\sigma_3\sigma_1\sin\gamma\cos\gamma\end{array}\right\} \quad (67)$$

である. 後で有益とわかる $A(\boldsymbol{\rho},\boldsymbol{\sigma})$ に対する別の形を, ここに記しておいてもよいであろう:

$$A(\boldsymbol{\rho},\boldsymbol{\sigma}) = e^{-a|\boldsymbol{\rho}|^{3/2}}[1 + igP(\boldsymbol{\sigma}) - \frac{1}{2}g^2[\![P(\boldsymbol{\sigma})]\!]^2 \\ -b|\boldsymbol{\rho}|^{-3/2}[\![Q(\boldsymbol{\sigma}) + kR(\boldsymbol{\sigma})]\!] + O(|\boldsymbol{\sigma}|^3)]. \quad (68)$$

さて, (5) 式によれば, $A(\boldsymbol{\rho},\boldsymbol{\sigma})$ は分布関数 $W(\boldsymbol{F},\boldsymbol{f})$ の 6 次元フーリエ変換である. したがって, この式の意味においては, ベクトル $\boldsymbol{\rho}$ と $\boldsymbol{\sigma}$ は, ある固定された座標系に対して参照されるべきものである. しかし, $P(\boldsymbol{\sigma})$, $Q(\boldsymbol{\sigma})$, および $R(\boldsymbol{\sigma})$ に対する式 ((67) 式) は, $\boldsymbol{\rho}$ の方向に依存して変化する座標系を基準とした $\boldsymbol{\sigma}$ の成分を含んでいる. ここで, この変動する xyz 系から固定された $\xi\eta\zeta$ 系に移るために必要な線形変換を与えよう (図 1 を見よ). この固定 $\xi\eta\zeta$ 系は, ζ 軸が $\boldsymbol{F}$ の方向で, かつ $\xi\zeta$ 平面がベクトル $\boldsymbol{v}$ を含むように選ばれる. 表 (69) は, 一方の系に属する軸の他方の系に属する軸に対する方向余弦を与えてい

---

[5] 今回の a と b の定義は, 前の論文での定義 (I, (28) 式) と一致することを指摘しておく.

表 (69)

	$O\xi$
$Ox\cdots$	$\lambda_1 = \dfrac{\sin\alpha - l\cos\gamma}{\sin\gamma}$
$Oy\cdots$	$\lambda_2 = \dfrac{m\cos\alpha}{\sin\gamma}$
$Oz\cdots$	$\lambda_3 = \sin\theta\cos\omega = l$

る. ここで, α は $\boldsymbol{F}$ と $\boldsymbol{v}$ の間の角度である:
$$\alpha = \angle(\boldsymbol{F}, \boldsymbol{v}). \tag{70}$$
また,
$$\cos\gamma = \cos\angle(\boldsymbol{\rho}, \boldsymbol{v}) = n\cos\alpha + l\sin\alpha \tag{71}$$
である. よって, 必要とされる線形変換は
$$\sigma_i = \lambda_i \sigma_\xi + \mu_i \sigma_\eta + \nu_i \sigma_\zeta \quad (i = 1, 2, 3) \tag{72}$$
である. ここで, σ_ξ, σ_η, σ_ζ は固定座標系に対する $\boldsymbol{\sigma}$ の成分である.

6. $\boldsymbol{f}$ の1次モーメントの評価

任意の指定された方向における (与えられた $\boldsymbol{F}$ に対する) $\boldsymbol{f}$ の平均値を決定するためには, 第5節で定義した $\xi\eta\zeta$ 系の三つの主軸方向の $\boldsymbol{f}$ の成分 (すなわち, f_ξ, f_η, f_ζ) の1次モーメントを評価すれば十分であることは明らかであろう. 我々は最初に f_ξ のモーメントを考える.
(5) 式より,

$O\eta$	$O\zeta$
$\mu_1 = -\dfrac{m\cos\gamma}{\sin\gamma}$	$\nu_1 = \dfrac{\cos\alpha - n\cos\gamma}{\sin\gamma}$
$\mu_2 = \dfrac{n\sin\alpha - l\cos\alpha}{\sin\gamma}$	$\nu_2 = -\dfrac{m\sin\alpha}{\sin\gamma}$
$\mu_3 = \sin\theta\sin\omega = m$	$\nu_3 = \cos\theta = n$

$$\int_{-\infty}^{+\infty} W(\boldsymbol{F}, \boldsymbol{f}) f_\xi d\boldsymbol{f}$$
$$= \frac{1}{64\pi^6} \int_{-\infty}^{+\infty}\int_{-\infty}^{+\infty}\int_{-\infty}^{+\infty} e^{-i(\boldsymbol{\rho}\cdot\boldsymbol{F}+\boldsymbol{\sigma}\cdot\boldsymbol{f})}$$
$$\times A(\boldsymbol{\rho}, \boldsymbol{\sigma}) f_\xi d\boldsymbol{\rho} d\boldsymbol{\sigma} d\boldsymbol{f} \qquad (73)$$

である. しかし,

$$\frac{1}{8\pi^3}\int_{-\infty}^{+\infty} e^{-i\boldsymbol{\sigma}\cdot\boldsymbol{f}} f_\xi d\boldsymbol{f} = i\delta'(\sigma_\xi)\delta(\sigma_\eta)\delta(\sigma_\zeta) \qquad (74)$$

である. ここで, δ はディラックの δ 関数, δ' は δ 関数の 1 次導関数を表す.

$$\int_{-\infty}^{+\infty} f(x)\delta'(x)dx = -f'(0) \qquad (75)$$

であることを思い出すと, (73) 式は

$$\int_{-\infty}^{+\infty} W(\boldsymbol{F}, \boldsymbol{f}) f_\xi d\boldsymbol{f}$$
$$= -\frac{i}{8\pi^3}\int_{-\infty}^{+\infty} e^{-i\boldsymbol{\rho}\cdot\boldsymbol{F}} \left[\frac{\partial}{\partial \sigma_\xi} A(\boldsymbol{\rho}, \boldsymbol{\sigma})\right]_{|\boldsymbol{\sigma}|=0} d\boldsymbol{\rho} \qquad (76)$$

となる．しかし，P は $\boldsymbol{\sigma}$ について線形なので，(68) 式より，

$$\left[\frac{\partial}{\partial \sigma_\xi} A(\boldsymbol{\rho}, \boldsymbol{\sigma})\right]_{|\boldsymbol{\sigma}|=0} = ige^{-a|\boldsymbol{\rho}|^{3/2}}\frac{\partial P(\boldsymbol{\sigma})}{\partial \sigma_\xi} \quad (77)$$

である．よって，

$$\int_{-\infty}^{+\infty} W(\boldsymbol{F}, \boldsymbol{f}) f_\xi d\boldsymbol{f}$$
$$= \frac{g}{8\pi^3}\int_{-\infty}^{+\infty} e^{-a|\boldsymbol{\rho}|^{3/2}-i\boldsymbol{\rho}\cdot\boldsymbol{F}}\left(\frac{\partial P}{\partial \sigma_\xi}\right)d\boldsymbol{\rho} \quad (78)$$

である．または，極座標（図1を見よ）を選ぶと

$$\int_{-\infty}^{+\infty} W(\boldsymbol{F}, \boldsymbol{f}) f_\xi d\boldsymbol{f}$$
$$= \frac{g}{8\pi^3}\int_0^\infty \int_0^\pi \int_0^{2\pi} e^{-a|\boldsymbol{\rho}|^{3/2}-i|\boldsymbol{\rho}||\boldsymbol{F}|\cos\theta}$$
$$\times \left(\frac{\partial P}{\partial \sigma_\xi}\right)|\boldsymbol{\rho}|^2 \sin\theta d|\boldsymbol{\rho}|d\theta d\omega \quad (79)$$

となる．ω に関する積分を実行すると，

$$\int_{-\infty}^{+\infty} W(\boldsymbol{F}, \boldsymbol{f}) f_\xi d\boldsymbol{f}$$
$$= \frac{g}{4\pi^2}\int_0^\infty \int_{-1}^{+1} e^{-a|\boldsymbol{\rho}|^{3/2}-i|\boldsymbol{\rho}||\boldsymbol{F}|t}\left(\overline{\frac{\partial P}{\partial \sigma_\xi}}\right)|\boldsymbol{\rho}|^2 d|\boldsymbol{\rho}|dt$$
$$\quad (80)$$

を得る．ここで，$\partial P/\partial \sigma_\xi$ の上の横棒は，ω に関する平均化が実行されるべきであることを示すために用いた．また，(80) 式においては変数を θ から $t = \cos\theta$ に変えた．(80)

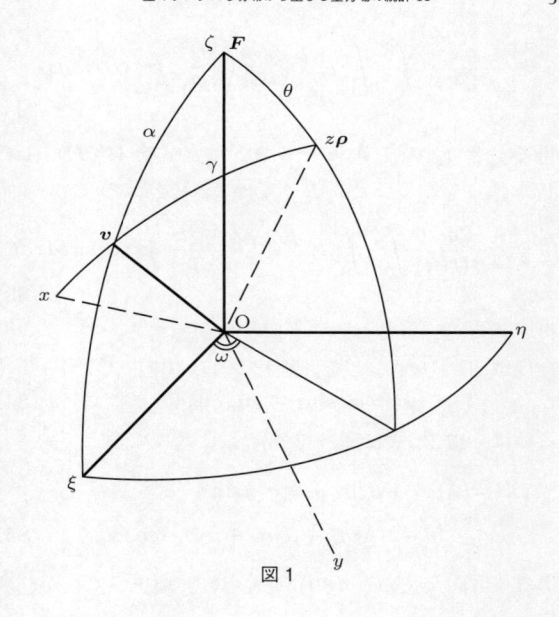

図1

式で
$$|\boldsymbol{\rho}||\boldsymbol{F}| = x; \quad |\boldsymbol{F}| = a^{2/3}\beta \tag{81}$$
と置いて（I の (134) 式参照），$\overline{\partial P/\partial \sigma_\xi}$ は t の偶関数（下の (87) 式参照）であることを思い出すと，

$$\int_{-\infty}^{+\infty} W(\boldsymbol{F}, \boldsymbol{f}) f_\xi d\boldsymbol{f}$$

$$= \frac{g}{2\pi^2 a^2 \beta^3} \int_0^\infty \int_0^1 e^{-(x/\beta)^{3/2}} \overline{\left(\frac{\partial P}{\partial \sigma_\xi}\right)} x^2 \cos xt\, dx\, dt \tag{82}$$

を得る. 今 f_ξ の1次モーメントは上式を $W(\boldsymbol{F})$ (Iの (117) 式) で割ることによって得られる. よって

$$\overline{f_\xi} = \frac{2g}{\pi \beta H(\beta)} \int_0^\infty \int_0^1 e^{-(x/\beta)^{3/2}} \overline{\left(\frac{\partial P}{\partial \sigma_\xi}\right)} x^2 \cos xt\, dx\, dt \tag{83}$$

を得る. $\overline{f_\eta}$ と $\overline{f_\zeta}$ についても同様な式を得る.

今度は $\overline{\partial P/\partial \sigma_\xi}$ などを評価しよう. (67) 式より
$$P = \sigma_1 \sin\gamma - 2\sigma_3 \cos\gamma, \tag{84}$$

あるいは, (72) 式に従って $\xi\eta\zeta$ 系に変換すると,

$$P = (\lambda_1 \sigma_\xi + \mu_1 \sigma_\eta + \nu_1 \sigma_\zeta)\sin\gamma$$
$$- 2(\lambda_3 \sigma_\xi + \mu_3 \sigma_\eta + \nu_3 \sigma_\zeta)\cos\gamma \tag{85}$$

を得る. 方向余弦の表 (69) を使って, 項をいくらか整理すると,

$$P = \sigma_\xi(1 - 3l^2)\sin\alpha + \sigma_\zeta(1 - 3n^2)\cos\alpha$$
$$- 3ln(\sigma_\xi \cos\alpha + \sigma_\zeta \sin\alpha)$$
$$- 3\sigma_\eta m(l\sin\alpha + n\cos\alpha) \tag{86}$$

を得る. この式から直ちに

$$\overline{\left(\frac{\partial P}{\partial \sigma_\xi}\right)} = (1 - 3\overline{l^2})\sin\alpha - 3\overline{ln}\cos\alpha$$
$$= -\frac{1}{2}(1 - 3t^2)\sin\alpha,$$

$$\left(\overline{\frac{\partial P}{\partial \sigma_\eta}}\right) = -3(\overline{ml}\sin\alpha + \overline{mn}\cos\alpha) = 0, \tag{87}$$
$$\left(\overline{\frac{\partial P}{\partial \sigma_\zeta}}\right) = (1-3\overline{n^2})\cos\alpha - 3\overline{ln}\sin\alpha$$
$$= +(1-3t^2)\cos\alpha$$

ということがわかる. よって, (83), (87) 式より,

$$\overline{f_\xi} = -\frac{g}{\pi\beta H(\beta)}\mathscr{J}(\beta)\sin\alpha; \quad \overline{f_\eta} = 0;$$
$$\overline{f_\zeta} = \frac{2g}{\pi\beta H(\beta)}\mathscr{J}(\beta)\cos\alpha \tag{88}$$

を得る. ここで

$$\mathscr{J}(\beta) = \int_0^\infty \int_0^1 e^{-(x/\beta)^{3/2}} x^2 (1-3t^2)\cos xt\, dx\, dt \tag{89}$$

と書いた.

今度は $\mathscr{J}(\beta)$ を評価しよう. t に関する積分を実行すると,

$$\mathscr{J}(\beta) = \int_0^\infty e^{-(x/\beta)^{3/2}} x^2$$
$$\times \left\{\frac{\sin x}{x} - \frac{3}{x^3}(2x\cos x + x^2\sin x - 2\sin x)\right\}dx \tag{90}$$

を得る. または, 多少項を並べ替えると,

$$\mathscr{J}(\beta) = 6\int_0^\infty e^{-(x/\beta)^{3/2}}(\sin x - x\cos x)\frac{dx}{x}$$
$$- 2\int_0^\infty e^{-(x/\beta)^{3/2}} x\sin x\, dx \tag{91}$$

となる. (91) 式に現れる 2 番目の積分は, I の (116) 式で定義されたホルツマルク関数 $H(\beta)$ と非常に単純に結び付いていることがわかる. さらに, $K(\beta)$ で積分

$$K(\beta) = \frac{2}{\pi}\int_0^\infty e^{-(x/\beta)^{3/2}}(\sin x - x\cos x)\frac{dx}{x} \qquad (92)$$

を表すことにすると,

$$\mathscr{J}(\beta) = 3\pi K(\beta) - \pi\beta H(\beta) \qquad (93)$$

を得る. 今,

$$\frac{dK}{d\beta} = \frac{3}{\pi\beta^{5/2}}\int_0^\infty e^{-(x/\beta)^{3/2}}(\sin x - x\cos x)x^{1/2}dx$$
$$= -\frac{2}{\pi\beta}\int_0^\infty \frac{d}{dx}(e^{-(x/\beta)^{3/2}})(\sin x - x\cos x)dx, \qquad (94)$$

あるいは, 部分積分をすると,

$$\frac{dK}{d\beta} = \frac{2}{\pi\beta}\int_0^\infty e^{-(x/\beta)^{3/2}}x\sin x\, dx = H(\beta) \qquad (95)$$

を得る. よって

$$K(\beta) = \int_0^\beta H(\beta)d\beta \qquad (96)$$

である. 今, (88), (93) および (96) 式を結び付けると,

$$\overline{f_\xi} = -gB(\beta)\sin\alpha;\ \overline{f_\eta} = 0;\ \overline{f_\zeta} = 2gB(\beta)\cos\alpha \qquad (97)$$

を得る. ここで

$$B(\beta) = 3\frac{\displaystyle\int_0^\beta H(\beta)d\beta}{\beta H(\beta)} - 1 \qquad (98)$$

である．$B(\beta)$ の漸近的な性質は $H(\beta)$ のそれから（I の(118) と (119) 式），簡単に導かれる．我々は

$$B(\beta) = \frac{1}{15}\Gamma\left(\frac{10}{3}\right)\beta^2 + O(\beta^4) \qquad (\beta \to 0) \quad (99)$$

および

$$B(\beta) \sim \frac{8}{5}\sqrt{\frac{\pi}{2}}\beta^{3/2} \qquad (\beta \to \infty) \quad (100)$$

を見いだす．

今，任意の方向 (l, m, n) を考えよう．そのとき

$$\overline{f}_{l,m,n} = l\overline{f_\xi} + n\overline{f_\zeta}, \quad (101)$$

あるいは，(97) 式より，

$$\overline{f}_{l,m,n} = -\frac{2}{3}\pi G\overline{M}nB(\beta)|\boldsymbol{v}|(l\sin\alpha - 2n\cos\alpha) \quad (102)$$

である．ここで，g に対して (66) 式を代入した．$\boldsymbol{v}$ の方向余弦が $(\sin\alpha, 0, \cos\alpha)$ であることを思い出すと，

$$|\boldsymbol{v}|(l\sin\alpha - 2n\cos\alpha)$$
$$= |\boldsymbol{v}|(l\sin\alpha + n\cos\alpha) - 3n|\boldsymbol{v}|\cos\alpha$$
$$= \boldsymbol{v}\cdot\boldsymbol{1}_{l,m,n} - 3\frac{(\boldsymbol{v}\cdot\boldsymbol{F})}{|\boldsymbol{F}|^2}\boldsymbol{F}\cdot\boldsymbol{1}_{l,m,n} \quad (103)$$

を得る．ここで $\boldsymbol{1}_{l,m,n}$ は (l,m,n) 方向の単位ベクトルを表している．したがって (102) 式を

$$\overline{\boldsymbol{f}}\cdot\boldsymbol{1}_{l,m,n} = -\frac{2}{3}\pi G\overline{M}nB(\beta)\left[\boldsymbol{v} - 3\frac{(\boldsymbol{v}\cdot\boldsymbol{F})}{|\boldsymbol{F}|^2}\boldsymbol{F}\right]\cdot\boldsymbol{1}_{l,m,n} \quad (104)$$

のように書き直すことができる．または，もっと簡単にす

ると，

$$\overline{\boldsymbol{f}} = -\frac{2}{3}\pi G\overline{M}nB\left(\frac{|\boldsymbol{F}|}{Q_H}\right)\left(\boldsymbol{v} - 3\frac{(\boldsymbol{v}\cdot\boldsymbol{F})}{|\boldsymbol{F}|^2}\boldsymbol{F}\right) \quad (105)$$

となる．我々は第 11 節でこの式に戻る．

7. $\boldsymbol{f}$ の 2 次モーメントの評価

我々が考えなければならない 2 次のモーメントには，一般には，独立した六つのものがある．すなわち，

$$\overline{f_\xi^2},\ \overline{f_\eta^2},\ \overline{f_\zeta^2},\ \overline{f_\xi f_\eta},\ \overline{f_\eta f_\zeta},\ \text{および}\ \overline{f_\zeta f_\xi} \quad (106)$$

である．任意の方向に対する $\boldsymbol{f}$ の分解された成分の 2 次のモーメントは，これら六つのモーメントで表すことができる．というのは，$\boldsymbol{f}$ の (l, m, n) 方向の成分を $f_{l, m, n}$ と記すと，

$$\begin{aligned}\overline{f^2}_{l,m,n} &= \overline{(lf_\xi + mf_\eta + nf_\zeta)^2} \\ &= l^2\overline{f_\xi^2} + m^2\overline{f_\eta^2} + n^2\overline{f_\zeta^2} + 2lm\overline{f_\xi f_\eta} \\ &\quad + 2mn\overline{f_\eta f_\zeta} + 2nl\overline{f_\zeta f_\xi}\end{aligned} \quad (107)$$

となるからである．我々の今の問題では，その対称性から（また実際そうだと確かめられるが），六つのモーメント（(106) 式）のうちの二つ，すなわち，$\overline{f_\xi f_\eta}$ と $\overline{f_\eta f_\zeta}$ は恒等的に消える（(97) 式参照，これより $\overline{f_\eta} = 0$）と期待できる．したがって，我々の場合，(107) 式は

$$\overline{f^2}_{l,m,n} = l^2\overline{f_\xi^2} + m^2\overline{f_\eta^2} + n^2\overline{f_\zeta^2} + 2nl\overline{f_\zeta f_\xi} \quad (107')$$

となる．

最初にモーメント $\overline{f_\xi^2}$, $\overline{f_\eta^2}$, および $\overline{f_\zeta^2}$ を考える. 我々は

$$\int_{-\infty}^{+\infty} W(\boldsymbol{F}, \boldsymbol{f}) f_\tau^2 d\boldsymbol{f}$$
$$= -\frac{1}{8\pi^3}\int_{-\infty}^{+\infty} e^{-i\boldsymbol{\rho}\cdot\boldsymbol{F}}\Big[\frac{\partial^2}{\partial\sigma_\tau^2}A(\boldsymbol{\rho},\boldsymbol{\sigma})\Big]_{|\boldsymbol{\sigma}|=0}d\boldsymbol{\rho} \quad (108)$$

を得る (I の (123) 式参照). ここで, ξ, η, または ζ のいずれかを表す記号として τ を使った. 今, (68) 式より,

$$\Big[\frac{\partial^2}{\partial\sigma_\tau^2}A(\boldsymbol{\rho},\boldsymbol{\sigma})\Big]_{|\boldsymbol{\sigma}|=0}$$
$$= -e^{-a|\boldsymbol{\rho}|^{3/2}}\Big\{\frac{1}{2}g^2\frac{\partial^2}{\partial\sigma_\tau^2}P^2(\boldsymbol{\sigma})$$
$$+ b|\boldsymbol{\rho}|^{-3/2}\Big[\frac{\partial^2}{\partial\sigma_\tau^2}Q(\boldsymbol{\sigma})+k\frac{\partial^2}{\partial\sigma_\tau^2}R(\boldsymbol{\sigma})\Big]\Big\} \quad (109)$$

である. よって,

$$\int_{-\infty}^{+\infty} W(\boldsymbol{F},\boldsymbol{f})f_\tau^2 d\boldsymbol{f}$$
$$= \frac{1}{8\pi^3}\int_{-\infty}^{+\infty} e^{-a|\boldsymbol{\rho}|^{3/2}-i\boldsymbol{\rho}\cdot\boldsymbol{F}}$$
$$\times\Big\{\frac{1}{2}g^2\frac{\partial^2 P^2}{\partial\sigma_\tau^2}+b|\boldsymbol{\rho}|^{-3/2}\Big[\frac{\partial^2 Q}{\partial\sigma_\tau^2}+k\frac{\partial^2 R}{\partial\sigma_\tau^2}\Big]\Big\}d\boldsymbol{\rho} \quad (110)$$

である. または, (ξ,η,ζ) 系で極座標を選ぶと,

$$\int_{-\infty}^{+\infty} W(\boldsymbol{F},\boldsymbol{f})f_\tau^2 d\boldsymbol{f}$$

$$= \frac{1}{8\pi^3} \int_0^\infty \int_{-1}^{+1} \int_0^{2\pi} e^{-a|\boldsymbol{\rho}|^{3/2} - i|\boldsymbol{\rho}||\boldsymbol{F}|t}$$
$$\times \left\{ \frac{1}{2} g^2 \frac{\partial^2 P^2}{\partial \sigma_\tau^2} + b|\boldsymbol{\rho}|^{-3/2} \left[\frac{\partial^2 Q}{\partial \sigma_\tau^2} + k \frac{\partial^2 R}{\partial \sigma_\tau^2} \right] \right\}$$
$$\times |\boldsymbol{\rho}|^2 d\omega dt d|\boldsymbol{\rho}| \tag{111}$$

となる．方位角 ω に関する積分を実行し，変数
$$x = |\boldsymbol{\rho}||\boldsymbol{F}|; \quad |\boldsymbol{F}| = a^{2/3}\beta \tag{112}$$
を導入すると，(111) 式は

$$\int_{-\infty}^{+\infty} W(\boldsymbol{F}, \boldsymbol{f}) f_\tau^2 d\boldsymbol{f}$$
$$= \frac{1}{2\pi^2 a^2 \beta^3} \int_0^\infty \int_0^1 e^{-(x/\beta)^{3/2}} \left\{ \frac{1}{2} g^2 \overline{\left(\frac{\partial^2 P^2}{\partial \sigma_\tau^2} \right)} \right.$$
$$\left. + ab\beta^{3/2} \left[\overline{\left(\frac{\partial^2 Q}{\partial \sigma_\tau^2} \right)} + k \overline{\left(\frac{\partial^2 R}{\partial \sigma_\tau^2} \right)} \right] x^{-3/2} \right\}$$
$$\times x^2 \cos xt \, dt \, dx \tag{113}$$

となる．ここで $\partial^2 P^2/\partial \sigma_\tau^2$ などの上の横棒は，ω に関する平均化が実行されたことを意味する．今，$\overline{\partial^2 P^2/\partial \sigma_\tau^2}$ などが

$$\left. \begin{aligned} \overline{\left(\frac{\partial^2 P^2}{\partial \sigma_\tau^2} \right)} &= \mathscr{P}_{0,\tau} + \mathscr{P}_{2,\tau} t^2 + \mathscr{P}_{4,\tau} t^4 \\ \overline{\left(\frac{\partial^2 Q}{\partial \sigma_\tau^2} \right)} &= \mathscr{Q}_{0,\tau} + \mathscr{Q}_{2,\tau} t^2 \\ \overline{\left(\frac{\partial^2 R}{\partial \sigma_\tau^2} \right)} &= \mathscr{R}_{0,\tau} + \mathscr{R}_{2,\tau} t^2 + \mathscr{R}_{4,\tau} t^4 \end{aligned} \right\}$$
$$(\tau = \xi, \eta, \zeta) \tag{114}$$

の形をとることを示そう．ここで，$\mathscr{P}_{0,\tau},\cdots,\mathscr{R}_{4,\tau}$ は (113) 式の積分変数に関して定数である．(113) 式の $\overline{\partial^2 P^2/\partial\sigma_\tau^2}$ などにこれらを代入して，全体を I の (117) 式の $W(\boldsymbol{F})$ で割ると，f_τ^2 のモーメントに対する式として

$$\overline{f_\tau^2} = \frac{2ab\beta^{1/2}}{\pi H(\beta)} \int_0^\infty \int_0^1 e^{-(x/\beta)^{3/2}}$$

$$\times (\mathscr{L}_{0,\tau} + \mathscr{L}_{2,\tau}t^2 + \mathscr{L}_{4,\tau}t^4)x^{1/2}\cos(xt)dxdt$$

$$+ \frac{g^2}{\pi\beta H(\beta)} \int_0^\infty \int_0^1 e^{-(x/\beta)^{3/2}}$$

$$\times (\mathscr{P}_{0,\tau} + \mathscr{P}_{2,\tau}t^2 + \mathscr{P}_{4,\tau}t^4)$$

$$\times x^2 \cos(xt)dxdt \tag{115}$$

を得る．ここで，簡潔にするため，

$$\left.\begin{aligned}
\mathscr{L}_{0,\tau} &= \mathscr{Q}_{0,\tau} + k\mathscr{R}_{0,\tau}, \\
\mathscr{L}_{2,\tau} &= \mathscr{Q}_{2,\tau} + k\mathscr{R}_{2,\tau}, \\
\mathscr{L}_{4,\tau} &= k\mathscr{R}_{4,\tau} \quad (\tau = \xi, \eta, \zeta)
\end{aligned}\right\} \tag{116}$$

と書いた．(115) 式の t に関する積分は今や実行できる．初等的な公式

$$\left.\begin{aligned}
\int_0^1 \cos xt\, dt &= \frac{\sin x}{x}, \\
\int_0^1 t^2 \cos xt\, dt &= \frac{\sin x}{x} - \frac{2}{x^3}(\sin x - x\cos x), \\
\int_0^1 t^4 \cos xt\, dt &= \frac{\sin x}{x} - \frac{4}{x^5}(-x^3\cos x
\end{aligned}\right\}$$

$$+6x\cos x+3x^2\sin x-6\sin x)\Bigg)\quad(117)$$

を使うと，(115) 式から直ちに

$$\begin{aligned}\overline{f_\tau^2}=&ab\frac{\beta^{1/2}}{H(\beta)}\{(\mathscr{L}_{0,\tau}+\mathscr{L}_{2,\tau}+\mathscr{L}_{4,\tau})G(\beta)\\&-2\mathscr{L}_{2,\tau}I(\beta)-4\mathscr{L}_{4,\tau}J(\beta)\}\\&+\frac{g^2}{2\beta H(\beta)}\{(\mathscr{P}_{0,\tau}+\mathscr{P}_{2,\tau}+\mathscr{P}_{4,\tau})\beta H(\beta)\\&-2\mathscr{P}_{2,\tau}K(\beta)-4\mathscr{P}_{4,\tau}L(\beta)\}\quad(118)\end{aligned}$$

を得る．ここで，G, H, I, J, K, および L は β の関数で，

$$\left.\begin{aligned}G(\beta)&=\frac{2}{\pi}\int_0^\infty e^{-(x/\beta)^{3/2}}x^{-1/2}\sin x\,dx,\\H(\beta)&=\frac{2}{\pi\beta}\int_0^\infty e^{-(x/\beta)^{3/2}}x\sin x\,dx,\\I(\beta)&=\frac{2}{\pi}\int_0^\infty e^{-(x/\beta)^{3/2}}x^{-5/2}\\&\quad\times(\sin x-x\cos x)dx,\\J(\beta)&=\frac{2}{\pi}\int_0^\infty e^{-(x/\beta)^{3/2}}\\&\quad\times x^{-9/2}(-x^3\cos x+6x\cos x\\&\quad+3x^2\sin x-6\sin x)dx,\end{aligned}\right\}\quad(119)$$

$$K(\beta) = \frac{2}{\pi} \int_0^\infty e^{-(x/\beta)^{3/2}} x^{-1}$$
$$\times (\sin x - x \cos x) dx,$$
$$L(\beta) = \frac{2}{\pi} \int_0^\infty e^{-(x/\beta)^{3/2}}$$
$$\times x^{-3}(-x^3 \cos x + 6x \cos x$$
$$+ 3x^2 \sin x - 6 \sin x) dx$$

と定義される[6].

まだ $\mathscr{L}_{0,\tau}, \cdots, \mathscr{P}_{4,\tau}$ ($\tau = \xi, \eta, \zeta$) に対する式を得ることが残っている. その計算は単純だが多少退屈である. しかし $\mathscr{R}_{0,\xi}, \mathscr{R}_{2,\xi}$, および $\mathscr{R}_{4,\xi}$ の導出の概要を述べることによって, その方法を説明しよう.

(67) 式より,
$$\frac{\partial^2 R}{\partial \sigma_\xi^2} = \frac{\partial^2}{\partial \sigma_\xi^2}(\sigma_1^2 [5\sin^2 \gamma - 2\cos^2 \gamma]$$
$$+ \sigma_2^2 [4\sin^2 \gamma - 2\cos^2 \gamma]$$
$$+ \sigma_3^2 [4\cos^2 \gamma - 2\sin^2 \gamma]$$

---

[6] 我々は, ここで $H(\beta)$ の定義を変えていないことに注意を向けてもよいであろう. それはこれまでと同様にホルツマルク関数を表す. 同様に, 我々の今回の $G(\beta)$ と $K(\beta)$ の定義は, 前に与えたもの (I の (159) 式と本論文の (92) 式) と一致する. しかし, 関数 $I(\beta), J(\beta)$, および $L(\beta)$ はここで初めて導入される.

$$-8\sigma_3\sigma_1\sin\gamma\cos\gamma). \tag{120}$$

微分を実行するためには,まず $(\sigma_1, \sigma_2, \sigma_3)$ に対して線形変換 (72) を適用しなければならない.しかし,この変換をあからさまに行う必要はない.というのは,明らかに

$$\frac{\partial^2 \sigma_i^2}{\partial \sigma_\xi^2} = 2\lambda_i^2 \quad (i=1,2,3); \quad \frac{\partial^2 (\sigma_3\sigma_1)}{\partial \sigma_\xi^2} = 2\lambda_1\lambda_3 \tag{121}$$

なので,

$$\frac{\partial^2 R}{\partial \sigma_\xi^2}$$
$$= 2\,[\lambda_1^2(5\sin^2\gamma - 2\cos^2\gamma) + \lambda_2^2(4\sin^2\gamma - 2\cos^2\gamma)$$
$$+ \lambda_3^2(4\cos^2\gamma - 2\sin^2\gamma) - 8\lambda_1\lambda_3 \sin\gamma\cos\gamma] \tag{122}$$

あるいは,多少整理すると,

$$\frac{\partial^2 R}{\partial \sigma_\xi^2} = 2\,[-2 + 6\lambda_3^2\cos^2\gamma$$
$$+ (7\lambda_1^2 + 6\lambda_2^2)\sin^2\gamma - 8\lambda_1\lambda_3\sin\gamma\cos\gamma] \tag{123}$$

を得るからである.λ_1,λ_2,および λ_3 には方向余弦の表 (69) の式を代入し,$\cos\gamma$ に対しては等価な (71) 式を使うと,いくらか項を並べ替えた後,

$$\frac{\partial^2 R}{\partial \sigma_\xi^2} = 2\,[-2 + 21l^4\sin^2\alpha + 21l^2n^2\cos^2\alpha$$
$$+ 42l^3n\sin\alpha\cos\alpha + 7\sin^2\alpha + 6m^2\cos^2\alpha$$
$$- 22l^2\sin^2\alpha - 22ln\sin\alpha\cos\alpha] \tag{124}$$

を得る．ここで，α は $\boldsymbol{F}$ と $\boldsymbol{v}$ の間の角度であることを思い出そう．（124）式の右辺の量を平均すると，最終的に

$$\overline{\left(\frac{\partial^2 R}{\partial \sigma_\xi^2}\right)} = \left(2 + \frac{7}{4}\sin^2\alpha\right) + \left(15 - \frac{49}{2}\sin^2\alpha\right)t^2 + \left(-21 + \frac{147}{4}\sin^2\alpha\right)t^4 \quad (125)$$

を得る．この式から $\mathscr{R}_{0,\xi}$, $\mathscr{R}_{2,\xi}$, および $\mathscr{R}_{4,\xi}$ の値はすぐに読み取ることができる．他の量の評価も同様に進む．すべての結果を集約すると，次の値の表が得られる．

$$\left.\begin{array}{lll}\mathscr{P}_{0,\xi} = \dfrac{11}{4}\sin^2\alpha; & \mathscr{P}_{2,\xi} = +9 - \dfrac{33}{2}\sin^2\alpha; & \mathscr{P}_{4,\xi} = -9 + \dfrac{63}{4}\sin^2\alpha, \\[6pt] \mathscr{P}_{0,\eta} = \dfrac{9}{4}\sin^2\alpha; & \mathscr{P}_{2,\eta} = +9 - \dfrac{27}{2}\sin^2\alpha; & \mathscr{P}_{4,\eta} = -9 + \dfrac{45}{4}\sin^2\alpha, \\[6pt] \mathscr{P}_{0,\zeta} = 2\cos^2\alpha; & \mathscr{P}_{2,\zeta} = -12 + 21\sin^2\alpha; & \mathscr{P}_{4,\zeta} = +18 - 27\sin^2\alpha;\end{array}\right\} \quad (126)$$

$$\left.\begin{array}{lll}\mathscr{Q}_{0,\xi} = 1; & \mathscr{Q}_{2,\xi} = +1; & \mathscr{Q}_{4,\xi} = 0, \\ \mathscr{Q}_{0,\eta} = 1; & \mathscr{Q}_{2,\eta} = +1; & \mathscr{Q}_{4,\eta} = 0, \\ \mathscr{Q}_{0,\zeta} = 2; & \mathscr{Q}_{2,\zeta} = -2; & \mathscr{Q}_{4,\zeta} = 0;\end{array}\right\} \quad (127)$$

および

$$\left.\begin{array}{lll}\mathscr{R}_{0,\xi} = 2 + \dfrac{7}{4}\sin^2\alpha; & \mathscr{R}_{2,\xi} = +15 - \dfrac{49}{2}\sin^2\alpha; & \mathscr{R}_{4,\xi} = -21 + \dfrac{147}{4}\sin^2\alpha, \\[6pt] \mathscr{R}_{0,\eta} = 2 - \dfrac{3}{4}\sin^2\alpha; & \mathscr{R}_{2,\eta} = +15 - \dfrac{27}{2}\sin^2\alpha; & \mathscr{R}_{4,\eta} = -21 + \dfrac{105}{4}\sin^2\alpha, \\[6pt] \mathscr{R}_{0,\zeta} = 10 - 8\sin^2\alpha; & \mathscr{R}_{2,\zeta} = -44 + 59\sin^2\alpha; & \mathscr{R}_{4,\zeta} = +42 - 63\sin^2\alpha.\end{array}\right\} \quad (128)$$

我々はまだクロス・モーメント $\overline{f_\xi f_\eta}$, $\overline{f_\eta f_\zeta}$, および $\overline{f_\zeta f_\xi}$ を評価しなければならない．すでに述べたように，最初の

二つは恒等的に消えるので，$\overline{f_\zeta f_\xi}$ のみを考えればよい．(110) 式と類似して，

$$\int_{-\infty}^{+\infty} W(\bm{F}, \bm{f}) f_\xi f_\zeta d\bm{f} = \frac{1}{8\pi^3} \int_{-\infty}^{+\infty} e^{-a|\bm{\rho}|^{3/2} - i\bm{\rho}\cdot\bm{F}}$$
$$\times \left\{ \frac{1}{2} g^2 \frac{\partial^2 P^2}{\partial \sigma_\xi \partial \sigma_\zeta} \right.$$
$$\left. + b|\bm{\rho}|^{-3/2} \left[\frac{\partial^2 Q}{\partial \sigma_\xi \partial \sigma_\zeta} + k \frac{\partial^2 R}{\partial \sigma_\xi \partial \sigma_\zeta} \right] \right\} d\bm{\rho} \quad (129)$$

を得る．あるいは極座標に移って ω について積分すると，

$$\int_{-\infty}^{+\infty} W(\bm{F}, \bm{f}) f_\xi f_\zeta d\bm{f}$$
$$= \frac{1}{2\pi^2 a^2 \beta^3} \int_0^\infty \int_0^1 e^{-(x/\beta)^{3/2}} \left\{ \frac{1}{2} g^2 \overline{\left(\frac{\partial^2 P^2}{\partial \sigma_\xi \partial \sigma_\zeta} \right)} \right.$$
$$\left. + ab\beta^{3/2} \left[\overline{\left(\frac{\partial^2 Q}{\partial \sigma_\xi \partial \sigma_\zeta} \right)} + k \overline{\left(\frac{\partial^2 R}{\partial \sigma_\xi \partial \sigma_\zeta} \right)} \right] x^{-3/2} \right\}$$
$$\times x^2 \cos xt \, dt \, dx \quad (130)$$

となることがわかる ((113) 式参照). ここでは (112) 式に従ってさらなる変数変換を行った．(130) 式における横棒は，対応する量が ω について平均されたことを示すものとして再び理解されるべきだ．初等的な，しかしやや長くて退屈な計算により，

$$\left. \begin{array}{l} \overline{\left(\dfrac{\partial^2 P^2}{\partial \sigma_\xi \partial \sigma_\zeta} \right)} = (-1 + 15t^2 - 18t^4) \sin\alpha \cos\alpha, \\ \overline{\left(\dfrac{\partial^2 R}{\partial \sigma_\xi \partial \sigma_\zeta} \right)} = (-3 + 37t^2 - 42t^4) \sin\alpha \cos\alpha \end{array} \right\} \quad (131)$$

が導かれる．さらに

$$\left(\overline{\frac{\partial^2 Q}{\partial \sigma_\xi \partial \sigma_\zeta}}\right) = 0. \tag{132}$$

これらの式を (130) 式に代入して，I の (117) 式の $W(\boldsymbol{F})$ で全体を割ると，

$$\begin{aligned}
\overline{f_\xi f_\eta} = \Bigg\{ &\frac{2abk\beta^{1/2}}{\pi H(\beta)} \int_0^\infty \int_0^1 e^{-(x/\beta)^{3/2}} \\
&\times (-3 + 37t^2 - 42t^4) x^{1/2} \cos xt \, dt \, dx \\
&+ \frac{g^2}{\pi \beta H(\beta)} \int_0^\infty \int_0^1 e^{-(x/\beta)^{3/2}} \\
&\times (-1 + 15t^2 - 18t^4) x^2 \cos xt \, dt \, dx \Bigg\} \sin\alpha \cos\alpha
\end{aligned} \tag{133}$$

を得る．あるいは t について積分し，(119) 式に従って補助関数 $G, \cdots, L$ を導入すると，

$$\begin{aligned}
\overline{f_\xi f_\eta} = \Bigg\{ &abk \frac{\beta^{1/2}}{H(\beta)} [-8G(\beta) - 74I(\beta) + 168J(\beta)] \\
&+ \frac{g^2}{2\beta H(\beta)} [-4\beta H(\beta) - 30K(\beta) + 72L(\beta)] \Bigg\} \\
&\times \sin\alpha \cos\alpha
\end{aligned} \tag{134}$$

を得る．

(118) と (134) 式は，

$$\overline{f_\xi f_\eta} \equiv 0; \quad \overline{f_\eta f_\zeta} \equiv 0 \tag{135}$$

とともに，6 個の独立な 2 次のモーメントの式を表す．

8. モーメント $\overline{|f|^2}$ とその平均 $\overline{\overline{|f|^2}}$. 状態 F の平均寿命

第7節で我々は存在するすべての独立な2次のモーメントを評価した. そして, すでに述べたように, 任意の方向に対する f の分解成分の2次モーメントは, これらによって表すことができる. しかし, 最も重要な量は $|f|^2$ の平均値である. これは明らかに

$$\overline{|f|^2} = \sum_{\tau=\xi,\eta,\zeta} \overline{f_\tau^2} \tag{136}$$

によって与えられる. あるいは, (118) 式より,

$$\begin{aligned}
\overline{|f|^2} =& ab\frac{\beta^{1/2}}{H(\beta)}\Bigg\{\bigg(\sum_{i=0,2,4}\sum_{\tau=\xi,\eta,\zeta}\mathscr{L}_{i,\tau}\bigg)G(\beta) \\
& -2\bigg(\sum_{\tau=\xi,\eta,\zeta}\mathscr{L}_{2,\tau}\bigg)I(\beta) \\
& -4\bigg(\sum_{\tau=\xi,\eta,\zeta}\mathscr{L}_{4,\tau}\bigg)J(\beta)\Bigg\} \\
& +\frac{g^2}{2\beta H(\beta)}\Bigg\{\bigg(\sum_{i=0,2,4}\sum_{\tau=\xi,\eta,\zeta}\mathscr{P}_{i,\tau}\bigg)\beta H(\beta) \\
& -2\bigg(\sum_{\tau=\xi,\eta,\zeta}\mathscr{P}_{2,\tau}\bigg)K(\beta) \\
& -4\bigg(\sum_{\tau=\xi,\eta,\zeta}\mathscr{P}_{4,\tau}\bigg)L(\beta)\Bigg\} \tag{137}
\end{aligned}$$

となる．一方，(126)–(128) 式より，

$$\left.\begin{aligned}
&\sum_\tau \mathscr{P}_{0,\tau} = 5\sin^2\alpha + 2\cos^2\alpha, \\
&\sum_\tau \mathscr{P}_{2,\tau} = 6 - 9\sin^2\alpha, \\
&\sum_\tau \mathscr{P}_{4,\tau} = 0; \\
&\sum_\tau \mathscr{Q}_{0,\tau} = 4, \\
&\sum_\tau \mathscr{Q}_{2,\tau} = 0, \\
&\sum_\tau \mathscr{Q}_{4,\tau} = 0; \\
&\sum_\tau \mathscr{R}_{0,\tau} = 14 - 7\sin^2\alpha, \\
&\sum_\tau \mathscr{R}_{2,\tau} = -14 + 21\sin^2\alpha, \\
&\sum_\tau \mathscr{R}_{4,\tau} = 0;
\end{aligned}\right\} \quad (138)$$

となることがわかる．再び，(138) 式より，

$$\left.\begin{aligned}
&\sum_i \sum_\tau \mathscr{P}_{i,\tau} = 8 - 6\sin^2\alpha, \\
&\sum_i \sum_\tau \mathscr{Q}_{i,\tau} = 4, \\
&\sum_i \sum_\tau \mathscr{R}_{i,\tau} = 14\sin^2\alpha.
\end{aligned}\right\} \quad (139)$$

よって，

$$\overline{|\boldsymbol{f}|^2}_{\boldsymbol{F},\boldsymbol{v}} = 2ab\frac{\beta^{1/2}}{H(\beta)}\{2G(\beta) + 7k[\sin^2\alpha G(\beta) - (3\sin^2\alpha - 2)I(\beta)]\}$$

$$+ \frac{g^2}{\beta H(\beta)} \{(4-3\sin^2\alpha)\beta H(\beta)$$
$$+3(3\sin^2\alpha-2)K(\beta)\} \quad (140)$$

を得る.

上式は, ある星に強度 $\boldsymbol{F}$ の力が働いていて, さらに $\boldsymbol{F}$ の方向が星の運動方向と角度 α をなすということが知られているときに期待される, 変化率 $\boldsymbol{f}$ の2乗平均を与える. しかし, ある運動の方向が与えられたとき, $\boldsymbol{F}$ の取りうる方向は, 単位球面上で一様分布する. したがって, 与えられた $|\boldsymbol{F}|$ の値に対する, かつ, 二つのベクトル $\boldsymbol{F}$ と $\boldsymbol{v}$ のすべての相対的な角度に対する $\boldsymbol{f}$ の2乗平均値は, (140) 式を単純に α に関して平均することによって求められる. このようにして

$$\overline{\overline{|\boldsymbol{f}|^2}}_{|\boldsymbol{F}|,|\boldsymbol{v}|} = 4ab\left\{\frac{\beta^{1/2}G(\beta)}{H(\beta)}\left(1+\frac{7}{3}k\right)+\frac{g^2}{2ab}\right\} \quad (141)$$

を得る. あるいは, (66) 式から k と $g^2/2ab$ に代入して,

$$\overline{\overline{|\boldsymbol{f}|^2}}_{|\boldsymbol{F}|,|\boldsymbol{v}|} = 4ab\left\{\frac{\beta^{1/2}G(\beta)}{H(\beta)}\left(1+\frac{\overline{M^{1/2}}|\boldsymbol{v}|^2}{\overline{M^{1/2}}|\boldsymbol{u}|^2}\right)\right.$$
$$\left.+\frac{5}{12\pi}\frac{\overline{M}^2|\boldsymbol{v}|^2}{\overline{M^{3/2}}\,\overline{M^{1/2}}|\boldsymbol{u}|^2}\right\} \quad (142)$$

ということがわかる. $|\boldsymbol{v}| \to 0$ のとき, 前論文の公式 (I の (158) 式参照) を再び得る.

(142) 式は, 速さ $|\boldsymbol{v}|$ で動いている星に単位質量当たりの力 $\boldsymbol{F}$ が働いているゆらぎの状態の平均寿命の見積もり

に直ちに応用できる．というのも，Iの第9節で議論したように，我々は式

$$T_{|\boldsymbol{F}|,|\boldsymbol{v}|} = \frac{|\boldsymbol{F}|}{\sqrt{\overline{|\boldsymbol{f}|^2}_{|\boldsymbol{F}|,|\boldsymbol{v}|}}} \tag{143}$$

によってその平均寿命を定義してよいからである．したがって，(112) と (142) 式より，

$$T_{|\boldsymbol{F}|,|\boldsymbol{v}|} = \left[\frac{a^{1/3}}{4b}\frac{\beta^{3/2}H(\beta)}{G(\beta)}\right]^{1/2} \times \left[1 + \frac{\overline{M^{1/2}}|\boldsymbol{v}|^2}{\overline{M^{1/2}}|\boldsymbol{u}|^2} \right.$$
$$\left. + \frac{5}{12\pi}\frac{\overline{M}^2|\boldsymbol{v}|^2}{\overline{M^{3/2}}\,\overline{M^{1/2}}|\boldsymbol{u}|^2}\frac{H(\beta)}{\beta^{1/2}G(\beta)}\right]^{-1/2} \tag{144}$$

を得る．この式から関係式

$$T_{|\boldsymbol{F}|,|\boldsymbol{v}|} = T_{|\boldsymbol{F}|,0}\left[1 + \frac{\overline{M^{1/2}}|\boldsymbol{v}|^2}{\overline{M^{1/2}}|\boldsymbol{u}|^2}\right.$$
$$\left. + \frac{5}{12\pi}\frac{\overline{M}^2|\boldsymbol{v}|^2}{\overline{M^{3/2}}\,\overline{M^{1/2}}|\boldsymbol{u}|^2}\frac{H(\beta)}{\beta^{1/2}G(\beta)}\right]^{-1/2} \tag{145}$$

が導かれる．

9. 補助関数 G, H, I, J, K および L

第6,7,および8節で,様々なモーメントに対する我々の表式は関数 $G(\beta), H(\beta), I(\beta), J(\beta), K(\beta)$ および $L(\beta)$ のいくつか,または,すべてを含んでいることを見た.これらの関数はすべてある定積分((119)式)によって定義されており,それらの被積分関数はパラメータとして β を含んでいる.ここで関数 $G(\beta), H(\beta), I(\beta), J(\beta), K(\beta)$ および $L(\beta)$ すべてが,ホルツマルク関数 $H(\beta)$ を使ってどのように表されるかを示そう.また,これらの間に存在するいくつかの関係も証明しよう.

我々はすでに関数 $G(\beta)$ と $K(\beta)$ は,公式

$$G(\beta) = \frac{3}{2}\int_0^\beta \beta^{-3/2} H(\beta) d\beta \tag{146}$$

および

$$K(\beta) = \int_0^\beta H(\beta) d\beta \tag{147}$$

((96)式とIの(162)式)によって,$H(\beta)$ と結びついていることを見た.I, J および L に対する同様な関係を証明することが残されている.

最初に,$I(\beta)$ について考えよう.その積分を,

$$I(\beta) = -\frac{4}{3\pi}\int_0^\infty e^{-(x/\beta)^{3/2}}(\sin x - x\cos x)$$

$$\times \frac{d}{dx}(x^{-3/2})dx \tag{148}$$

の形に書いて,部分積分すると,

$$I(\beta) = \frac{4}{3\pi}\int_0^\infty e^{-(x/\beta)^{3/2}} x^{-1/2}\sin x\, dx$$
$$- \frac{2}{\pi\beta^{3/2}}\int_0^\infty e^{-(x/\beta)^{3/2}}(\sin x - x\cos x)\frac{dx}{x} \tag{149}$$

となることがわかる.あるいは,$G(\beta)$ の定義((119)式)を思い出すと,

$$I(\beta) = \frac{2}{3}G(\beta) - \frac{2}{\pi\beta^{3/2}}$$
$$\times \int_0^\infty e^{-(x/\beta)^{3/2}}(\sin x - x\cos x)x^{-1}dx \tag{150}$$

を得る.しかし

$$\frac{dI}{d\beta} = \frac{3}{\pi\beta^{5/2}}\int_0^\infty e^{-(x/\beta)^{3/2}}(\sin x - x\cos x)x^{-1}dx. \tag{151}$$

よって,

$$I(\beta) = \frac{2}{3}G(\beta) - \frac{2}{3}\beta\frac{dI}{d\beta} \tag{152}$$

である.言い換えると,$I(\beta)$ は微分方程式

$$\beta\frac{dI}{d\beta} + \frac{3}{2}I = G(\beta) \tag{153}$$

を満たす.我々に適する(153)式の解は

$$I(\beta) = \beta^{-3/2} \int_0^\beta \beta^{1/2} G(\beta) d\beta \tag{154}$$

である.この公式は関数 $I(\beta)$ を数値的に評価するのに役立つ.

今度は $J(\beta)$ に対する (154) 式と同様な関係を証明しよう.我々は

$$\begin{aligned} J(\beta) &= -\frac{4}{7\pi} \int_0^\infty e^{-(x/\beta)^{3/2}} \\ &\quad \times (-x^3 \cos x + 6x \cos x + 3x^2 \sin x \\ &\quad - 6\sin x) \frac{d}{dx}(x^{-7/2}) dx \\ &= \frac{4}{7\pi} \int_0^\infty e^{-(x/\beta)^{3/2}} x^{-1/2} \sin x \, dx \\ &\quad - \frac{6}{7\pi \beta^{3/2}} \int_0^\infty e^{-(x/\beta)^{3/2}} \\ &\quad \times (-x^3 \cos x + 6x \cos x + 3x^2 \sin x - 6\sin x) \frac{dx}{x^3} \\ &= \frac{2}{7} G(\beta) - \frac{2}{7} \beta \frac{dJ}{d\beta} \end{aligned} \tag{155}$$

を得る.よって,$J(\beta)$ は微分方程式

$$\beta \frac{dJ}{d\beta} + \frac{7}{2} J = G(\beta) \tag{156}$$

を満たす.したがって,

$$J(\beta) = \beta^{-7/2} \int_0^\beta \beta^{5/2} G(\beta) d\beta. \tag{157}$$

これが必要な公式である．

$I(\beta)$ と $J(\beta)$ を取り扱うときに採用した手順と完全に同様な手順に従うと，$L(\beta)$ は微分方程式

$$\beta \frac{dL}{d\beta} + 2L = \beta H(\beta) \tag{158}$$

を満たし，それゆえ

$$L(\beta) = \beta^{-2} \int_0^\beta \beta^2 H(\beta) d\beta \tag{159}$$

となることを示すことができる．

さらに，(150) と (155) 式より，関係式

$$I(\beta) = \frac{2}{3} G(\beta) - \beta^{-3/2} K(\beta) \tag{160}$$

および

$$J(\beta) = \frac{2}{7} G(\beta) - \frac{3}{7} \beta^{-3/2} L(\beta) \tag{161}$$

を得る．最後に，これら様々な関数に対する以下の漸近形を記しておいてもよいであろう：

$\beta \to 0$ $\qquad\qquad$ $\beta \to \infty$

$G(\beta) \to \dfrac{4}{3\pi} \beta^{3/2}$ $\qquad$ $G(\beta) \to \sqrt{\dfrac{2}{\pi}}$

$H(\beta) \to \dfrac{4}{3\pi} \beta^2$ $\qquad$ $H(\beta) \to \dfrac{15}{8} \sqrt{\dfrac{2}{\pi}} \beta^{-5/2}$

$I(\beta) \to \dfrac{4}{9\pi} \beta^{3/2}$ $\qquad$ $I(\beta) \to \dfrac{2}{3} \sqrt{\dfrac{2}{\pi}}$

$$J(\beta) \to \frac{4}{15\pi}\beta^{3/2} \qquad J(\beta) \to \frac{2}{7}\sqrt{\frac{2}{\pi}}$$

$$K(\beta) \to \frac{4}{9\pi}\beta^3 \qquad K(\beta) \to 1$$

$$L(\beta) \to \frac{4}{15\pi}\beta^3 \qquad L(\beta) \to \frac{15}{4}\sqrt{\frac{2}{\pi}}\beta^{-3/2}$$

$$B(\beta) \to \frac{1}{15}\Gamma\left(\frac{10}{3}\right)\beta^2 \qquad B(\beta) \to \frac{8}{5}\sqrt{\frac{\pi}{2}}\beta^{3/2}$$

(162)

10. 非常に近い2点に作用する $\boldsymbol{F}$ における相関

これまでの節で展開された形式的な理論は，ある別の問題に直接応用することができる．その問題とは，すなわち，二つの非常に近い点に作用する力における相関の問題である．お互いに距離 $\delta\boldsymbol{r}$ だけ離れた2点に作用する $\boldsymbol{F}$ の値の差は，

$$\Delta\boldsymbol{F} = G\sum_i M_i\left\{\frac{\delta\boldsymbol{r}}{|\boldsymbol{r}_i|^3} - 3\frac{\boldsymbol{r}_i(\boldsymbol{r}_i\cdot\delta\boldsymbol{r}_i)}{|\boldsymbol{r}_i|^5}\right\} \qquad (163)$$

である[7]．ここで，2点のうちの1点は，我々の座標系の原点にあると仮定した．(3) 式と (163) 式を比べると，分布 $W(\boldsymbol{F}, \boldsymbol{f})$ を特定する問題と $W(\boldsymbol{F}, \Delta\boldsymbol{F})$ を特定する問

---

[7] この式の正当性については，この節で後程議論する．

題の違いは，形式的には，最初の問題の場合は相対速度 $\boldsymbol{V}$ の分布を許さなければならないが，今回の問題では $\delta\boldsymbol{r}$ は固定された一定のベクトルであるということだけであることがわかる．

よって，$W(\boldsymbol{F}, \Delta\boldsymbol{F})$ を

$$W(\boldsymbol{F}, \Delta\boldsymbol{F}) = \frac{1}{64\pi^6} \int_{-\infty}^{+\infty}\int_{-\infty}^{+\infty} e^{-i(\boldsymbol{\rho}\cdot\boldsymbol{F}+\boldsymbol{\sigma}\cdot\Delta\boldsymbol{F})} A(\boldsymbol{\rho}, \boldsymbol{\sigma}) d\boldsymbol{\rho} d\boldsymbol{\sigma} \tag{164}$$

の形で表すと，

$$A(\boldsymbol{\rho}, \boldsymbol{\sigma}) = e^{-nC(\boldsymbol{\rho}, \boldsymbol{\sigma})} \tag{165}$$

を得る（(12) 式参照）．ここで

$$C(\boldsymbol{\rho}, \boldsymbol{\sigma}) = \frac{1}{2} G^{3/2} \int_0^\infty dM \chi(M) M^{3/2}$$
$$\times \int_{-\infty}^{+\infty} \{1 - e^{i(\boldsymbol{\rho}\cdot\boldsymbol{\varphi}+\boldsymbol{\sigma}\cdot\boldsymbol{\phi})}\} |\boldsymbol{\varphi}|^{-9/2} d\boldsymbol{\varphi} \tag{166}$$

である（(15) 式参照）．(166) 式で $\boldsymbol{\phi}$ は今は

$$\boldsymbol{\phi} = (GM)^{-1/2}\{|\boldsymbol{\varphi}|^{3/2}\delta\boldsymbol{r} - 3|\boldsymbol{\varphi}|^{-1/2}(\boldsymbol{\varphi}\cdot\delta\boldsymbol{r})\boldsymbol{\varphi}\} \tag{167}$$

を表す（(16) 式参照）．ここから先の解析は，第 3, 4, および 5 節とまったく同様に進む．したがって，今 (64) 式は

$$C(\boldsymbol{\rho}, \boldsymbol{\sigma})$$
$$= \frac{4}{15}(2\pi)^{3/2} G^{3/2} \overline{M^{3/2}} |\boldsymbol{\rho}|^{3/2}$$
$$+ \frac{2}{3}\pi i G\overline{M} |\delta\boldsymbol{r}|(\sigma_1\sin\gamma - 2\sigma_3\cos\gamma)$$

$$\begin{aligned}
&+ \frac{3}{28}(2\pi)^{3/2} G^{1/2} \overline{M^{1/2}} |\delta\boldsymbol{r}|^2 |\boldsymbol{\rho}|^{-3/2} \\
&\times [\sigma_1^2(5\sin^2\gamma - 2\cos^2\gamma) + \sigma_2^2(4\sin^2\gamma - 2\cos^2\gamma) \\
&\quad + \sigma_3^2(4\cos^2\gamma - 2\sin^2\gamma) - 8\sigma_1\sigma_3 \sin\gamma\cos\gamma] \\
&+ O(|\boldsymbol{\sigma}|^3)
\end{aligned} \tag{168}$$

で置き換えられることがわかる（(56) 式参照）．ここで
$$\gamma = \angle(\boldsymbol{\rho}, \delta\boldsymbol{r}) \tag{169}$$
であり，座標系は，z 軸が $\boldsymbol{\rho}$ の方向を向いており，かつ，$\delta\boldsymbol{r}$ が xz 平面内にあるように選ばれた（図1を見よ）．したがって，
$$A(\boldsymbol{\rho}, \boldsymbol{\sigma}) = e^{-a|\boldsymbol{\rho}|^{3/2} - ig'P(\boldsymbol{\sigma}) - b'|\boldsymbol{\rho}|^{-3/2}R(\boldsymbol{\sigma}) + O(|\boldsymbol{\sigma}|^3)} \tag{170}$$
である．ここで，a, $P(\boldsymbol{\sigma})$, $R(\boldsymbol{\sigma})$ は (66) 式と (67) 式におけるものと同じ意味を持つが，一方，b' と g' は今は
$$\left. \begin{aligned} b' &= \frac{3}{28}(2\pi)^{3/2} G^{1/2} \overline{M^{1/2}} |\delta\boldsymbol{r}|^2 n \\ g' &= \frac{2}{3}\pi G\overline{M} |\delta\boldsymbol{r}| n \end{aligned} \right\} \tag{171}$$
を表している．

$\Delta \boldsymbol{F}$ の1次および2次のモーメントの評価は，第6,7,および8節と同じように進む．したがって，(105) 式と類似した，

$$\overline{\Delta \boldsymbol{F}}_{\boldsymbol{F},\delta\boldsymbol{r}} = \frac{2}{3}\pi G\overline{M}nB\left(\frac{|\boldsymbol{F}|}{Q_H}\right)\left(\delta\boldsymbol{r} - 3\frac{(\boldsymbol{F}\cdot\delta\boldsymbol{r})}{|\boldsymbol{F}|^2}\boldsymbol{F}\right) \tag{172}$$

を今回は得る．同様に $|\Delta\boldsymbol{F}|^2$ のモーメントは

$$\begin{aligned}
\overline{|\Delta\boldsymbol{F}|^2}_{\boldsymbol{F},\delta\boldsymbol{r}} &= 14ab'\frac{\beta^{1/2}}{H(\beta)}[\sin^2\alpha G(\beta) - (3\sin^2\alpha - 2)I(\beta)] \\
&\quad + \frac{g'^2}{\beta H(\beta)}[(4 - 3\sin^2\alpha)\beta H(\beta) \\
&\qquad\qquad + 3(3\sin^2\alpha - 2)K(\beta)]
\end{aligned} \tag{173}$$

によって与えられる（(140)式参照）．あるいは，(66)式と (171) 式から a, b', および g' に代入して，

$$\begin{aligned}
\overline{|\Delta\boldsymbol{F}|^2}_{\boldsymbol{F},\delta\boldsymbol{r}} &= \frac{16\pi^3}{5}G^2\overline{M^{3/2}}\,\overline{M^{1/2}}n^2|\delta\boldsymbol{r}|^2 \\
&\quad \times \frac{\beta^{1/2}}{H(\beta)}[\sin^2\alpha G(\beta) - (3\sin^2\alpha - 2)I(\beta)] \\
&\quad + \frac{4\pi^2}{9}G^2\overline{M}^2 n^2|\delta\boldsymbol{r}|^2 \\
&\quad \times \frac{1}{\beta H(\beta)}[(4 - 3\sin^2\alpha)\beta H(\beta) \\
&\qquad\qquad + 3(3\sin^2\alpha - 2)K(\beta)]
\end{aligned} \tag{174}$$

を得る．上式を α について平均すると，

$$\overline{|\Delta \boldsymbol{F}|^2}_{|\boldsymbol{F}|,|\delta \boldsymbol{r}|}$$
$$= \frac{32\pi^3}{15} G^2 \overline{M^{3/2}} \overline{M^{1/2}} n^2 |\delta \boldsymbol{r}|^2 \frac{\beta^{1/2} G(\beta)}{H(\beta)}$$
$$+ \frac{8\pi^2}{9} G^2 \overline{M}^2 n^2 |\delta \boldsymbol{r}|^2 \qquad (175)$$

となることがわかる.

今,固定した $|\delta \boldsymbol{r}|$ に対する (172) 式によると,$\overline{\Delta \boldsymbol{F}}$ は $|\boldsymbol{F}| \to \infty$ のとき無限大に向かう.これは物理的な根拠に基づいて我々が期待すること,すなわち,$|\boldsymbol{F}| \to \infty$ のとき $\overline{\Delta \boldsymbol{F}}$ はゼロに近づくはずであるという期待と矛盾する.というのは,一番強い場は近似的には最近接の星によって生み出されるので[8],$|\boldsymbol{F}| \to \infty$ となるにつれて,その場を実質的に生み出している特定の星は,今考えている二つの点のうちの一つと十分近くなり,その結果その2点に働く $\boldsymbol{F}$ の方向については相関がないと期待されるべきだからである.すなわち,$\boldsymbol{F} \to \infty$ のとき,$\overline{\Delta \boldsymbol{F}}$ は消える傾向となるはずである.しかしこの同じ議論は,なぜ空間相関に関する我々の今回の理論が $|\boldsymbol{F}| \to \infty$ のときに失敗するのかを示す.というのは,与えられた $|\delta \boldsymbol{r}|$ に対して,それがどんなに小さくても,第1近傍近似では,「最近接星」が2点のうちの1点に $|\delta \boldsymbol{r}|$ の距離よりも近くなるように,十分大きな $|\boldsymbol{F}|$ をいつも選ぶことができるからである.このような状況では,$\Delta \boldsymbol{F}$ に対するこの最近接星からの寄与

---

[8] S. Chandrasekhar, *Ap. J.*, **94**, 511 (1941)(第3, 4節).

は，もはや級数（163）の一つの項では任意の精度で表すことができない——この級数が基づいている $r/|r|^3$ のテイラー展開は，少なくとも $|F| \to \infty$ を生み出している最近接星に対応する特定の項に対しては，正当ではなくなるであろう．それゆえ，与えられた $|F|$ に対して，それがどんなに大きくても，我々の公式が指定された限界よりも小さい $|F|$ に対しては正当であるように，$|\delta r|$ を十分小さく選ぶことができるという意味で，我々の今回の方法は真の空間相関の漸近的な振る舞いのみを与えるものであると結論する．

11. 力学摩擦

今度は（105）式に戻って，それが一般的な力学理論に対して示唆することを議論しよう．この式によれば，

$$\overline{\dot{\bm{F}}} = \left(\frac{d\bm{F}}{dt}\right)_{\bm{F},\bm{v}}$$
$$= -\frac{2}{3}\pi G\overline{M}nB\left(\frac{|\bm{F}|}{Q_H}\right)\left(\bm{v} - 3\frac{\bm{v}\cdot\bm{F}}{|\bm{F}|^2}\bm{F}\right) \quad (176)$$

である．ここで，$B(\beta)$ は（98）式で定義されているものである．我々は最初に，この式のいくつかの形式的な結論を導こう．

（176）式に $\bm{F}$ をスカラー的にかけると，

$$\bm{F}\cdot\left(\frac{d\bm{F}}{dt}\right)_{\bm{F},\bm{v}} = \frac{4}{3}\pi G\overline{M}nB\left(\frac{|\bm{F}|}{Q_H}\right)(\bm{v}\cdot\bm{F}) \quad (177)$$

を得る．しかし
$$\boldsymbol{F} \cdot \left(\overline{\frac{d\boldsymbol{F}}{dt}}\right)_{\boldsymbol{F},\boldsymbol{v}} = |\boldsymbol{F}|\left(\overline{\frac{d|\boldsymbol{F}|}{dt}}\right)_{\boldsymbol{F},\boldsymbol{v}}. \tag{178}$$
よって
$$\left(\overline{\frac{d|\boldsymbol{F}|}{dt}}\right)_{\boldsymbol{F},\boldsymbol{v}} = \frac{4}{3}\pi G\overline{M}nB\left(\frac{|\boldsymbol{F}|}{Q_H}\right)\frac{\boldsymbol{v}\cdot\boldsymbol{F}}{|\boldsymbol{F}|}. \tag{179}$$
一方，$\boldsymbol{v}$ の方向に垂直な任意の方向に対する $\boldsymbol{F}$ の成分を F_j と記すとすると，(176) 式より，
$$\left(\overline{\frac{dF_j}{dt}}\right)_{\boldsymbol{F},\boldsymbol{v}} = 2\pi G\overline{M}nB\left(\frac{|\boldsymbol{F}|}{Q_H}\right)\frac{\boldsymbol{v}\cdot\boldsymbol{F}}{|\boldsymbol{F}|^2}F_j. \tag{180}$$
(179) と (180) 式を結び付けると，
$$\frac{1}{F_j}\left(\overline{\frac{dF_j}{dt}}\right)_{\boldsymbol{F},\boldsymbol{v}} = \frac{3}{2}\frac{1}{|\boldsymbol{F}|}\left(\overline{\frac{d|\boldsymbol{F}|}{dt}}\right)_{\boldsymbol{F},\boldsymbol{v}} \tag{181}$$
を得る．(181) 式は明らかに
$$\left[\overline{\frac{d}{dt}(\log|F_j| - \frac{3}{2}\log|\boldsymbol{F}|)}\right]_{\boldsymbol{F},\boldsymbol{v}} = 0 \tag{182}$$
と同等である．言い換えると，我々は
$$\left[\overline{\frac{d}{dt}\left(\frac{F_j}{|\boldsymbol{F}|^{3/2}}\right)}\right]_{\boldsymbol{F},\boldsymbol{v}} = 0 \tag{183}$$
を証明した．

ここで，(176) 式の物理的帰結をより詳しく調べよう．言葉で言うと，この式の意味は，任意の特定の方向に沿った
$$-\frac{2}{3}\pi G\overline{M}nB\left(\frac{|\boldsymbol{F}|}{Q_H}\right)\left(\boldsymbol{v} - 3\frac{\boldsymbol{v}\cdot\boldsymbol{F}}{|\boldsymbol{F}|^2}\boldsymbol{F}\right) \tag{184}$$
の成分は，ある星が適当に選ばれた局所静止系に対して速

度 v で動いているとき、その星に働く単位質量当たりの力の、指定された方向で期待される変化率の平均値を与えるということである。このように述べると、F の確率的な時間変化における、$|v|=0$ と $|v|\neq 0$ の二つの場合の本質的な違いがすぐにわかる。前者の場合 $\overline{F}\equiv 0$ である。しかし、これは $|v|\neq 0$ のときは一般には真ではない。あるいは、少し違った表現をすると、$|v|=0$ のときは F の変化はすべての方向で同じ確率で起きるが、一方、これは $|v|\neq 0$ のときはそうではない。この違いの正確な本質は、(179) 式にしたがって

$$\left(\overline{\frac{d|F|}{dt}}\right)_{F,v} \tag{185}$$

を考えるとき、非常に明確になる。$\beta\geq 0$ に対して $B(\beta)\geq 0$ であることを思い出すと、我々は (179) 式から

$$v\cdot F>0 \text{ なら } \left(\overline{\frac{d|F|}{dt}}\right)_{F,v}>0 \tag{186}$$

および

$$v\cdot F<0 \text{ なら } \left(\overline{\frac{d|F|}{dt}}\right)_{F,v}<0 \tag{187}$$

を結論する。別の言い方をすると、F が v の方向に正の成分を持つならば、$|F|$ は平均的には増加する。一方、F が v の方向に負の成分を持つならば、$|F|$ は平均的には減少する。力学摩擦の現象を引き起こすのは、v の方向によってもたらされるこの本質的な非対称性であるということを、今示そう。

(179) 式に支配される状況の特徴的な様相は，それを $\overline{\boldsymbol{F}} \equiv 0$ の場合と対比すると，最もよく理解される．これらの状況の下では，速度空間における代表点の運動を，ある程度次のように思い描くことができる[9]：代表点は，ランダム飛行の理論[10]で適切に記述される様子で，小さなランダムな変位を受ける．もっと具体的に言うと，星は $\boldsymbol{F}T(\boldsymbol{F})$ の量の，多数の離散的な速度の増加を経験すると仮定してよい．ここで T は状態 $\boldsymbol{F}$ の "平均寿命" である．これらの速度増加はランダムな方向に起こるとさらに仮定される．これらの仮定に基づくと，直ちに，星が時間 t の間に受けると期待される速度の 2 乗平均増加は，

$$\overline{|\Delta \boldsymbol{v}|^2} = \overline{|\boldsymbol{F}|^2}Tt \tag{188}$$

で与えられることになる．同じ状況を記述するもう一つの方法は，時刻 $t=0$ で速度 $\boldsymbol{v}_0$ を持つ星が，時刻 t で速度 $\boldsymbol{v}$ を持つ確率を与える関数 $P(\boldsymbol{v}, t; \boldsymbol{v}_0)$ が拡散方程式

$$\frac{\partial P}{\partial t} = D\left(\frac{\partial^2 P}{\partial v_1^2} + \frac{\partial^2 P}{\partial v_2^2} + \frac{\partial^2 P}{\partial v_3^2}\right) \tag{189}$$

を満たすと主張することである．ここで D は "拡散係数" で，

$$D = \frac{1}{6}\overline{|\boldsymbol{F}|^2}T \tag{190}$$

の値を持つ．我々の目的にかなう (189) 式の解は

---

[9] 前掲文献，第 2 および 7 節参照．
[10] たとえば，Lord Rayleigh, *Phil. Mag.*, 6th ser., **37**, 321 (1919) を見よ．

$$P(\boldsymbol{v}, t; \boldsymbol{v}_0) = \frac{1}{(4\pi Dt)^{3/2}} e^{-|\boldsymbol{v}-\boldsymbol{v}_0|^2/4Dt}. \qquad (191)$$

公式 (188) は上の解から直ちに結論されることがわかる.

(176) 式と (179) 式に支配される場合の議論に戻ると,速度空間における代表点の運動をランダム飛行の真の問題とする理想化は,もはや正当ではないことが直ちにわかる.さらに,(183),(186) および (187) 式によれば,ある与えられたゆらぎの状態の間,星が,$(\boldsymbol{v}\cdot\boldsymbol{F})$ が負の時に $-\boldsymbol{v}$ 方向に受ける加速の量は,$(\boldsymbol{v}\cdot\boldsymbol{F})$ が正の時に $+\boldsymbol{v}$ 方向に受ける加速の量よりも大きい傾向がある[11]. しかし,$(\boldsymbol{v}\cdot\boldsymbol{F})$ が正か負かの先験的確率は等しい. したがって,多数のゆらぎについて積分すると,星は運動の方向よりも,運動方向と反対の方向に,より大きな加速の絶対量を累積的に受けるはずである. 言い換えると,星はその運動方向に,相対的に減速される傾向がある. さらに,この傾向は $|\boldsymbol{v}|$ に比例する. しかし,これらはまさに力学摩擦の存在から示

---

11) [訳注] この主張は著者の勘違いではないかと思われる. 本文で前述の通り, (186) と (187) 式からは, $(\boldsymbol{v}\cdot\boldsymbol{F}) > 0$ ならば, $|\boldsymbol{F}|$ は平均的には増加するが, $(\boldsymbol{v}\cdot\boldsymbol{F}) < 0$ ならば, $|\boldsymbol{F}|$ は平均的には減少するということがわかる. しかし, $(\boldsymbol{v}\cdot\boldsymbol{F}) < 0$ のときに $-\boldsymbol{v}$ 方向に受ける加速の量の方がより大きいということはない. なお,力学摩擦による星の減速率の具体的表式は,訳注 13) に挙げたチャンドラセカールによる論文で導かれている (チャンドラセカールの力学摩擦の公式と呼ばれる). そこでは,ある星が周りの多数の星から受ける影響を,個別の 2 体衝突の効果の合計として近似するという 2 体近似が使われている.

唆されるものである[12].

ヤーキス天文台
ウィリアムズベイ,ウィスコンシン
および
高等研究所
プリンストン,ニュージャージー

---

12) 著者の一人（S.チャンドラセカール）による, *Ap. J.* の早い号に掲載予定の「力学摩擦」に関する二つの論文を見よ[13].
13) ［訳注］二つの論文とは, *Ap. J.*, **97**, 255（1943）; *Ap. J.*, **97**, 263（1943）のこと.

最近の乱流理論

岡本久・山田道夫訳

序

1949年8月，私はヨーロッパにあるいくつかの流体力学の研究センターを訪問した．そして，パリにおいて8月16日から19日まで（国際理論応用力学連合と国際天文学連合によって）開催された国際会議「宇宙的規模のガス体の運動に関する問題」に参加した（文献 [35]）．この訪問は，契約 N7-onr-388 に関連した企画であった．特に，流体力学と，高速計算法の流体力学および関連分野への応用に関する様々な領域における契約のもとに企画されたものである．

本レポートはこの課題に対して私の思うところをまとめ

---

*）［フォン・ノイマン論文全集の編者（A. H. トーブ）による注意書き］フォン・ノイマンによって 1949 年に書かれ，海軍研究事務局（Office of Naval Research）に提出されたこのレポートを，フォン・ノイマンは出版に適したものとは考えていなかった．その理由は，以下で明らかになるであろう．しかしながら，この分野の多くの研究者が，このレポートは現存する乱流の論説の中で最も有用なもののひとつであると考えているため，この全集に含めることにした．

このレポートのコピーを送ってきたときの手紙でフォン・ノイマンは次のように述べている．「これは出版のために書かれたわけではないから，不十分な点が多い．もしも多くの人々に回覧させるとか印刷公表するということになるならばそういった点を修正していたであろう．主な修正点は，次の3点である．

（1）参考文献への参照のしかたや評価のあり方はもっと注意深く検分されるべきである．

たものである．これはいくつかの要素の合わさったものである：乱流のある側面に関する最近の文献に対する評価，上述の訪問の間に行われた議論，そして，国内で行われた議論である．この国内の議論のうち，S. チャンドラセカールが1949年春にプリンストンで開催した一連の乱流の国際会議，および，E. テラーおよび W. エルサッサーと1949年秋に行った議論からは，特に恩恵を受けている．

以下の議論は，全体としてそこそこまとまったものになるようにしている．しかしながら，強調の仕方は主観的なものであり，文献を完璧にしようとはしていない．さらに，この議論は上に挙げたことがらを合わせたものであるから，様々な内容をより分けるためには原典に戻るしかない．

以下の議論で力点を置きたいのは，主として狭義の流体力学的乱流である．パリの国際会議では，電磁流体力学の問題およびそれが生み出す乱流現象にも同じくらい力点が置かれていた．こうした話題は本レポートでも少しは触れるが（第 X 節[1]），副次的なものとなる．本レポートの最

---

(2) 今この論文を書いたとしたら，バーガースのごく最近の論文（*Proc. R. Dutch Acad. Sci.*, Vol. 53 (1950), 122, 247, 393 ページ）をもっときちんと議論していたであろう．これは，現在までに得られた，バーガースの線に沿った展開の中で最も期待が持てるものである．特に，その最初の論文は相当な可能性を秘めているように思う．

(3) 最近のバチェラーやチャンドラセカールの結果から見て，本レポートの最後にある電磁流体の乱流に関する注意は改訂・修正されねばならない．」

1) ［訳注］もともとの文章では節（section）ではなくて章（chapter）

後の部分（第 XI 節）は数値計算の問題を取り扱う．具体的には，この章では高速計算プログラムに対する示唆をしてみたい．私が思うに，乱流の理論的な問題に関連して，実行可能になった時点でできうる限り速やかにこれに着手すべきである．

I. 創成期の乱流理論．安定性理論

I. 1. 乱流現象は O. レイノルズによって 1883 年に発見された [38]．彼は円形の切り口を持つ管の中の流れを研究した．この流れは圧力勾配によって駆動され，流れの方程式が層流を解としてもつ条件下にあった．この解では，流れのパターンは時間に依存せず（定常流），すべての流線は円管の軸に平行で，すべての物理的性質（圧力，速度）は軸からの距離のみに依存している．レイノルズは，実験をどのように設定しても，この型の流れが実現するのは流れの速さがそれぞれの設定に応じた臨界速度よりも小さい場合であるということを発見した．もしも流れの速さが臨界速度よりも大きかったら，流れは乱流となる．層流と乱流のもっとも明白な違いは，乱流における流線がきわめて不規則で急速に変化するパターンを示すことである．言い換えれば，流線は軸に平行でもなければ時間について一定でもない．レイノルズはこの事実を，無色の水の流れの中

である．しかし，本書の中ではこの乱流の論説自体がひとつの章となるとみなし，章を節とし，節を項とした．

に着色した細い水流を注入することによって証明した．こうすることによって，欲しいところの流線を可視化したのである［38］．次に彼は，円管の幾何学的諸量と，流れを維持しているところの圧力勾配や流れの速度 U や動粘性係数 ν といった物理量との関係を計測した［39］[2]．層流の場合には，理論の主張が確認された．すなわち，圧力勾配は U に比例し ν に比例する．これに対し乱流の場合には，圧力勾配は全く異なる法則に従った．乱流では U というよりは U^2 に比例するように見え，一方で，ν に対する依存性は明瞭ではなかった．

レイノルズはまた，円管の重要なパラメータである直径 L，および，U, ν をかなり広い範囲で変えることができた．そして，臨界速度が達成されるかどうか，すなわち，層流が実現するか乱流が実現するかを決定するのは，これらのパラメータの

$$R = \frac{LU}{\nu}$$

という組み合わせのみであることを発見した［39］[3]．それ以来この量は**レイノルズ数**と呼ばれている．この量が現れることは次元を考察することによって理解できる．L, U, ν の次元は，それぞれ，$\mathrm{cm}, \mathrm{cm\,sec^{-1}}, \mathrm{cm^2\,sec^{-1}}$ である．層

---

2) ［訳注］フォン・ノイマンはここでこの文献を挙げているが，これは実はレイノルズの論文ではなくレイリーのものである．これは［38］の勘違いと思われる．

3) ［訳注］これも［38］のことと思われる．

流になるか乱流になるかを決定する数は明らかに無次元でなくてはならない．そして，上で示された量 L, U, ν を組み合わせて作られる唯一の無次元量は LU/ν である．この量は U に比例するから，U についての臨界問題を定義するのに最も適している．

この議論から，どのような幾何学的あるいは物理学的量よりもレイノルズ数の方が，層流から乱流への遷移をうまく記述するということがわかる．

さらにレイノルズは，R の臨界値は実験中に流体に加わる擾乱の大きさに本質的に依存していることも見つけた．すなわち，わずかな染料を加えただけの最も擾乱が小さい場合には，R の臨界値はおよそ 12000 であった [38]．また，上述の圧力勾配の測定によって大きな擾乱が加わったときには，R の臨界値は 2000 程度であった [39][4]．

その後，注意深く制御された条件のもとで，臨界値はさらに高くなっていった．乱流が起きる臨界値で，これまでに得られた一番大きなものは十万のオーダーになっている．一方で，特に注意を払わなかったら臨界値は 1000 から 2000 の付近にあるということについてはかなり一般的に意見の一致が得られている．

I.2. 上で述べた状況により，乱流は不安定性の現象であるという言い方は妥当であろう．粘性流体を支配する微分方程式はよく知られている．多くの数学的研究は，水，

---

4) ［訳注］フォン・ノイマンはこの文献を指示しているが，実際には [38] であろう．

すなわち非圧縮粘性流体が対象になっている。このとき対応する微分方程式の系はナヴィエ-ストークス方程式である。上述の円管の場合，層流のパターンは，パラメータが何であれ，すなわちレイノルズ数が何であれ，ナヴィエ-ストークス方程式の解になる。だが，レイノルズ数が1000〜100000の間の臨界値（前項で述べたように，これは実験の設定に依存する）を超えればこの層流は実現しない。このことから，層流は解としては存続するものの，安定にはならない，あるいは少なくとも，最も安定なものではなくなる，と推論してよかろう．乱流とは，ひとつあるいは複数の高度に安定な解であり[5]，それらは上述のような高いレイノルズ数においてのみ存在するもしくは高度な安定性を得る，と結論してよかろう。ところで，ひとつの乱流解について議論するのではなくて多数の乱流解について議論しなければならないのは明白である。乱流につながる問題では普通，与えられた条件は時間に依存しないにもかかわらず，乱流解自身は時間に依存する。ひとつの解を時間軸に沿ってずらすことは常に可能で，同じ問題に対する無限に多くの，同じ乱流の性質を持っている解が作り出される[6]．実際，これ以外にも，乱流解を変換する多くの原

---

5) ［訳注］原文は "the turbulent flow represents one or more solutions of a higher stability"．higher stability の意味するところが何なのか訳者には判然としない．力学系のアトラクターのようなものを想定していると推測すると収まりはよいが，そうであると言い切る証拠はない．

6) ［訳注］これは，$u(t, x)$ がナヴィエ-ストークス方程式の解で，

理が存在すると信じてよい．最も好都合な，あるいは最も大事な乱流解といったものはたぶん存在しない．そうではなく，乱流解とはすべての乱流解が共通に持っている統計的な性質の集合である．そして，それのみが，本質的で物理的に再現可能な乱流特性なのである．

乱流の問題に対するこうした見方は，ふたつの似通った方向の研究を共に要求することになる．第一は，層流の安定性を調べねばならない．第二に，多数の，統計的に同系統の乱流特性を示す解に共通する統計的性質についての完全な理論が必要である．かくして理論は二つに分かれることになる．安定性理論と統計的理論である．

I.3. レイノルズは上述の二理論の必要性を感じており，統計的理論の基礎を与えていた [39][7]．しかし，早期の乱流理論の歴史は主に安定性理論の周辺で発展した．それらは主として次の四種類の流れを扱った．

(a) クエット流．これはふたつの平行な板の間に起きる流れである．流れは板が互いに相対的に動くことによって，すなわち，滑ることによって起きる．一見するとこれは，数学的には最も易しい場合であるように見える．この問題は R. フォン・ミーゼスや L. ホップによって徹底的に調べ

---

c が任意の実定数ならば $u(t+c, x)$ も解であることを言っているものと思う．

7) [訳注] フォン・ノイマンはこの文献を参照しているが，これは間違いである．実際には [51] であろう．この文献 [51] は訳者の責任で補った．

られた（[31]，[20]．また，ネーターのサーベイ [32] も参照せよ）．およそ1914年ころに頂点に達したこれらの研究は，クエット流が常に安定であることを示しているように思える．この理論の一部はたいへん複雑であるから，その結論を正当であるとするには，追加の大規模数値計算が行われることが望ましい．しかし，いかなるレイノルズ数においても不安定な摂動が存在しないという結論自体は正しいと大多数の人は考えている．

（b）ポアズィーユ流．これも二枚の板の間に生ずる流れである．しかし，この流れでは境界は固定されており，流れは圧力勾配によって駆動される．したがって，2次元の管の中の流れと見なすこともできる．これはレイノルズの元々の実験設定（3次元円管内の流れ）と密接に関連している．W.ハイゼンベルクは1923年の学位論文でこの問題を研究し，安定性の限界がおよそ5000くらいだと示唆する事実をつかんだ [18]．彼の結果は明らかに不完全であった．その後様々な研究者が彼の結果を改良していった．中でも C. C. リンは1946年までのいくつかの論文 [30] で，安定性の限界が似たようなところにあることを示唆した．しかしここでも，完全に決定するためには徹底的な数値計算が必要であろう．1948年の C. L. ペケリスの論文のような最近の研究では，こうした安定性限界の存在に疑問を投げかけるような結果も出ている [36]．したがって，ポアズィーユ流もまたすべてのレイノルズ数にわたって安

定であるという可能性も排除されてはいないのである[8]．

(c) 円筒内のクエット流．この流れは，同じ軸を持ち異なる角速度で回転する二つの筒の間に生じる．(a) でいうクエット流は明らかにこの極限形である．一見するとこの流れの方が (a) や (b) の流れよりも数学的には込み入っているように見えるが，安定性問題については実はこちらの方が易しいことがわかる．この問題は，1922 年に G. I. テイラーが完全に解決した [43][9]．彼の結果は，半径や回転角速度の比に応じて，様々な安定性・不安定性の条件が存在することを示している．ある場合には，流れは安定に存在するけれども自明な層流とは明らかに異なっており，にもかかわらずきわめて規則的であって乱流とは呼べない状態になっている．

(d) 境界層の流れ．この流れは，粘性の小さな流体が流れるときに，固定壁の近くの薄い層において生ずる（この層の外ではほぼ一様に流れている）．境界層という数学的概念は L. プラントルが導入・展開したものである [37][10]．境界層内の層流の安定性は W. トルミーンによって完璧に調べられている [45]．彼は，層流状態の境界層は流れに沿ってある距離までは安定だが，あるところから不安定と

---

8) ［訳注］その後の研究でこうした疑念は払拭され，現在では臨界レイノルズ数 5772.22… が得られている．たとえば [57] を見よ．

9) ［訳注］この文献は意味をなさない．[52] のことと思われる．

10) ［訳注］このプラントルの論文は境界層が導入された論文ではない．[50] の勘違いであろうと思う．

なることを見つけた．この不安定性の直後に乱流が発現するとするのは正当であろうし，トルミーンの結果は実験と合っているように思える．

I.4. 数十年間にわたる安定性理論を要約すれば次のようになるであろう：安定性理論は当初の予想よりも数学的にはずっと難しいことが判明した．その決定的な部分は今でも完全とは言えないし，古典的な線形理論による小さな摂動が不安定性を引き起こす唯一のものであるということについて一般的な合意ができているわけでもない．多分そうした疑念は根拠のないものであろうが．

安定性理論と実験との関係はこれまでのところ，極めて満足すべきであるというわけではない．乱流が間違いなく存在しているところでも安定性理論は層流の安定性を示唆する場合がある．さらに，層流の不安定性が示された場合でも，その結果生ずる流れのパターンは非常に規則正しいため，乱流だとは呼べない（こともある）．どちらの場合も後でもう一度議論することにし，ここではこうした場合が存在することを認めるにとどめよう．このふたつのケースにより，安定性理論の可能性には限界があることがわかる．

最後に注意すべきは，安定性理論は層流が壊れて乱流の発生が可能になることを示すことはできても，発達した乱流の性質が何なのかは説明できないことである．こうした線形の小さな摂動に関する理論は，層流のパターンからの大きなずれに対する非線形理論によって補わなければならない．もっとはっきり言えば，ナヴィエ-ストークス方程

式に対する完全に非線形な理論が要求されているのである．この方程式は非圧縮粘性流体を支配する非線形偏微分方程式であり，乱流現象をうまく説明するには，この方程式のすべての解の統計的な階層付けを完全に理解することが不可欠である．

II. 乱流理論に対する新しい理論．
非線形問題に対する数学的取り組み

II. 1. 上の結論は，ナヴィエ−ストークス方程式に対する小さな摂動を扱う線形理論は乱流の取り扱いには不十分である，ということである．この意味で，新しい乱流理論は非線形のナヴィエ−ストークス方程式自体を議論するようになってきている．

（上で指摘しているように，この文章は正確ではない．O.レイノルズがすでに同方程式の研究の必要性を認識しており，"乱流応力"を導くことによって非線形理論への最初の重要な一歩を踏み出しているからである [51]．この概念はナヴィエ−ストークス方程式の非線形項に基づいており，本質的に統計的なものである．これは後で詳しく述べる乱流粘性という概念の基礎である．にもかかわらず，この方向のレイノルズの探求は孤立したものであり，非線形項に一般的な注目が集まるのは40年たった後のことである．）

ナヴィエ−ストークス方程式とは次の方程式である．

$$\frac{\partial u_i}{\partial t}+\sum_j u_j \frac{\partial u_i}{\partial x_j}=-\frac{1}{\rho}\frac{\partial p}{\partial x_i}+\nu \nabla^2 u_i \quad (i=1,\cdots,n),$$
(A$_i$)

$$\sum_i \frac{\partial u_i}{\partial x_i}=0 \qquad (B)$$

($\nu = \mu/\rho$ は動（分子）粘性係数である．)

この微分方程式系はすべての次元 n について正しい．もちろん，最も重要なケースは3次元である：$n=3$．2次元，$n=2$，ではよく知られた簡単化が存在する：(B) から $u_1 = -\partial\varphi/\partial x_2$, $u_2 = \partial\varphi/\partial x_1$，これによって (A$_i$) から p を消去する[11]：

$$\frac{\partial(\nabla^2 \varphi)}{\partial t}-\nu\nabla^2(\nabla^2\varphi)=\text{Jacobian}(\nabla^2\varphi,\varphi). \quad (A')$$

注意：

（a）この方程式（あるいは方程式系）は極めて本質的に非線形である．

（b）乱流は大きなレイノルズ数とともに出現する．だから，それは $R\to\infty$ の漸近的状態に関連する．$R\to\infty$ はすなわち $\nu\to 0$ である．$\nu\to 0$ となれば，悪性の特異点が発生する．それは (A$'$) をみればわかる：最高階の項 ($\nu\nabla^2(\nabla^2\varphi)$) は階数4で1次であり，これが消えて次の項 (Jacobian($\nabla^2\varphi,\varphi$)) が現れるが，これは階数は3で2

---

11) ［訳注］ここで Jacobian(f,g) とは，$\dfrac{\partial f}{\partial x}\dfrac{\partial g}{\partial y}-\dfrac{\partial f}{\partial y}\dfrac{\partial g}{\partial x}$ を表す．

次である.(階数は微分に関連し次数は代数的な次数である.)したがって,(最高階の項は他の項を支配するので,方程式の性質は最高階の項で決まるから,)方程式の性格はすべての面で同時に変化が起きる.すなわち,階数も次数も変わる.故に,数学的には大変な困難が予期されるのである.

II. 2. ナヴィエ-ストークス方程式に対する数学的アプローチの立場から見ると,オセーンの仕事 [34] とルレイの仕事 [27]-[29] が重要である.

オセーンは物体の後ろにできる乱れた後流がどう発展するかという問題を,$\nu \to 0$ の極限で研究した.彼の研究は,後流の存在とか,漸近挙動が非粘性の場合とくい違うのは後流の中でのみであることなど重要な特性を明らかにしており,とても興味深いけれども,この漸近挙動の問題を完全に解決したわけではない.

ルレイは,任意の $\nu > 0$ においてナヴィエ-ストークス方程式の解が存在するかどうか,あるいは,一意であるかといった問題に挑戦した.彼の結果は極めて注目に値する.2次元の問題で彼は,(いくつかの妥当な境界条件のもとで)解の存在と一意性を証明することができた.3次元の場合,解をどう定義するかという数学的な詳細(解を定義するに際し,微分がすべての点で可能であると要請するか,それともある種の平均的な意味で要請されるかの違いである)によって本質的な2面性が現れてくる.解に対するより狭い見方を採用したときには,ルレイは,解が存

在すればその一意性を証明することができた．しかし，彼はそういった解の存在は証明できなかった．広い見方を採用したときには，彼は解の存在を証明できたが，一意性は証明できなかった．実際，彼は解の一意性が成り立たないことを示すような発見的理由もあげている（これらはもちろん，妥当な境界条件の下で考察されている）．（ルレイの最も重要な結果は［28］に見ることができる[12]．）

かくして，ナヴィエ－ストークス方程式に関する純粋に数学的な研究は，完全なあるいは最終的な結果を出したわけではない．しかし，それは，物理学的に見ても妥当と思われる結論を指し示している．オセーンの結果は，（境界層の外側でも）非粘性の流れと乱流が一致しない領域があることを示している．すなわち，一般的に後流と呼ばれる領域である．ルレイの結果からは次の二点が明らかである．第一に，乱流の物理的な複雑さは，ナヴィエ－ストークス方程式のきわめて特異な挙動に関係している可能性がある[13]．解の存在・一意性の立場から見て，同方程式はこれまでよく知られてきた挙動とは別の挙動を示すこともあり得るであろう．第二に，乱流の立場から見て，2次元と3次元で本質的な違いがあるという示唆である．

---

12) ［訳注］フォン・ノイマンはここでも文献の混乱を起こしている．ルレイの最も重要な結果は［48］である．

13) ［訳注］こうした考えはこのころには主流の考え方であった．しかし，現在ではこうした見方をとる研究者は少ないと思う．力学系理論や統計力学などの様々な観点からより洗練された見方が必要であると思われている．

II. 3. このこと，つまり，2 次元と 3 次元では乱流は本質的に違うということは，もう少しくわしく見てみる必要があろう．重要な項目においてこのふたつのケースが本質的に異なると推論できる一般的な理由がある．

(a) 数学的な理由．

1. ルレイの部分的結果は上の第 II. 2 項で説明した．

$2^{14)}$. 偏微分方程式の正則性の議論では，各々の微分方程式の階数と空間の次元との関係が結果を本質的に左右するということはよく知られている．偏微分方程式のある与えられたクラスにおいて正則性の結果を得るためには，普通は，その階数がある下限に等しいかあるいは大きくなければならない．そしてその下限は空間の次元に依存するのである．ナヴィエーストークス方程式はどの次元でも同じ階数を持つ．そして上で述べた下限は次元が 2 から 3 に変わったとき，この階数を超えてしまうのである．この状況はルレイの解析に実際に現れているし，エネルギー積分および散逸積分と空間次元との関係から容易に見て取れる．

(b) 物理学的理由．2 次元において渦度は流体中で保存

---

14) ［訳注］ここには，フォン・ノイマン全集の編集者である A. H. トープによる次の脚注が挿入されている．「T. M. チェリー教授に対する 1950 年 11 月 27 日付の手紙で，フォン・ノイマンはここの議論を次のように拡大している．」そして (α) から (ϵ) にわたる 5 項目の注意書きが続く．この注意書きは数学的には重要なものであるが，乱流論としては間接的な関係しか持たず，しかもいささか長いので，これらの脚注はここには置かず，本章の最後に移すことにする．

される．渦度は境界でのみ生成され，流体の中へ拡散してゆく．3次元では，渦糸の強さは保存される．しかし，流れが渦糸を引き伸ばすこともあるし，ぐるぐると巻き付くこともある（乱流ではまさしくこういったことが起きている）から，ある与えられた領域における渦度の量は増大しうる．すなわち，渦度増大のメカニズムが3次元では存在し，2次元では存在しない．

(c) 統計力学的理由．2次元非圧縮非粘性流体では，有限個の固定された個数の渦の系に対する非常にエレガントな処方がある（これは，L. オンサガーによるものと思われる（1945年)[15]）．$i=1,\cdots,N$ とし，i 番目の渦を ζ_i で表し，その位置座標を x_i, y_i とする．x_i, y_i に対する運動方程式はハミルトン系をなし，各々の i について x_i, y_i は共役運動量のように振る舞うことがわかる[16]．

（ところで，この解釈では，$x_1,\cdots,x_N$ は配位空間を定義し，$x_1,\cdots,x_N,y_1,\cdots,y_N$ は相空間を定義する．x-y 平面を回転させても相空間は不変である．しかし，相空間の中で配位空間は不変でない．これはハミルトン系の立場から見て，非常に注目すべき例である．なぜなら，この例では配位空間が相空間の中で，互いに異なるけれども全く同様

---

15) ［訳注］これは［33］を指しているものと思われるが，これは会議のアブストラクトでしかなく，30行足らずである．オンサガーの理論の全容は［49］にある．

16) ［訳注］正確に言うならば，$\{x_i\}$ と $\{y_i\}$ の片方が一般座標ならばもう一方が一般運動量である．

に機能するような無限に多くのやり方で配置できるからである.)

このことは, 2次元で $\nu \to 0$ の極限では, 古典的なマクスウェル-ボルツマン-ギブズの統計力学に沿った処方が可能となることを意味している. 他方, 3次元では, オンサガー-コルモゴロフ-ヴァイツゼッカーによる $k^{-5/3}$ 則を疑う理由はないようだ. この理論は第6節 (特に第 VI. 4項) と第7節で詳述することにする. この法則によれば, 任意の高波数においてかなりの運動が起きることになる (これは $\nu = 0$ あるいは, ν が無視できるくらい小さなケースである). したがって, 黒体輻射理論における紫外発散と (全く同じではないものの) よく似た解釈が要求されることになる.

II. 4. この第 II. 3項の (c) における発見は, いささか居心地の悪いものである. オンサガー-コルモゴロフ-ヴァイツゼッカーの論法の性質からして, それが3次元には適用されるのにどうして2次元には適用されないのか, すぐには明らかではない. 上で述べた統計力学的論法は, 2次元の場合にはエネルギー交換のメカニズムが十分に働かず, いくつかの保存則によって妨げられることを意味すると解釈するべきであろう. 実際, オンサガー-コルモゴロフ-ヴァイツゼッカーの論法は細部を詰めたものではなく, 次元解析的な性格のものである. そして, その対象となっている系の"エルゴード性"というか, 適当な"無秩序"のようなものを前提としている. そうした仮定は3次元には満

たされていると信ずるに足る発見的理由が，物理的理由に加えて存在する．しかし，2次元では，上に述べた力学的描像が，そうした"エルゴード性"あるいは"無秩序"には限度があることを示唆している．このモデルでは，すべての渦度は有限個の渦点に集中している．この個数，N，は保存量であり，"運動の積分"である．第 II.3 項の (c) で議論したハミルトン系では，古典統計力学が適用可能となるという意味で，保存量が正当化されるのである．

したがって，非エルゴード的保存則（それはおそらく2次元において乱流の発達を妨げている）は2次元における渦点の保存に密接に関連している．3次元における類似，つまり，渦糸の保存がなぜ同様の効果を生まないのかを見ておくことは意味のあることであろう：有限個の渦点は，2次元においていかなる複雑な流れにかき回されようとも，常に渦点ではあり続ける．これに対して3次元では，有限個の渦糸は言うに及ばず，1個の閉じた渦糸でさえ，十分に複雑な流れによって引き伸ばされ，巻き付きが起きる．したがって，空間内のある限定された領域の中を一群の渦糸が通過するとき，その領域を通る多数の渦糸断片が一体いくつの完全な渦糸から生まれたものであるかを知ることは不可能であろう．こうした定性的な複雑性は，もちろん，第 II.3 項（b）における定量的な複雑性に密接に関連している．すなわち，2次元では有限個の渦点の強さの合計は保存し，3次元では渦糸の強さの保存は空間全体における全渦度の保存を意味しない．

III. 概念的な問題

III. 1. 厳密に統計力学的な乱流理論を考察する前に，いくつかの概念的な問題を考えておくことが適切であろう．

乱流に関する直感的な描像には概念的な困難が伴っている．マクロな流体力学の概念が，一体全体乱流の中でも定義可能であって，その概念が維持できるのかどうか，自明なことではない．例えば，流れの速度 u に対するマクロな定義を考えるとそのことがはっきりする．

速度 u は，直径 δ の小さな領域における平均速度（重心の速度）u_δ を定義して，δ をゼロに近づけることによって得られる．しかし，u は厳密な意味では u_δ の $\delta \to 0$ の極限ではない：u と u_δ に意味のある関係を持たせるには δ は平均自由行程 l に比べて大きくなければならない．実際，もしも δ が l と同じ程度の大きさであるか，またはそれより小さいならば，u_δ は個々の流体の分子の速度のようなものであり，局所的な音速（それはほとんどの乱流において u よりもずっと大きい）のオーダーで揺動する．したがって，δ の極限をとるときには，厳密な意味でゼロに近づけてはならない：マクロな長さ L に比べてずっと小さくしなければならないが，平均自由行程 l のオーダーにまで近づけてはならない．すなわち，u とは $L \gg \delta \gg l$ に対する u_δ のことである．さて，この意味で δ を L から l まで小さくしてみよう．u_δ がだいたい一定の値に落ち着

いてゆけば u が存在するということになる．しかし，乱流の中でも一定値に落ちついてゆくであろうか？ δ が新たに小さな渦サイズに向かって減少してゆくときに，u_δ は新しい，本質的に異なる渦速度となる，というのが乱流の特徴である．だとすると，たったひとつに定まるマクロな u といったものがはたして存在するのであろうか？

言い換えれば，乱流の無秩序が分子的な無秩序と一緒になることはないのであろうか？ 一体全体，これら無秩序は二つに分けることができて，マクロに定義され，一意に決まり，しかも乱流のように変化する u を定義することができるのであろうか？

III. 2. このふたつの疑問にははっきりとした答えを出すことができる．乱流の無秩序と分子的な無秩序は一般に区別できる．マクロに定義されしかも乱流を表す u は定義可能で，こうした特性量を用いて，完全な流体力学のシステムを構築することができる．

以下に現れる考察（特に第 VII. 3 項）は，この命題を詳細かつ定量的に正当化するであろう．

レイノルズ数は $R = \eta/\nu$ と書くことができる．ここで ν は分子粘性係数であり，$\eta = LU$ は乱流粘性係数と呼んでよかろう．こう呼んでいい理由はいくつかあるが，そのうちの一つは，ふたつの正しい関係式 $\eta = LU$ と $\nu = lc$ との間に存在する類似である．ここで，$L =$ 系のマクロなサイズ，$l =$ 平均自由行程，$U =$ 系のマクロな速度，$c =$ 音速，である．明らかに，$L \gg l$，かつ $U \ll c$ である．こ

れに加えて乱流では $R \gg 1$, すなわち, $LU \gg lc$ が成り立つ. すなわち, $U \ll c$ よりも $L \gg l$ の方が支配的である. もしも乱流の無秩序から分子的な無秩序への遷移が起きるならば, すなわち, これら二つの効果が混じり合うならば, 次のことが起きねばならない：η から ν への連続的な遷移, つまり, L が l にまで小さくなるならば, U は c にまで大きくならねばならない. しかし, 実際に起きていることはこの反対のことである：すなわち, L が小さくなれば U もまた小さくなる. 言い換えれば, 小さな渦は小さな渦速度を持つ. これは直感的にいかにももっともそうであるのみならず, 疑いのない多くの実験によって, またすべての理論によっても支持されていることである. (理論, 特に, $r^{2/3}$ 法則や $k^{-5/3}$ 法則については第 VI. 2–4 項を見よ. また, 第 VII. 2 項における「第二関係式」を見よ.) したがって, 乱流的および分子的無秩序という二つの異なる無秩序が存在する. そして, その間には広い秩序の領域が存在するかもしれない (第 VII. 3 項参照).

注意：したがって, 紫外発散という考えは魅力的ではあるが, $\nu > 0$ とするときには捨て去らねばならない. ($\nu = 0$ の極限状態では, 第 II. 3 項の (c) や第 7 節の議論を見よ.)

IV. 乱流の新理論. 統計理論

IV. 1. 統計的方法を志向する近代的な乱流理論では三つの側面が著しい. その三つとは次の (A)–(C) である.

（A）J. M. バーガースの仕事（1923–40 年，特に 1929–33 年と 1939–40 年）[7]–[11]．

（B）G. I. テイラーと G. K. バチェラーの仕事，および，T. フォン・カールマンと L. ハワースの仕事 [44]，[21]．

（C）A. N. コルモゴロフ，L. オンサガー，C. F. フォン・ヴァイツゼッカーによる仕事（1941–48 年）[22]–[24]，[33]，[46]．

IV. 2. 概念的なレベルでは，古典的なマクスウェル－ボルツマン－ギブズの統計力学に対する批判はすべて，上に挙げた仕事にも当てはまる．実際，乱流の統計理論の方が批判される度合いは強い．すなわち，理論の中に現れてくる"平均"の意味はより曖昧である．それは，（長時間にわたる）時間平均なのか，それとも空間平均（多くの重要なケースでは，その空間の大きさは必然的に小さくならざるを得ないが，それでも，その大きさは注意深く設定せねばならない．第 VII. 2 項における k_s や L_{k_s} の役割を参照せよ）なのか，それとも，完全な乱流の系に対するギブズの意味でのアンサンブル平均[17]なのか？ 重要な例外はあるものの，たいていの場合には，この三番目の立場が一番良さそうである．このギブズの立場がコルモゴロフの立

---

17) ［訳注］アンサンブル平均とは，ひとつの解について時間平均したり空間平均したりすることではなく，数多くの解，したがって数多くの初期値についての平均である．この場合，どのような初期値をどれくらい数多く考えたら平均として意味を持つかは常に問題となるところである．

場である.ただ,こうした概念的な困難を主張しすぎるのは,現在のところあまり当を得たこととは思えない.こうした困難は古典統計力学の困難とよく似た種類のものであるし,詳細においても似たようなものである.だから,類似のやり方で完全な解析をすればかえって乱流の本質を見失ってしまうであろう.上で挙げた近代的な理論における三つの側面の実体的な長所・短所を議論することの方が重要であるし,理解に役立つであろう.

こうした研究のもうひとつの側面は,これらすべてに内在するエルゴード性というか無秩序性の仮定がある.これは概念的には不満足なものである.古典的な統計力学に現れる困難は乱流の理論においても同様に現れる.以下の議論でわかるように,これら一群の問題は決して無害とは言い切れないのである.第VI節で議論されるコルモゴロフ−オンサガー−フォン・ヴァイツゼッカー理論には,それを3次元に限定すべき理由は何もない.だから,2次元にも適用可能なのである.しかし,上(第II.4項)で指摘したように,この理論は2次元では正しくないであろう.そこで議論したように,2次元ではハミルトン系における積分の存在によって適用不可能となる.すなわち,古典統計力学におけるエルゴード定理を打ち負かしてしまうような(あるいは,統計力学における通常の推論が保証されなくなるような)解析的環境によってそうなるのである.

この点から見て,現在のところ,エルゴード仮説は3次元では成り立っていると仮定する必要がある(第II.3項

の議論）．しかし，この点についてはさらなる検討が必要である．

IV. 3. 最近の乱流理論の特性についてもふれておきたい．乱流理論の元来の応用領域は流体力学であり空気力学であった．気象学への拡張を含めてもよかろう．しかし，ごく最近の乱流理論は（特にヴァイツゼッカーによって）天文学や宇宙物理学へもどんどん応用されるようになっている．（惑星系や球状星団や銀河ガス雲などの理論．[35]における文献や概説を見よ．）星の内部構造や星の集団の構造[18]は，階層構造を示す．それは，乱流の渦の階層構造とも似たところがある．そうした連続体に近い階層構造は，理論物理学の中の他のよく研究されている分野には現れていないのである．しかし，現在の（つまり非圧縮性流体に対する）乱流理論において力学的に定義された渦と，その力学的特性（旋回）を別にすれば，第一義的には密度に関する条件，つまり，その周囲よりも（階層構造における次の階層よりも）密度が高いという条件で特徴づけられる宇宙規模の構造とを関連づける仕事は未完成である．

乱流の宇宙論的あるいは天体物理学的重要性に関しては以下でもいくつか注意する予定である．

---

18) [訳注] 原文は "stellar and hyper-stellar structures".

V. 1941年以前の統計理論

V.1. 第 IV.1 項の (A), (B) でふれた統計理論は 1941 年までの理論における代表選手であるが, ここでは簡単に述べるにとどめる. こうした議論は, より新しい理論 (第 IV.1 項の (C)) に基づくべきだという趨勢にあるからである.

次のふたつの項は, (A), (B) に対する短い要約である.

V.2. (A) のグループ. バーガースの元々の試みは, 古典統計力学の線に沿っていた [7]. 彼は, 連続体である流体を, 多数ではあるが有限個の密な格子点で置き換え, そうした点の系の, (点の個数が漸近的に無限大になってゆくような) 大きな自由度での極限状態として流体を取り扱った. 粘性がある場合にはこの系は散逸系となるので, あるいは別の言葉で言えば, 乱流へと向かうすべての運動にはエネルギー注入が不可欠であるから, この系はエネルギー保存則には従わない. このことは, 先験的にエネルギー保存系に結びついている古典統計力学からの根本的逸脱を生み出すように見える. にもかかわらずバーガースは, エネルギーを古典的な方法で取り扱った. その本質的な理由は, 完全に発達した (統計的に定常な) 乱流では, エネルギー注入量とエネルギー損失が平均的にはバランスし, したがって結局全エネルギーは平均的に保存されることにある.

このアプローチの仕方は大きな困難に出くわすこと必定

である．古典統計力学の手順に従うと，すべての自由度に対してエネルギーの等分配が導かれ，何らかの形で紫外発散が生ずることになる．

したがってバーガースは，最近の理論（[8]の47ページ）ではこうしたアプローチを放棄している．1939年に始まるこの新しい段階で彼は，こうしたものとは異なる，きわめて独創的な工夫を取り入れた[8]．彼は，いくつかの人工的ではあるがたいへん興味あるモデルを考察した．このモデルはナヴィエ－ストークス方程式に本質的と思われる特徴を備えており，同時に，数学的にははるかに扱いやすく作られている．これらの数学的モデルの中で最も重要と思われることは，上で述べたように，厳密な意味での乱流は3次元的であるということである．バーガースは，様々な1次元問題を見いだした．これらは二つの独立変数，空間変数 x と時間 t，で表された偏微分方程式であり，1次元であるにもかかわらず乱流の本質的な特性を再現できているように思える．これらの方程式には，レイノルズ数によく似たパラメータ R が現れる．最も単純で最も対称性の高い解（層流）はすべての R に対して存在するが，R がある臨界値よりも小さいときにのみ安定である．また，散逸の様々な統計的性質は，乱流中に見られるものに似ている．これらのモデルは1次元であるし，従来の1次元的流体力学の問題の豊富な経験に基づいてうまく選ばれた特徴を備えているため，バーガースはこれらを，本物の乱流を支配している方程式（つまり3次元ナヴィエ－ストーク

ス方程式)よりもずっと深く議論することができた．正確に言うと，彼の取り扱った例はすべて徹底的に議論されているが，最後の一つは例外である．最後の例は，本物の乱流に関する理論よりも深く議論されているものの，発見的な議論を含んでおり，疑問の余地なしとは言えない(本項の最後を見よ)．バーガースのモデルが目指している本物の乱流に対して最も満足のゆく対応を与えているのがこの最後の例なので，このことは重要である．(中心的な議論，つまり定常乱流に対する議論については [8] を，減衰乱流に対する議論については [9] を見よ．)

こうしたモデルに対する研究，特に，上で述べた最後のものから導かれるバーガースの結論は，彼が「散逸の等分配」と呼んでいる原理である．これはもちろん，古典統計力学における(すべての自由度に対する)エネルギーの等分配則の類似である(この観点からの議論は [10] にある)．この原理は彼の 1 次元モデルに現れており，エネルギー分配則の形で次のような同値な表現が可能である：波数空間において k と $k+dk$ の間にあるエネルギーは $k^{-2}dk$ に比例する．

(ここで注意すべきは，この k^{-2} 則を散逸の等分配と解釈するとき，k と $k+dk$ の間にある自由度の個数が dk に比例するという事実を使っていることである．これはもちろん，1 次元でのみ正しい．3 次元では，自由度の個数は $k^2 dk$ に比例する．しかしながら，この散逸の等分配という解釈をここでこれ以上議論することは不必要であろう．

エネルギースペクトルの k^{-2} 則とはそうしたものであるとみなしておけばよい.)

(バーガースの k^{-2} 則の数学的側面については, 第VIII.3項の後半を見よ.)

バーガースが指摘しているように, この k^{-2} 則には高波数 (大きな k) において適用限界がある. 実際, バーガースのモデルにおける"乱流"は, 十分に大きな波数では消えてゆき, したがって流れは解析的になる. その結果, エネルギースペクトルは指数的に減衰しなければならない. すなわち, e^{-ak} (a は正定数である) といったものに比例せねばならない (第IX.3項を参照せよ). この k^{-2} 則が指数減衰則に移り変わる上限は R に依存する (すなわち粘性係数 ν に依存する. ν はバーガースの方程式に現れている量であり, 普通のやり方で R に関連づけられる). $R \to \infty$ のときに (つまり, $\nu \to 0$ のときに) この上限は無限に大きくなってゆく. この意味で, k^{-2} 則が成り立つ (波数) 領域はいくらでも大きくなるわけだから, 高波数領域の指数減衰を無視して k^{-2} 則をその領域で議論することが許される ([8] の32ページ).

その見事な導出方法と興味ある解釈にもかかわらず, k^{-2} 則は実際にはかなり恣意的である. それは, ほぼ全面的に, バーガースのモデルが持つ数学的な特殊性に起因するものであると言ってよかろう. 具体的には, バーガースのモデルに現れる不連続性 (衝撃波) のような, 単純不連続な1変数関数のフーリエ級数が k^{-1} の法則に従うことに起因

する[19]. バーガースのモデルが衝撃波を生み出すことは, 純粋に数学的な枠組みに理由がある. 彼は, 効果的に積分できるような偏微分方程式が欲しかったので, 当時知られていた中で最も強力な方法（リーマンの方法）を適用できるようなタイプの方程式を採用せざるを得なかったのである. リーマンの方法が適用できる双曲型偏微分方程式は, 圧縮性流体の力学ではよくあるタイプであり, 衝撃波を作り出すことはよく知られている. しかし, この状況は我々が今考えている乱流の問題とはまったく無関係である. 実際, 通常の乱流は, 衝撃波に本質的に関連しているわけでもないし, 支配されているわけでもない.（流体力学には二つの不連続過程が存在する. "ずれ"と"衝撃波"である. 我々の現在の理解では, 前者こそが乱流に本質的な関わりを持っている（第X.1項の前半参照）. 実際, 大多数の乱流理論や実験が扱っている非圧縮流体には, 後者はまったく現れない（第IV.3項）.）

さらに, バーガースのやり方で衝撃波の影響が正当化できるかどうか, 怪しいように思える. 彼の最新のやり方は間違いなく発見的であるから, 特にそう思える. 固定されたサイズの有限個の衝撃波は正しく表現されているであろう. しかし, その結論が, 漸近的に（時間とともに）増大し,（個別には）漸近的に弱まってゆく衝撃波の場合にも当て

---

[19] ［訳注］ここで, 単純不連続とは, 現在では第1種不連続ということもある. こうした関数のフーリエ級数 $\sum a_k e^{ikx}$ では, 係数 a_k が $0 < \liminf |ka_k| \leq \limsup |ka_k| < +\infty$ となる.

はまるかどうかは疑問である．そして，それこそ流体力学的な衝撃波が乱流と絡んでくるときのパターンであろう．

バーガースの k^{-2} 法則が実際には乱流に当てはまらないということは，コルモゴロフ－オンサガー－フォン・ヴァイツゼッカー理論からも推察される．この理論については第 VI 節において議論する予定である．これは幸運の一致ではあろうが，彼らの理論が導くところの $k^{-5/3}$ 則における指数はバーガースの k^{-2} 則の指数と（確かに違うものではあるが）近いということは興味のある事実である（バーガース自身の評価・批判については [11] を見よ）．

V. 3. (B) のグループ．このやり方ではある種の重要な平均が扱われる．その後に出てくる乱流の統計理論でもそうなのだけれど，この理論において，乱流現象は（統計的に）一様であり，（空間の中のある重要な範囲においては）等方的で，（統計的には）時間的に定常であると仮定される．もちろん，一様性の仮定は，流れが境界に近すぎないことを要求している．等方性の仮定は，適当な動座標系の導入を必要とする．定常性の仮定はいくつかの重要な応用例では放棄することができるし，放棄せねばならないが，こうしたことは本稿では考えないことにする．

次のような平均が典型的なものである．

速度の平均的大きさ：
$$V^2 = \overline{u(x_1, x_2, x_3)^2} \tag{I}$$

（2点）速度相関：

$$\left.\begin{array}{l} V^2 f(r) = \overline{u_1(x_1+r, x_2, x_3) u_1(x_1, x_2, x_3)}, \\ V^2 g(r) = \overline{u_2(x_1+r, x_2, x_3) u_2(x_1, x_2, x_3)}. \end{array}\right\} \quad \text{(II)}$$

(第 II. 1 項で使ったように,x_1, x_2, x_3 は直交座標であり,u_1, u_2, u_3 はその座標系における速度の成分である.$f(r)$,$g(r)$ は相関係数である.これら以外の,u_i, u_j などの任意の成分や任意の移動の方向 x_k に対応する 2 点速度相関あるいは相関係数は,上のふたつから導くことができる.)

速度勾配の平均的大きさと (2 点) 相関:

$$\left.\begin{array}{l} \overline{\left(\dfrac{\partial u_1}{\partial x_1}\right)^2}, \ \overline{\left(\dfrac{\partial u_2}{\partial x_1}\right)^2}, \ldots \\[1em] \overline{\dfrac{\partial u_1}{\partial x_1}\dfrac{\partial u_2}{\partial x_2}}, \ \overline{\dfrac{\partial u_1}{\partial x_2}\dfrac{\partial u_2}{\partial x_1}}, \ldots \end{array}\right\} \quad \text{(III)}$$

流体中の単位質量・単位時間あたりのエネルギー散逸の平均も重要な量である:

$$W = \nu \left[2\sum_i \overline{\left(\frac{\partial u_i}{\partial x_i}\right)^2} + \sum_{i<j} \overline{\left(\frac{\partial u_i}{\partial x_j} + \frac{\partial u_j}{\partial x_i}\right)^2} \right] \quad \text{(IV)}$$

乱流の,すなわち,ナヴィエーストークス方程式の完全な理論はこれらすべての量の間に成立する関係を完全に説明せねばならない.直感的に明らかなように,V^2 あるいは W のいずれか一方と流れの幾何学的環境が完全に与えられれば,他方はもちろんのこと (I)–(IV) のすべての量が決定されるはずであろう..(W もそうであるが,明らかに V^2 は発達した乱流の強さを表す.)

我々が今問題としている統計理論は，この意味での完全な理論に向けて努力されているわけではない．実際，それは方法論的に言ってそうした目的に適していない．なぜなら，それは本質的には局所解析をもたらすものであり，完全な幾何学的パターンには何の関係もないからである（上の説明参照．また，同様の区別に関して第VI. 1 項で導入され，議論される注意も参照せよ）．とは言え，部分的ではあるがたいへん興味ある関係式がこの方法によって得られている．

G. I. テイラーは，(III) の量（そこに挙げられている四つの量）を，V^2 で完全に表現することはできなかったけれども，その中の他の量もしくは W を使って表現した（[44] の 432–437 ページ）．T. フォン・カルマンと L. ハワースは，$f(r)$ と $g(r)$ の間の微分関係式を証明した：

$$g(r) = f(r) + \frac{1}{2} r f'(r).$$

ただ，$f(r)$ もしくは $g(r)$ 自体を決定することはできなかった（[21] の 196 ページ）．上の関係式によって，$f(r)$ および $g(r)$ のすべての階数の導関数の $r=0$ における値が，どちらか一方がわかれば他方もわかる（どちらの関数も偶関数だから偶数階の微係数だけが現れる）．こうした結果によってさらに次式が得られる（[44] の 437 ページ）：

$$W = -15\nu V^2 f''(0) = -\frac{15}{2}\nu V^2 g''(0).$$

フォン・カルマンとハワースはこの問題をさらに追求し

て，テイラーの導出方法を大幅に簡単化し，三次相関係数を含む新たな関係式を得た（二次相関については [21] の 197–199 ページ，三次相関については同じく 201–204 ページ）．他にもロイチャンスキーによって興味ある結果が得られている（[23] の 539 ページ，方程式 (11) と脚注）．

こうした関係式のおもしろいところは，これらが実験と容易に比較できることである．こうした実験は相当やられてきており，どれもこうした理論的結論を裏付けているようである．

上に挙げた $f(r)$ と $g(r)$ の関係式は，非圧縮性の関係式（第 II. 1 項の方程式 (B)）のみに基づいていることに注意すべきである．すなわち，本来の運動方程式（第 II. 1 項の方程式 (A_i)）は使われていないのである．しかし，W と $f''(0)$ との（あるいは $g''(0)$ との）関係式には，主として散逸積分の形によってであるが，運動方程式が使われている．フォン・カルマンとハワースによって得られた，三次相関係数を含む関係式では運動方程式が全面的に使われている．そして，ロイチャンスキーの関係式はフォン・カルマンとハワースの関係式に基づいている．

以上をまとめると，このグループによって得られた結果は興味深く，正しさは確立しており，実験ともよく合う．しかし，原理的な視点から言うと，ナヴィエ–ストークス方程式を部分的にしか使っていないように思える．

VI. 1941 年以降の統計理論

VI.1. これは第 IV.1 項の (C) でふれた理論である．

この理論は，古典統計力学のところで参照した仕事と比べると，原理的な違いは明白である．これはすでに第 IV.1 項の (A) で述べたことであるが，ここで再度強調しておきたい．

古典的な枠組みでは，今考察中の系は外界と遮断されている．全エネルギーは保存されており，各自由度の間のエネルギーのやりとりが問題となる．古典理論はそこからすべての自由度に対するエネルギーの等分配を導く．ところが，ここで述べる枠組みでは，系は両端において開いており，エネルギーは散逸されると共に供給を受けている．しかし，この両端は物理空間に存在するわけではなく，フーリエ変換の中に存在している．もう少し詳しく言うと次のようになる：エネルギーの供給はマクロな端で起きる．これはマクロな境界となっている物体が動かされること，もしくは（やはりマクロな）圧力勾配が強制的に維持されることに起因する．他方，散逸は分子的な摩擦によるものであるから，それはミクロな端で起きる：分子的な摩擦は速度勾配が大きなところで，つまり小さな渦において最も効果が現れる（散逸的な流れのパターンはミクロなものであるが，必ずしも分子的なものというわけではない．第 III.2 項および第 VII.3 項参照）．言い換えれば，エネルギーの

流れは小さな波数のところから発生し,高波数のところで吸い込まれてゆく.(波数は空間的なものであり,時間に関するものではない.)したがって,乱流の統計的側面は,本質的には(エネルギーの)輸送現象である.その輸送とはフーリエ変換の空間における輸送である.

乱流とは一定量のエネルギーのエルゴード的な分配ではなく,フーリエ変換の空間において低波数から高波数へ一定量のエネルギーが輸送される現象であるという,この決定的な特徴を理解すれば,次のステップに進むことができる.

次のステップは,(フーリエ変換の空間における)エネルギーの注入付近からも散逸からも十分に離れた,純粋な流れの領域では,すなわち,中間波数の領域では,一般的に正当化でき,かつ,単純現象が起きていると考えることである.実際,エネルギーの注入にも散逸にも,複雑な要因による個別の複雑性が存在するため,こうしたところの考察は別途考えるのが良いであろう.この意味で,乱流のすべての条件について同じになるような,単純で唯一の現象は,純粋な流れの領域においてのみ期待できる.

こうした状況は(C)群の仕事によって見出され,研究されてきた.以下の議論はこの側面を強調して始めることにする.以下の内容は様々な研究者によるアプローチを合成したものである.

VI.2. (空間的に)中間的な波数領域は,明らかに中間的なサイズの領域,つまり,中間的な大きさの渦の領域に

対応する．この領域は流体を囲っている壁（エネルギー注入）の影響を受けないくらい小さく，同時に，（分子的な粘性による）散逸の強い渦（エネルギー散逸）に影響されないくらい大きくなければならないことに再度注意されたい．したがって，（マクロな系の）長さの次元 L にも（分子）粘性 ν にも影響されない．しかし，それらは，これまで決定的な量であると見なされてきたレイノルズ数 $R = LU/\nu$ の中に現れていることにも注意されたい．したがって，重要となり得る唯一の量は，（単位質量，単位時間あたりの）エネルギー散逸率 W である[20]．

そこで，この図式に合う乱流の特性量を見つけることが必要となる．

$$V^2 = \overline{u(x_1, x_2, x_3)^2} \quad も$$
$$V^2 f(r) = \overline{u_1(x_1+r, x_2, x_3) u_1(x_1, x_2, x_3)} \quad も$$
$$V^2 g(r) = \overline{u_2(x_1+r, x_2, x_3) u_2(x_1, x_2, x_3)}$$

も適さない．絶対的な速度 u を使っているからである．実際，絶対静止というのは流体を囲っている壁を使わねば定義できないから，どうしてもエネルギー注入に依存してしまう．こうした量に関する限り，その座標系から見て乱流が等方的になるような座標系を使って定義できるとする見方もあろうが，これは乱流の長距離的な性質に関する困難

---

[20] ［訳注］この結論の仕方は奇妙である．しかし，W のみが重要なパラメータであるということはコルモゴロフ自身もある程度発見的に仮定せざるを得なかったので（コルモゴロフの論文［54］参照），ここでは深入りしないことにする．

に直面する．ここでこれらの困難を議論するのは深入りに過ぎよう．そうする代わりに，こうした支障を伴わないようなやり方を導入しよう．

次の二つの量
$$B_{dd}(r) = \overline{[u_1(x_1+r, x_2, x_3) - u_1(x_1, x_2, x_3)]^2}$$
$$B_{nn}(r) = \overline{[u_2(x_1+r, x_2, x_3) - u_2(x_1, x_2, x_3)]^2}$$
が望まれる性質を持っている（他の，同様の量はこれら二つから導かれる）．これらは乱流状態の流体のみにおいて局所的に定義できる．これらのいずれかひとつを $B(r)$ で表すことにしよう．このとき $B(r)$ は W と r のみの関数でなければならない．

注目すべきは，$B(r)$ の W, r 依存性は次元解析のみから導かれるという事実である．これらの量は次の次元を持つ：
$$B(r) \sim \text{cm}^2\text{sec}^{-2}, \ W \sim \text{cm}^2\text{sec}^{-3}, \ r \sim \text{cm}.$$
したがって，W, r の組み合わせで $B(r)$ と次元が一致するのはただひとつ，$W^{2/3}r^{2/3}$ である．したがって，必然的に
$$B(r) = CW^{2/3}r^{2/3}$$
となる．ここで，C は無次元の絶対定数である．

VI. 3. 当然のことながら，この $r^{2/3}$ 則の実験的検証が試みられてきた．$r^{2/3}$ 則から直接導かれるいくつかの関係式を様々な風洞実験によって検証するのである．検証は完全とは言いがたい．その主な理由は，$r^{2/3}$ を示す領域が間違いなく確定し十分広くなるくらいに大きなレイノルズ

数での実験には未だ至っていないからである[21]. しかしながら, いくつかの実験は行われており, これまでのところは間違いなく肯定的である [19]. ヴァイツゼッカーはまた, 気象学のデータ（大規模な大気の乱流）や天文学的なデータ（オリオン星座におけるガス星雲の運動）を証拠として挙げている（文献 [46] の 626–627 ページ, および, [35]). これらはしかし, 決定的とは言いがたい. 前者は大気が基本的に非等方的であることによって困難が生ずるし, 後者は星雲中の限られた観測結果を解釈するところに問題が生ずる.

VI. 4.

$$f(r) = 1 - \frac{B_{dd}(r)}{2V^2}, \quad g(r) = 1 - \frac{B_{nn}(r)}{2V^2}$$

に注意しよう. したがってこれらの量を $r=0$ において展開すると

$$1 - Dr^{2/3} + \cdots$$

という形になる. k から $k+dk$ の間の波数区間に含まれるエネルギーの量を $F(k)dk$ としよう. このとき, $F(k)$ をエネルギーの波数スペクトルと呼ぶことにする. $B(r)$ と $F(k)$ は本質的に互いのフーリエ変換であることが簡単にわかる. したがって, $F(k) \sim k^{-5/3}$ は $B(r) \sim r^{2/3}$ に

---

21) [訳注] この $r^{2/3}$ 則, あるいは同じことであるが $k^{-5/3}$ 則の検証についてはその後実験的研究が進み, 現在では少なくとも第一近似としては正しいというコンセンサスが得られている. 文献 [59] および [60] 参照.

同値である.（指数の和は -1 でなければならない.）これが $k^{-5/3}$ 則である：

$$F(k) = Ak^{-5/3}.$$

もちろん，係数 A は次元を持ち，W に依存する．この依存性およびすぐに現れてくる他の依存性は別に議論するのがよいだろう．これを第 VII.1 項と第 VII.2 項で行う．

VII. 中間波数領域

VII.1. $k^{-5/3}$ 則はすべての k について成り立つわけではない．乱流のエネルギー E（単位質量あたりのエネルギー）やエネルギー散逸 W（単位時間・単位質量あたりのエネルギー散逸[22]）を $F(k)$ を使って表す積分を考えてみればこれは明らかであろう．これらの表示式は次のようになる：

$$E = \int F(k)\,\mathrm{d}k,$$

$$W = \nu \int 2F(k)k^2\,\mathrm{d}k.$$

$F(k) = Ak^{-5/3}$ を代入すると，

$$E = A\int k^{-5/3}\,\mathrm{d}k,$$

---

22) ［訳注］原文の表現 "energy per unit mass × unit time" はおかしい．単に次元について説明しているだけであるとも解釈できるが，ここではエネルギーではなくエネルギー散逸と訳しておく．

$$W = 2\nu A \int k^{1/3} \, \mathrm{d}k.$$

を得る．E の積分は $k=0$ のところで発散するが $k=\infty$ のところでは収束する．W の積分は $k=\infty$ のところで発散するが $k=0$ のところで収束する．

したがって，k に関する積分は波数の大きなところと小さなところの両方で限界を置く必要がある．下限の方は E 積分でのみ必要であり，上限の方は W 積分でのみ必要となる．

下限の波数はもちろん，系の長さの次元 L_0 に対応する波数 k_0 と定義できる：

$$k_0 = \frac{2\pi}{L_0}.$$

この時点でこの影響を議論する必要はない．波数の上限は，散逸の仲介者である分子粘性が本質的に関わってくるところの波数 k_s として定義できる．

このようにして，三つの量 k_0, k_s, A が乱流の中間波数領域を特徴づける．このうち，k_0 は上で見たように，系のマクロな長さによって与えられる．残る仕事は k_s と A を決定することである．

そこへ進む前に次のことに注意すべきである：上で述べたことによって，中間波数領域は

$$k_0 \ll k \ll k_s$$

と定義される．しかし，我々が今行っている大雑把な議論では，これをもう少し広く，

$$k_0 \leq k \leq k_s$$

と定義することが定性的には許される．これが中間波数領域であるということは，この領域全体にわたって

$$F(k) = Ak^{-5/3}$$

が成り立つことであるというふうに理解しておく．より精密ではあるが，もっと特殊な，したがってあまり確立したとは言えない仮定を使う理論は第 IX. 1 項と第 IX. 2 項で取り上げることにする．

VII. 2. k_s と A を決定するには，明らかに二つの関係式が必要となる．

ひとつめの関係式は散逸率 W を $F(k)$ で表すことによって得られる．上で導いた積分を使い，波数積分では上限 k_s のみを考慮すればよい（第 VII. 1 項の議論）ことを思い起こすと，

$$W = 2\nu A \int_0^{k_s} k^{1/3} \mathrm{d}k = \frac{3}{2}\nu A k_s^{4/3}$$

すなわち，

$$\frac{W}{\nu} = \frac{3}{2} A k_s^{4/3}$$

を得る．

ふたつめの関係式は次のようにして得ることができる．長さ L 以下の現象を考えよう．サイズが L 以下の小さな領域の平均速度（重心の速度）に関して相対的に見たとき，その小領域における局所的速度は，本質的に，全体の速度 u のフーリエ変換において $k' \geq k$ となる k' に制限したも

のに等しい．ここで，k は L に対応する波数であり，

$$\frac{2\pi}{k} = L^k = L$$

で定義される．エネルギーについても同じことが成り立つ．したがって，（第 VII.1 項で議論したように，エネルギーに対する積分では波数の下限だけを考慮すればよいことを思い出すと）

$$\overline{(u_k)^2} = A \int_k^\infty k'^{-5/3} \mathrm{d}k' = \frac{3}{2} A k^{-2/3}.$$

を得る．したがって，流れのこの部分の典型的な速度は

$$V^k = \sqrt{\overline{(u_k)^2}} = \left(\frac{3}{2}\right)^{1/2} A^{1/2} k^{-1/3}.$$

で与えられる．ゆえに，そのレイノルズ数は

$$\begin{aligned}R^k &= \frac{L^k V^k}{\nu} = \frac{(2\pi/k)\left(\frac{3}{2}\right)^{1/2} A^{1/2} k^{-1/3}}{\nu} \\ &= 2\pi \left(\frac{3}{2}\right)^{1/2} A^{1/2} \nu^{-1} k^{-4/3}\end{aligned}$$

である．小さなレイノルズ数では乱流は起きない，というのは妥当な主張であろう．実際，乱流による運動量の拡散と分子的な運動量の拡散の大小，すなわち，乱流粘性と分子粘性の間の大小は，$\eta^k = L^k V^k$ と $\nu = lc$ の比較によって，つまり，$R^k = L^k V^k / \nu$ によって計測される（第 III.2 項における議論参照）．したがって，乱流の波数の上限が $k \approx k_s$ ということは $R^k \approx 1$ ということと同じである．こ

れらの計算において R^k における定数 2π（上の R^k の式参照）は無視して差し支えない．すなわち $R^{k_s}/(2\pi) \approx 1$ である．これは

$$\left(\frac{3}{2}\right)^{1/2} A^{1/2} \nu^{-1} k_s^{-4/3} = 1$$

を意味する．

これらふたつの関係式

$$\frac{W}{\nu} = \frac{3}{2} A k_s^{4/3}, \quad \nu = \left(\frac{3}{2}\right)^{1/2} A^{1/2} k_s^{-4/3}$$

から k_s と A を計算することができる：

$$k_s = \left(\frac{W}{\nu^3}\right)^{1/4}, \quad A = \frac{3}{2} W^{2/3}.$$

（この導出方法では小さな定数因子はどうでもよい．）

次の事実は重要である：k が変化するとき R^k は $R^k \sim k^{-4/3}$ のように動く．L^k, k, R^k のマクロなバージョンを

$$L^{k_0} = L_0, \quad k = k_0 = \frac{2\pi}{L_0}, \quad R^{k_0} = R$$

と定義しよう．（この R はもちろん全体の流れのレイノルズ数である．）そうすると，k_0 は R に対応し，k_s は $R^{k_s} \approx 2\pi$ に対応する．したがって，

$$R : 2\pi = (k_0 : k_s)^{-4/3} = (L_0 : L^{k_s})^{4/3},$$

つまり

$$L^{k_s} = L_0 \left(\frac{R}{2\pi}\right)^{-3/4}$$

を得る.

言い換えると, 乱流の最小のサイズは, 系のマクロな長さに比べて $(R/2\pi)^{3/4}$ 分の 1 程度の小ささである.

VII. 3. すべての現実的なレイノルズ数において, この長さは分子的な大きさよりもはるかに大きい. もちろん, ここでいう「分子的大きさ」は実際の分子の直径を意味するわけではなく, 気体では平均自由行程であり, 液体では容易に運動量の交換が起きる距離である.

かくして, 空気では平均自由行程 l が問題となる. 常圧常温の空気では $l = 10^{-5}$ cm である. マクロな長さを $L_0 = 10$ cm としよう. そうすると, $R/2\pi \approx (10 : 10^{-5})^{4/3} = 10^8$, つまり, $R \approx 10^9$ となる (あるいは, 前項における注意のように 2π を無視すれば, $R \approx 10^8$). マクロな次元が $L_0 = 0.1$ cm であっても, $R/2\pi \approx (10^{-1} : 10^{-5})^{4/3} = 2 \times 10^5$, すなわち, $R \approx 10^6$ あるいは (2π を無視すると) $R \approx 2 \times 10^5$ である. しかしながら, すべてではないにせよ, ほとんどの実験は $R \lesssim 10^4$ で行われている.

VIII. 様々な波数領域に対する一般的な考察

VIII. 1. 前節における考察は中間波数領域に関するものである. この領域や低波数・高波数領域に対するいくつかの注意を記しておこう. これが本節の目標であり, 次節では高波数領域についての個別の考察を行う.

VIII. 2. 低波数領域. これは, 流体を囲む壁による仕

事によって引き起こされるエネルギー注入の源である．この（壁から流れの低波数成分への）エネルギー輸送のつながりがもともとの臨界レイノルズ数を決めるはずである．（レイノルズ，クエット，ポアズィーユなどの）古典的なケースでは，これは 10^3 やそれ以上といった大きな数である．これに比べると，第 VII.3 項で議論した，中間波数におけるエネルギー輸送のつながりに関する臨界レイノルズ数ははるかに小さい[23]．この臨界レイノルズ数は $R/2\pi \approx 1$，すなわち $R \approx 10$ 程度である（第 VII.3 項参照）．（第 VII.2 項と第 VII.3 項で述べたように，2π すら問題にならない．）ハイゼンベルクによるもっと詳しい（しかし危険なぐらい発見的で近似的な）計算によればもう少し大きな値，$R \approx 20$ が与えられる（文献 [46] の 625 ページ；[19] の 638 ページ，方程式（43），640 ページ，657 ページ，方程式（100）およびその後）．いずれにせよ，これらの値は低波数領域の臨界レイノルズ数よりもはるかに小さい．後者は，なめらかな幾何学的設定のもとでは常に $\gtrsim 10^3$ である[24]．

---

23) ［訳注］ここでフォン・ノイマンが述べている「エネルギー輸送のつながりに関する臨界レイノルズ数」とは，考えている波数までエネルギーが輸送されるのに必要な最小限のレイノルズ数という意味のようである．

24) ［訳注］ 安定性理論の生み出す臨界レイノルズ数は 10^3 よりもずっと小さい場合がある．たとえば層流が $R \approx 100$ で安定性を失うこともある．しかし，こうした場合でも次に現れてくるのはより複雑ではあるが別の定常流であることが多い．したがって，こ

低波数領域の理論は，古典的な（微小摂動に対する線形）安定性理論を含まざるを得ないから，常にきわめて複雑になりがちである．それは数多くの幾何学的詳細に強く依存するというのが我々がいつも経験するところである．

　「安定性」という言葉を使っているからといって，様々な運動形態の間の不連続な遷移を思い描く必要はない．乱流は非線形な現象である．したがって，発達した状態であればその大きさは厳格に規制されている．安定性限界を超えたところでは，乱流は漸進的に発達するというのがもっともらしい．関連した実験はこのことを裏付けている．重要な積分量（たとえば，円管の総抵抗，つまり，ある流速を維持するために必要な圧力勾配をその速度の関数とみたもの）は普通はレイノルズ数の連続関数である．

　また，次の状況も注目に値する．単に層流が安定性を失うだけでは，適当な乱流状態が発生することにはならない．レイノルズ数が安定性の限界を少し超えただけならば，ただひとつの不安定摂動モードしか存在しない，というのが最も普通の状況である．したがって，そこから発達する運動形態はやはり単純なものに過ぎず，乱流でよく知られたきわめて複雑なパターンとは似ても似つかぬものである．

こでフォン・ノイマンの言っている臨界レイノルズ数は，それ以下では乱流が維持できないようなぎりぎりのレイノルズ数といったいささか曖昧な定義であると理解した方がよい．すぐ上のところでやはり臨界レイノルズ数という言葉が出てくるが，使っているスケールが違うし，意味も同じでないことに注意されたい．

(層流の摂動安定性理論で知られている結果はすべてこのことを支持している．たとえば，[43]の議論の詳細を見よ．）にもかかわらず，そうした不安定性モード（時間とともに増大するモード）の発達は同様のことの連鎖の始まりとなって，ついには乱流となり得る．次のような発展の図式はいかにもありそうなことであろう：（不安定な）摂動モードが大きくは発達していない限り，摂動を受けた（つまり変形を受けた）層流の安定性はもともとの層流と同じものであろう．すなわち，新たな不安定モードは現れてこない．しかし，もしも摂動モードがある大きさ以上に成長すれば線形理論は役立たなくなり，非線形の議論が必要となって，安定性は変化する．この段階で少なからぬ摂動（変形）を受けている層流には新たな不安定モードが加わり，それもまた成長してゆく．このモードはサイズから見ても重要性から見ても最初の不安定モードに肩を並べるようになる．なぜならば，最初のモードはすでに非線形の段階に入っており，それ以上大きくならないのに対し，二つ目以上のモードはそれが小さいうちは，すなわち，大きくなって線形理論の範囲からはみ出てしまうまでは，指数的に増大するからである．こうした二番手のモードが小さければ安定性の特徴は変わらない．しかし，それらが大きくなると，先ほどと同様に安定性の変化を生み出し，さらに次の不安定モードを励起する．このメカニズムが，通常の乱流を特徴づけている多数の活性モードを次々と生み出しているのは明らかであろう．次々と不安定なモードが励起され

て，それらがある大きさに達し，次の不安定モードを生成するとき，本来の乱流が始まると言ってよかろう．こうした不安定な摂動の連鎖のうち最初の方のものは低波数領域に属し，その後に，お互いに順次励起されてくる不安定摂動は中間波数領域に属すると言ってよかろう．

こう考えてくると，安定性理論を終始一貫妥協なく適用しようとするときには，それはとてつもなく困難なものとなることがわかる．過去の文献の中で我々に大きく立ちはだかってきた複雑さと困難さは，このうちの最初のステップに関連しているにすぎない．

VIII. 3. 中間波数領域．第 VI 節と第 VII 節で概説した理論はこの領域に適用される．この領域はほかのどの領域よりもよく理解されている．にもかかわらず，ここでも基礎理論が欠けている．しかし，その欠けている理論が見つかる可能性が一番高いのはこの領域である．この領域自体は最もシンプルであるからである．古典的な（マクスウェル－ボルツマン－ギブズの）統計力学が外界から隔離された完全に閉じた系のエネルギー分配を取り扱うのに対して，（乱流の）"真の"統計理論は，フーリエ変換の空間におけるエネルギー輸送現象を説明できねばならない．

中間波数領域に対するそうした完全な理論は，前項の最後で述べた帰納的プロセス，すなわち，直近に生成された不安定モードが有限の大きさに発達し，次の不安定性を励起するというプロセスと等価であろう．しかし，（このプロセスが何度も続いた）後半の漸近的なところを扱う理論

は，前半部分を扱う低波数領域の理論よりも簡単である可能性がある．

$k^{-5/3}$ 則はかなり確立していることに注意せよ．実験による検証も悪くはない（[19] の 638–640 ページ）．さらに，これはバーガースの k^{-2} 則に近いとも言えるがはっきりとした違いがあることにも注意せよ．（この法則と「散逸の等分配の原理」との関連については，第 V.2 項の後半部分を参照せよ．）

次のことは数学的な関係があるかもしれない．最近 20 年の間に，ランダムな関数に対する数学的理論が，N. ウィーナー，P. レヴィらによって発展してきた．この理論あるいはその変形版は，中間波数領域における統計的性質を記述するのに適しているように思える．

この理論の一番簡単な形を当てはめてみると $B(r) \sim r$ を得る（第 VI.2 項を参照せよ）．上の議論を繰り返せば，$F(k) \sim k^{-2}$ が出てくる（第 V.4 項参照）．すなわち，バーガースの k^{-2} 則が出てくる（V.2 項参照）のであって $k^{-5/3}$ 則ではない．しかしながら，理論を修正することによって $B(r) \sim r^{2/3}$, $F(k) \sim k^{-5/3}$ を得ることも可能である．

もうひとつ付け加えたいのは，この理論をフォン・カルマンとハワースが導いた三項相関関係式と両立させることはおそらくやさしくはなかろうということである．（このことについては第 V.3 項の後半を参照）さらに，中間波数領域に対するいかなる理論でもそうであるが，高波数領域における $F(k)$ のより急速な減衰との調整がかなり必要

となるだろう（第 VIII. 4 項と第 IX. 3 項参照）．

VIII. 4.　高波数領域． この領域では分子的な摩擦が乱流的な摩擦（空間における運動量輸送あるいはフーリエ変換の空間におけるエネルギー輸送）と一緒に考察されなければならない．ここでは ν は η と比べて（第 VII. 2 項の議論参照）もはや無視し得ないから，（k がこの領域内で増大してゆくときに）$F(k)$ が，（中間波数領域で成り立っている）$k^{-5/3}$ 則よりも速く減衰するのは明らかである．（第 VII 節における議論参照．そこでは k_s という打ち切り波数を用いて，議論を極端に単純化していた．）もちろん，真に満足できて基礎も健全な理論というものは，第 VI. 1 項の最初の部分と第 XI. 1 項の最後の部分で述べているような散逸系の（もう少し詳しく言えば，フーリエ変換の空間における一般的な輸送現象の）完全な統計理論に基づかなくてはならない．W. ハイゼンベルクはそうした理論に向けた最初の一歩を踏み出した（[19] の 648–657 ページ，および 644–648 ページ）．しかし，彼の数学的議論は極端に発見的であり，相当恣意的でもある．最も決定的な"位相相関"の取り扱いは特にそうである．また，きわめて近似的でもある．中間的な結果のいくつかは実験との比較が可能であるが，うまく合っているところもあり，そうでないところもある（[19] の 647–648 ページ）．

したがって，基礎理論の発見は未解決問題であると言ってよかろう．

IX. 高波数領域

IX. 1. 中間波数領域についても高波数領域についても真の統計的理論は見つかっていないのだから、今のところは、もっと現象論的な、あるいはその場しのぎのやり方で道を開くしかないであろう。こうした方向でもっとも体系だった研究はやはりハイゼンベルクによる（[19] の 621–634 ページ）。

この理論は、（単位質量あたりの）エネルギーが各々の波数からそれよりも高い波数へと流れてゆくのを支配しているものとされている（現象論的な）遷移確率に対する、発見的だが興味ある表現に基づいている。もう少し具体的には、k 以下の波数領域のエネルギーが k 以上の波数領域に流れるときにどれくらい失われるかを考察する。これは散逸であるから、

$$\int_{k_0}^{k} 2F(k')k'^2 \, dk'$$

（第 VII. 1 項参照）に ν'^k を掛けたものになろう。ここで ν'^k は全粘性係数、つまり、分子粘性係数を ν とし、k 以上の波数による乱流粘性係数を η^k とするとき、$\nu'^k = \nu + \eta^k$ である。η^k は原理的な方法では得られない（つまり、ナヴィエ–ストークス方程式に基づく厳密な方法では得られない）から、（第 III. 2 項や第 VII. 2 項のように）$\eta^k = L^k V^k$ という発見的な表示式を使うしかない。これは $\eta^k = 2\pi k^{-1} V^k$

を意味する. $k^{-1}V^k$ を $k'' \geq k$ に対する $F(k'')$ によって表すには次のようにする. この表示式は $k'' \geq k$ の波数領域全体からの寄与を表現しなくてはならないから,

$$\int_k^\infty I(k'') \mathrm{d}k''$$

という形の積分になるであろう. 次元を考察してみると, $k^{-1}V^k \sim \mathrm{cm}^2 \mathrm{sec}^{-1}$ であるから, $I(k'')\mathrm{d}k'' \sim \mathrm{cm}^2 \mathrm{sec}^{-1}$, すなわち, $I(k'') \sim \mathrm{cm}^3 \mathrm{sec}^{-1}$ となる. 一方, $F(k'')\mathrm{d}k'' \sim$ 単位質量あたりのエネルギー $\sim \mathrm{cm}^2 \mathrm{sec}^{-2}$ であるから, $F(k'') \sim \mathrm{cm}^3 \mathrm{sec}^{-2}$ となり, もちろん, $k'' \sim \mathrm{cm}^{-1}$ である. したがって, 次元の観点からは, $F(k'')$ と k'' によって $I(k'')$ を表す表現は

$$I(k'') = C_1 \sqrt{\frac{F(k'')}{k''^3}}$$

のみが可能である. ここで C_1 は絶対定数であり, 大きすぎもせず小さすぎもしない大きさであろう. ここから次式がしたがう.

$$\eta^k = C_1 \int_k^\infty \sqrt{\frac{F(k'')}{k''^3}} \, \mathrm{d}k''.$$

したがって, 今考えている(単位質量あたりの)エネルギーの流れは

$$T^k = \left(\nu + C_1 \int_k^\infty \sqrt{\frac{F(k'')}{k''^3}} \, \mathrm{d}k''\right) \int_{k_0}^k 2F(k')k'^2 \, \mathrm{d}k'$$

と表される. ハイゼンベルクはこの表示式を厳密に正しい式として提案したわけではない. この式に対する定性的な

批判もある程度は正しかろう．しかし，これは大変興味深い第一歩であり，ハイゼンベルクがこれを利用してやったことから大いに学ぶことができる．

様々な実験や準理論的な考察は，定数 C_1 は 0.5 から 1 の間にあることを示している（[19] の 640 ページの上部，657 ページの式（100）およびそれ以降）．

IX. 2. 前項における T^k の表示式を認めることにすれば，（乱流が）定常状態にあるということは T^k が k に依存せず，W に等しくなることを意味する．この定常性の条件は，ある区間の波数が全く励起されないことと共存し得る．しかし，べき法則の枠組みの中では不整合であるという理由でこれを排除すれば，$k \ll k_s$ において $k^{-5/3}$ という（第 VII. 2 参照）おなじみの法則と $k \gg k_s$ において k^{-7} という法則が導かれる．

厳密な解はチャンドラセカールによって次のように得られた [12]：

$$F(k) = A^* k^{-5/3} \left[1 + \left(\frac{k}{k_s^*} \right)^4 \right]^{-4/3},$$

$$k_s^* = \left(\frac{3}{8} \right)^{1/4} C_1^{1/2} \left(\frac{W}{\nu^3} \right)^{1/4},$$

$$A^* = \frac{4}{3^{4/3}} C_1^{-2/3} W^{2/3}.$$

この k_s^*, A^* は，第 VII. 2 項の最後においてもっと簡単で定性的な理論によって得られた k_s, A とほんの少ししか違わないことに注意せよ．

IX. 3. k^{-7} 則に関しては次のことが言えるであろう：

(a) k^{-7} 則は，速度 u の1階および2階の導関数が存在し，おそらく3階の導関数は存在せず，4階以上の導関数は絶対に存在しないことを意味する．（ハイゼンベルク自身が指摘しているように）これは正しくはないであろう．バーガースの結果もそうであるし，状況を直感的に評価してみてもそうであるが，L^{k_s} よりも小さなスケールの流れは文句なしに滑らかである（本質的に解析的である）というのがきわめてもっともであろう[25]．したがって $F(k)$ は指数的に減衰せねばならない（[8]，32ページ）．実際，上で見たように $L = L^k \ll L^{k_s}$ つまり $k \gg k_s$ は $R_k \ll 1$ を意味するから，そこでは分子粘性が運動量（およびエネルギー）交換における支配的要因である．よって乱流は全く不可能であり，流れは完全に層流（滑らか）でなくてはならない．

(b) $k^{-5/3}$ よりも速い減衰は物理学的に当然と思われる（第VII. 1 項の議論参照）が，現在入手可能な観測ではこの減衰の詳細はほとんどわからない．特に，k^{-m} という仮説をおいてみてもこの指数 m をデータにうまく合うようにすることは困難である．さらなる観測が必要とされている．

IX. 4. 特に必要なのは，"滑らか"で"層流となる"，乱

---

25) ［訳注］フォン・ノイマンはここで楽観的にこう書いているが，これを証明することは非常に難しい．いわゆる数学のミレニアム問題のひとつにも選ばれ，現在も未解決のまま残っている．

流には達しない流れの波数領域（$L=L^k \ll L^{k_s}$, $k \gg k_s$）の存在を直接の観測によって確立させ，その性質の詳細を明らかにする実験である．特に，それよりも一段だけ大きなサイズ（乱流の下の端，中間波数領域）からこのサイズ（滑らかな流れ，高波数領域）への遷移領域において詳細を明らかにしてくれる実験である．

X. 電磁流体力学

X.1. 乱流は粘性係数 ν が小さい様々な流体で起きる現象である．（ここで，ν は，単位をうまくとればレイノルズ数の逆数とみなすことができる．）したがってその最も純粋な究極の形は，$\nu \to 0$ のときの粘性流体の漸近的・極限的挙動であると解釈できる．この意味でそれは，粘性という特殊な形の摂動を受けた非粘性流体に属すると見ることもできる．実際，非粘性流体の法則は極めて多様なずれと渦の運動（ずれは渦運動の極限形である）を決定できない．たとえほんの少しでも粘性があれば，これらの多様な解についての統計的なパターンが現れ，$\nu \to 0$ の極限においてもこのパターンは完全に確定する．波数に関するエネルギースペクトルの明白な統計法則，つまり，コルモゴロフ–オンサガー–ヴァイツゼッカーの $k^{-5/3}$ 則（第 VI 節参照）はこのことを示している．ものごとをこういう風に見れば，中間波数領域は（第 VII 節の $k^{-5/3}$ 則とともに）乱流の純粋な極限形であるとみなすことができる（$\nu \to 0$

の極限).

しかしながら,この解釈は別の問題を生むことになる.粘性はここで,非粘性流体(のずれと渦運動)における未決定な自由度を,純粋で究極の乱流に特徴的な,ある種の統計力学的平衡分布を満たすようにするための補助的な仲介者としてしか現れない.言い換えれば,ある一定の統計力学的平衡が現れるようにするための触媒のような働きしかしていない.そして,このためには粘性はどんなに小さな値であってもいいのであって,νの大きさはゼロでない限り問題にならない.したがって,次のような疑問が自然にわいてくる:この補助的な仲介者が粘性であるということは重要であろうか? 他の散逸的・摂動的な力が同じように働いているということはないのであろうか?

この問題を吟味しようとすると,別の形の粘性法則を調べてみようという気になるかもしれない:粘性が$\nu\nabla^2 u$(第II.1項における方程式(A_i)参照)以外の項によって与えられるような,あるいは全く別の形の非線形な修正が加わったような,つまり,ナヴィエ-ストークス方程式以外の流れの方程式である.物理学の立場からナヴィエ-ストークス方程式を改良するという目的で,そうした可能性がこれまで示唆されてきた.現在のところ,そうしたやり方の修正が必要かどうか,あるいは単に可能であるかどうかすら,不明である.しかし,いずれにせよ,そうした修正を受けたときにナヴィエ-ストークス方程式とは違う形の(純粋で究極的な,$\nu \to 0$の)乱流が生まれるのかどう

かはおもしろい問題である．コルモゴロフ－オンサガ－－ヴァイツゼッカー理論の全体的な性格を考えると，どうもそうはならないであろうと思われる．

それはそうとして，これとは別の，興味をそそられる散逸のメカニズムがある．それは，電気伝導性の流体と電磁場との相互作用である．

X.2. 簡単のために，(厳密に)非粘性で，電気伝導率が(厳密に)無限大の流体を考えよう．もし電磁場があるならば，磁力線は流体に"凍結される"．つまり，磁力線は，初期時刻でその磁力線をなしている流体粒子と厳密に一致したまま運動し続ける[26]．もしも流れが複雑になるならば，磁力線は複雑に絡み合い，その結果勾配が大きくなって，大きな磁力を，すなわち，大きな電磁エネルギーを生み出す．さてここで流体が小さな粘性を持つものとし，電磁場は最初は小さいものとしよう．そうすると，流体の運動は本質的に乱流となるので，電磁エネルギーは大きく増大する．このメカニズムは電磁エネルギーが小さい限り続く．したがってこれは増幅のメカニズムであり，線形増大の領域からはみ出るまで，すなわち，電磁気的な現象が純粋な流れ現象と同程度に重要となるまで続く．

1942年から1949にわたるE.C.ブラード，W.エルサッ

---

[26] ［訳注］いささかわかりにくい表現であるが，要するに，ある時刻で磁力線を構成している流体粒子たちが運動方程式にしたがって運動した後にも，それらの流体粒子たちはやはり磁力線を構成しているという定理である．

サー，H. アルヴェンらの仕事には明らかにこのような観点が含まれる [5], [6], [14]–[16], [1]–[3], [35].

X. 3. ここで，電気伝導率が無限大ではなく，大きいけれども有限であるとしよう（あるいは同じことであるが，小さな，しかしゼロではない電気抵抗があるものとしよう）．このとき，本質的に上と同じ現象が起きるけれども，ただ，磁力線は物質から少しずれることができるようになる．磁力線が十分に入り組んでいる場所では，すなわち，曲がりくねってぎゅうぎゅう詰めになっているところでは，たとえどんなに小さくともこのずれは重要となる．このような場所では，有限の伝導率（ゼロでない抵抗）によってエネルギー散逸が生ずる．

このメカニズムと粘性による散逸との類似に注意せよ．粘性係数がゼロでなければ，たとえどんなに小さいものであっても，十分に小さな渦の生成が抑制されないとき，そこに現れる速度勾配に作用することによって，乱流におけるエネルギー散逸は維持される．同様にして，どのように大きなものであれ有限の伝導率は（どんなに小さなものであれ正の抵抗は），十分に圧縮され込み入った磁力線が生成され，それによって生み出される強い電磁場に作用することによって，エネルギー散逸を維持することができる．

かくして，純粋に流体力学的なものときわめてよく似た"電磁渦"が出現し，伝導率（あるいはその逆数である抵抗）は粘性とほとんど同じ効果を乱流に及ぼす．

X. 4. 流体の電気伝導率を σ としよう．σ が電磁単位で

表されているものとするならば，静電単位では（c_0 を光速度として）$c_0^2 \sigma$ となる．これらのうちのどっちが粘性係数 ν の，あるいはレイノルズ数 R の役割を果たすのであろうか？

上で概略を説明したアルヴェンの定性的な議論はより定量的な議論によっても支持され，発達した磁気乱流において電磁場のエネルギーと流体力学的エネルギーが同じオーダーであることが示される．電磁場のエネルギー密度は本質的には $H^2/8\pi$ である（$H=$ 磁場の強さ）．流体力学的エネルギーの密度は本質的に $\frac{1}{2}\rho u^2$ である（$\rho=$ 密度，$u=$ 速度）．したがって本質的には

$$\frac{H^2}{8\pi} = \frac{1}{2}\rho u^2$$

である．つまり，

$$H = (4\pi\rho)^{1/2} u \tag{1}$$

（[35] 参照）．次にアルヴェンは1942年に，磁場 H を持つ伝導率の大きな流体（簡単のために非圧縮であると仮定しておく）の中で，波動（アルヴェン波）[27]が維持され，

$$v = \frac{H}{\sqrt{4\pi\rho}} \tag{2}$$

という速度で伝搬することを示した [1], [2].

最後にアルヴェンは1949年に，波長 λ のそうした波は（有限の）伝導率 σ に起因する散逸によって，

---

27) ［訳注］フォン・ノイマンの原文では，"magneto-sonic wave". こういう言葉は使われないので，アルヴェン波のこととしておく．

$$z = \frac{\sigma H \lambda^2}{\sqrt{\pi^3 \rho}}$$

の距離だけ進む間に $\frac{1}{e}$ に減衰する[28]ことを示した [35]. したがって，この減衰が起きる距離にある波の数は

$$N = \frac{z}{\lambda} = \frac{\sigma H \lambda}{\sqrt{\pi^3 \rho}} \tag{3}$$

となる．(1) を (2), (3) に代入すると，

$$v = u, \tag{4}$$

$$N = \frac{2}{\pi} \lambda u \sigma. \tag{5}$$

を得る．

N は粘性流体におけるレイノルズ数と似たような働きをする．実際，

(a) N は当然無次元である(二つの長さの比である: $N = z/\lambda$).

(b) 今問題となっている幾何学な意味で，N の逆数は散逸の強さを表す．

(c) もう少し具体的には次のようになる．大きさが L で速さが U の渦では速度勾配は U/L である．したがって，(単位質量・単位時間における) 散逸率は $\nu(U/L)^2$ となる．単位質量あたりのエネルギーは $\frac{1}{2} U^2$ であるから，相対的な散逸率は

---

28) [訳注] 原文は "e-fold dumping". e は自然対数の底であると思われるので，このように訳しておく．

$$\nu\left(\frac{U}{L}\right)^2 : \frac{1}{2}U^2 = \frac{2\nu}{L^2}$$

である．減衰時間（de-e-folding time）はこの逆数, $L^2/2\nu$ である．故に，電磁気学の N との類似で散逸数を定義すれば，

$$\frac{L^2}{2\nu} : \frac{L}{U} = \frac{LU}{2\nu} = \frac{1}{2}R$$

となる．

したがって，N あるいは

$$\frac{\pi}{2}N = \lambda u \sigma$$

（$\pi/2$ は 1 に十分近いからこの手の定性的な議論では関係ない）をレイノルズ数

$$R = \frac{LU}{\nu}$$

と等価なものとみなしてよい．

明らかに，λ は L に対応し，u は U に対応する．したがって，σ は $1/\nu$ に対応する．以上を要約すると次のようになる．電磁気学において粘性係数と等価なものは $1/\sigma$ であり，レイノルズ数に等価なのは $LU\sigma$ である．したがって，粘性係数 ν およびレイノルズ数 $R = LU/\nu$ に，電磁気的粘性係数 $\nu_m = 1/\sigma$ および磁気レイノルズ数 $R_m = LU\sigma$ を対比させるのは合理的である．

X.5. 電磁流体力学の概念および電磁流体力学が支配する乱流現象の概念は，以下の理由によって，近年きわめて

重要になってきている.

(a) W. エルサッサー (1946 年) および E. C. ブラード (1948 年) の研究によって, 地球の磁場は, 地球の核をなしている流動的かつ電気伝導性を持っている鉄の磁気乱流が外界で観測されたものであることが確からしくなってきた ([14]–[16],[5],[6], また, J. ラーマーの不完全だがより早期 (1919 年) の仮説 [26] も参照せよ). もちろんこの場合には, こうした現象と地球の回転との相互作用も重要な役割を果たす. さらに, 星における様々な形態の磁場も, 星内部の磁気乱流およびその回転との相互作用や (もし存在するならば) 脈動 (pulsation) によって説明できる可能性は高いであろう.

(b) 銀河系内部のガス雲の性質に関する最近の研究によれば, これらのガス雲も磁気乱流の状態にあるようだ. この問題はパリの国際会議「宇宙的規模のガス体の運動に関する問題」の主要な論題のひとつであった (1949 年, [35]).

(c) 宇宙線の起源とエネルギー分布に関する E. フェルミの理論 (1949 年) は, 上の (b) で述べた銀河内ガス雲の乱流の電磁気学的性質を, 宇宙線の加速メカニズムとして用いている. R. リヒトマイヤーと E. テラーの理論もこの種のメカニズムに基礎をおいている (1949 年, [17],[40], [3]).

X. 6. 磁気乱流の完全な数学的理論は, 純粋に流体力学的な乱流の理論と同程度あるいはそれ以上に難しいから, 少なくとも, 後者における半ば発見的なアプローチが前者

にも有効かどうかを吟味することが重要であろう．この理由によって，また，実際の応用に対する興味から言って，中間波数領域に関するコルモゴロフ－オンサガ－－ヴァイツゼッカー理論（第 VI，VII 節，および第 VIII. 3 項）が磁気乱流にも当てはまるかどうか，また，どういう修正が必要になるか，といったことを明らかにすることが望ましい．

中間波数領域に関する議論（上の議論，特に第 VI. 2 項と第 VI. 4 項の最後の部分）を再吟味すればわかるように，この理論は純粋に流体力学的な乱流だけでなく磁気乱流についても成り立つはずである．ただし，高波数における切断 k_s（第 VII. 1，VII. 2 項）は，互いに競合するふたつの散逸のメカニズムのうちどちらがより効果的かによって決まる．

第 VII. 2 項では $k_s : k_0 = L_0 : L^{k_s}$ を R を使って表した．その結果は $R^{3/4}$ であり（こうした定性的議論では，電磁流体の場合に何が 2π に相当するか明らかではないから，2π は省略するのがよい），同様の議論を電磁流体に当てはめれば $R_m^{3/4}$ を得る（k_0, L_0 は幾何学的な配置を表しているから，両者に共通である）．ゆえに，流体力学的切断波数は

$$k_s \approx k_0 R^{3/4}$$

であり，電磁流体のそれは

$$k_s \approx k_0 R_m^{3/4}$$

である．

かくして，R と R_m というふたつのレイノルズ数の小さ

い方が切断波数を決定し，流体力学と電磁気学というふたつの競合するメカニズムのうちレイノルズ数の小さな方が支配的となる．（この議論は R と R_m が同じオーダーでないとき，すなわち，ふたつのうちいずれかが他方よりも大きな時に当てはまる．もちろん，R と R_m が同程度の大きさだったら，どんな相互作用や相互変形が起きるのか，こうした定性的方法では議論できない．）

この意味で，（無次元の）数
$$\alpha = \frac{R_m}{R} = \nu\sigma$$
は，電磁気学的散逸メカニズムと比べて流体力学的（粘性）散逸メカニズムがどれくらい重要かをはかる量となる．

ここで「重要」と言っているのは，乱流の統計的性質の制御（特に高波数切断）における重要性に過ぎない．電磁気学的メカニズムがこの意味で「重要でない」とき（$\alpha \gg 1$）でも，アルヴェンの結論（第X.2項）は成立する：乱流の流体力学的エネルギーと電磁気学的エネルギーは同じオーダーになる．

X. 7. E. C. ブラードと W. エルサッサーによれば，地球の核では $\sigma \approx 3 \times 10^{-6}$ であり，E. C. ブラードによれば ν はおそらく 10^{-3} のオーダーである（σ については [6] の 435 ページを，ν については [5] の 256 ページや [6] の 437 ページを見よ）．したがって，α は 3×10^{-9} のオーダーである．T. G. カウリングによると，太陽では中心の近くで 10^{-3}，中心と表面の中間当たりで 10^{-4}，中心付近

で10のオーダー（そのうちのかなりの部分は輻射摩擦によるものである）であり外ではもっと小さい[29]．したがって，α は 10^{-2} から 10^{-4} のオーダーである．ゆえに，惑星や恒星の内部では $\alpha \ll 1$ が成り立つであろう．すなわち，電磁気学的散逸が支配的である．

（以下に述べるように，地球の核は乱流が起きる境目のところのケースである．$\alpha \ll 1$ であるから，磁気レイノルズ数 $R_m = LU\sigma$ が重要である．L は核の直径 $7{,}000\,\text{km} = 7 \times 10^8\,\text{cm}$ というのが妥当な数字であろう．U については，$2 \times 10^{-2}/\text{sec}$ がよかろう（文献 [6] の 435, 444 ページ）．これと $\sigma = 3 \times 10^{-6}$（上述）から $R_m = 42$ を得る．この数値は滑らかな管の中で粘性流体の乱流を引き起こすのに必要な値（$R \approx 1000$．第 I.1 項の最後のところ，および，第 VIII.2 項の冒頭部分）よりも小さいが，発達した乱流の切断（$R \approx 10$ または 20．第 VIII.2 項の冒頭参照）よりも大きい．）

銀河内のガス雲はイオン化した水素原子からなると思われる．イオン化率 a と密度 ρ（$\text{g\,cm}^{-3}$ の単位で計る）を使って簡単な計算をすると $\alpha = 2 \times 10^{-8} a/\rho$ を得る．ガス雲では a は 1 のオーダーであり，ρ は 10^{-24} から 10^{-20} であろう．したがって，α はおよそ 10^{16} から 10^{12} とな

[29) ［訳注］この一文はこのままでは矛盾している．ミスプリントがあるように思えるが，どう直したらいいのか，他の文献を見てもわからなかった．いずれにせよ，以下の文脈でそれほど重要になるとは思えないので，翻訳者としてはこのままにしておくことにする．

る.かくして銀河内のガス雲では $\alpha \gg 1$ であり,流体力学的散逸が支配的となる.

XI. 数値計算の可能性

XI. 1.(非圧縮であれ圧縮性であれ)通常の流体力学の各分野における乱流の重要性をこれ以上強調する必要はなかろう.また,地球の大気や海洋における(すなわち気象学や海洋学における)エネルギーや運動量の交換に決定的な役割を果たしていることもよく知られている.星の大気でも星の内部でも重要な様々なメカニズムに支配的な影響を与えていることがますます明らかになってきている.地球や他の星の磁場に対する理論はその一例である.変光星の理論にも同様の例がたくさん現れて来ることは間違いない.また,銀河系内のガス雲の動力学にも,様々な宇宙規模のシステム(我々の太陽系から始まって,星団,星雲,そして星雲の集まりなど)を生み出すプロセスにも,乱流が大きな役割を果たしていることは明らかである([35]で略説されているヴァイツゼッカーの宇宙物理学理論参照).

かくして,乱流が物理学の多くの分野で中心的な原理となっていることは疑いなく,その性質を完全に知ることによって多くの分野で重要な進歩がもたらされるであろう.

さらに,乱流はそれ自身で物理理論や純粋数学の重要な原理であるということを上記の議論は明らかにしているように思える.ここで,こうした側面を再度強調することに

しよう.

理論物理学の観点から言えば, 乱流は, 統計力学に新しい形式を要求する最初の明確な事例である. これまでの議論が示しているように, この新しい形式の統計力学では, フーリエ変換の空間におけるエネルギー輸送の一般的な統計法則を打ち立てることが要求されている. すなわち, 多くの自由度が与えられている系において, ある一方の波数からその系に入り別の波数から出て行くエネルギーの流れにその系の自由度を適合させることが要求されている (たとえば第 VI.1 項をみよ). 現在利用可能な理論 (特にコルモゴロフ−オンサガー−ヴァイツゼッカー理論) は, これらの法則が古典的な (マクスウェル−ボルツマン−ギブズの) 統計力学の法則とは本質に異なることを明白に示している. したがって, すべての自由度の間にエネルギーが等分配されるという法則 (これは古典統計力学では正しい) が, 根本的に異なる法則に置き換えられることは確実である.

XI.2. 乱流を十分に説明できる理論が純粋数学のある重要な一部に与える影響はさらに大きい. 最近数世代における解析学のもっとも大きな成功は線形理論に関するものであった. 特に, 偏微分方程式に関する重要な情報の大部分は線形のシステム, あるいは, 支配項が線形であるシステムに関するものである. 本質的に非線形な偏微分方程式について我々はほとんど何も知らない. このことは, 数学外の情報が大量に手に入る二つのケースを見てみればはっ

きりする．その二つとは，圧縮性非粘性流体の偏微分方程式と非圧縮粘性流体の偏微分方程式である．

どちらの場合にも，本質的な数学的困難は，方程式に対応する物理現象を実際に経験して初めて明らかになる．（この命題は以下で説明する最初の例では少し修正が必要である．物理学に言う衝撃波は，B.リーマンが純粋に数学的に発見したものだからである．これについては下で述べる [41]．しかし，この場合ですらこの問題は数学的にはほとんど関心を呼ばず，大量の実験的証拠が挙がってくるまでは，その一番初等的な部分でさえ理解されなかったのである．（この問題に関する最近までの発展を概説したものに [13] がある．さらなる情報は [13] の文献を見よ[30]．早い時期における衝撃波の取り扱いには理論的に不十分なところがあったが，この点を最初に解明したのはレイリーのようである [42]．さらに，リーマンの考察は1次元のケースに限られていた．）

圧縮性流体のケースでは，ある意味で数学に属するけれどもその主たる現象は物理学的な方法で解明しなければならないという状況が現れた．その状況とは，ある種の不連続性が現れることで，これは，ハンケルの言う「形式法則の保存原理」[31)] に反することである．この不連続性とは衝

---

30) [訳注] この文献は今ではほとんど参照されないし，日本では図書館などにもほとんど見つからない．[47] をあげておく．

31) [訳注] 原文は "conservation of formal laws"．この原理は "permanence of formal laws" と呼ばれることが多い．ライプ

撃波のことである：エントロピーは連続である限り方程式の不変量となるのであるが，実際には不連続性が現れるという意味でハンケルの原理が破られる．（こうした状況を初めて満足のいく形で議論したのは，上に挙げたレイリーの論文 [42] であろう．エントロピーの変化は [42] の593–595 ページに，衝撃波を散逸効果で置き換える議論は595–607 ページに見える．）非圧縮粘性流体のケースでは，ひとつひとつの解は方程式が持っている対称性を持たないけれど，全体として統計的な一体性をもっていて，それがきわめて安定に存在するような多数の解が存在することである[32]．こうした解が乱流の解なのである．

このようにして現れてくる数学的特性は，いずれの場合にも新しいタイプの特異性であるという言い方がベストであろう．現在の解析学で知られている特異性は，本質的に線形問題の経験に基づいているのであるが，衝撃波にせよ乱流解にせよ，そこに現れる特異性はそうしたものとはまったく違う型の特異性である．（ところで，これら二つの新しい特異性はお互い同士もまったく異なったタイプで

ニッツの言う，「連続性の原理」と同様の意味である．つまり，ある性質が $t < t_0$ ですべて正しければ $t = t_0$ でも正しいという直感的な，あるいは哲学的な原理である．

32) [訳注] いささかわかりにくい日本語で申し訳ないが，要するに，ひとつひとつの解はランダムに見えるけれども，解全体の統計的性質（たとえば平均値）にはっきりとしたパターンが見られ，その統計的性質自体は少々の摂動を加えても安定に存在するということが言いたいのだと思う．

ある．）したがって，次のように結論することはきわめて妥当であろう：非線形解析のさらなる重要な進歩には，これら二つのタイプの特異性，すなわち，その典型的な現象である衝撃波と乱流を数学的に深く理解することが絶対に必要である．もちろん，どちらのカテゴリーの特異性も究極的にはもっと広い意味を持ち，より一般的な数学的重要性を持つことは大いにあり得ることである．しかしながら，これらの問題と我々の直感的なかかわりは，これまでのところ，衝撃波と乱流という物理現象において出現するという点に限定されているから，そこにある一般的な数学的現象は，今問題となっている二つの特別なケースを通して研究されるべきであると言ってもよかろう．

XI. 3. こうした考察からはっきりと言えるのは，乱流のメカニズムを詳しく理解するための相当な数学的努力が今や要求されているということである．この問題に対する経験から言って，純粋に解析的なアプローチは困難にとりつかれている．その困難たるや，（解析学がずいぶん進んだとは言え）現状では手が出ないくらいおそろしいものである．その理由はすでに上で述べたことになるであろう：乱流に対する我々の直感的な関係はまだまだ緩い．乱流研究のいかなる分野においても数学的に深い探求といったものには成功していないから，何が重要なのかどんな解析学的武器が使われるべきか，まだ五里霧中の状態である．

こうした状況では，上手に計画された大規模数値計算が膠着状態を打開すると期待してもよかろう．問題はあまり

に巨大であるから，ひとつの数値実験で，すなわち，特殊なケースの典型的な問題を完全に計算したというだけでは解決できるわけではないことは認めざるを得ない．しかし，この複合体の中にあるいくつかの戦略的なポイントをいくつか挙げることができ，そこを数値計算で攻略すれば重要な情報が得られるということは十分にあり得るだろう．もしこれが上手に遂行されて，その結果手に入る情報をもとにしてさらに作戦が繰り返されれば，こうした問題の複合体に対する真の理解が得られ，有用な直感的理解が次第に発展する可能性は十分にある．そしてついには，真に数学的な解析学的方法による攻撃が可能になるはずだ．

もちろん，こうした見解はまだ曖昧なものであるが，もっと具体的にすることも可能である．真っ先に言えることは，上で述べた線に沿って数値計算で攻撃を行うためには，最先端の設備が必要だということである．すなわち，きわめて高速な自動計算ができねばならない．最初に攻撃すべき問題をすべて列挙することはするまい．しかし，典型的ないくつかの例を挙げておくことは有益であろう．

以下に挙げるのはこの意味でのリストである[33]．

(a) 古典的な線形安定性理論の問題は数値計算によって

---

33) ［訳注］これらの問題はその後よく調べられて，現在では結論が出ている．こうした問題，特に (a) と (b) を視野に入れていたフォン・ノイマンの慧眼には脱帽するしかないが，彼の意見は当時きわめて尊重されていたから，後に続く研究者が彼のプログラムに沿って動いたのかもしれない．

解決される可能性が高い．したがって，クエット流やポアズィーユ流の安定性特性と最初の不安定性モードがもしあればその性質を調べるべきである．最先端の高速計算機にとってこれらの問題はそう大きな問題ではなかろうと信ずる理由がある．

(b) コルモゴロフ－オンサガー－ヴァイツゼッカー理論（第 VII 節の中間波数領域の理論）やハイゼンベルクの理論（第 IX 節の高波数領域の理論）に現れる統計的エネルギースペクトルがどれくらい発達するのか，どれくらい安定なのか，数値的に検証してみるべきである．(a) のケースとは違ってこれは，現状で視野に入れることができるコンピュータにとって大きな問題である．その主たる理由は問題を 3 次元で解かねばならないことにある（第 II. 3 項，II. 4 項の 2 次元的なアプローチは不十分である）．こうした状況では，長さを 1 対 8 に分割しても，$8^3 = 512$ 個の空間格子点が必要になり，1 対 20 ならば $20^3 = 8,000$ 個の点が必要になる．明日にでも使えるようなコンピュータでは，一番目の限界を超えるのも難しいし，今後数年間の内に使えそうなコンピュータでも二番目の限界をはるかに超えるということはなかろう．がっかりするくらい低いこの解像度の結末を和らげる方法はある．しかし，その方法は明らかに困難なものであり，そうした数値計算を実りあるものにするには，たくさんの解析的創意工夫が必要であ

る[34]）．

これまで時々，こうした数値モデルでは，計算の算術的なノイズ，すなわち丸め誤差が導入する摂動によって乱流が発達するということが言われてきた．こうした"ノイズ"は確かに存在するけれども，その効果は違うというふうに私は信じるようになってきている．こうした効果はきわめて重要であり，研究されねばならない．しかし，それらが摂動をもたらすのは高波数（コンピュータの解像度によって定まる使用可能な最高波数）であるのに対し，我々が知っているように，乱流は低波数領域における摂動によって励起されるということにほとんど疑いはない（第 VI.1 項，VI.2 項参照）．

(c) 第 V.2 項の後半でふれた J. M. バーガースのモデルは，いくつかの点で乱流によく似ており，実際に乱流と同じ原理からの帰結であるかもしれない現象を生み出す．もしそうなら，数値計算の立場から見ても，バーガースのモデルは最大級の重要性を持つ．実際これらのモデルは 1 次元モデルであるから，(b) で述べた限界は解消する．したがって，(b) の仕事はバーガースのモデルにも広げなくてはならない．

バーガースが提唱したもの以外にも，1 次元あるいは 2 次

---

[34]　[訳注] その後のハードウェアの進歩はよく知られているところである．現在ではこの程度の計算はパソコンでも実行できる．2012年現在では，スーパーコンピュータを使えば 4000^3 でも可能となっている．文献 [59] 参照．

元流を乱流にするトリックがあるかもしれない. したがって, 渦を強くする適当なメカニズムがあれば, 通常の2次元流には欠けている, 乱流生成の触媒作用 (第 II. 4 項参照) が出てくるかもしれない.

XI. 4. このプログラムの意味で研究されねばならないと私が信ずる数学的諸問題を詳細に定式化すれば, それは本レポートの性格および制限を破ってしまうことになる. そうした定式化や, それに付随する数値計算が必要とするものの見積もりは別のところで行いたい.

第 II. 3 項の (a) 2. に対する補足

(α) 調和関数の理論でよく知られているように, 2次元においてもっとも高い正則性が成立し, 3次元では (4次元以上ではさらに) 2次元よりもずっと強い特異性を持ち得る. 一番技術的な理由は, この問題に対するグリーン関数の特異性が異なることである. その奥に潜む理由は, (半径が小さくなるときに) 球の体積が, 高次元になるほど速く減少するので, 孤立特異点が高次元においていわば認識しづらくなること, したがって, 問題の詳細設定によっても特異点が排除されにくくなることである.

(β) もしも私が勘違いしているのでなければ, 重調和関数も同様に振る舞う. この理論では, 2よりも大きなある次元までは (何次元かは忘れた) 高い正則性が成り立ち, 調和関数が3次元以上で特異になり得るように, それ以上の次元では病的なものが出てくる可能性がある.

(γ) n 個のラプラス作用素のべき (n 調和関数) についても同様である. この臨界次元は n の増加関数である.

(δ) よく知られているように, 曲面論 (3次元空間における2次元的な領域) は曲線論 (2次元における1次元的な領域) よりも難しい.

したがって,曲線論に比べて曲面論では,等周問題には病的なことが起き得るし,一般的に言って,たちの悪い複雑さが発生し得る.すなわち,高次元ではすべてが悪い.

(ϵ)(熱伝導が無視できる非圧縮粘性流体に対する)ナヴィエーストークス方程式の解の存在と一意性は J. ルレイの学位論文で研究された(*J. Math. Pure Appl.*, 1933-34[35]).本質的なところだけ言うと,ルレイは 2 次元では解の存在と一意性を証明することができたが,3 次元では大きな困難に直面した.解を定義する際に,物理学で当然のこととされているだけの正則性(必要なだけの導関数の存在)を要求すれば一意性を証明することができたが,存在は証明できなかった.他方,もしも,現代的実関数論から見てもっともそうなやり方で正則性を緩めた(必要な導関数がほとんど至る所で存在すること)ときには,存在は証明できたが一意性は証明できなかった.3 次元における存在と一意性がどんな体系においても両立し得ないという可能性だって,現在知られている範囲では排除されてはいない.そして,こうした現象が(もしもあるとすれば)3 次元(2 次元ではない)における乱流の存在に関連しているという人もいる.

参考文献

[1] H. Alhven, *Ark. Mat. Astr. Fys.* **29** (B), No. 2 (1942).
[2] H. Alhven, *Nature, Lond.* **150**, 405 (1942).
[3] H. Alhven, *Phys. Rev.* **75**, 1732 (1949).
[4] C. K. Batchelor, *Nature, Lond.* **158**, 883 (1946). (Contribution to the Turbulence Symposium at the Sixth International Congress for Applied Mechanics, Paris, September, 1946.)
[5] E. C. Bullard, *Mon. Not. Roy. Astr. Soc., Geophys. Suppl.* **5**, 248 (1948).
[6] E. C. Bullard, *Proc. Roy. Soc.* **197** (A), 433 (1949).

---

35) [訳注] これは実は [48] のことである.

[7] J. M. Burgers, *Proc. Roy. Acad. Sci., Amst.* **26**, 582 (1923). (Also:*ibid.* **32**, 414, 643, 818 (1929). *ibid.* **36**, 276, 390, 487, 620 (1933).)

[8] J. M. Burgers, *Verh. Akad. Wet., Amst.* (1st Sect.), **17**, No. 2, 1 (1939).

[9] J. M. Burgers, *Proc. Roy. Acad. Sci., Amst.* **43**, No. 1, 2 (1940).

[10] J. M. Burgers, *ibid.* **43**, Nos. 8 and 9, 936 and 1153 (1940).

[11] J. M. Burgers, *Advances in Applied Mathematics*, Academic Press, New York (1948), Vol. 1, p. 171.

[12] S. Chandrasekhar, *Phys. Rev.* **75**, 896 (1949).

[13] R. H. Cole, *Underwater Explosions*, Princeton University Press (1948).

[14] E. W. Elsasser, *Phys. Rev.* **69**, 106 (1946).

[15] E. W. Elsasser, *ibid.* **70**, 202 (1946).

[16] E. W. Elsasser, *ibid.* **72**, 821 (1947).

[17] E. Fermi, *Phys. Rev.* **75**, 1169 (1949).

[18] W. Heisenberg, *Ann. Phys.* **74** (4), 577 (1924).

[19] W. Heisenberg, *Z. Phys.* **124**, 628 (1948).

[20] L. Hopf, *Ann. Phys.* **44** (4), 1 (1914).

[21] T. von Kármán and L. Howarth, *Proc. Roy. Soc.* **164** (A), 192 (1938).

[22] A. N. Kolmogoroff, *C. R. Acad. Sci. U. R. S. S.* **30**, 301 (1941).

[23] A. N. Kolmogoroff, *ibid.* **31**, 538 (1941).

[24] A. N. Kolmogoroff, *ibid.* **32**, 16 (1941).

[25] H. Lamb, *Hydrodynamics*, Cambridge University Press, Sixth edition (1932).

[26] J. Larmor, Rep. British Association (1919), p. 159.

[27] J. Leray, *C. R. Acad. Sci.* **194**, 1628, 1892 (1932).

[28] J. Leray, *J. Math. Pure Appl.* **12**, 1 (1933)

[29] J. Leray, *ibid.* **13**, 331 (1934).

[30] C. C. Lin, *Quart. Appl. Math.* **3**, 277 (1946).

[31] R. von Mises, *Heinrich Weber Festschrift*(1912), p. 252.

[32] F. Noether, *Z. Angew. Math. Mech.* **1**, 125 (1921).

[33] L. Onsager, *Phys. Rev.* **68**, 286 (1945).

[34] C. W. Oseen, *Neuere Methoden und Ergebnisse der Hydrodynamik*, Akad. Verlagsges., Leipzig (1927).

[35] *Proc. Conf. on Problems of Motion of Gaseous Masses of Cosmical Dimensions, Paris, August, 1949*, Central Air Document Office, Washington D. C. (1951).

[36] C. L. Pekeris, *Phys. Rev.* **74**, 191 (1948).

[37] L Prandtl, *Z. Angew. Math. Mech.* **5**, 136 (1925).

[38] O. Reynolds, *Phil. Trans.* **174**, 935 (1883) also *Papers*, **2**, p. 51.

[39] O. Reynolds, *Phil. Mag.* **34** (5), 59 (1892) also *Papers*, **3**, p. 575. ［これは著者の勘違いで，レイノルズの論文ではなく，レイリーの論文である．］

[40] R. D. Richtmyer and E. Teller, *Phys. Rev.* **75**, 1729 (1949).

[41] B. Riemann, *Abh. Ges. Wiss.*, *Göttingen* (1860), p. 8 also *Papers*, p. 156.

[42] J. W. Strutt (Rayleigh), *Proc. Roy. Soc.* **84** (A), 247 (1910) also *Papers*, p. 5, 573.

[43] G. I. Taylor, *Phil. Trans.* **223** (A), 289 (1922).

[44] G. I. Taylor, *Proc. Roy. Soc.* **151** (A), 421 (1935).

[45] W. Tollmien, *Nachr. Ges. Wiss.*, *Göttingen* (1929), p. 21.

[46] C. F. von Weizsäcker, *Z. Phys.* **124**, 614 (1948).

［以下は訳者による追加］

[47] R. Courant and K. O. Friedrichs, *Supersonic Flow and Shock Waves*, Springer (1948).

[48] J. Leray, *Acta Mathematica*, **63** (1934), 193.

[49] L. Onsager, *Nuovo Cimento* (Suplemento), **6** (1949), 279–287.

[50] L. Prandtl, *Verhandl. III Intern. Kongr. Math.*, Heidelberg (1905), 484–491.

[51] O. Reynolds, *Phil. Trans. R. Soc. Lond.*, **186**(1895), 123–164.

[52] G. I. Taylor, *Phil. Trans. R. Soc. Lond.* A **223** (1923), 289–343.

[53] O. Darrigol, *Worlds of Flow*, Oxfold Univ. Press(2005).

[54] A. N. Kolmogorov, *Selected Works of A. N. Kolmogorov*, vol. 1, edited by V. M. Tikhomirov, translated from the Russian by V. M. Volosov, Kluwer Academic Publishers (1991), 312–318.

[55] S. Ulam, John von Neumann, 1903–1957, *Bull. Amer. Math. Soc.*, **64** (1958), 1–49.

[56] S. Ulam, Adventures of a Mathematician, *Univ. California Press* (1991).［邦訳：S. ウラム（志村利雄訳）『数学のスーパースターたち：ウラムの自伝的回想』，東京図書 (1979).］

[57] H. H. Goldstine, *The computer from Pascal to von Neumann*, Princeton Univ. Press (1972).［邦訳：ハーマン・H. ゴールドスタイン著（末包良太・米口肇・犬伏茂之訳）『計算機の歴史：パスカルからノイマンまで』，共立出版 (1979).］

[58] N. Macrae, *John von Neumann*, Pantheon Books(1992).［邦訳：ノーマン・マクレイ（渡辺正・芦田みどり訳）『フォン・ノイマンの生涯』，朝日選書 (1998).］

[59] 金田行雄他『乱流の計算科学』，共立出版 (2012).

[60] 木田重雄・柳瀬眞一郎『乱流力学』, 朝倉書店 (1999).
[61] 後藤俊幸『乱流理論の基礎』, 朝倉書店 (1998).
[62] 水島二郎・藤村薫『流れの安定性』, 朝倉書店 (2003).
[63] 日本流体力学会（編）『流体力学ハンドブック（第2版）』, 丸善 (1998).
[64] 新田尚・二宮洸三・山岸米二郎『数値予報と現代気象学』, 東京堂出版 (2009).

解　説

　21 世紀に入って前世紀に起こった自然科学の諸発見を見直すことは，これからの人類の将来を見通すために必要かもしれない．20 世紀は物理学の世紀で，量子論と相対性理論がその底流をなすことは皆等しく認めるところである．A. アインシュタインや，W. ハイゼンベルクなど綺羅星のごとく天才がいたけれども，この中で特異な位置を占めるのが J. フォン・ノイマンであり，量子力学の基礎づけ，作用素環論の創始，流体力学，エルゴード理論，ゲームの理論，計算機の理論，そしてマンハッタン計画における原爆の設計への参加と，20 世紀の全ての物理学，科学技術，数理科学，情報理論の数学的基礎の構築に多大な足跡を残し，あまつさえ物理理論の深化にも貢献した．
　彼の論文は一つ一つが重要な古典で，いつまでも輝きを失うことはないだろう．とはいえ現代はいろいろな書籍があって，学生や研究者はそれら現代的に書かれた書物で効率良く勉強できるので，古い原論文に当たることは滅多にない．しかし時には原著にあたり，その論文を書かせた時代的息吹や背景を感じながら勉強するのもいい．1920 年代から 1940 年代後半に書かれた論文なので，記号や用語

など現代と幾分異なるところもあるが，揺籃期から始まる疾風怒濤の時代を感じられるのではないか．

フォン・ノイマンの論文全集（ed., A. H. Taub, *Collected Works*, 6 vols., Pergamon Press, 1961）には200編ほどの論文が収められているが，本書ではその膨大な著作の中から数理物理学関連の4大業績を代表する4篇（正確には5篇）の論文を選び，訳出した（原論文における自明，あるいは単純な誤植は断りなく訂正してある）．

量子力学の数学的基礎づけ

Mathematische Begründung der Quantenmechanik, *Nachrichten von der Gesellschaft der Wissenschaften zu Göttingen* (1927), 1–57.

量子力学におけるエルゴード定理とH-定理の証明

Beweis der Ergodensatze und des H-Theorems in der neuen Mechanik, *Zeitschrift für Physik*, 57 (1929), 30–70.

星のランダムな分布から生じる重力場の統計 (I, II)

The Statistics of the Gravitational Field Arising from a Random Distribution of Stars, I, II, *Astrophysical Journal*, 95 (1942), 489–51; *ibid.*, 97 (1943), 1–27.

最近の乱流理論

Recent Theories of Turbulence, Report of Office of Naval Research (1949).

以下，論文ごとに解説する．

1．量子力学の数学的基礎づけ

この論文は，フォン・ノイマンによる，量子力学の基礎づけに関する一連の論文[1]の最初のものである．この論文の価値と意義を全体的に正しく捉えるには，それが書かれた歴史的文脈に身を置いてみる必要がある．そこで，まず，本論文に関わる歴史的背景を手短に概観することから始め

---

1) めぼしいものだけ（単著のみ）をあげるならば，次のようになる：

(1) 本論文．

(2) Wahrscheinlichkeitstheoretischer Aufbau der Quantenmechanik（量子力学の確率論的構築），*Gött. Nach.* Vol. 1, No. 10 (1927), 245–272.

(3) Thermodynamik quantenmechanischer Gesamtheiten（量子力学的集団の熱力学），*Gött. Nach.* Vol. 1, No. 11 (1927), 273–291.

(4) Allgemeine Eigenwerttheorie Hermitescher Funktionaloperatoren（エルミート的作用素汎関数の一般固有値論），*Math. Ann.* 102 (1929), 49–131.

(5) Zur Algebra der Funktionaloperatoren und Theorie der normalen Operatoren（作用素汎関数の代数と正規作用素の理論），*Math. Ann.* 102 (1929), 370–427.

(6) Über Funktionen von Funktionaloperatoren（作用素汎関数の関数について），*Ann. Math.* 32 (1931), 191–226.

(7) Die Eindeutigkeit der Schrödingerscher Operatoren（シュレーディンガー作用素の一意性），*Math. Ann.* 104 (1931), 570–578.

よう．

量子力学前史——素描．17世紀，ニュートン（英，1643（ユリウス歴：1642）–1727）によって，その輝かしい礎石が据えられた近代物理学は，19世紀の後半，マクスウェル（英，1831–1879）の電磁気学の完成により，ひとつの頂点に達した．だが，さらなる物理学的探究が原子や分子の領域へと歩を進めたとき，そこでは，ニュートン力学とマクスウェルの電磁気学を支柱とする古典物理学の理法はもはや全面的・第一次的には働いていないこと，それどころか古典物理学的世界観にとっては極めて不可思議あるいは奇妙に見える現象が存在しうることが知られるにいたった．19世紀の終わり頃から20世紀の初めにかけて，古典物理学の適用限界が認識され始めたのである．

当時，古典物理学で説明できない現象の典型的な例のひとつとして，黒体と呼ばれる物体からの熱放射（黒体放射）があった[2]．古典物理学的計算では，黒体放射のエネルギー密度をすべての波長にわたって表す式を導出できないので

---

[2] 黒体とは，そこに入射する，あらゆる波長の電磁波を（入射方向，偏向状態に無関係に）完全に吸収する理想化された物体のこと（したがって，黒く見えるので黒体と呼ばれる）．黒体の近似的な例として，すす，黒いビロードなどがある．実験的には，放射を完全に反射する，一定温度に保たれた壁に囲まれた空洞に，壁の全面積に比して十分小さな穴をあけたものによって非常に良い精度で実現される．このため，黒体放射のことを空洞輻射という場合がある．黒体は，熱平衡状態では，吸収するのと同じだけのエネルギーを放射する．

ある.この困難の解決へ向けての最初の一歩——それは量子力学の発見へと向かう重要な一歩でもあった——は,世紀の変わり目に,プランク(独,1858–1947)によって踏み出された.彼は,黒体放射のエネルギー密度を精確に表す式を書き下すことに成功したのである(1900年).それは今日,プランクの輻射公式と呼ばれる.だが,プランクはこの公式の"導出"のために,「微視的な系のエネルギーは連続的ではなく,飛び飛び(離散的)に値をとる」という仮説——量子仮説——をおいた.古典物理学においては,エネルギーは連続量であることを想起するならば,量子仮説がいかに大胆な仮説——それまでの物理学的常識と鋭く対立する仮説——であるかが想像されよう.量子仮説によれば,熱輻射場(電磁場)と熱平衡にある物質を振動子の集まりと見たとき,振動数 ν の振動子のエネルギーは,h をある定数として,$h\nu$ の整数倍 $(0, h\nu, 2h\nu, 3h\nu, \cdots)$ に限られる.ここに登場する物理定数 h は,今日,プランクの定数と呼ばれる.

プランクの量子仮説は,実は,光(電磁波)の量子的性格——振動数が ν の光は $h\nu$ のエネルギー量子の集合体であるという性質——を陰にはらんでいた.この意味での光の量子を光量子——これは粒子的性質をもつ——といい,光を光量子の集合体とみる観点は光量子仮説と呼ばれた.これはアインシュタイン(独,1879–1955)によって提唱され(1905年),光電効果——金属に短波長の光を当てると電子が飛び出してくる現象——など古典物理学では解明

できない現象をうまく説明した．ところで古典物理学では光は波動として記述された．こうして，光は波動的現象形態と粒子的現象形態をもちうる，という波動-粒子の2重性の描像が確立される．

プランクの量子仮説を補強する他の観測事実として，原子のエネルギー準位は連続的ではなく離散的であることが挙げられる．たとえば，水素原子——陽子1個の原子核と電子1個からなる——の主エネルギー準位は，$-e$ を電子の電荷，m を電子の質量，$\hbar = h/2\pi$（π は円周率）とすれば

$$E_n = -\frac{me^4}{2\hbar^2}\frac{1}{n^2}, \quad n = 1, 2, 3, \cdots$$

という美しい数列で与えられる．これも古典物理学では説明できない現象である．実際，古典物理学的描像では，原子はごく短時間（$\sim 10^{-11}$ 秒）のうちに"つぶれてしまう"こと，したがって，物質は安定に存在しえないことが結論されるのである[3]．

古典物理学的に波動である光が粒子的に現象することが可能であるならば，古典物理学的には物質粒子的である対象（たとえば，電子）が波動的に現象することがあってもおかしくないのではないか．フランスの理論物理学者ルイ・ド・ブロイ（1892–1987）はこの着想を展開し，物質波の概念を導入した（1923年）．これは後に実験的に確認され

---

3) たとえば，朝永振一郎『量子力学 I』（みすず書房, 1969）, p. 84–88 を参照．

る[4]. こうして,光だけでなく物質も波動—粒子の2重性をもつことが示唆された.

このような歴史的状況のもとに,微視的領域においてその限界が露呈した古典物理学にかわって,量子的現象の一定の範囲を原理的な形式で記述する理論として登場したのが量子力学であった[5].

量子力学の二つの形式. 量子力学は,歴史的には,二つの異なる数学的形式をとって現れた. ひとつは,無限行列を用いる,ハイゼンベルク(独,1901–1976)およびボルン(独,1882–1970)-ハイゼンベルク-ヨルダン(独,1902–1980)による代数的形式であり(それぞれ,1925年7月,同11月)——このゆえに彼らの量子力学は"行列力学"と呼ばれた——,もうひとつは,偏微分方程式を用いる,シュレーディンガー(オーストリア,1887–1961)による解析的形式である(1926年1月). シュレーディン

―――
[4] デヴィソン,ガーマー(1927年),トムソン(1927年),菊池正士(1928年).
[5] 断るまでもないと思うが,量子力学へといたる歴史は,実際には,ここで述べたような単純なものではなく,もっと複雑である. 量子力学建設への途上において,物理学の巨匠のひとりニールス・ボーア(デンマーク,1885–1962)が提唱したいわゆる前期量子論(1913年)の果たした役割も大きい. 量子力学のもっと詳しい歴史については,科学史の本——たとえば,天野清『量子力学史』(中央公論社,1973),高林武彦『量子論の発展史』(中央公論社,1977;ちくま学芸文庫,2010)——や江沢洋・恒藤敏彦編『量子物理学の展望(上)』(岩波書店,1977)の「第Ⅰ部 序論」を参照されたい.

ガーの理論は、ド・ブロイの物質波の思想に動機づけされている面があることにより、"波動力学"と呼ばれた。

ボルン-ハイゼンベルク-ヨルダンの仕事は、当時、物理学の世界的中心地のひとつであった、ドイツのゲッティンゲン大学で遂行された。この大学は、かの偉大な数学者ヒルベルト（独、1862-1943）の指導のもとに、数学の研究においても世界をリードする研究機関のひとつであった。また、天才的な数学者にして優れた物理学者、天文学者でもあったガウス（独、1777-1855）が活躍した場でもある。当時ゲッティンゲン大学の物理学を率いていたボルンは、ヒルベルトの"私設助手"であったこともあって、最新の数学に通じており、ハイゼンベルクの発見した数式の意味をただちに見抜き、数学に強い、若き俊秀ヨルダンとともに短期間のうちに量子力学の形式を整えたのであった。

上述の二つの形式は、外見上はまったく異なるが、物理的には同一の結果を導く。この一致は、当初、大きな謎であった。だが、まさに、この謎の中に量子力学の本質を観てとったのが、他でもない、フォン・ノイマンであった。彼は、1926年にゲッティンゲンに着き、ハイゼンベルクから直接、できたばかりの量子力学の講義を聴いた。フォン・ノイマンにとって、量子力学の二つの形式は、ひとつの絶対的・普遍的形式へと統一的に昇華されるはずのものと映った。言い換えれば、問題となっている二つの形式は、ひとつの絶対的・普遍的形式の無数の具象的表現の二つにすぎないであろうという直観である。フォン・ノイマンは、

この，量子力学の本質に関する彼の直観を厳密な数学的理論として展開すべく邁進した．このような状況で書かれたのが本論文であり，それは，417ページの脚注(1)で言及した，量子力学の数学的基礎に関する一連の論文の最初のものである．

本論文の概要．序文でも強調しているように，この論文における主な目的は，ボルン－ハイゼンベルク－ヨルダンの"行列力学"とシュレーディンガーの"波動力学"を統一する数学的形式の基礎を提示し，この形式を用いて，量子力学の統計的命題に対して，数学的に厳密かつ普遍的な根拠を与えることにある[6]．

この目的のために，フォン・ノイマンは，まず，第 II–IV 項において，"行列力学"と"波動力学"が関わるそれぞれの"空間"の構造を吟味し，これらがある普遍的空間概念へと統一されることを示唆する．この普遍的空間とは抽象ヒルベルト空間にほかならない．こうして，歴史上初めて，抽象ヒルベルト空間の理念が人類へともたらされる．第 V, VI 項では，この抽象ヒルベルト空間の基本的性質が調べられる．

他の空間と同様，抽象ヒルベルト空間にもこの空間の元

---

[6] 本論文の序文第 I 項の γ でも指摘されているように，量子現象の生起は確率的であり，したがって，量子現象についての命題は，統計的・確率的命題の形をとる（たとえば，第 XII 項で論じられるように，「原子系のエネルギーの値がある区間にあるとき，当の原子を構成する各電子の位置が指定された区間にある確率は～である」という命題）．

に作用する写像たちが存在する．このような写像のうちで，線形性を有するものは線形作用素と呼ばれる．第 VII 項において，抽象ヒルベルト空間上の線形作用素の理論の基礎が論じられる．ただし，この論文では，（非有界作用素の）共役作用素の概念および今日いうところの対称作用素またはエルミート作用素と自己共役作用素の区別が完全には明確になっていない点については注意を要する（訳注 (43), (47), (48) を参照．第 VIII 項では，単一作用素（E. Op.）——現代では，正射影作用素と呼ばれる——の概念が導入され，その基本的な性質が証明される．

この論文以前の量子力学においては，統計的・確率的命題は，基本的に，離散的固有値をもつ対称作用素によって表される物理量に対してのみ適用された．フォン・ノイマンは，この欠点を克服するために，単位の分解の概念を導入し，これを用いて，対称作用素を表示し，これを固有値形式表示と呼ぶ（第 IX 項）．訳注 (63) で注意したように，これは，今日では，厳密には，自己共役作用素のスペクトル表示と呼ばれるものである．すなわち，この論文において，単位の分解とスペクトル表示の一般概念が歴史上初めて登場するのである．

第 X 項において，実際に，量子力学における基本的物理量で連続スペクトルをもつ運動量作用素 p と位置作用素 q がスペクトル表示をもつことが示される．

量子力学の統計的命題の普遍的定式化にとって必要となるもう一つの重要な概念が第 XI 項で導入される．作用素

の絶対値である．だが，これは，訳注（69）で述べたように，今日的用語では，ヒルベルトーシュミットノルムであり，今日的な意味での作用素の絶対値ではないことに注意しなければならない．

　以上の準備の下で，第 XII–XIV 項において，量子力学の統計的・確率的定式化が数学的に厳密な形を獲得する．その本質を取り出すならば，量子力学における物理量は対称作用素で固有値形式表示をもつものであり（すなわち，今日的に言えば，自己共役作用素），その単位の分解を用いることにより，物理量が連続スペクトルをもつ場合も含めて，統計的・確率的命題が厳密に定式化される，ということである．これは，今日では，公理論的量子力学における基本公理の一部をなすものである．こうして，本論文により，公理論的量子力学の第一歩が踏み出されたのである．

　なお，本文の中では，明示的には言及されていないが，この論文の結果は，"行列力学"と"波動力学"の同等性の数学的に厳密な証明を含意している．

　その後．論文中で言されているように，作用素論のより一般的な展開（特に，非有界作用素の理論）は，417 ページの脚注（1）に挙げた論文（4）「エルミート的作用素汎関数の一般固有値論」でなされた．この論文では，今日の標準的なヒルベルト空間論の内容——有界作用素，正射影作用素，作用素の拡大，作用素の簡約，極大なエルミート作用素，超極大エルミート作用素（現代的に言えば，自己共役作用素），単位の分解，ケーリー変換，不足指数，超極

大エルミート作用素のスペクトル表示（現代的に言えば，スペクトル定理），半有界作用素の超極大エルミート作用素への拡大等々——が論じられている．また，同脚注の論文 (5)「作用素汎関数の代数と正規作用素の理論」ではヒルベルト空間上の有界作用素の環の研究——作用素環論の萌芽——と正規作用素[7]の理論が展開される．さらに，同脚注の論文 (6)「作用素汎関数の関数について」においては，今日，作用素解析[8]と呼ばれる理論が提示されている．本論文を含む，これらの一連の研究から，フォン・ノイマンの記念碑的著作『量子力学の数学的基礎』[9]が生まれたのである．

2. 量子力学におけるエルゴード定理と H-定理の証明

多くの文献ではフォン・ノイマンの業績の一つにエルゴード理論を挙げているが，それは 1932 年に書かれた平均エルゴード定理の論文[10]のことを指すのがふつうである．本論文は題名は「量子力学におけるエルゴード定理と H-定

---

7) 稠密な定義域をもつ，ヒルベルト空間上の閉線形作用素 A は，$A^*A = AA^*$ を満たすとき，正規作用素と呼ばれる．

8) たとえば，新井朝雄『ヒルベルト空間と量子力学』（共立出版，1997）の第 3 章を参照．

9) Mathematische Grundlagen der Quantenmechanik, 1932, Berlin, Springer, 邦訳：井上健・広重徹・恒藤敏彦訳，みすず書房，1957.

10) John von Neumann, Zur Operatorenmethode in der Klassischen Mechanik, *Ann. Math.*, **33** (1932), 587–642.

理の証明」となってはいるものの，その内容は現代でいうそれらとは幾分違っていて，多くの読者にとって初めて見るものであると思われる．

この論文は，同時代の E. シュレーディンガーの熱狂的支持[11]にもかかわらず，長らく忘れられてきた．それは一部の学者の誤解に基づくもので，つい最近（2010 年），ラトガース大学の J. リーボヴィッツ教授のグループによって再評価された[12]．この論文の表題の二つの定理は，古典力学において長い歴史をへて証明され，以下をさすことが多い．

エルゴード定理：「相空間での平均」が「時間平均」に等しいこと，すなわち

$$\lim_{T \to \infty} \frac{1}{T} \int_0^T f(p(t), q(t)) dt = \frac{1}{|\Omega|} \int f(p, q) dp dq.$$

ただし右辺では等エネルギー面に限定して積分される．フォン・ノイマンの平均エルゴード定理とは，相空間 Ω の非圧

---

11) シュレーディンガーは次のように記している．"Your statistical paper has been of extraordinary interest to me, I am very happy about it, and I'm particularly happy about the gorgeous clarity and sharpness of the concepts and about the careful bookkeeping of what has been achieved at every point..."

12) S. Goldstein, J. L. Lebowitz, R. Tumulka and N. Zanghi, Normal Typicality and von Neumann's Quantum Ergodic Theorem, *Proc. Roy. Soc.* **A466**(2010), 3203–3224 (arXiv: 0907.0198v3 (April, 2010)).

縮流の流れ $(p(t), q(t))$ を時間を離散的にして考えて，ある $f^* \in L^2(\Omega)$ があって次式が成立することをいう：
$$\lim_{n \to \infty} \int_\Omega \left| \frac{1}{n} \sum_{k=0}^{n-1} f \circ \varphi^k(x) - f^*(x) \right|^2 dx = 0.$$

H–定理：時間とともにエントロピーが増加すること，すなわち
$$S(\rho) = -k \int_{\Omega \times R^{3N}} dX \rho(X) \log(\rho(X))$$
が時間発展（ボルツマン方程式）に従って増加する．ここで $\rho(X)$ は相空間で粒子が $X = (x, v)$ に存在する確率密度である．

量子論では，状態はハミルトニアンの固有状態で，時間発展に対し定常的であり，エルゴード性やエントロピー増加とは相容れない．特にこの H–定理はシュレーディンガー方程式の解である波動関数 $\phi(x,t)$ からウィグナー関数といわれる ϕ の 2 次式 $w(x,v)$ を作り，粗視化を経て密度関数 $\rho(x,v)$ を得，それがボルツマン方程式を満たすことが示されたのは，つい 2000 年代に入ってからで[13]，この証明にはランダム・ポテンシャルだのアンダーソン局在など無秩序性があらわに使われている．量子論の基本的原則からこれらを証明するのは，現代でも極めて難しい問題で，

---

13) L. Erdös and H. T. Yau, Linear Boltzmann equation as the weak coupling limit of a random Schrödinger equation, *Comm. Pure Appl. Math.*, **53** (2000), 667–735.

1920年代に，現代的な意味で量子論的なエルゴード定理や H–定理を確立し，証明するのは時期尚早であったと思われる．

フォン・ノイマンがこの論文でいうエルゴード定理はこれとは違っていて，J. リーボヴィッツの言葉[14]を借りれば「彼の量子エルゴード理論は正規（normal）の長時間挙動が起こる条件を与える」もので，「量子力学における最初の典型性定理（Typicality Theorem）」であると見なされるべきである．この典型性定理はほとんどの波動関数，あるいはほとんどのハミルトニアン，あるいはほとんどのオブザーバブル（観測に対応する自己共役作用素）に対する主張であって，現在多くのランダム系システムの研究が依拠しているものであり，この分野で最初の E. ウィグナー[15][16]の原子物理学における核のエネルギー分布に関する仕事

---

[14] S. Goldstein, J. L. Lebowitz, R. Tumulka and N. Zanghì による前掲の論文のほか，同著者による Long-time behavior of macroscopic quantum systems: Commentary accompanying the English translation of John von Neumann's 1929 article on the quantum ergodic theorem, *Eur. Phys. J. H.*, **35** (2010), 173–200 (arXiv: 1003.2129v2 (Sept., 2010)) を参照．

[15] E. P. Wigner, Random matrices in physics, *SIAM Review*, **9** (1967), 1–23.

[16] 原論文で "meist"，英訳で "most" と書かれている「大多数の，たいていの」を意味する術語を，「ほとんど」と訳した．これは測度論に登場する「測度ゼロの集合を除いて」の意味の「ほとんどすべて」（独 "fast all"，英 "almost all"）とは別の術語である．原論文の "erdrükende Mehrheit" は英語では "overwhelming

に先立つものと評価している.

この論文のキーワードはエネルギー面と相細胞である. エネルギー面は巨視的に可換な測定で認識できる最小のエネルギー区間であり, エネルギー面を構成する, オブザーバブルの量子固有空間が相細胞である. エネルギー面は添え字 a で類別され, 射影演算子 Δ_a でそのようなエネルギー面の空間に射影され, 次元は S_a である. すなわち S_a 個の固有関数 $\varphi_{\lambda,a}$, $\lambda = 1, \cdots, S_a$ から成っている. これらを構成する相細胞を $\{\mathsf{E}_{\nu,a}\}$ で表す. $\nu = 1, 2, \cdots, N_a$ であり相細胞の数 N_a は極めて多くなければならない. さらに各 $\mathsf{E}_{\nu,a}$ はマクロ・オブザーバブル $M_1, \cdots, M_\ell$ の固有関数 $\omega_{1,\nu,a}, \cdots, \omega_{s_{\nu,a},\nu,a}$ からなるとする. $\sum_{\nu=1}^{N_a} s_{\nu,a} = S_a$ であり, これらは一般にハミルトニアン H の固有関数ではない.

エネルギー面を単位にした統計作用素

$$\mathsf{U} = \sum_a \frac{1}{S_a} \Delta_a = \sum_a \sum_{\nu=1}^{N_a} \frac{1}{S_a} \mathsf{E}_{\nu,a}$$

をミクロ・カノニカル分布と言い, 任意のオブザーバブル $A = \sum \eta_\nu \mathsf{E}_{\nu,a}$ に対して $\mathrm{tr}\mathsf{U}A$ を A のミクロ・カノニカル平均という. 状態 ϕ が与えられたとき, ϕ から得られる

---

majority" とも言い換えられ, これを「圧倒的多数の」と訳した. これはランダム行列理論の術語に基づいているようで, 事象 E が overwhelming probability で成立するとは s を自由度として, $\mathrm{Prob}(E) \geqq 1 - C_A s^{-A}$ が成り立つことである. ランダム行列の論文でウィグナーが当初用いた "vast majority" と同じものであろう.

統計作用素を
$$\mathsf{U}_\phi = \sum_a \frac{(\Delta_a \phi, \phi)}{S_a} \Delta_a$$
で定めよう．系の時間発展は
$$\phi_t = \exp[-iHt]\phi_0, \quad \phi_0 = \phi$$
でなされるが，この関数からも統計作用素 $|\phi_t\rangle\langle\phi_t|$ が得られ，$\mathrm{tr}(|\phi_t\rangle\langle\phi_t|)A = \langle\phi_t|A|\phi_t\rangle$ が成立つ．これと U_ϕ との一致性が主題で，
$$\langle\phi_t|A|\phi_t\rangle = \mathrm{tr}\mathsf{U}_\phi A$$
の形の等式をエルゴード性と呼んでいる．しかし $\phi \in \mathsf{E}_{\nu,a}\mathcal{H}$ に対し統計作用素 U_ϕ がミクロ・カノニカルな統計作用素に一致するには，$\phi = \sum_{i=1}^{s_{\nu,a}} \xi_i \omega_{i,\nu,a}$ として，各固有状態に等分に分布していること，すなわち $|\xi_i|^2 = 1/s_{\nu,a}$ でなければならないので，前記の主張は難しい要求である．

時間平均を
$$M_t(\mathrm{tr}\mathsf{U}_{\phi_t}A) = \lim_{T \to \infty} \frac{1}{T} \int_0^T \mathrm{tr}\mathsf{U}_{\phi_t} A dt$$
で導入し，
$$S(\phi_t) = -\sum_{a=1}^\infty \sum_{\nu=1}^{N_a} (\mathsf{E}_{\nu,a}\phi_t, \phi_t) \log \frac{(\mathsf{E}_{\nu,a}\phi_t, \phi_t)}{s_{\nu,a}}$$
$$S(\mathsf{U}_\phi) = -\sum_{a=1}^\infty (\Delta_a\phi, \phi) \log \frac{(\Delta_a\phi, \phi)}{S_a}$$
とエントロピーを定義する．このとき次の評価が問題になる：

(1) $\qquad M_t\{|S(\mathbf{U}_\phi) - S(\phi_t)|\}$,
(2) $\qquad M_t\{((\mathbf{A}\phi_t, \phi_t) - \mathrm{tr}(AU_\phi))^2\}$

ハミルトニアン H の固有値にそれ等の差を含めて縮退がなければ，(1), (2) は本質的に

$$\mathrm{Max}_a \sum_{\nu=1}^{N_a} \frac{S_a}{s_{\nu,a}} (\mathbf{M}_{\nu,a} + \mathbf{N}_{\nu,a})$$

で抑えられる，ただし

$$\mathbf{M}_{\nu,a} + \mathbf{N}_{\nu,a} = \mathrm{Max}_{\alpha \neq \beta} |\langle \varphi_\alpha | E_{\nu,a} | \varphi_\beta \rangle|^2$$
$$+ \mathrm{Max}_\alpha \Big(\langle \varphi_\alpha | E_{\nu,a} | \varphi_\alpha \rangle - \frac{s_\nu}{S_a} \Big)^2.$$

故に $\mathbf{M}_{\nu,a} + \mathbf{N}_{\nu,a}$ が十分小さいことが要求される．この量は例外的な基底 $\omega_{\lambda,\nu,a}$（例えば $\omega_{\lambda,\nu,a}$ がハミルトニアンの固有関数）に対しては $O(1)$ ほどに大きくなりうるが，球面上での平均操作 $\mathfrak{M}$ で評価され，

$$\leq \frac{\log S_a}{S_a} + \frac{9 s_{\nu,a} \log S_a}{S_a^2}$$

が示される．故に (1), (2) は

$$\mathrm{Max}_a (\log S_a) \Big(\frac{9}{\bar{s}_a} + \frac{N_a}{\bar{\bar{s}}_a} \Big)$$

（$\bar{s}_a$ は $\{s_{\nu,a}\}_{\nu=1}^{N_a}$ の平均，$\bar{\bar{s}}_a$ は調和平均）で抑えられる．この量が小さくなるような $\{\omega_{\lambda,\nu,a}\}$ に対して，すなわちそのようなオブザーバブルに対しては，全ての ϕ に対して以下の定理が成立する．すなわち

エルゴード定理：典型的 (typical) な可換な巨視的オブ

ザーバブルは，ミクロ・カノニカルなエネルギー面に射影された全ての時刻ゼロでの波動関数 $\Delta_a\phi$ に対して，十分長い時間をとれば，そのほとんどの時間 $\Delta_a\phi_t$ から得られるこれらのオブザーバブルの相関確率分布はミクロ・カノニカル分布の統計作用素 U_ϕ から得られるものに近い．

H–定理：時刻 t の波動関数 ϕ_t とミクロ・カノニカルなエネルギー面を用いて定義されたエントロピー $S(\phi_t)$ と，時刻に依存しない統計作用素 U_ϕ を用いて定義されたエントロピー $S(\mathsf{U}_\phi)$ に対して

$$0 \leq S(\mathsf{U}_\phi) - S(\phi_t).$$

平均と分散の収束のためにエネルギー $\{W_n\}$ に対して，値だけでなくその差まで含めて縮退がないということが仮定され，計算としては $\langle \mathsf{E}_{\nu,a}\varphi_\alpha, \varphi_\beta \rangle$ の評価で，Δ_a で定義されるエネルギー面 $\Delta_a = \sum_\nu \mathsf{E}_{\nu,a}$ の固有関数を回転させて $\langle \mathsf{E}_{\nu,a}\varphi_\alpha, \varphi_\beta \rangle$ の平均をとる，すなわち $2S_a-1$ 次元超球面の上での平均が必要である．この論文では直交基底をユニタリ群で回転させるという技巧で，ユニタリ群のハール測度を用いて行われ，$\sum_{i=1}^{S}|x_i|^2=1$ の下に，$u=\sum_{i=1}^{s}|x_i|^2 \in [0,1]$ の期待値を計算する．すなわち確率測度

$$\frac{(S-1)!}{(s-1)!(S-s-1)!}W(u)du$$

ただし $W(u) = u^{s-1}(1-u)^{S-s-1}$

について u^n の期待値をとる計算で，計算自体は初等的であ

る．（平均が s/S, 分散が s/S^2 のガウス測度と見なせる．）

ところで，何ゆえこの論文が「自明で無内容」とされ忘れ去られてきたかであるが，それはリーボヴィッツ達の前掲論文によると，以下の脚注（37）を理解しなかったことが原因のようである．

> 我々が示したことは与えられたすべての ϕ またはAに対して，エルゴード定理と H–定理がほとんどの $\omega_{\lambda,\nu,a}$ に対して成立するということではなく，ほとんどの $\omega_{\lambda,\nu,a}$ に対してこれらの定理があまねく成立する，つまりすべての ϕ とAに対して成立するということである．後者はもちろん前者よりはるかに強い．

すなわち「$\omega_{\lambda,\nu,a}$ は，巨視的に可換なオブザーバブルの固有関数であり，これらのほとんどに対して常にエルゴード定理が成り立つ」といっている．この順序を逆にすれば「全ての ϕ とAごとに，$\omega_{\lambda,\nu,a}$ を上手く選べば……」という「当り前のつまらない内容」になり，これが誤解の原因であるとしている．この差異を表す文章の例として「ほとんどの従業員は決して病気にならない」と「毎日ほとんどの従業員は病気でない」を挙げている．後者では例外（病人）は日々違っていい訳で，前者は後者より強い内容である．

すなわち $P(a,b)$ を A の元 a と B の元 b に対する命題とする．このとき「B のほとんどの元 b に対して，A のすべての元 a が対応し，$P(a,b)$ が成り立つ」という命題と，

「A のすべての元 a に対して B のほとんどの元 b が対応し，$P(a,b)$ が成り立つ」という命題は同値ではなく，前者は後者より強い．これが "Typicality Theorem" の最初の論文とラトガース大学のグループが呼ぶ所以である．

最後に原論文と英語翻訳との関連についてコメントしておく．この論文は，ラトガース大学の R. トゥムルカ氏が最近英語に翻訳[17]されたこともあって，氏の快諾を得て最初英語から翻訳したが，途中から一瀬もドイツ語からの翻訳に参加し，二つの版の翻訳を付き合わせ，原論文からのニュアンスを幾分なりとも日本語に反映することにした．R. トゥムルカ氏にはここで改めてお礼を申し上げたい．

具体的翻訳にあたっては，次のことが行われた．

（1）原論文では式は文中に置かれ，式番号も付けられていず，参考文献はすべて脚注にある，という形式であったがこれでは読みにくく組版も大変そうなので，英訳に倣って，現代的な論文形式に改めてある．

（2）トゥムルカ氏が原著の誤植や数値の訂正を行っており，我々はそれを踏襲した．また原論文に補足説明を [...] で入れているが，これもそのまま使った．脚注は原著者のとトゥムルカ氏のものが混在し，加えて我々のものもあるが混乱を引き起こすことはないと思う．すなわち見逃され

---

[17] R. Tumulka, Proof of the ergodic theorem and the H-theorem in quantum mechanics, *Eur. Phys. J. H.*, **35** (2010) 201–237 (English translation: arXiv: 1003.2113v2 (Sept., 2010)).

た誤植や新しい誤植も散見され，これらは訂正して，脚注に入れておいた．

(3) 参考文献はトゥムルカ氏が電子化されているアーカイブまで引用しているのは大変有益であり，そのまま使わせていただいた．日本語化されている文献を調べて見たが，大変少ないようである．

(4) 記号は原論文の $h/2\pi$, Sp の代わりに $\hbar$, tr を使うなど，若干の変更があるが，これは一々断る必要はないと思われる．また英訳ではドイツ語の元の意味から少し異なる語を対応させている箇所があったが，これはできるだけ原文に改めた[18]．

(5) また "micro" と "macro" が「ミクロ」と「巨視的」と非対称に訳されている場面があるが，それはそれに続く語に合わせた．

3. 星のランダムな分布から生じる重力場の統計 (I, II)

この論文（論文 I と論文 II）は，スブラマニアン・チャンドラセカール (Subramanyan Chandrasekhar, 1910–1995) との共著論文で，天体物理学の一分野である恒星系力学 (stellar dynamics) に関する問題を取り扱ったものである．チャンドラセカールは，インド生まれで主にアメリカで研究生活を送った著名な天体物理学者であり，理論

---

18) 「分散」が「拡がり」などと，英文では一部変更されている箇所がある．もちろん文として意味は不変である．これは訳をできるだけ平滑にしようとする英訳者の努力と思われる．

天体物理学の多くの分野で優れた業績を残している．白色矮星の質量に上限（チャンドラセカール質量と呼ばれる）があることを示した研究は特に有名で，それを含めた「星の構造および進化にとって重要な物理的過程に関する理論的研究」の業績により，1983年のノーベル物理学賞を受賞している（論文 I・II の内容とは関係ない）．このようなチャンドラセカールの業績およびフォン・ノイマンの業績を考えると，論文 I・II は，それぞれの分野の大スターどうしの共演といった感がある．

論文 I・II の研究における 2 人の役割分担がどのようなものであったかについては，訳者の知るところではないが，フォン・ノイマンは天体物理学の専門家ではないことから，チャンドラセカールがその当時取り組んでいた問題に関心を持ったフォン・ノイマンが，その解決に協力した（特に問題の数理的側面において）と推測するのが自然であろう．チャンドラセカールがこの研究を主導したことは，論文 I・II の前後に発表された関連論文からも推測される．論文 I の前にはその先駆けとなる論文[19]，論文 II の後には同シリーズの続編である論文 III および IV[20]がチャンドラセカールの単著として発表されている．なお，フォン・ノイマンとチャンドラセカールは親しい友人どうしで，論文 I・II の話題以外の天体物理学上の問題についても議論を交わ

---

19) S. Chandrasekhar, *Ap. J.*, **94**, 511（1941）
20) S. Chandrasekhar, *Ap. J.*, **99**, 25（1944）; *Ap. J.* **99**, 47（1944）.

していたようだが[21],共著論文の形で発表されたのはこれらの論文のみである.

さて,論文I・IIの内容は,本解説の冒頭でも述べたように,恒星系力学の問題にかかわるものである.恒星系とは,星団や銀河など,重力によって相互作用している多数の天体(多くの場合は恒星)から成る系のことである.物理学的に言えば,自己重力多体系である.例えば,代表的な恒星系の一つである球状星団は,数10万〜数100万個の星から構成されている.このような多数の星から成る系において,その中の任意の一つの星に働く力は,0次近似では系の粒子性を無視して,平均化された滑らかな星の分布から生じる重力ポテンシャル$\varphi(\boldsymbol{r};t)$で決まると考えてよい.この力は$\boldsymbol{K}=-\nabla\varphi(\boldsymbol{r};t)$と表される.しかし,一方,系は実際には個々の星(粒子とみなしてよい)から構成されているのであるから,一つの星にある瞬間に実際に働く力は,この$\boldsymbol{K}$とは異なっている.つまり,実際の力は$-\nabla\varphi(\boldsymbol{r};t)+\boldsymbol{F}(t)$と表され,$\boldsymbol{F}$は周囲の星が近づいたり離れたりする時間スケールで確率的にゆらぐ.このゆらぐ力$\boldsymbol{F}$の統計理論を考察したのが,論文I・IIである.

恒星系の粒子性に由来する力$\boldsymbol{F}$の効果は,通常,注目している星と他の星々との間で多数の2体衝突が独立に起こっているとみなし,それらの影響を足し合わせるという

---

21) アーサー・I.ミラー(阪本芳久訳)『ブラックホールを見つけた男』,草思社(2009).

手順で見積もられる.これを 2 体近似という.ここで,2 体近似による恒星系の緩和時間(衝突の効果が無視できなくなる時間スケール)の見積もりの概略を,以下に示そう.

今,同じ質量 m の多数の星で構成されている恒星系を考える.ある一つの星が他の星と相対速度 v,衝突径数 b で衝突するとき,この衝突による初期速度に垂直な方向の速度変化の大きさはおよそ $\Delta v_\perp \sim (Gm/b^2)(b/v) = Gm/bv$ の程度である.大部分の衝突では $\Delta v_\perp$ は v に比べて十分小さいが,多数の星とのランダムな衝突の効果が累積すると,考えている星の速度は初期のものと大きく変わることになる.衝突の方向はランダムであるとすると,対称性から,$\Delta v_\perp$ のベクトル的な和は 0 となるから,$(\Delta v_\perp)^2$ の和を考える.星の空間密度を n,簡単のため v を一定として,衝突径数 b について小角度散乱の範囲で積分すると,単位時間当たりの変化は $\langle (\Delta v_\perp)^2 \rangle \sim (G^2 m^2 n/v) \ln \Lambda$ となる.ここで $\Lambda = b_{\max} v^2 / 2Gm$ で,$b_{\max}$ は b の最大値である.チャンドラセカール[22]は $b_{\max}$ として星の間の平均距離を採用するのが適当であると考えたが,現在では系の物理的な大きさを採用する方が適当であるというのが一般的な見解となっている[23].

今,ビリアル平衡にある系を考えて,$b_{\max}$ としてビリ

---

22) S. Chandrasekhar, Ap. J., **93**, 285 (1941).
23) 例えば,現代の恒星系力学の標準的教科書である *Galactic Dynamics*, 2nd ed. (J. Binney & S. Tremaine, Princeton University Press, 2008) を見よ.

アル半径 R, v^2 として2乗平均速度 v_m^2 をとると, $v_m^2 \sim GmN/R$ で, $\Lambda \sim N$ (N は系に含まれる星の数) となることがわかる. $\sum(\Delta v_\perp)^2 \sim v_m^2$ となると, 衝突の効果は無視できなくなる. この時間スケールを緩和時間 t_r といい,

$$t_r \sim \frac{v_m^2}{\langle(\Delta v_\perp)^2\rangle} \sim \frac{N}{\ln N}\frac{R}{v_m}$$

となることがわかる. 右辺の R/v_m は星が系を横断する時間スケール, すなわち力学時間スケール t_d を表すが, 通常 N は十分大きいので, $t_r \gg t_d$ である. 緩和時間 t_r より短い時間スケールの進化を考えるときは, 衝突の効果は無視できる. このような場合, その系は無衝突系と呼ばれる. それに対して, 緩和時間 t_r より長い時間の進化を経験している恒星系は, 衝突系と呼ばれる. 無衝突系の典型は銀河, 衝突系の典型は球状星団である.

以上のように, 2体近似を用いるとゆらぐ重力場の効果を比較的簡単に評価することができる. しかし一方, 重力は遠距離力であるから, ある星は, その近くの星から遠くの星まで, 系全体の星と同時的に相互作用をしているというのが実際の状況である. したがって, 2体近似の妥当性は必ずしも自明ではない. そこで, 2体近似を捨てて, より満足のできる, ゆらぐ重力場の統計理論を構築しようとしたのが, 論文 I・II である. 論文 I では, 「ある固定点」に働く力 $\boldsymbol{F}$ とその変化率 $\boldsymbol{f}$ の同時分布 $W(\boldsymbol{F}, \boldsymbol{f})$ に関する基本的な定式化が行われ, それに基づいて $\boldsymbol{F}$ の平均寿命の考察などが行われている. 論文 II では, 論文 I と異

なり，速度 v で運動している「ある星」に働く力のゆらぎが考察されている．さらに，運動により生じる非対称性の結果として，星が力学摩擦を受ける（運動方向に減速される）ことが示唆されている．ただし，論文 II では，力学摩擦による減速率に対する具体的な式は導出されていない．チャンドラセカールは後に，2 体近似を使って，その具体的な式を求めている[24]．その式をここで紹介しておこう．

今，質量 m_f の場の星が空間的に一様に分布しているところを，質量 m の星が速度 v で運動しているとする．このとき，質量 m の星が受ける，その運動方向の単位時間当たりの速度変化は，

$$\langle \Delta v_\parallel \rangle = -16\pi^2 \ln\Lambda G^2 m_f(m+m_f)\frac{1}{v^2}\int_0^v f(v_f)v_f^2 dv_f$$

で与えられることをチャンドラセカールは示した（ここでは場の星の速度分布 f は等方的であると仮定している）．この式は，一般に，チャンドラセカールの力学摩擦の公式と呼ばれており，恒星系力学の分野における彼のもっとも有名な業績と言ってよいであろう[25]．先に，銀河は無衝突系の典型と書いたが，実は力学摩擦は銀河においても重要な過程である．それは，$m \gg m_f$ のとき，減速率 $\langle \Delta v_\parallel \rangle$ が m に比例することによる．つまり，銀河を構成する普

---

24) S. Chandrasekhar, *Ap. J.*, **97**, 255（1943）．
25) チャンドラセカールの力学摩擦の研究にまつわる経緯は，T. Padmanabhan（*Current Science*, **70**, 784, 1996）によって議論されている．

通の星の間の衝突の効果は無視できても，より重い天体にとっては力学摩擦の効果が重要となる場合がある．実際，星団や衛星銀河，大質量ブラックホールなどは，力学摩擦の効果によって，銀河中心に向かって落ち込んでいく傾向を持つ．

上述の通り，論文I・IIの目的は，2体近似を超えて，ゆらぐ重力場の統計理論を構築することであった．しかし，結局，力学摩擦の公式の導出は2体近似によってしか成し遂げられなかった．この点では，当初の目的は完全に達成されたとは言えないだろう．2体近似と比較したとき，論文I・IIの統計理論の数学的な複雑さは明らかであるが，それが理論の進展の障害の一つとなったのかもしれない．

さて，最後に，論文I・IIのその後の関連研究に対する影響度を，論文被引用数から見てみよう．天文学と物理学関係の論文のデータシステムであるADS[26]での検索の結果によると，2012年12月15日現在，論文I・IIの被引用数は，それぞれ，88回，53回である．これは，この分野の論文の被引用数としては，特別に多い数ではない．ちなみに，前述の力学摩擦の公式を導出した論文（前ページの脚注（23））の被引用数は518回で，桁が一つ違う．では，論文I・IIの影響度は，比較的限られたものであったということであろうか．実は，チャンドラセカールはこれらの論文の後に単独で，これらの論文の内容を含み，物理学と天

---

26) http://adsabs.harvard.edu/

文学におけるより一般的なランダム・ウォーク問題を視野に入れたレビュー論文 "Stochastic Problems in Physics and Astronomy" [27]を執筆している. その被引用数は実に 2699 回に達しており, この問題に関する古典となっている. 論文 I・II がこのレビュー論文の出発点であったことは間違いなく, その意味で, これらの論文の研究成果は結果的に, 天文学の一分野である恒星系力学の枠を飛び越えて, より広い範囲に影響を与えたと言えるのではないだろうか.

4. 最近の乱流理論

この論文は, 本書に収録されている他の論文とはいささか趣きが異なる. フォン・ノイマンの論文全集(前掲 *Collected Works*)の編集者である A. H. トーブによると, この論文(レポートと呼ぶ方が適切であろう)は 1949 年に書かれ, 海軍研究事務局(Office of Naval Research)に提出されたのであるが, フォン・ノイマンは出版に適したものとは考えていなかったという.

このレポートのコピーを送ったときの手紙で, フォン・ノイマンは次のように述べている(本書 336 ページの脚注).

---

[27] S. Chandrasekhar, *Reviews of Modern Physics*, **15**, 1 (1943); この論文は *Selected Papers on Noise and Stochastic Processes* (ed., N. Wax, Dover, 1954) にも収録されている.

これは出版のために書かれたわけではないから，不十分な点が多い．もしも多くの人々に回覧させるとか印刷公表するということになるならばそういった点を修正していたであろう．主な修正点は，次の3点である．

(1) 参考文献への参照のしかたや評価のあり方はもっと注意深く検分されるべきである．

(2) 今この論文を書いたとしたら，バーガースのごく最近の論文 (*Proc. R. Dutch Acad. Sci.*, Vol. 53 (1950), 122, 247, 393 ページ) をもっときちんと議論していたであろう．これは，現在までに得られた，バーガースの線に沿った展開の中で最も期待が持てるものである．特に，その最初の論文は相当な可能性を秘めているように思う．

(3) 最近のバチェラーやチャンドラセカールの結果から見て，本レポートの最後にある電磁流体の乱流に関する注意は改訂・修正されねばならない．

フォン・ノイマンは「修正を要する」と書いてはいるが，この論説は非常に優れたものであり，60年以上経った今でも読み甲斐のある内容である．

しかし，上で述べられている事情からわかるように，よく推敲された文章ではないし，括弧書きや関係詞がやたらと多く，日本人には翻訳しづらい文章である．したがって，意味を壊さない範囲で意訳することにし，もともとの構文にはこだわらないことにした．原文と比較してみるとかな

り異なっており，読者の顰蹙(ひんしゅく)を買うことになるかもしれないが，意訳でもしない限りなめらかに読むことはできないと思われる．そして，読みにくい文章では文庫本の趣旨に沿わないと判断したのである．

乱流理論はその後急速に発展し，現在でも活発に研究されている分野である．しかし，（第 X 節を除き）フォン・ノイマンがここで書きあげたことに大きな修正が必要であるとは思えない．知っておいて損のない事実・理論が要領よくまとめてある．

その後の進歩の中で，訳者にとって重要と思われることは，力学系理論の応用と乱流の統計理論の進歩である．フォン・ノイマンのころにはカオスという概念も存在しなかったし，流体力学が力学系理論の応用となると考えている研究者は少なかったであろう．今では力学系理論の最小限の知識を持つことは乱流の理解に不可欠である．一方，力学系理論では説明しきれない乱流現象も多々存在することもわかっており，「これさえ知っていれば基本はわかる」といった原理・理論・ガイドラインのようなものは存在しない．統計力学もめざましく発展し，それを乱流理論に応用しようとする試みも数多く存在する．ここでもしかし，力学系理論の場合と同じように，多くの成功と挫折が共存している．日本語による文献を挙げておいたのでこうした本を参考にしてほしい．

フォン・ノイマンは 1930 年代の半ば，30 歳の頃に流体の乱流の問題に興味を持ったと言われる（410 ページ～

の文献表の [55] 参照). 乱流はナヴィエ—ストークス方程式によって記述される. しかしナヴィエ—ストークス方程式を純粋に理論的に扱うことは非常に困難であるため, フォン・ノイマンは研究の進展のためには数値計算によって解の様子を知ることが重要であると考えた. 1940年代半ばに, フォン・ノイマンはコンピュータの開発に携わり, 現在フォン・ノイマン型(プログラム内蔵型)とよばれている形式のコンピュータを実現し, さらに当時彼が所属していたプリンストン高等研究所にもコンピュータを設置した(文献 [57], [58]). 当時, 彼は軍事研究に関与していたことから, そのコンピュータは核兵器の起爆機構の計算にも用いられたと言われている. マクレイ [58] やウラム [56] を読むとわかるように, 彼には超人的な計算力があった. その彼にも計算できない問題が非線形の微分方程式であり, これを征服するために高速なコンピュータが必要であることを他の誰よりも痛切に感じていたのである. また同時に, 彼は1920年代に計算による天気予報を構想した"リチャードソンの夢"の実現に熱心で, コンピュータを用いた天気予報を気象学者 J. G. チャーニーと共に発展させ, 今日の数値天気予報にいたる端緒となった(文献 [64]). ここに訳出した乱流の概説はその時代に書かれたものであり, 乱流問題の困難さと数値計算の重要さが強調されている. フォン・ノイマンはこの概説以外には乱流に関する文献をほとんど残していない. その概説すら, 彼自身未定稿としているものである. にもかかわらず, この論説は乱流

研究の明快で確かな俯瞰図を与えており，現代にいたるまで数多く引用されている歴史的文献である．

索　引

ア　行

ア・プリオリ重率　134
アルヴェン，H.　393
安定性理論　345
一次独立　31
因果的依存性　90
ヴァイツゼッカー，C. F. von　352
ウィーナー，N.　384
運動量　107, 109, 112
H-定理　106, 122, 123, 133, 139, 151, 152, 153
エネルギー期待値　115
エネルギー作用素　85, 121, 151
エネルギー準位　16
エネルギー保存則　116
エネルギー面　108, 115, 119, 120, 134, 145, 150
　等――　130
エルゴード性　352
　――困難　123
エルゴード定理　106, 114, 116-120, 123, 133, 139, 151, 152
エルゴード理論　114, 117
エルサッサー，W.　392, 397, 399
エルミート作用素　112
エルミート対称双線形形式　32
エントロピー　106, 122, 124, 133, 136, 154
　――の単調増加　122
オセーン，C. W.　348
オンサガー，L.　351, 352

カ　行

回転子　16
外部　51
カウリング，T. G.　399
可換　→「交換可能」を見よ
可逆性（時間の）　123
確率の誤差　108
確率の命題　82
確率の加法性　87
確率余効　185
カノニカル・アンサンブル　108
完全　37
　――可換性　85
　――正規直交系　37
　――直交系　113, 129
観測可能　124
緩和時間　183, 439
基礎過程　124
期待値　110, 113, 140
ギブズ，W.　107, 126, 130, 352
行列　113
行列力学　421
巨視的　106
　――アプローチ　106
　――測定　108, 109, 112, 121, 125, 126, 131
距離空間　32
銀河　438
空洞輻射　121, 155
クロネッカーの定理　117
形式法則の保存原理　403
原子系　8

交換可能 50, 109, 112, 124
恒星系力学 183, 436
コーシーの条件 35
古典力学 107
固有関数 68, 110, 115
固有振動 121
固有値 9, 110, 115
　——形式 65
　——スペクトル 8
　——表示 66
　——問題 8, 9, 15
固有ベクトル 9
コルモゴロフ, A. N. 352
混合状態 130, 133

サ　行

再帰性（時間の） 123
座標 107, 109, 112
作用素 45, 109, 110, 113
　——の絶対値 73
　——エネルギー 85
時間アンサンブル 114
時間に依存する系 92
時間発展 135
集積点 36
自由度 107
縮退 121
シュレーディンガー, E. 421
　——方程式 10, 80, 120, 123, 135
シュワルツ不等式 140
準エルゴード定理 114, 120
準エルゴード問題 107
純粋状態 133
衝撃波 363, 403
状態 110, 112

状態数 121
振動子 16
水素原子 16
スターリングの公式 134
スティルチェス積分 63
スモルコフスキー, M. 229
正規直交系 36, 124
　完全—— 37
正準変換 88
星団 184, 438
遷移確率 132
全確率分布 113
占拠数 132
　相対的—— 134
線形 45
　——空間 31
　——結合 128
　——多様体 36
　——独立（性） 31, 117
相空間 106–108
相細胞 108, 121, 122, 126, 130, 134, 139, 150, 153
相対性理論 29
相対的滞在時間 117
層流 338
粗視化 126

タ　行

対称 50
第 2 法則 124
単一作用素 51
単位の分解 66, 424
チャンドラセカール, S. 337, 388, 436
稠密 36
テイラー, G. I. 344

ディリクレ因子 188
テラー, E. 397
統計アンサンブル 125
統計作用素 114, 118, 125, 132
統計的仮定 123
統計力学 106, 123
同時測定不可能性 109
等重率 115
ド・ブロイ, L. 420
トルミーン, W. 344
トレース 113, 126

ナ 行

内積 112
内部 51
ナヴィエ-ストークス方程式 341
2体近似 333, 439
2体衝突 333, 438
ニュートン, I. 418
ネーター, F. 343
熱力学 123

ハ 行

配位空間 112
ハイゼンベルク, W. 343, 380, 386, 421
バーガース, J. M. 360, 408
波動関数 10, 112, 113, 124, 132
波動力学 422
ハミルトン関数 85
ハール測度 158
ハワース, L. 367
非可逆現象 124
微視的 106
非縮退 121

非積分量（運動の） 131
微分作用素 10
微分方程式 10, 114
ヒルベルト空間 13, 19
　抽象—— 29, 30, 31, 423
　複素—— 29
非連続的実現 30
フェルミ, E. 397
フェルミ-ディラック統計 156
フォン・カルマン, T. 367
フォン・ミーゼス, R. 342
不確定性関係 106, 108–111, 131
複素エルミート対称 50
物理量 112
ブラード, E. C. 392, 397, 399
プランク, M. 419
プラントル, L. 344
分散 108
閉 36
ペケリス, C. L. 343
ボース-アインシュタイン統計 156
ホップ, L. 342
ホルツマルク, J. P. 185
　——関数 304
　——分布 185
ボルツマン, L. E. 107, 352
ボルン, M. 421

マ 行

マクスウェル, J. C. 352, 418
　——分布 155, 190
マルコフ, A. A. 188
　——の方法 279
ミクロ・カノニカル・アンサン

ブル 106, 115, 118, 119, 122, 130, 132, 136, 140, 145, 151
ミクロ・カノニカル平均 152
ミクロ的 119
無限次元 35
無秩序（的）106, 107
——仮定 120, 123, 124

ヤ 行

有界線形作用素 46
有理線形独立性 118, 121
ユニタリ行列 157
ユニタリ線形変換 157
ユニタリ変換 146
ゆらぎの速さ 185, 276
ヨルダン, P. 421

ラ・ワ行

ラーマー, J. 397
ランダム・ウォーク 443
ランダム飛行 332
力学摩擦 276, 278, 441

理想気体 121
リヒトマイヤー, R. 397
リーマン, B. 364, 403
量子仮説 419
量子軌道 122, 126, 134
量子効果 122
量子力学 8, 107, 108, 112, 123
——の固有値問題 13
リン, C. C. 343
ルイ, J. 348
レイノルズ, O. 338
レイノルズ数 339
　臨界—— 380
レヴィ, P. 384
連続スペクトル 68
連続的実現 30
ワイルの定理 117

記 号

$\mathfrak{H}$ 23, 29
$\mathfrak{H}_0$ 29
$\overline{\mathfrak{H}}$ 30
E. Op. 51

編訳者・訳者略歴（五十音順）

新井朝雄（あらい・あさお）
1954 年生まれ．北海道大学大学院理学研究院教授．

一瀬孝（いちのせ・たかし）
1940 年生まれ．金沢大学名誉教授．

伊東恵一（いとう・けいいち）
1949 年生まれ．摂南大学理工学部教授．

岡本久（おかもと・ひさし）
1956 年生まれ．京都大学数理解析研究所教授．

高橋広治（たかはし・こうじ）
1965 年生まれ．埼玉工業大学人間社会学部教授．

山田道夫（やまだ・みちお）
1954 年生まれ．京都大学数理解析研究所教授．

本書は「ちくま学芸文庫」のために新たに編集・訳出されたものである。

フラクタル幾何学(下)	B・マンデルブロ 広中平祐監訳	「自己相似」が織りなす複雑で美しい構造とは。その数理とフラクタル発見までの歴史を豊富な図版とともに紹介。
数学基礎論	前原昭二	集合をめぐるパラドックス、ゲーデルの不完全性定理からファジィ論理、P＝NP問題などの現代的な話題まで。大家による入門書。(田中一之)
現代数学序説	竹内外史	「集合・位相入門」などの名教科書で知られる著者による、懇切丁寧な入門書。組合せ論・初等数論を中心に、現代数学の一端に触れる。(荒井秀男)
不思議な数eの物語	松坂和夫	自然現象や経済活動に頻繁に登場する超越数e。この数の出自と発展の歴史を描いた一冊。ニュートン、オイラー、ベルヌーイ等のエピソードも満載。
フォン・ノイマンの生涯	E・マオール 伊理由美訳	コンピュータ、量子論、ゲーム理論など数多くの分野で絶大な貢献を果たした巨人の足跡を辿り、「人類最高の知性」に迫る。ノイマン評伝の決定版。
工学の歴史	ノーマン・マクレイ 渡辺正/芦田みどり訳	オイラー、モンジュ、フーリエ、コーシーらは数学者であり、同時に工学の課題に方策を授けていた。「ものつくりの科学」の歴史をひもとく。
関数解析	三輪修三	偏微分方程式論などへの応用をもつ関数解析。バナッハ空間論からベクトル値関数、半群の話題まで、基礎理論を過不足なく丁寧に解説。(新井仁之)
ユークリッドの窓	宮寺功	平面、球面、歪んだ空間、そして……。『スタートレック』の脚本家が今なお変化し続ける、幾何学的世界像を三千年のタイムトラベルへようこそ。
ファインマンさん 最後の授業	レナード・ムロディナウ 青木薫訳	科学の魅力とは何か？ 創造とは、そして死とは？ 老境を迎えた大物物理学者との会話をもとに書かれた、珠玉のノンフィクション。(山本貴光)

数理物理学の方法
J・フォン・ノイマン　伊東恵一編訳

多岐にわたるノイマンの業績を展望するための文庫オリジナル編集。本巻は量子力学・統計力学など物理学の重要論文四篇を収録。全篇新訳。

作用素環の数理
J・フォン・ノイマン　長田まりゑ編訳

終戦直後に行われた講演「数学者」と、「作用素環について」I〜IVの計五篇、一分野としての作用素環論を確立した記念碑的業績を網羅する。

新・自然科学としての言語学
福井直樹

気鋭の文法学者によるチョムスキーの生成文法解説書。文庫化にあたり旧著を大幅に増補改訂し、付録として黒田成幸の論考「数学と生成文法」を収録。

電気にかけた生涯
藤宗寛治

実験、観察にすぐれたファラデー、電磁気学にまとめたマクスウェル、ほかにクーロンやオームなど科学者十二人の列伝を通して電気の歴史をひもとく。

科学の社会史
古川安

大学、学会、企業、国家などと関わりながら「制度化」の歩みを現代に至るまで西洋科学者の愚行と内の葛藤概観した定評ある入門書。

ロバート・オッペンハイマー
藤永茂

マンハッタン計画を主導し原子爆弾を生み出したオッペンハイマーの評伝。多数の資料をもとに、政治に翻弄、欺かれた科学者の愚行と内の葛藤に迫る。

πの歴史
ペートル・ベックマン　田尾陽一／清水韶光訳

円周率だけでなく意外なところに顔をだすπ。ユークリッドやアルキメデスによる探究の歴史に始まり、オイラーの発見したπの不思議にいたる。

やさしい微積分
L・S・ポントリャーギン　坂本實訳

微積分の基本概念・計算法を全盲の数学者がイメージ豊かに解説。版を重ねて読み継がれる定番の入門教科書。練習問題・解答付きで独習にも最適。

フラクタル幾何学（上）
B・マンデルブロ　広中平祐監訳

「フラクタルの父」マンデルブロの主著。膨大な資料を基に、地理・天文・生物などあらゆる分野から事例を収録・報告したフラクタル研究の金字塔。

物理学に生きて	W・ハイゼンベルクほか／青木薫訳	「わたしの物理学は……」ハイゼンベルク、ディラック、ウィグナーら六人の巨人たちが集い、それぞれの歩んだ現代物理学の軌跡や展望を語る。
調査の科学	林知己夫	消費者の嗜好や政治意識を測定するとは？集団特性の数量的表現の解析手法を開発した統計学者による社会調査の論理と方法の入門書。
インドの数学	林隆夫	ゼロの発明だけでなく、数表記法、平方根の近似公式、順列組み合せ等大きな足跡を残したインドの数学を古代から16世紀まで原典に則して辿る。〔吉野諒三〕
幾何学基礎論	D・ヒルベルト／中村幸四郎訳	20世紀数学全般の公理化への出発点となった記念碑的著作。ユークリッド幾何学を根源までに遡り、斬新な観点から厳密に基礎づける。〔佐々木力〕
素粒子と物理法則	S・R・P・ファインマン／ワインバーグ／小林澈郎訳	量子論と相対論を結びつけるディラックのテーマを対照的に展開したノーベル賞学者による追悼記念講演。現代物理学の本質を堪能させる三重奏。
ゲームの理論と経済行動 I（全3巻）	ノイマン／モルゲンシュテルン／銀林／橋本／宮本監訳／阿部修一訳	今やさまざまな分野への応用いちじるしい「ゲーム理論」の嚆矢とされる記念碑的著作。第I巻はゲームの形式的記述とゼロ和2人ゲームについて。
ゲームの理論と経済行動 II	ノイマン／モルゲンシュテルン／銀林／橋本／宮本監訳／橋本和美訳	第I巻でのゼロ和2人ゲームの考察を踏まえ、第II巻ではプレイヤーが3人以上の場合のゼロ和ゲーム、およびゲームの合成分解について論じる。
ゲームの理論と経済行動 III	ノイマン／モルゲンシュテルン／銀林／橋本／宮本監訳／宮本敏雄訳	第III巻では非ゼロ和ゲームにまで理論を拡張。これまでの数学的結果をもとにいよいよ経済学的解釈を試みる。全3巻完結。〔中山幹夫〕
計算機と脳	J・フォン・ノイマン／柴田裕之訳	脳の振る舞いを数学で記述することは可能か？現代のコンピュータの生みの親でもあるフォン・ノイマン最晩年の考察。新訳。〔野﨑昭弘〕

書名	著者/訳者	内容紹介
オイラー博士の素敵な数式	ポール・J・ナーイン／小山信也訳	数学史上最も偉大で美しい式を無限級数の和やフーリエ変換、ディラック関数などの歴史的側面を説明した後、計算式を用い丁寧に解説した入門書。
不完全性定理	野﨑昭弘	事実・推論・証明……。理屈っぽいとケムたがられる話題を、なるほどと納得させながら、ユーモアたっぷりにひもといたゲーデルへの超入門書。
数学的センス	野﨑昭弘	美しい数学とは詩なのです。いまさら数学者にはなれないけれどそれを楽しめたら。そんな期待に応えてくれる心やさしいエッセイ風数学再入門。
高等学校の確率・統計	黒田孝郎／森毅／小島順／野﨑昭弘ほか	成績の平均や偏差値はおなじみでも、実務の水準とは隔たりが！　基礎からやり直したい人のために定説の検定教科書を指導書付きで復活。
高等学校の基礎解析	黒田孝郎／森毅／小島順／野﨑昭弘ほか	わかったつもりがしまえば日常感覚に近いものながら、数学挫折のきっかけは微分・積分。その基礎を丁寧にひもといた再入門のための検定教科書。
高等学校の微分・積分	黒田孝郎／森毅／小島順／野﨑昭弘ほか	高校数学のハイライト「微分・積分」！　その入門コース『基礎解析』に続く本格コース。公式暗記の学習からほど遠い、特色ある教科書の文庫化第3弾。
エキゾチックな球面	野口廣	7次元球面には相異なる28通りの微分構造が可能！　フィールズ賞受賞者を輩出したトポロジー最前線を臨場感ゆたかに解説。（竹内薫）
数学の楽しみ	テオニ・パパス／安原和見訳	ここにも数学があった！　石鹸の泡、くもの巣、雪片曲線、一筆書きパズル、魔方陣、DNAらせん……。イラストも楽しい数学入門150篇。
相対性理論（下）	W・パウリ／内山龍雄訳	アインシュタインが絶賛し、物理学者内山龍雄をして、研究を措いてでも訳したかったと言わしめた、相対論三大名著の一冊。（細谷暁夫）

書名	著者・訳者	内容紹介
数理のめがね	坪井忠二	物のかぞえかた、勝負の確率といった身近な現象の本質を解き明かす地球物理学の大家による数理エッセイ。
一般相対性理論	P・A・M・ディラック 江沢洋訳	一般相対性理論の核心に最短距離で到達すべく、卓抜した数学的記述で簡明直截に書かれた天才ディラックによる入門書。詳細な解説を付す。
幾何学	ルネ・デカルト 原亨吉訳	哲学のみならず数学においても不朽の功績を遺したデカルト。『方法序説』の本論として発表された『幾何学』、初の文庫化！ （佐々木力）
不変量と対称性	今井淳/寺尾宏明/中村博昭	変えても変わらない不変量とは？　そしてその意味や用途とは？　ガロア理論と結び目の現代数学に現われる、上級の数学センスをさぐる7講義。
数学的に考える	キース・デブリン 冨永星訳	ビジネスにも有用な数学的思考法とは？　言葉を厳密に使う「量を用いて考える、分析的に考えるといったポイントからとことん丁寧に解説する。
代数的構造	遠山啓	「数とは何かそしてなんであるべきか？」「連続性と無理数」の二論文を収録。現代の視点から読み目の現代数学の基礎付けを試みた充実の訳者解説を付す。新訳。 （銀林浩）
数とは何かそして何であるべきか	リヒャルト・デデキント 渕野昌訳・解説	群・環・体などの代数の基本概念を、構造主義の歴史をおりまぜつつ、卓抜な比喩とていねいな計算で確かめていく大人のための抽象代数入門。
現代数学入門	遠山啓	現代数学、恐るるに足らず！　学校数学より日常の感覚の中に集合や構造、関数や群、位相の考え方を探る大人のための入門書。（エッセイ　亀井哲治郎）
代数入門	遠山啓	文字から文字式へ、そして方程式へ。巧みな例示と丁寧な叙述で「方程式とは何か」を説いた最晩年の名著。遠山数学の到達点がここに！ （小林道正）

微積分入門
W・W・ソーヤー作　小松勇作訳

微積分の考え方は、日常生活のなかから自然に出てくるものだ。∫や lim の記号を使わず、具体例に沿って説明した定評ある入門書。

新式算術講義
高木貞治

算術には現代でいう数論、数の自明を疑わない数学、明治の読者にその基礎を当時の最新学説で説く。「解析概論」の著者若き日の意欲作。（高瀬正仁）

数学の自由性
高木貞治

大数学者が軽妙洒脱に学生たちに数学を語る！　60年ぶりに文庫オリジナル。の同名エッセイ集ぶりに復刊された人柄のにじむ幻（高瀬正仁）

ガウスの数論
高瀬正仁

青年ガウスは目覚めとともに正十七角形の作図法を思いついた。初等幾何に露頭した数論の一端！　創造の世界の不思議に迫る原典講読第2弾。

評伝 岡潔
高瀬正仁

詩人数学者と呼ばれ、数学の世界に日本的情緒を見事開花させた不世出の天才・岡潔。その人間形成と研究生活を克明に描く。誕生から留学の絶頂期へ。

高橋秀俊の物理学講義
高橋秀俊　藤村靖

ロゲルギストを主宰した研究者の物理的センスとは。力について、示量変数と示強変数、ルジャンドル変換、変分原理などの汎論40講。（田崎晴明）

物理学入門
武谷三男

科学とはどんなものか。ギリシャの力学から惑星の運動解明まで、理論変革の跡をひも解いた力学論。三段階論で知られる著者の入門書。（上條隆志）

数は科学の言葉
トビアス・ダンツィク　水谷淳訳

数感覚の芽ばえから実数論・無限論の誕生まで、数万年にわたる人類と数の歴史を活写。アインシュタインも絶賛した数学読み物の古典的名著。

常微分方程式
竹之内脩

初学者を対象に基礎理論を学ぶとともに、重要な具体例を取り上げ、それぞれの方程式の解法と解について解説する。練習問題を付した定評ある教科書。

シュヴァレー リー群論	クロード・シュヴァレー 齋藤正彦訳	現代的な視点から、リー群を初めて大局的に論じた古典的名著作。著者の導いた諸定理はいまなお有用性を失わない。本邦初訳。 (平井武)
現代数学の考え方	イアン・スチュアート 芹沢正三訳	現代数学は怖くない。「集合」「関数」「確率」などの基本概念をイメージ豊かに解説。直観で現代数学の全体を見渡せる入門書。図版多数。
若き数学者への手紙	イアン・スチュアート 冨永星訳	研究者になるってどういうこと? 現役で活躍する数学者が豊富な実体験を紹介。数学との付き合い方から「してはいけないこと」まで。 (砂田利一)
飛行機物語	鈴木真二	なぜ金属製の重い機体が自由に空を飛べるのか? その工学と技術を、リリエンタール、ライト兄弟などのエピソードをまじえ歴史的にひもとく。
集合論入門	赤攝也	「ものの集まり」という素朴な概念が生んだ奇妙な世界、集合論。部分集合・空集合などの基礎から、丁寧な叙述で連続体や順序数の深みへと誘う。
確率論入門	赤攝也	ラプラス流の古典確率論とボレル-コルモゴロフ流の現代確率論。両者の関係性を意識しつつ、確率の基礎概念と数理を多数の例とともに丁寧に解説。
現代の初等幾何学	赤攝也	ユークリッドの平面幾何を公理的に再構成するには? 現代数学の考え方に触れつつ、幾何学が持つ面白さも体感できるよう初学者への配慮溢れる一冊。
現代数学概論	赤攝也	初学者には抽象的でとっつきにくい〈現代数学〉。「集合」「写像とグラフ」「群論」「数学的構造」といった基本の概念を手掛かりに概説した入門書。
数学と文化	赤攝也	諸科学や諸技術の根幹を担う数学、また「論理的・体系的な思考」を培う数学。この数学とは何ものなのか? 数学の思想と文化を究明する入門概説。

システム分析入門	齊藤芳正	意思決定の場に直面した時、問題を解決し目標を達成する多くの手段から、最適な方法を選択するための論理的思考。その技法を丁寧に解説する。
数学をいかに使うか	志村五郎	「何でも厳密に」などとは考えてはいけない──。世界的数学者が教える「使える」数学とは。文庫版オリジナル書き下ろし。
数学をいかに教えるか	志村五郎	日米両国で長年教えてきた著者が日本の教育を斬る。掛け算の順序問題、悪い証明と間違えやすい公式のことから外国語の教え方まで。
記憶の切繪図	志村五郎	世界的数学者の自伝的回想。幼年時代、プリンストンでの研究生活と数多くの数学者との交流と評価。巻末に「志村予想」への言及と新訳で復刊。（時枝正）
通信の数学的理論	C・E・シャノン/W・ウィーバー 植松友彦訳	IT社会の根幹をなす情報理論はここから始まった。発展いちじるしい最先端の今なお根源的な洞察をもたらす。オリジナル書き下ろし。
数学という学問 I	志村浩二	ひとつの学問として、広がり、深まりゆく数学。微積分・無限などの数学史とその歩みを辿る。オリジナル書き下ろし。全3巻。
数学という学問 II	志村浩二	第2巻では19世紀の数学を展望。数概念の拡張により、もたらされた複素解析のほか、フーリエ解析、非ユークリッド幾何誕生の過程を追う。
数学という学問 III	志村浩二	19世紀後半、「無限」概念の登場とともに数学は大転換を迎える。カントルとハウスドルフの集合論、そしてユダヤ人数学者の寄与について。全3巻完結。
現代数学への招待	志賀浩二	「多様体」は今や現代数学必須の概念。「位相」、「微分」などの基礎概念を丁寧に解説・図説しながら、多様体のもつ深い意味を探ってゆく。

数理物理学の方法　ノイマン・コレクション

二〇一三年十二月十日　第一刷発行
二〇二一年十二月十日　第二刷発行

著　者　J・フォン・ノイマン
編訳者　伊東恵一（いとう・けいいち）
訳　者　新井朝雄（あらい・あさお）／岡本久（おかもと・ひさし）／一瀬孝（いちのせ・たかし）／高橋広治（たかはし・こうじ）／山田道夫（やまだ・みちお）

発行者　喜入冬子
発行所　株式会社　筑摩書房
　　　　東京都台東区蔵前二—五—三　〒一一一—八七五五
　　　　電話番号　〇三—五六八七—二六〇一（代表）
装幀者　安野光雅
印刷所　株式会社加藤文明社
製本所　株式会社積信堂

乱丁・落丁本の場合は、送料小社負担でお取り替えいたします。
本書をコピー、スキャニング等の方法により無許諾で複製することは、法令に規定された場合を除いて禁止されています。請負業者等の第三者によるデジタル化は一切認められていませんので、ご注意ください。

Ⓒ KEIICHI ITO/ASAO ARAI/TAKASHI ICHINOSE/
HISASHI OKAMOTO/KOUJI TAKAHASHI/MICHIO
YAMADA 2013　Printed in Japan
ISBN978-4-480-09571-8 C0142